天视通系列·面向“十二五”高职高专精品规划教材(土建大类)

建筑工程 CAD

主　编　孙　茜　罗　颖

副主编　孟　莉　姚　远　肖丽媛　张　璐

参　编　王雅男　李　颖　郭　彤　王兴龙

内容是要

本书以 AutoCAD 2008 软件为工具，以实际操作为重点，介绍了建筑类专业中计算机绘图的方法与实际操作，以绘制某住宅楼建筑施工图项目为主线，内容强调实用与精通。实用是指通过一套建筑施工图的绘制过程给学生提供绘图的步骤和绘图中常见问题的处理方法，上岗就可以上手。精通是指通过对典型例图的分析，引导学生更深地发掘软件的绘图功能，并逐步掌握一些绘图实践中十分便捷的技巧，使学生更好地完成课程任务。

图书在版编目(CIP)数据

建筑工程 CAD/孙茜主编. —天津：天津大学出版社，2011.9（2015.8 重印）
（天视通系列）
面向“十二五”高职高专精品规划教材. 土建大类
ISBN 978-7-5618-4154-9

Ⅰ.①建… Ⅱ.①孙… Ⅲ.①建筑设计：计算机辅助设计－AutoCAD 软件－高等职业教育－教材 Ⅳ.①TU201.4

中国版本图书馆 CIP 数据核字(2011)第 190208 号

出版发行 天津大学出版社
地　　址 天津市卫津路 92 号天津大学内(邮编:300072)
电　　话 发行部:022-27403647
网　　址 publish.tju.edu.cn
印　　刷 天津泰宇印务有限公司
经　　销 全国各地新华书店
开　　本 185mm×260mm
印　　张 19.25
字　　数 480 千
版　　次 2011 年 9 月第 1 版
印　　次 2015 年 8 月第 5 次
定　　价 38.00 元

前　　言

本书作为高职高专院校建筑 CAD 课程教材之一,本着“实用为主”的人才培养模式,在编写的过程中着重培养学生的实际操作能力,结合建筑工程制图课程教学体系,按该课程的教学内容顺序编排,并遵循由浅入深的原则,随内容的变化而调用相关操作命令。命令分散到各教学阶段,使学生掌握和应用 CAD 技术非常方便。在本书编写过程中,严格贯彻执行国家标准的有关规定,力求全书内容既满足教学规律要求,又符合工程实际应用要求,最终目的是“学以致用”。

本书打破了传统的学科体系,以绘制建筑施工图为编写主线,以 AutoCAD 2008 作为绘图工具,介绍有关计算机绘图的相关知识,同时以工程图的绘制过程为导向,在每个项目中设置不同的任务单元,使学生具备运用 AutoCAD 软件绘制出符合国家标准的工程图样的重要技能。

本书的内容设置为:

项目一　绘制简易房屋图

项目二　绘制建筑施工总平面图

项目三　绘制建筑施工平面图

项目四　绘制建筑施工立面图

项目五　绘制建筑剖面图

项目六　绘制建筑详图

项目七　编制建筑施工总说明

项目八　建筑施工图打印与输出

项目九　绘制某住宅楼三维建筑效果图

由于作者水平有限,加之编写时间仓促,书中难免有不足之处,欢迎广大读者批评指正。

编者

2011 年 7 月

前言

目　　录

绪　　论

计算机辅助设计(Computer Aided Design)简称CAD,它是以人为主体,以计算机为辅助工具的一种设计技术。这种计算机辅助设计系统的出现及发展,使设计人员和绘图人员逐渐结束了丁字尺和绘图板的工作时代,如今CAD已经发展成为一种功能强大的设计和绘图软件。

AutoCAD是由美国Autodesk公司研制开发的计算机辅助设计软件,其强大的功能和简洁易学的界面受到广大工程技术人员的欢迎。目前,AutoCAD已广泛应用于机械、电子、建筑、服装及船舶等工程设计领域,极大地提高了设计人员的工作效率。AutoCAD 2008继承了Autodesk公司一贯为广大用户考虑的方便性和高效率,为多用户合作提供了便捷的工具与规范的标准以及方便的管理功能,用户可以与设计组密切而高效地共享信息。与以前版本相比,AutoCAD 2008中文版在性能和功能两方面都有较大的增强和改善。

一、AutoCAD的发展历史

AutoCAD软件自1982年问世以来,已经有近30年的发展历程,已经出现了多种版本。

AutoCAD早期版本都是以版本的升级顺序进行命名的,例如第一个版本为"AutoCAD R1.0",第二个版本为"AutoCAD R2.0"等。此软件发展到2000年以后,变为以年代作为软件的版本名,如AutoCAD 2000、AutoCAD 2002、AutoCAD 2004、AutoCAD 2008等。为了更好地缩短设计周期、提高设计质量并且降低设计成本,到2008年发布的AutoCAD 2008版本,已经进行了近20次的不断更新和升级,集二维绘图、三维建模、数据管理及数据共享等诸多功能于一体,功能日趋完善,将AutoCAD软件的应用推向了高潮。AutoCAD具有完善的图形绘制功能、强大的编辑功能和三维造型功能,被广泛用于机械、建筑、化工、电子、航空航天、广告、汽车、服饰等各个行业的设计领域。

二、AutoCAD的基本功能

1. 绘制与编辑图形

AutoCAD的"绘图"菜单中包含有丰富的绘图命令,使用它们可以绘制直线、构造线、多段线、圆、矩形、多边形、椭圆等基本图形,也可以将绘制的图形转换为面域,对其进行填充。如果再借助于"修改"菜单中的各种命令,便可以绘制出各种各样的二维图形。

2. 标注图形尺寸

标注尺寸是向图形中添加测量注释的过程,是整个绘图过程中不可或缺的一步。

AutoCAD的"标注"菜单中包含了一套完整的尺寸标注和编辑命令,使用它们可以在图形的各个方向上创建各种类型的标注,也可以方便快速地以一定格式创建符合行业或项目标准的标注。

3. 渲染三维图形

在AutoCAD中,可以运用几何图形、光源和材质,将模型渲染为具有真实感的图像。如果是为了演示,可以全部渲染对象;如果时间有限,或显示设备和图形设备不能提供足够的灰度等级和颜色,就不必精细渲染;如果只需快速查看设计的整体效果,则可以简单消隐或着色图像。

4. 控制图形显示

在 AutoCAD 中,可以方便地以多种方式放大或缩小所绘图形。对于三维图形,可以改变观察视点,从不同观看方向显示图形,也可以将绘图窗口分成多个视口,从而能够在各个视口中以不同方位显示同一图形。此外,AutoCAD 还提供三维动态观察器,利用它可以动态地观察三维图形。

5. 绘图实用工具

在 AutoCAD 中,可以方便地设置图形元素的图层、线型、线宽、颜色、尺寸标注样式、文字标注样式,也可以对所标注的文字进行拼写检查。可以通过各种形式的绘图辅助工具设置绘图方式,提高绘图效率与准确性。使用特性窗口可以方便地编辑所选择对象的特性。使用标准文件功能,可以对诸如图层、文字样式、线型这样的命名对象定义标准的设置,以保证同一单位、部门、行业以及合作伙伴间在所绘图形中对这些命名对象设置的一致性。使用图层转换器可以将当前图形图层的名称和特性转换成已有图形或标准文件对图层的设置,即将不符合本部门图层设置要求的图形进行快速转换。

6. 数据库管理功能

在 AutoCAD 中,可以将图形对象与外部数据库中的数据进行关联,而这些数据库是由独立于 AutoCAD 的其他数据库管理系统(如 Access、Oracle、FoxPro 等)建立的。

7. Internet 功能

AutoCAD 提供了极为强大的 Internet 工具,使设计者之间能够共享资源和信息,同步进行设计、讨论、演示、发布消息,即时获得业界新闻,得到有关帮助。

8. 输出与打印图形

AutoCAD 不仅允许将所绘图形以不同样式通过绘图仪或打印机输出,还能够将不同格式的图形导入 AutoCAD 或将 AutoCAD 图形以其他格式输出,增强了灵活性。因此,当图形绘制完成之后可以使用多种方法将其输出。例如,可以将图形打印在图纸上,或创建成文件以供其他应用程序使用。

三、AutoCAD 2008 的安装方法

使用 AutoCAD 2008 的前提条件是正确安装 AutoCAD 2008。安装之前,用户应先了解系统要求,以便于合理配置电脑。用户的电脑满足配置要求后,则可按步骤进行安装。使用 AutoCAD 2008 绘图过程中,软件如果受到破坏,可以进行修复或重装。

1. 系统要求

为了保证 AutoCAD 2008 顺利运行,建筑图能够以较好的方式、流畅地展现出来,计算机应该满足以下配置。

(1)操作系统:Windows XP Professional, Windows Vista, IE6.0 SP1 以上版本。

安装 AutoCAD 时,计算机会自动检测 Windows 操作系统是 32 位版本还是 64 位版本,然后安装适当的 AutoCAD 版本。不能在 64 位版本的 Windows 系统上安装 32 位版本的 AutoCAD。

(2)浏览器:Microsoft Internet Explorer 6.0 Service Pack 1(或更高版本)。

(3)处理器:Pentium Ⅲ或 Pentium Ⅳ(建议使用 Pentium Ⅳ),800 MHz。

(4)内存:512 MB(建议)。

(5)图形卡:1 024 ×768 VGA 真彩色(最低要求),Open GL 兼容三维视频卡(可选),需要支持 Windows 操作系统的显示适配器。必须安装支持硬件加速的 DirectX 9.0c 或更高版本的图形卡。

2. 安装过程

(1)安装 AutoCAD 2008 主文件,解压下载好的 AutoCAD 2008 程序包,并打开 AutoCAD 2008 主安装程序(图 1)。

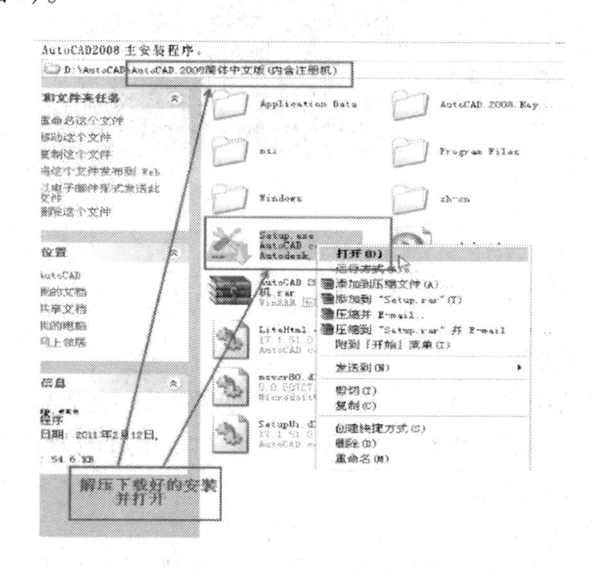

图 1　打开“AutoCAD 2008 主安装程序”

(2)点击“安装程序”,按照安装向导配置安装设置(图 2)。

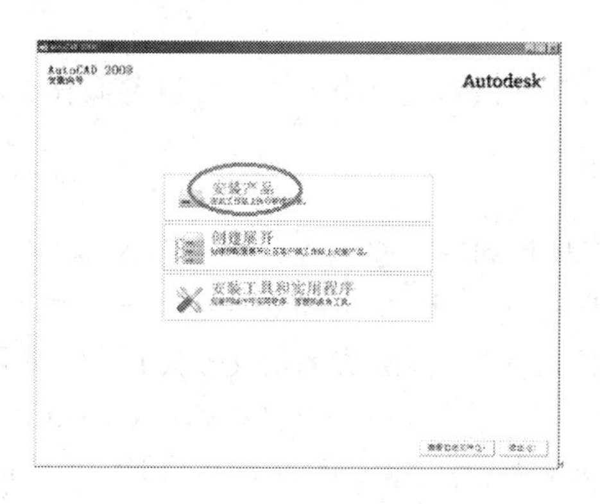

图 2　AutoCAD 2008 安装界面

(3)开始安装 AutoCAD 2008(图 3)。

(4)激活 AutoCAD 2008,输入序列号,使用注册机来生成激活码,将生成的激活码输入到激活对话框中。

(5)激活成功,进入软件,AutoCAD 2008 则可成功运行。

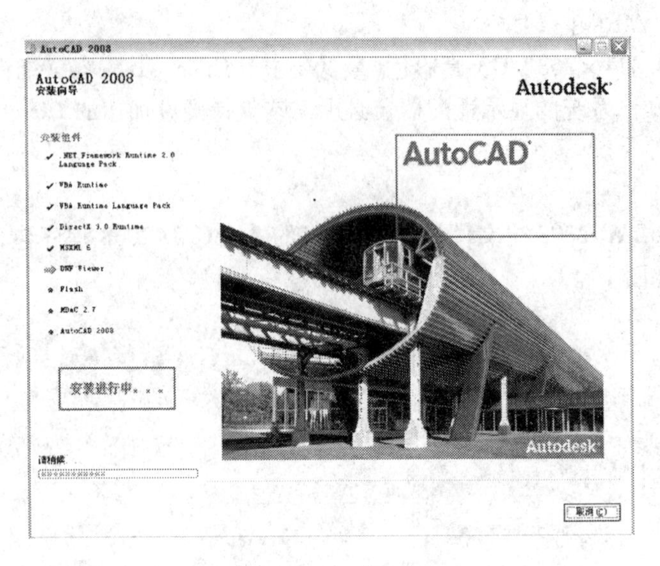

图 3 “安装进行中”界面

四、AutoCAD 2008 的学习方法

制图在建筑领域的地位毋庸置疑。CAD 软件的重要性不言而喻,可以帮助设计人员把图纸画得规范、精致,提高绘图效率,同时也便于图形今后的修改及管理。使用 AutoCAD2008 时要做到以下几点。

1. 掌握基本的操作方法

首先要熟悉软件的操作界面,像菜单、工具栏、状态栏、绘图区等。熟悉界面后,了解各种设置也是必须的,如字型、线型、图层、标注形式、标准工具栏等。学习这些基本操作可能会有些难度,但只要多做一些简单的练习,循序渐进,便会收到事半功倍的效果。

2. 熟记常用的命令

键盘与鼠标操作结合使用,既能提高操作速度,熟悉操作方法,又能方便快捷地掌握 AutoCAD 的基础与应用。

3. 灵活运用功能键

除了输入命令、调用工具栏和菜单来完成某些命令外,软件上还有一些功能键可供使用。如〈F1〉(调用 AutoCAD 帮助对话框)、〈F2〉(显示或隐藏 AutoCAD 文本窗口)、〈F3〉(调用对象捕捉设置对话框)、〈F4〉(标准数字化仪开关)、〈F5〉(不同向的轴测图之间的转换开关)、〈F6〉(坐标显示模式转换开关)、〈F7〉(栅格模式转换开关)、〈F8〉(正交模式转换开关)、〈F9〉(间隔捕捉模式转换开关)等。使用这些功能键可快速实现功能转换。

4. 学会使用“帮助”选项

知识是无止境的,一个人不可能没有困难,有困难的时候可求助于“帮助”选项,“帮助”好比是个专家,一些问题可以通过它来回答、释疑,从而全面地掌握软件的使用。

项目一　绘制简易房屋图

项目要点

我们由最简单的房屋图形设计开始初识建筑图，本项目从最基础的知识点出发，讲述一个简易房屋的绘制过程，为后续的建筑施工图的绘制打下基础，如图 1-1 所示。

绘图流程

1. 环境设置

环境设置包括对【图形界限】、【单位】、【捕捉间隔】、【对象捕捉】方式、【尺寸样式】、【文字样式】和【图层】等的设定。对于单张图纸，其中文字和尺寸样式的设定也可以在使用时随时设定。对于整套图纸，应当全部设定完后保存成模板，以后绘制新图时套用该模板。

2. 绘制图形

一般先绘制辅助线（单独放在一层）用来确定尺寸基准的位置；选好图层后，绘制该层的线条；充分发挥编辑命令和辅助绘图命令的优势，对同样的操作尽可能一次完成。采用必要的【对象捕捉】、【对象追踪】等功能进行精确绘图。

3. 绘制填充图案

绘制填充图案时，为方便边界的确定，尽量选择封闭图形。

4. 标注尺寸

标注图样中必要的尺寸，具体应根据图形的种类和要求来标注。

5. 保存图形、输出图形

将图形保存起来备用，需要时在布局窗口中设置好后打印输出。

通过简易房屋的绘制，逐步熟悉 AutoCAD 2008 的基本功能、系统参数的设置、常用命令【直线】、【删除】的使用方法、图形的初步编辑、命令的书写方式、坐标系和绘图的精度控制等知识；掌握绘制基本图形的方法及工作流程；了解图形显示和辅助绘图工具的使用等。

任务一　配置绘图环境

一、AutoCAD 2008 的启动

启动 AutoCAD 2008 的方式有以下两种。

（1）双击桌面上的“AutoCAD 2008”快捷图标。

（2）单击菜单栏【开始】→【程序】→【Autodesk】→【AutoCAD 2008 - Simpligied Chinese】→【AutoCAD 2008】。

二、AutoCAD 2008 的用户界面

启动 AutoCAD 2008 之后，计算机将显示其应用程序窗口，此版本提供了 3 种工作空间

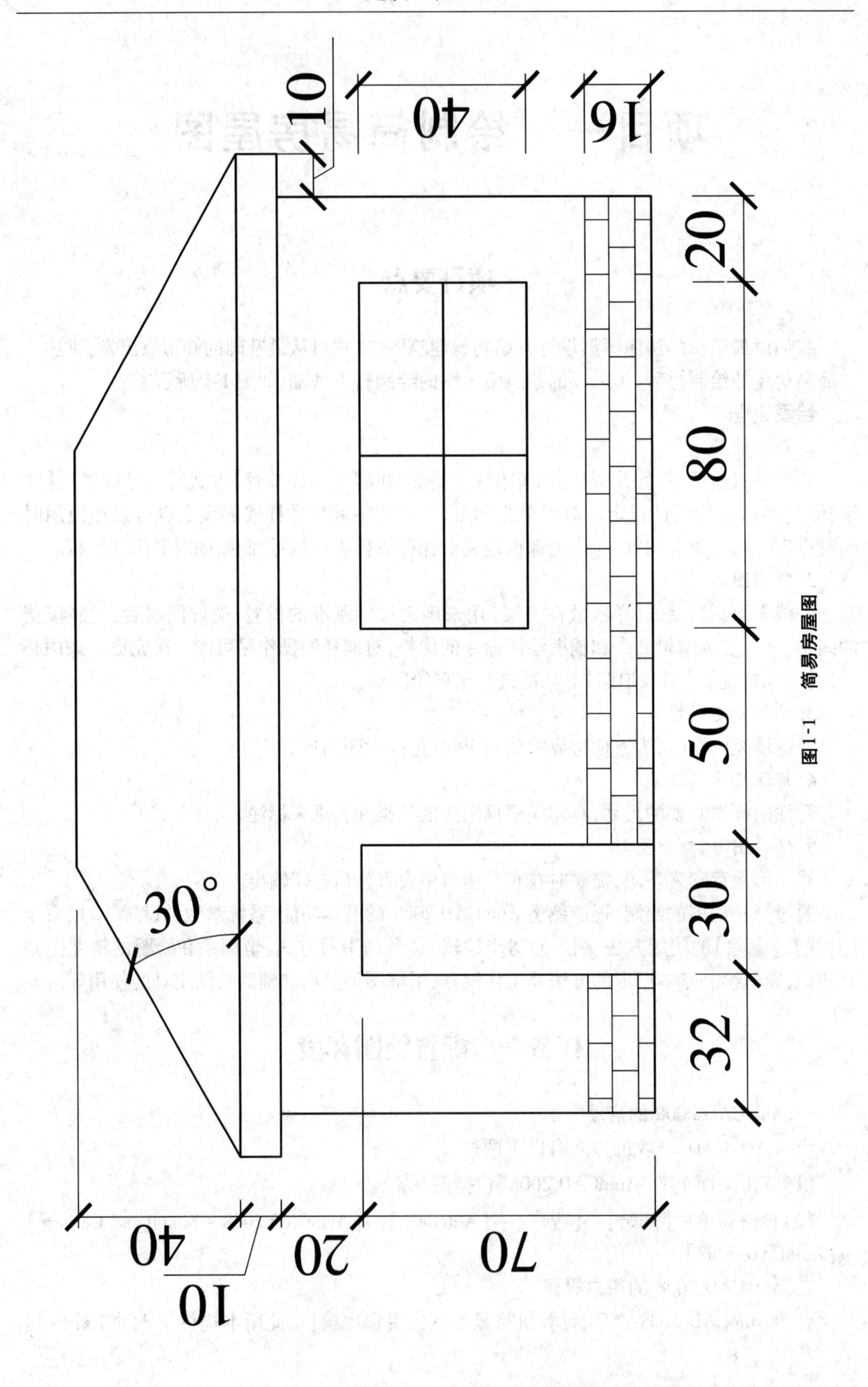

图1-1 简易房屋图

模式,如图 1-2 所示为“二维草图与注释”工作空间界面,图 1-3 所示为“三维建模”工作空间界面,图 1-4 所示为“AutoCAD 经典”工作空间界面,本部分内容以“AutoCAD 经典”工作空间为例,介绍 AutoCAD 2008 的用户界面。

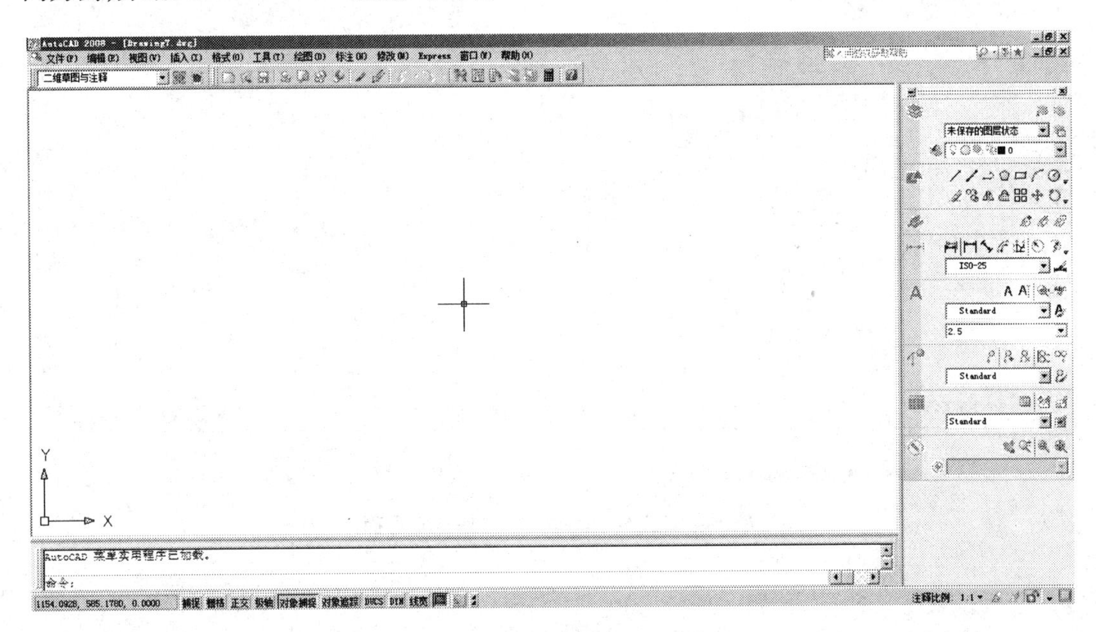

图 1-2　“二维草图与注释”工作空间界面

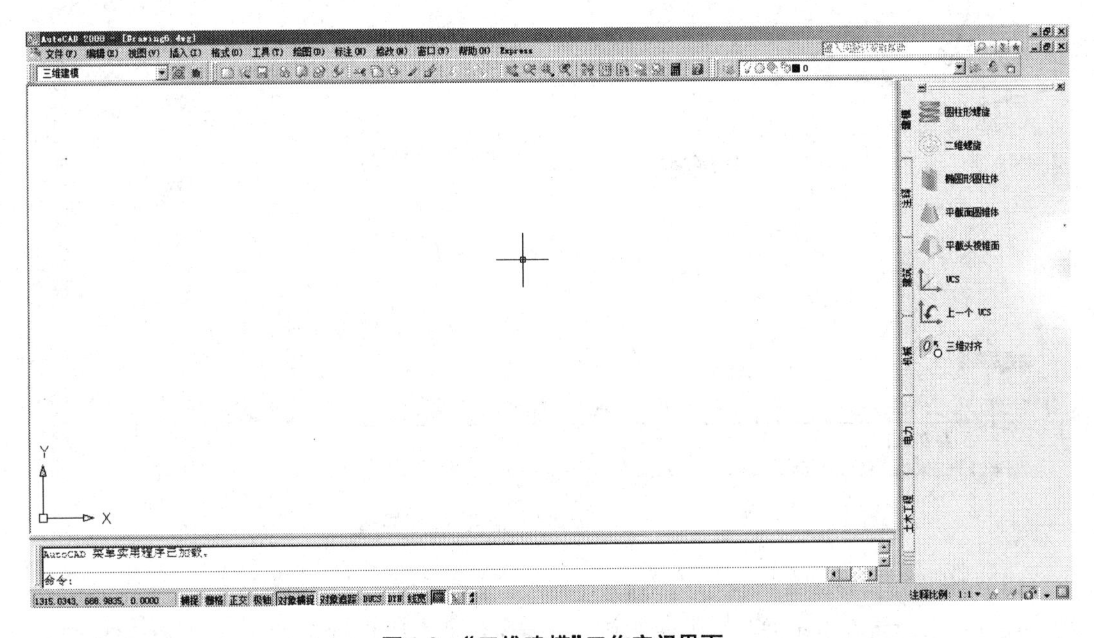

图 1-3　“三维建模”工作空间界面

1. AutoCAD 2008 经典用户界面

打开 AutoCAD 2008,各种工作界面都显示在窗口中,其位置和名称如图 1-5 所示。

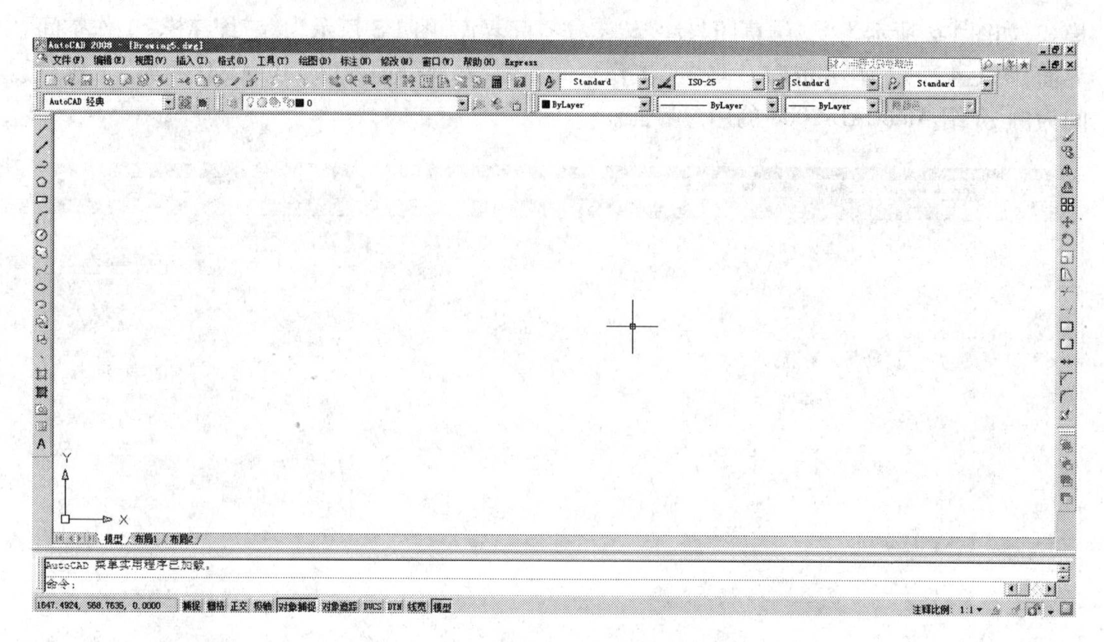

图 1-4 “AutoCAD 经典”工作空间界面

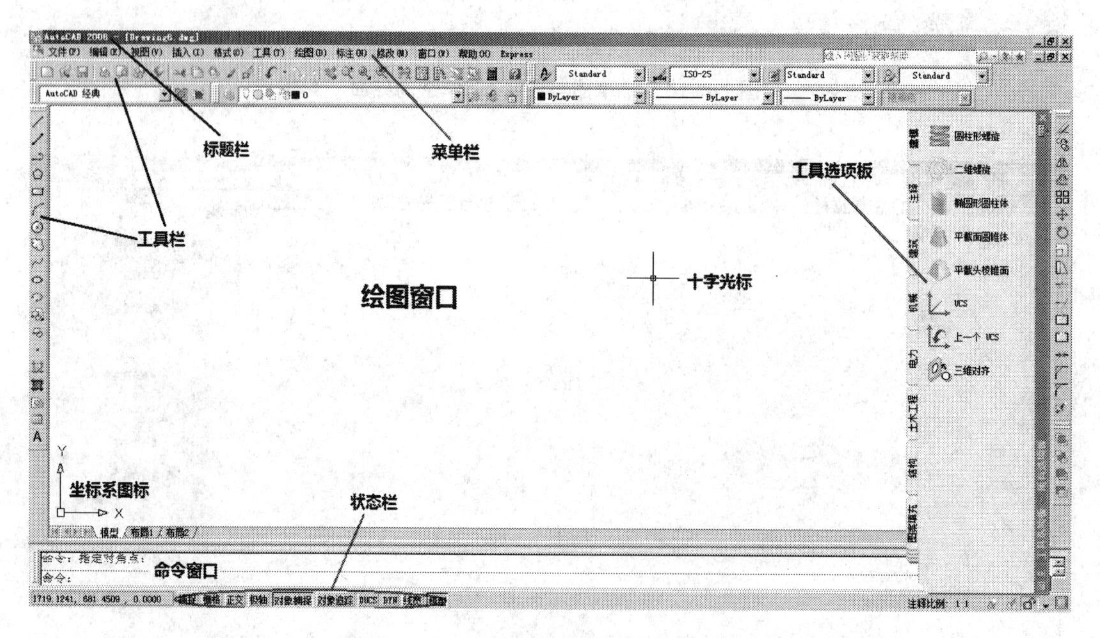

图 1-5 “AutoCAD 2008 经典”操作界面

(1)标题栏。

标题栏最左边有一个图标，双击则退出程序，单击则出现下拉菜单，用于完成最小化、最大化和关闭等操作，程序图标的右侧有 AutoCAD 的版本号和当前图形文档的名称。

(2)菜单栏。

菜单栏左边是“图形文档”按钮，双击则关闭当前图形文档，单击出现最小化、最大化和关闭当前图形文档等操作选项。菜单栏中间的选项即为 CAD 的 11 种工作主菜单，把光标移动至某一按钮上即可看到凸起状态，单击即可展开主菜单，把光标放置在带有小黑三角符号的菜单上即可展开此菜单的下一级菜单，把光标放置在带有“…”的菜单上单击左键即可打开相应的对话框，表示此命令是以对话框的形式和用户交流。当激活某一主菜单之后，以灰色显示的命令表示当前命令无效，黑色则表示当前命令有效。命令后面带有组合功能键的表示用户通过按下键盘的相应组合键与按下此菜单的命令是等效的。

(3)工具栏。

工具栏位于菜单栏的下部和工作界面的两侧，把光标放置在某一工作按钮上使其呈凸起状态，同时在按钮的下部显示此按钮的命令，默认状态下即显示默认工具栏、图层工具栏、对象特性工具栏、样式工具栏、修改工具栏和绘图工具栏。工具栏的位置可以分为 3 种，第 1 种以悬浮的形式嵌在绘图窗口内，称为悬浮工具栏；第 2 种以固定的形式排列在 AutoCAD 的固定工具栏，称为固定工具栏；第 3 种以嵌套在某一工具栏之内的形式形成的工具栏，称为嵌套工具栏，如“缩放”工具。将光标放在悬浮工具栏的蓝色位置上，左键按住拖到绘图区的一侧，即可将悬浮工具栏转化成固定工具栏，反之则将固定工具栏转变为悬浮工具栏，如图 1-6 所示。在工具栏上单击右键选择“自定义”选项，或单击工具栏当中的自定义即可打开“自定义工具栏”对话框，在此对话框内可以自定义新的工具栏，也可为现有的工具栏增加工具按钮图标。

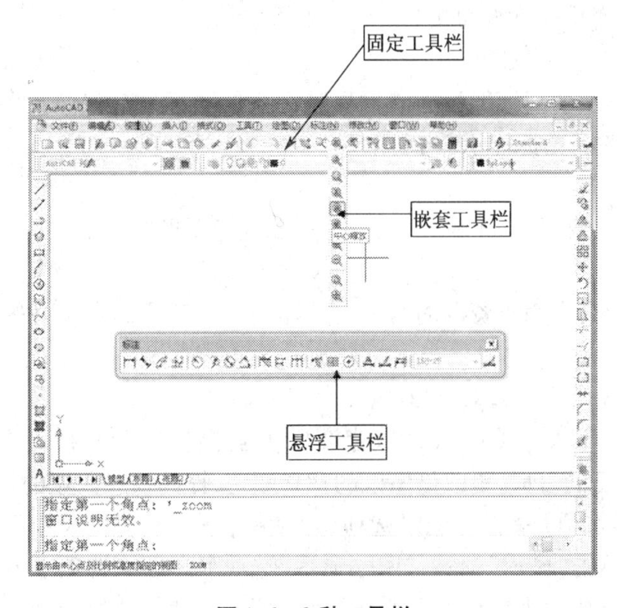

图 1-6　3 种工具栏

(4)绘图窗口。

绘图区是位于工具栏和命令行之间的区域，绘图区下部有模型标签和布局标签，也代表两种空间：模型空间和布局空间。系统默认的操作空间为模型空间，用于绘图，布局空间主要用于打印输出。在绘图区内以十字光标出现的符号即为光标符号，在没有任何命令执行的情况下，光标符号显示为带有方框的十字符号，当激活了某一个绘图命令之后，光标变为十字光标，当激活了某一个修改命令之后，光标变为点光标，为了作图方便，随时可以设置点光标的尺寸，单击工具菜单中的【选项】命令或是使用快捷键，然后按回车键，则打开“选项”

对话框,激活“选择”选项卡,在拾取框内左右移动即可设置点光标的大小。

(5)命令窗口。

命令行位于绘图窗口的下部,它是用户和 AutoCAD 进行交互操作交流的主要通道,命令行由命令历史窗口和命令窗口组成,也可将命令窗口按住拖入至绘图区内,把光标放在命令行和绘图区的交界处,向上拖动光标即可增加命令历史窗口,观察更多的历史命令信息,但这样就减小了绘图区域,如果用户既想观察更多的历史信息又不想缩小绘图窗口的操作区域,可以借助〈F2〉功能键,打开文本窗口帮助用户查找更多的历史命令信息,再次按下〈F2〉键即可关闭文本窗口。

(6)状态栏。

状态栏位于工作界面的最底部,状态栏的左边用于显示当前十字光标所处位置的三维坐标值,在此区域单击左键即可关闭该显示功能,再次单击左键即可打开。状态栏由“坐标读数器”、“绘图辅助功能区”、“状态栏”按钮 3 部分组成。

① 坐标读数器:状态栏左端为坐标读数器,用于显示十字光标所处位置的坐标值。

② 绘图辅助功能区:该区中提供一些重要的绘图辅助功能按钮,这些功能按钮主要用于控制图形点的精确定位。

③ “状态栏”按钮:在状态栏的右部分布了一些常用的功能按钮,主要用于查看图形、布局以及对工作空间、窗口等进行切换等。

(7)坐标系图标。

绘图区左下角显示的图标即为当前世界坐标系的图标,单击【视图】→【显示】→【UCS 图标】→【开】,即可关闭图标显示。

(8)十字光标。

绘图区中的活动光标相当于鼠标指针,是用于选择图形的主要工具。

(9)工具选项板。

工具选项板中的命令用于资源的组织、资源的共享、工具的自定义等操作,以方便用户绘图。

2. AutoCAD 2008 用户界面的介绍

由于 AutoCAD 2008 默认的绘图区域背景颜色为黑色,并且线和面域显示的精度不高,所以,用户可根据自己的习惯,更改绘图区的背景颜色,提高线或面域的显示精度。

选择【工具】→【选项】命令,调出“选项”对话框,该对话框主要用于系统参数的设置。在“选项”对话框中单击“显示”标签,打开“显示”选项卡。在该选项卡中可对“窗口元素”、“布局元素”、“十字光标大小”和“显示精度”等选项区域进行设置,如图 1-7 所示。

(1)图形窗口中十字光标大小和显示精度的设置。

在“选项”对话框的“显示”选项卡中,设置“十字光标大小”为 5,在“显示精度”选项区域中设置“圆弧和圆的平滑度”为 1000、“每条多段线曲线的线段数”为 8、“渲染对象的平滑度”为 0.5、“曲面轮廓素线”为 4。单击“应用”按钮,完成“十字光标大小”和“显示精度”的设置。

(2)图形窗口中背景颜色的修改。

单击“窗口元素”选项区域中的“颜色”按钮,调出“图形窗口颜色”对话框。在该对话框的“背景”列表框中选中“二维模型空间”选项,在“界面元素”列表框中选中“统一背景”

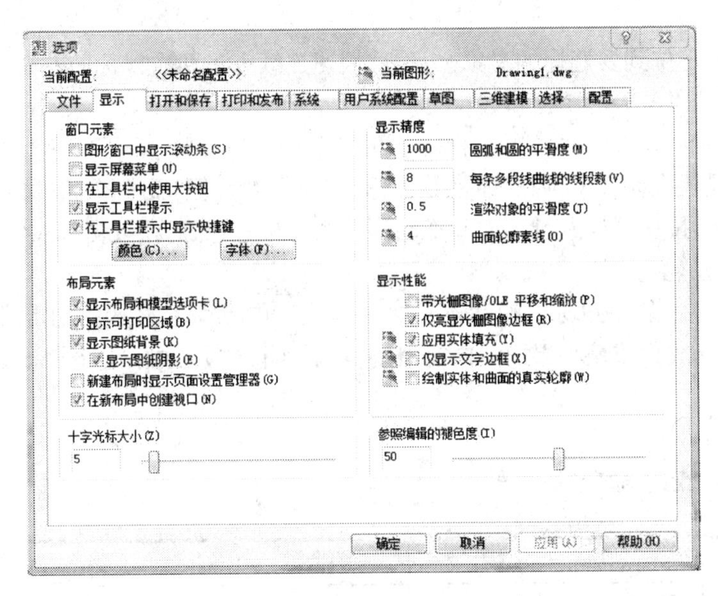

图 1-7　“显示”选项卡

选项，在“颜色”下拉列表框中选中“白”，如图 1-8 所示。单击“应用并关闭”按钮，关闭该对话框并返回“显示”对话框，再单击“应用”按钮，将图形窗口颜色设置为白色。

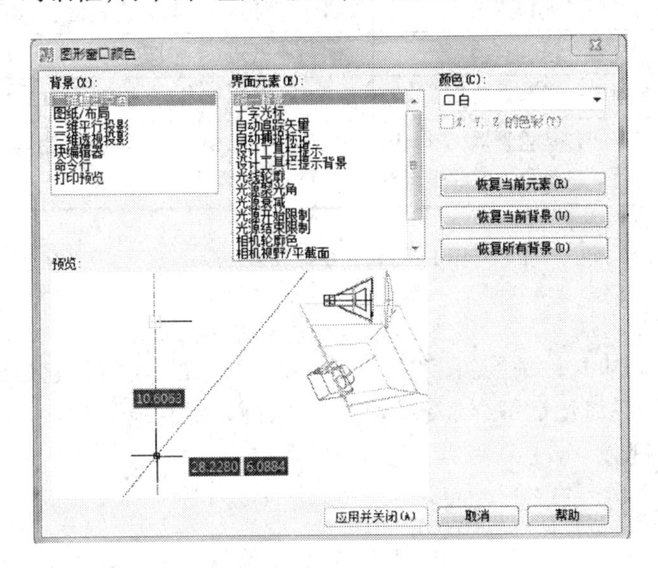

图 1-8　“图形窗口颜色”对话框

三、AutoCAD 2008 的基本操作

1. 鼠标操作

(1)单击左键。

将鼠标指针定位到要选择的对象上，然后单击一下鼠标的左键，如果对象是图标或窗口，它就会被突出显示。

(2)单击右键。

将鼠标指针定位到某一位置时，单击鼠标右键，可以弹出一个快捷菜单。

(3)双击。

将鼠标指针定位到要选择的对象上,然后快速连续点击两次鼠标的左键,可以用来启动一个应用程序,或者打开一个窗口。

(4)拖动。

可以使用鼠标拖动一个对象(通常是图标、窗口和对话框)到一个新的位置。将鼠标指针移到该对象上,按住鼠标左键不放并拖动到一个新位置,然后松开鼠标左键即可。

(5)转动滚动轮。

在 AutoCAD 中,转动鼠标的滚动轮不像在其他工作界面上显示的功能那样,使文档上下滑动,而是用于放大或缩小界面。向上滑动滚轮,实行放大功能;向下滑动滚轮,实行缩小功能。

2. 键盘操作

(1)常用键盘输入命令(图 1-9)。

组合键	功　　能	组合键	功　　能
Ctrl+Esc	打开“开始”菜单	Alt+F4	关闭当前窗口
Enter	确认	Tab	切换到对话框的下一栏
Esc	取消	Shift+Tab	切换到对话框的上一栏
Ctrl+<空格>	启动或关闭输入法	Shift+<空格>	半角/全角状态的切换
Ctrl+Shift	中文输入法的切换	Ctrl+.(小数点)	中/英文标点符号的切换
PrintScreen	复制整个屏幕内容到剪贴板	Alt+PrintScreen	将当前活动窗口内容复制到剪贴板
Ctrl+Alt+Delete	打开“任务管理器”,以供任务管理使用。例如,可强制结束某个应用程序的运行。连续两次按此组合键,将重新启动系统		

图 1-9　常用键盘输入命令

(2)快捷键操作。

在 AutoCAD 中,基本上每个绘图和修改工具都有自己的快捷键,它是最快捷、最简便的执行命令方法,需要熟练记忆每个命令的快捷方式,例如,“直线”工具,它的键盘命令 Line,快捷键操作是〈L〉键。

3. 菜单操作

(1)激活菜单。

鼠标单击菜单栏上任意一个菜单即可激活菜单。

(2)选择菜单命令。

菜单操作是执行工具命令的方法之一,例如,“直线”工具,具体操作单击菜单栏【绘图】→【直线】。

4. 工具栏操作

(1)打开或关闭工具栏。

在任意工具栏上单击鼠标右键即可打开工具栏菜单,在此工具栏菜单内,前面带有“√”的代表已打开的工具栏,如果想打开哪个工具栏就在哪个工具栏上单击左键即可打开该工具栏。关闭则取消“√”即可。

(2)激活工具栏显示工具

还是以直线操作为例,在绘图工具栏单击 ／ 图标,即可激活直线工具。

5. 对话框操作

(1)典型对话框的组成

对话框是一种次要窗口,包含按钮和各种选项,通过它们可以完成特定的命令和任务。对话框与窗口有所区别,没有最大化、最小化按钮,不能改变形状和大小。

(2)对话框的操作。

不是每个工具激活后都能直接进入到工具使用阶段,有些复杂的工具命令激活后,会出现对话框操作。例如“块定义”操作时就会出现“块定义”对话框,如图 1-10 所示。

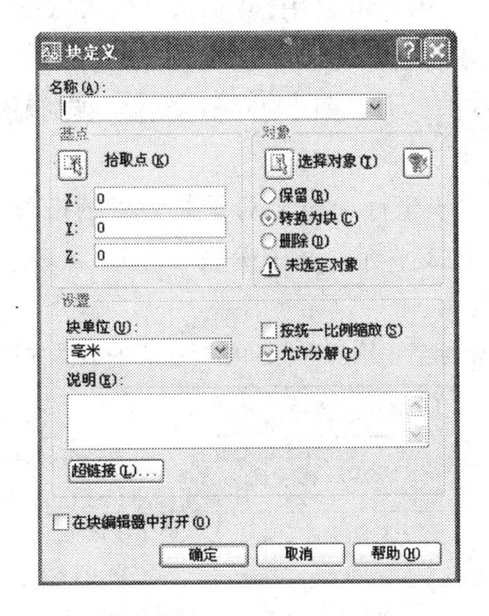

图 1-10　“块定义”对话框

任务二　绘制图形

一、绘图辅助知识

1. 坐标知识

(1)坐标系。

AutoCAD 2008 采用了多种坐标系以便绘图,比如,笛卡儿坐标系(CCS)、世界坐标系(WCS)和用户坐标系(UCS)。

① 笛卡儿坐标系(CCS)。AutoCAD 采用三维笛卡儿坐标系(CCS)来确定点的位置。在屏幕底部状态栏上所显示的三维坐标值,就是笛卡儿坐标系中的数值,它能准确无误地反映当前十字光标所处的位置。

② 世界坐标系(WCS)。世界坐标系(WCS)是 AutoCAD 2008 的基本坐标系,它由 3 个相互垂直并相交的 *X* 轴、*Y* 轴、*Z* 轴组成;在绘制和编辑图形的过程当中,世界坐标系(WCS)是默认的坐标系。

③ 用户坐标系(UCS)。AutoCAD 提供了可变的用户坐标系(UCS)以方便绘制图形。

在默认情况下，用户坐标系和世界坐标系重合，用户可以在绘图过程中根据具体需要来定义用户坐标系(UCS)。

(2)坐标输入方法。

绘制图形时，如何精确地输入点的坐标是绘图的关键，经常采用的精确定位坐标点的方法有4种，即绝对坐标定位、相对坐标定位、绝对极坐标定位和相对极坐标定位。具体表达方式及释义参照表1-1。

①绝对坐标定位。绝对坐标是以当前坐标系原点为输入坐标值的基准点，输入的点的坐标值都是相对于坐标系原点(0,0,0)的位置而确定的，用户可以用(x,y,z)的方式输入绝对坐标。

②相对坐标定位。相对坐标是以前一个输入点为输入坐标值的参考点，输入点的坐标值是以前一点为基准而确定的，用户可以用(@x,y,z)的方式输入相对坐标。

③绝对极坐标定位。绝对极坐标是以原点为极点。用户可以输入一个长度数值，后跟一个"<"符号，再加一个角度值，即可指明绝对极坐标。如可输入($b<a$)，b表示极长，a表示角度。

④相对极坐标定位。相对极坐标通过相对于某一点的极长距离和偏移角来表示。用户可用(@$b<a$)的方式输入相对极坐标。其中@表示相对，b表示极长，a表示角度。

表1-1　坐标系中绝对坐标和相对坐标的表达方法和释义

分类		表达示例	释义
直角坐标系 (x,y)	绝对坐标	7,10	X轴方向距离坐标原点在正方向上7个单位，Y轴方向距离坐标原点在正方向上10个单位，坐标原点为(0,0)
	相对坐标	@3，-4	X坐标上距离上一点在正方向上3个单位，Y坐标上距离上一点在负方向上4个单位
极坐标系 $(\rho<\theta)$	绝对坐标	5<45	距离原点长度为5个单位，并且与X轴成45°角
	相对坐标	@1<45	距离上一指定点长度为1个单位，并且与X轴成45°角

2. 设置绘图界限

(1)绘图界限的设置。

绘制一条长为1 000 mm的直线，发现用鼠标滚轮缩小到最小也不能在屏幕上看到全图，这时解决的方法有两种，一是输入命令"re"并按回车键，重复几次，就可以看全图了；二是设置绘图的有效区域，即图形界限。

图形界限实际就是作图的范围。在平时的绘图过程中，往往要绘制各种尺寸范围的图形，所以在绘图之前一般需要根据图形总体尺寸来设置图形的作图区域，使绘制的图形完全处于绘制的作图区域内，便于视窗的调整和用户的观察编辑。

【图形界限】的调用方式：

①	菜单栏	"格式"→"图形界限"
②	命令行	LIMITS

（2）具体操作。

下面以设置 A2 图纸（594 × 420）的作图区域为例，说明图形界限的具体设置过程。

①新建一文档，在命令行输入 LIMITS，指定左下角点的提示下直接按回车键，以默认的原点作为图形界限左下角点；

②在指定右上角点的提示下输入 594，420，按回车键；

③单击【视图】→【缩放】→【全部】命令，让所设置的图形界限全部显示在当前的绘图区内。

3. 状态栏辅助工具

在实际绘图中，用鼠标定位虽然方便快捷，但精度不高，绘制的图形极不精确，远远不能满足工程制图的要求。AutoCAD 2008 提供了一些绘图辅助工具，包括正交、捕捉和栅格、对象捕捉、极轴追踪、对象捕捉追踪、动态输入、显示隐藏线宽等。利用这些绘图辅助工具，用户可以极大地提高绘图的精度和效率。

（1）正交。

用鼠标来画水平线和垂直线时，光凭肉眼去观察和掌握容易出现偏差。为解决这个问题，AutoCAD 2008 提供了一个正交（Ortho）功能，当正交模式打开时，AutoCAD 2008 只允许绘制水平线或垂直线，用户可以既方便又精确地绘制水平线和垂直线。用鼠标选择状态栏上“正交”按钮，用 <F8> 键可以完成正交功能的打开与关闭之间的切换。

（2）捕捉和栅格。

捕捉用于开启间隔捕捉功能。如果捕捉功能打开，光标将锁定在不可见的捕捉网格点上，只能在网格点之间做步进式跳动。捕捉间距在 *X* 轴方向、*Y* 轴方向可以相同，也可以不同。

栅格是可以显示在屏幕上的可见参照网格点，栅格既不是图形的一部分，也不会输出，它类似于方格纸，有助于定位。栅格点的间距值可以和捕捉间距相同，也可以不同。当栅格和捕捉配合使用时，对于提高绘图精确度有重要作用。

用户可在“草图设置”对话框中的“捕捉间距”、“栅格间距”选项组中设置 *X* 轴方向、*Y* 轴方向捕捉间距、格网点的间距；可分别通过“启用捕捉”、“启用栅格”复选框开启或关闭捕捉功能、栅格功能，如图 1-11 所示。

（3）对象捕捉

AutoCAD 2008 所提供的对象捕捉功能均是对绘图中控制点的捕捉而言的。其作用是在绘图对点定位时，十字光标可以被强制性地准确定位在已存在实体的特定点或特定位置上（如直线的中点），保证绘图的精确度。

打开“草图设置”对话框并选择“对象捕捉”选项卡，如图 1-12 所示。在“对象捕捉模式”选项组中，AutoCAD 2008 提供了 13 种对象捕捉方式可供用户选择，各方式具体介绍如下。

<u>端点捕捉（E）</u>　用来捕捉实体的端点，该实体可以是一段直线，也可以是一段圆弧。

<u>中点捕捉（M）</u>　用来捕捉一条直线或圆弧的中点。捕捉时只需将光标放在直线或圆弧中点附近即可，而不一定放在中部。

<u>圆心捕捉（C）</u>　该方式可以捕捉一个圆、弧或圆环的圆心。

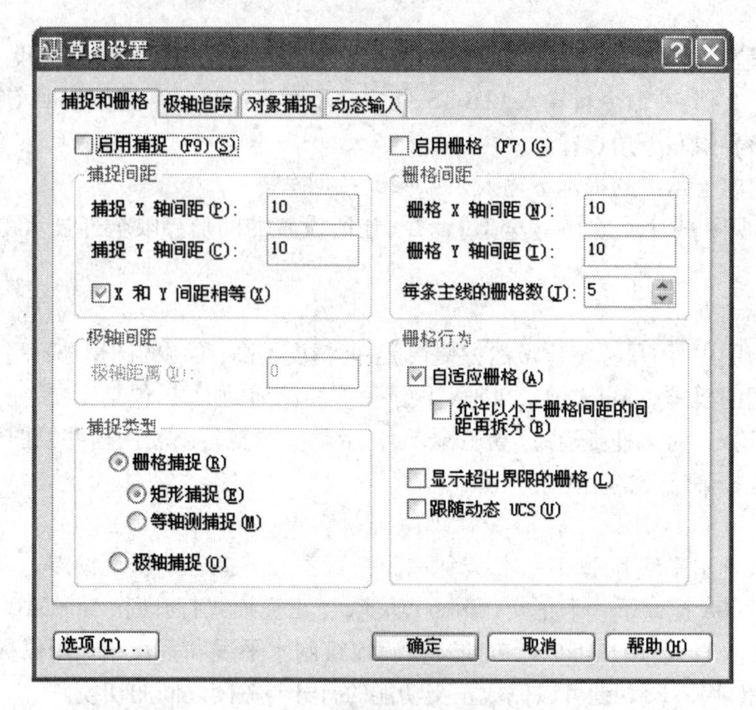

图 1-11 “草图设置”对话框

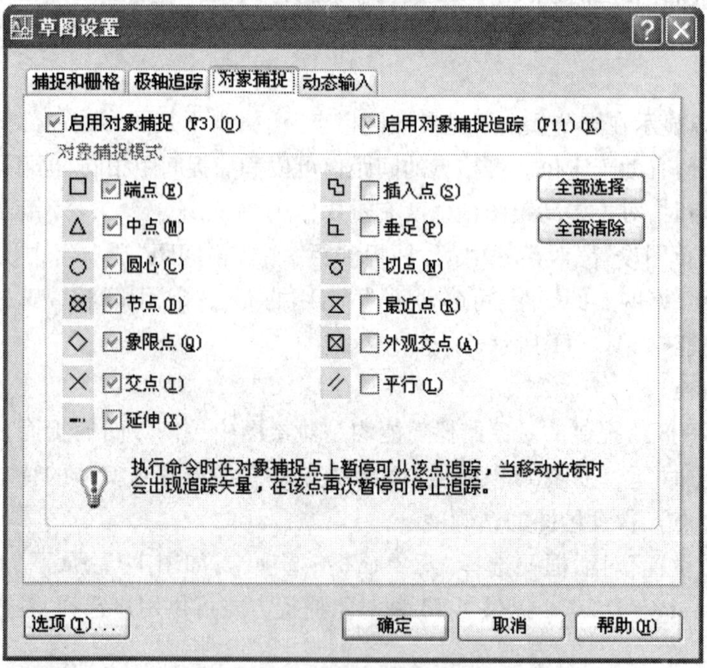

图 1-12 “对象捕捉”选项卡

节点捕捉(D) 用来捕捉点实体或节点。

象限点捕捉(Q) 即捕捉圆、圆环或弧在整个圆周上的四分点。一个圆四等分后，每一部分称为一个象限,象限在圆的连接部位即是象限点。靶区总是捕捉离它最近的那个象限点。

交点捕捉(I)　该方式用来捕捉实体的交点,这种方式要求实体在空间内必须有一个真实的交点,无论交点目前是否存在,只要延长之后相交于一点即可。

延伸捕捉(X)　用来捕捉一条已知直线延长线上的点,即在该延长线上选择出合适的点。

插入点捕捉(S)　用来捕捉一个文本或图块的插入点,对于文本来说即是其定位点。

垂足捕捉(P)　该方式在一条直线、圆弧或圆上捕捉一个点,从当前已选定的点到该捕捉点的连线与所选择的实体(如直线)或实体的切线(如圆弧或圆的切线)垂直。

切点捕捉(N)　在圆或圆弧上捕捉一点,使这一点和已确定的另外一点连线与实体相切。

最近点捕捉(R)　此方式用来捕捉直线、弧或其他实体上离靶区中心最近的点。

外观交点捕捉(A)　用来捕捉两个实体的延伸交点。该交点在图上并不存在,而仅仅是同方向上延伸后得到的交点。

平行捕捉(L)　捕捉一点,使已知点与该点的连线和一条已知直线平行。

说明:开启、关闭捕捉、栅格、正交、极轴、对象捕捉和对象追踪可直接用鼠标左键单击状态栏中的相应按钮,或单击右键,弹出图 1-13 所示的菜单,选择【开(O)】/【关(F)】命令;或直接依次按下 < F9 > 键、< F7 > 键、< F8 > 键、< F10 > 键、< F3 > 键、< F11 > 键进行选择。

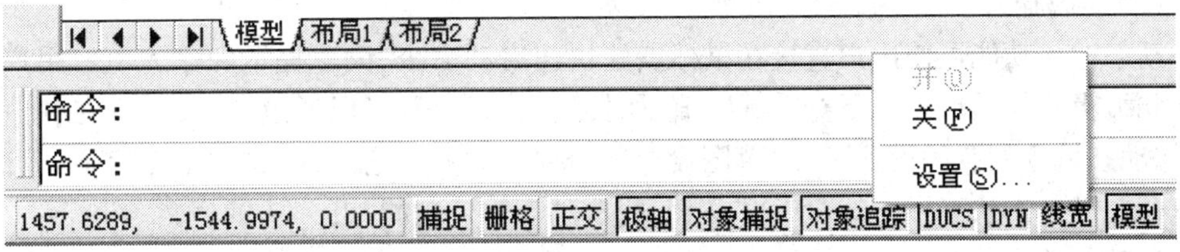

图 1-13　快捷菜单

此外,AutoCAD 2008 还提供了单点优先的对象捕捉操作方式,即在命令要求输入点时,同时按下 < Shift > 键和鼠标右键,在屏幕上当前光标处会出现对象捕捉的快捷菜单,如图 1-14 所示,选择所需的对象捕捉方式,即可临时调用该方式的对象捕捉功能,此时它覆盖"对象捕捉"选项卡的设置。此方法只对当前点有效。

(4)极轴追踪与对象捕捉追踪。

极轴追踪与对象捕捉追踪是 AutoCAD 2008 提供的两种自动追踪功能,打开该功能,执行命令时,屏幕上会显示临时辅助线,帮助用户在指定的角度和位置上精确绘制图形。

① 极轴追踪。在绘图过程中,当 AutoCAD 2008 要求用户给出定点时,打开该功能可使在给定的极角方向上出现临时辅助线。极轴追踪的有关设置可在"草图设置"对话框中"极轴追踪"选项卡中完成。

② 对象捕捉追踪。该功能与对象捕捉功能有关,启用该功能之前必须先启用对象捕捉功能。利用该功能可产生基于对象捕捉点的辅助线。

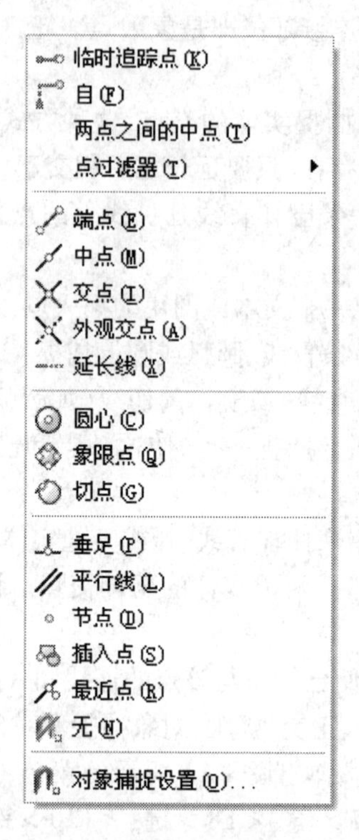

图 1-14 对象捕捉的快捷菜单

(5)动态输入。

动态输入功能可使用户直接在鼠标点处快速启动命令、读取提示和输入值。用户可在创建和编辑几何图形动态下查看标准值,如长度和角度,并可以通过 <Tab> 键在各值之间切换,动态输入的有关设置可在"草图设置"对话框中的"动态输入"选项卡中完成。可直接用鼠标左键单击状态栏中的"DYN"按钮,完成动态输入功能"开/关"的切换。

4. 对象选择

(1)直接点取方式。

通过鼠标或其他输入设备直接点取实体后实体呈高亮度显示,表示该实体已被选中,此时就可以对其进行编辑。

点选是最基本的选择方式,此种方式一次只能选择一个图形对象,当用户执行了某一个修改命令的时候,命令行自动出现选择对象的提示,这是系统自动进入点选的模式,十字光标切换成方形,用户只需将此方框放在要选图形的边缘上,单击左键即可选择该图形对象。

(2)窗口选择方式。

窗口选择是使用频率最高的选择方式,当用户一次选择多个对象的时候,往往使用窗口选择的操作方式,当命令行出现选择对象的提示时,用户只需根据屏幕上的位置拉出一矩形选择框,位于选择框内的图形和与选择框边界相交的图形就是将要被选择的图形对象。此种选择方式按照选择的结果和操作方法又分为"全选"和"框选"。

"全选"就是从右向左拉出一矩形选择框,所拉出的选择框以虚线的显示,选择的结果就是完全位于选择框内的图形对象和与选择框边界相交的图形对象。

"框选"就是从左向右拉出一矩形选择框,所拉出的选择框以实线的显示,选择的结果就是完全位于选择框内的图形才能被选中,与选择框边界相交的图形对象不会被选中。

(3)交叉选择方式。

交叉选择对象方法和窗口选择对象的方法相似,只不过鼠标是自右下角到左上角框选出一个矩形窗口。同时交叉选择对象与窗口选择对象也有区别:窗口“框选”对象要求所选择的对象全部被框在窗口内,而交叉选择对象则是窗口内的图形对象和与窗口相交的图形对象都将被选中。在命令行输入 CROSSING(C)即可启动交叉选择对象命令。

(4)“快速选择”调用方式。

【快速选择】调用方式:

①	菜单栏	“工具”→“快速选择”
②	绘图区	单击右键点击“快速选择”
③	命令行	QSELECT

AutoCAD 为用户提供了对象的快速选择功能,该工具位于工具菜单栏下,快速选择工具能够根据对象的类型、颜色、图层、线型、线宽等特性设定过滤条件,然后系统将在指定的选择集中自动筛选,最终识别出满足过滤条件的图形对象。在这个对话框内共有 3 级过滤功能,其中“应用到”下拉列表为快速选择的一级过滤工具,用于指定将适合的过滤条件应用到整个图形或者是当前的选择集;“对象类型”列表框为快速选择的二级过滤工具,用于指定要包含在过滤条件中的对象类型;“特性”文本框是快速选择的三级过滤工具,用于指定过滤区的对象特性,然后在“运算符”和“值”列表框内确定对象的过滤值,如图 1-15 所示。

5. 视窗的显示控制

(1)视窗缩放。

AutoCAD 为用户提供多种不同的视窗缩放工具,利用这些视窗的缩放控制工具,用户可以很方便地根据需要改变图形在当前窗口中的显示,从而使用户更容易观察和编辑视窗中的图形对象,如图 1-16 所示。执行这些缩放功能有以下 3 种方式。

一是单击“镶嵌”工具栏中的各种视窗缩放功能;

二是单击“视图”→“缩放”里边的各种选项;

三是在任意工具栏上单击右键,在打开的工具栏菜单内“激活缩放”工具栏,通过单击“缩放”工具栏中的各种按钮可以很方便地调整视图的各种显示。

① 窗口缩放。用于缩放由两个交点所定义的矩形窗口的区域,使位于在矩形窗口内的图形尽可能放大显示。

② 动态缩放。激活“动态缩放”工具之后,屏幕将切换到临时的虚拟显示状态,此时在屏幕上显示 3 个视图框,其中绿色的为当前视图框,就是在执行这一工具之前的显示区域;蓝色的为图形界限或图形范围视图框,它显示图形界限或图形范围视图框较大的一个;另一个实线的视图框为选择视图框,此视图框有两种视图状态,一种是平移一种是缩放,平移状态下小光标为“ × ”形式,此时单击左键,小光标变为“→”形式,视图框由平移状态转化为缩放状态,当视图框被缩放后按回车键,结果位于视图框内的图形被放大显示。

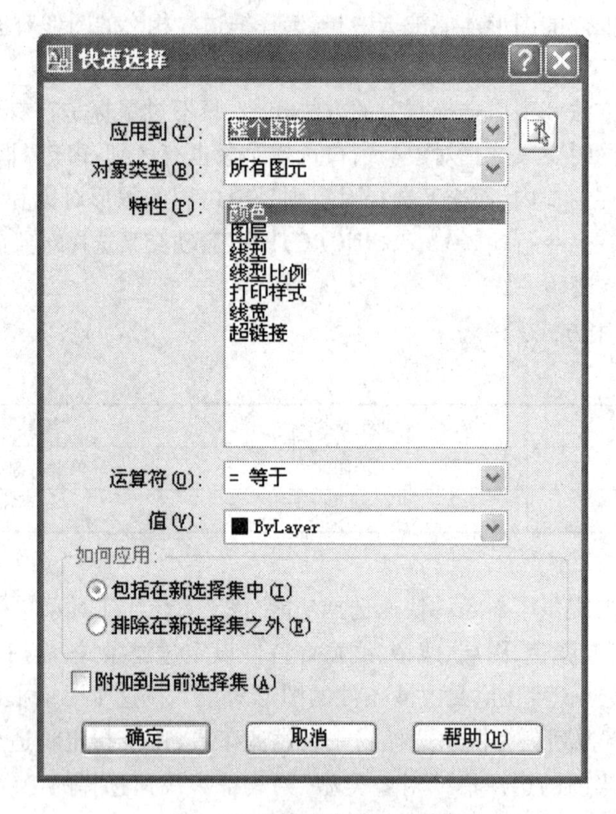

图 1-15 “快速选择”对话框

图 1-16 “缩放”工具栏

③ 比例缩放。此项是以指定的比例因子缩放显示当前的视图,并且视图的中心点保持不变,激活“比例缩放”命令,在命令行的提示下输入比例因子就可以对当前的视图进行比例缩放,输入比例因子有 3 种方式:a. 在命令行直接输入一个数值,例如“2↙”,此种缩放方式表示相对于当前图形界限的放大倍数为 2;b. 缩放上一个,在命令行输入“2X”,此种缩放方式表示相对于当前视图的缩放倍数;c. 在缩放数字后加“XP”符号,此种缩放方式应用在图纸空间内,表示将根据图纸空间单位确定缩放比例。

④ 中心缩放。用于缩放显示由中心点和缩放比例所定义的窗口,激活“中心缩放”功能,视图将以指定的点作为新视图的中心点显示,假如视图缩放后中心点位于图形的某一位置,左键单击拾取一点,此时命令行出现输入比例或高度的提示,如果用户直接在命令行内输入一个数值,系统缩放的结果将输入的数值作为新视图的高度;如果用户输入的是数值后边加“X”,则表示相对于当前视图的缩放倍数。

⑤“缩放对象”工具。用于在当前视窗内最大化显示所选择的单个或多个图形对象。

⑥“全部缩放”工具。将根据图形界限或当前图形的范围尺寸进行缩放视图,由于该图

形完全处在图形界限之内，所以执行该功能之后系统将最大化显示图形界限，与图形范围无关。

⑦“范围缩放”工具。适用于将所有的图形对象全部显示在屏幕上并最大限度地充满整个屏幕，此种缩放方式与图形界限无关。激活此工具会引起图形的再生成，速度较慢。

⑧“放大和缩小”工具。使用此工具，每单击一次视图，放大或是缩小一倍显示。

(2)视窗平移。

平移是最常用、最简单的视窗调整工具，平移就是用户根据自己的意愿平移视图，便于用户观察图形。

【平移】调用方式：

①	菜单栏	“视图”→“平移”
②	工具栏	“标准”→
③	命令行	PAN(P)

6. 查询功能

(1)距离。

查询距离命令用于查询两点之间的距离以及两点的连线与 X 轴和 XY 平面的夹角等参数。激活该命令后，命令行出现“指定第一点”提示，捕捉需要查询的第一点，在“指定第二点”的提示下再捕捉第二点，然后命令行出现两点的连线距离、XY 平面的夹角等数值。

【查询距离】调用方式：

①	菜单栏	“工具”→“查询”→“距离”
②	工具栏	“查询”→
③	命令行	DIST (DI)

(2)面积。

查询面积命令用于查询单个封闭对象或者是由若干点所围成的区域的面积以及周长，还可以对对象的面积进行加减运算。激活该命令后，命令行出现“指定第一个角点”提示，其中“对象”选项用于查询单个封闭对象的面积和周长，“加”、“减”用于对查询的多个对象面积进行运算，如果用户查询由多个点所围成的区域，可以分别按照顺时针或是逆时针方向拾取需要查询的多个点，然后按回车键。

【查询面积】调用方式：

①	菜单栏	“工具”→“查询”→“面积”
②	工具栏	“查询”→
③	命令行	AREA

二、新知识点

1. 直线

【直线】调用方式：

①	菜单栏	“绘图”→“直线”
②	工具栏	“绘图”→
③	命令行	LINE(L)

直线是绘图工具中最基本的工具，绘制时选择“直线”工具，在绘图区域左键单击一点，确定起点，然后再选择另一点确认，形成一条直线。

2. 删除

【删除】调用方式：

①	菜单栏	“修改”→“删除”
②	工具栏	“修改”→
③	命令行	ERASE(E)

“删除”是修改工具中最基本的工具，绘制时可以选择“删除”工具，在绘图区域中选择要删除的对象，按回车键确定或单击右键，完成删除。也可以先选择要删除的对象，单击“删除”工具，完成删除。

三、绘制图形

1. 绘制外墙线

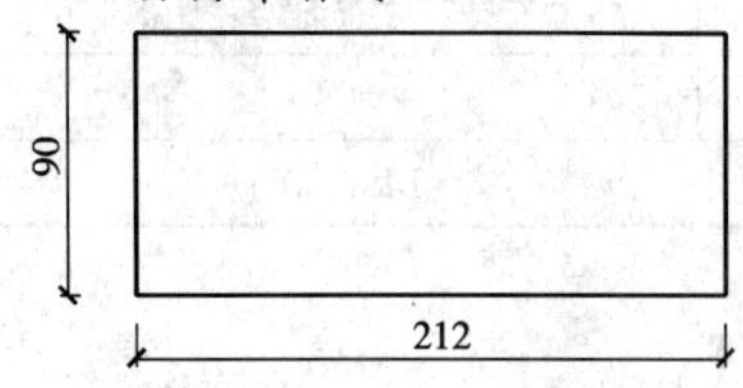

图 1-17　绘制外墙线

新建文件，启动“直线”工具，打开“正交”辅助工具，按照指定长度绘制房屋的墙身部分，如图 1-17 所示。

2. 绘制屋顶

屋顶的绘制除了运用直线绘制平行线之外，还需要应用极坐标，因为房子的屋顶为坡屋顶，倾斜部分需要用相对极坐标绘制，先利用端点捕捉确定倾斜部分起点，然后利用特殊角度 30°进行简单计算得到倾斜部分的长度为 80，最后将端点的相对极坐标设置为@ 80 < 120，如图 1-18、图 1-19 所示。

3. 绘制门窗

完成墙体和屋顶后绘制门窗，因为门和窗都处在墙线之内，所以要绘制辅助线来完成门窗的绘制，注意完成后应删除辅助线，如图 1-20、图 1-21 所示。

4. 填充墙体

对小房子进行下部的墙体填充，下墙线距地面高 16 个单位，然后打开工具栏中的【图案填充】，弹出“图案填充和渐变色”对话框(图 1-22)，点击“样例”的图案后，弹出“填充图案选项板”对话框(图 1-23)，选择“BRICK”进行填充，然后回到“图案填充和渐变色”对话

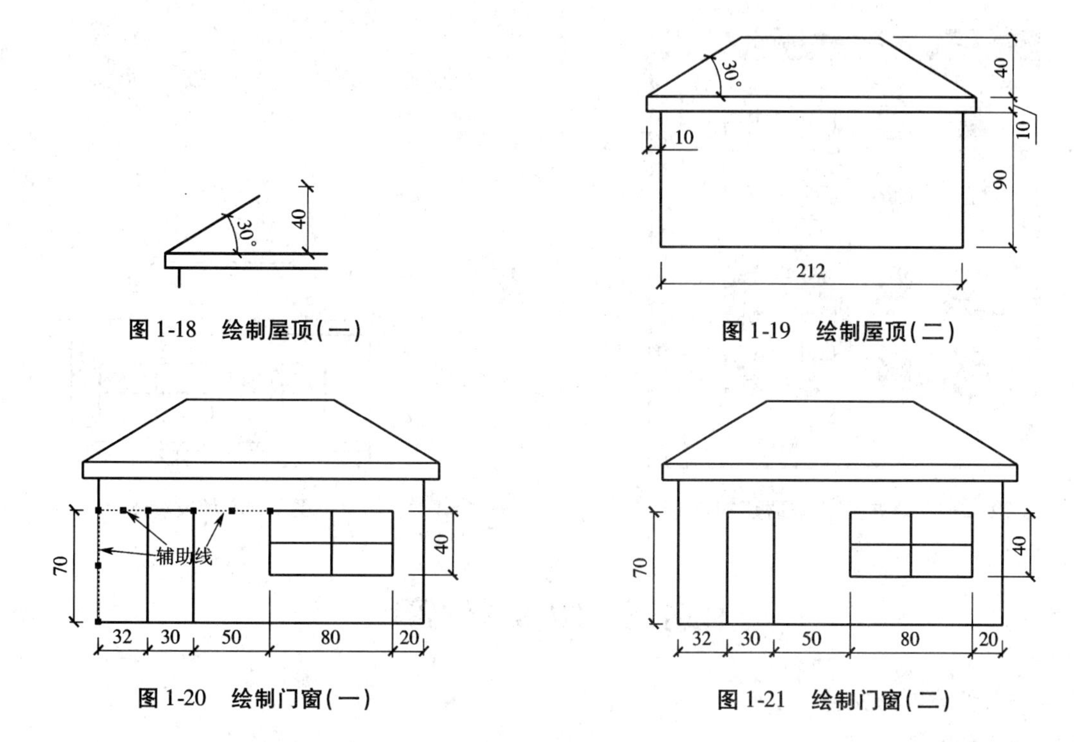

图 1-18　绘制屋顶(一)

图 1-19　绘制屋顶(二)

图 1-20　绘制门窗(一)

图 1-21　绘制门窗(二)

框,点击“添加:拾取点”,选择小房子下部需填充墙体区域内的一点,按回车键确认,完成全图,如图 1-24 所示。

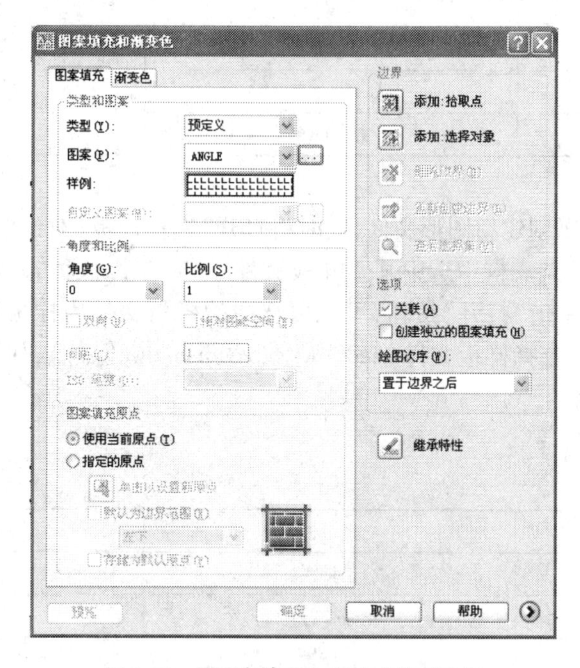

图 1-22　“图案填充和渐变色”对话框

本图例是一个小尺寸的图样练习,所以不必设置绘图环境,但如果绘制大尺寸的建筑施工图就必须在开始作图前设置绘图环境,否则整体比例及图幅就会出现问题。

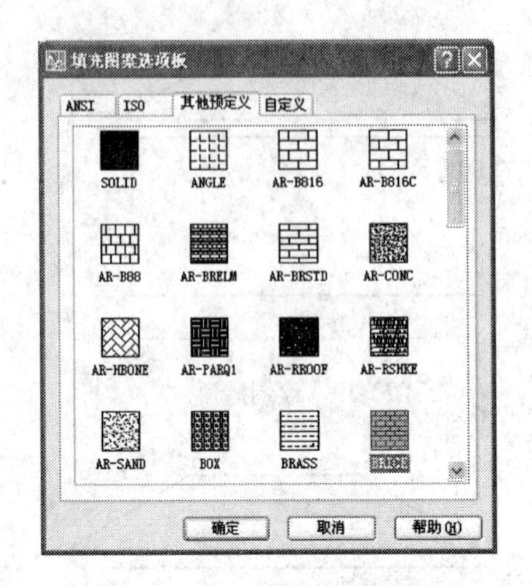

图 1-23 “填充图案选项板”对话框

图 1-24 填充墙体

任务三 图形文件管理

一、新建图形文件

【新建】调用方式：

①	菜单栏	“文件”→“新建”
②	工具栏	“标准”→
③	命令行	NEW 或 QNEW
④	快捷键:	〈Crtl〉+〈N〉

通过以上方法可以创建新图形文件，此时将打开“选择样板”对话框。在“选择样板”对话框中，可以在“名称”列表框中选中某一样板文件，这时在其右面的“预览”框中将显示出该样板的预览图形。单击“打开”按钮，可以以选中的样板文件为样板创建新图形，此时会显示图形文件的布局(选择样板文件 acad. dwt 或 acadiso. dwt 除外)，如图 1-25 所示。

二、打开图形文件

【打开】调用方式：

①	菜单栏	“文件”→“打开”
②	工具栏	“标准”→
③	命令行	OPEN
④	快捷键	〈Crtl〉+〈O〉

通过以上方法可以打开已有的图形文件，此时将打开“选择文件”对话框。选择需要打开的图形文件，在右面的“预览”框中将显示出该图形的预览图形。默认情况下，打开的图

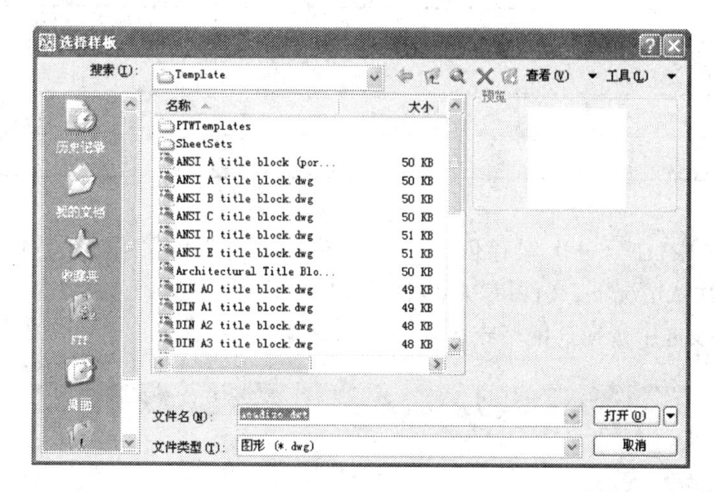

图 1-25　“选择样板”对话框

形文件类型为“.dwg”文件。在 AutoCAD 中,有“打开”、“以只读方式打开”、“局部打开”和“以只读方式局部打开”4 种方式打开图形文件。当以“打开”、“局部打开”方式打开图形时,可以对打开的图形进行编辑。如果以“以只读方式打开”、“以只读方式局部打开”方式打开图形时,则无法对打开的图形进行编辑。如果选择以“局部打开”、“以只读方式局部打开”打开图形,这时将打开“局部打开”对话框。可以在“要加载几何图形的视图”选项组中选择要打开的视图,选择要打开的图层,然后单击“打开”按钮,即可在视图中打开选中图层上的对象,如图 1-26 所示。

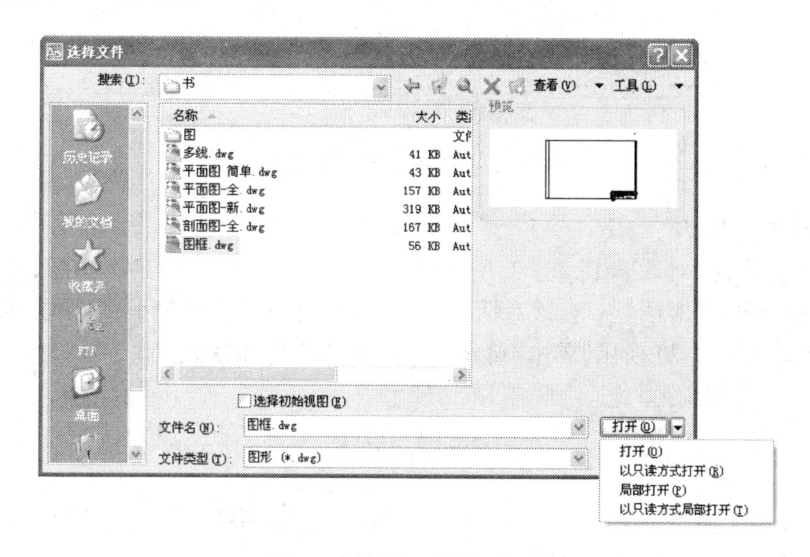

图 1-26　“选择文件”对话框

三、保存图形文件

【保存】调用方式:

①	菜单栏	“文件”→“保存”或“另存为”
②	工具栏	“标准”→
③	命令行	QSAVE
④	快捷键	〈Crtl〉+〈S〉

在 AutoCAD 中，在第一次保存创建的图形时，系统将打开“图形另存为”对话框，如图 1-27 所示。默认情况下，文件以“AutoCAD 2008 图形(*. dwg)”类型保存，也可以在“文件类型”下拉列表框中选择其他格式。

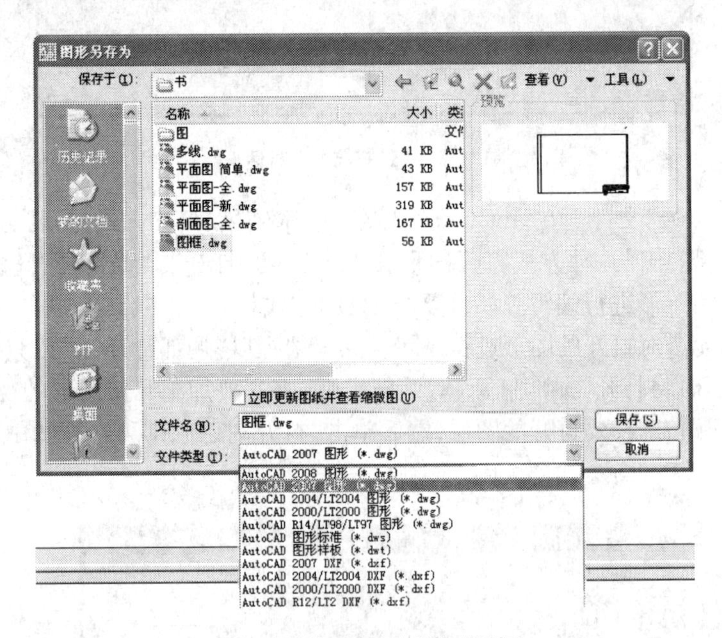

图 1-27 “图形另存为”对话框

四、图形文件加密

在“图形另存为”对话框中，在“工具”下拉菜单中，单击“安全选项”按钮，如图 1-28 所示。调出“安全选项”对话框。在该对话框的“用于打开此图形的密码或短语”文本框中输入所需的密码，如图 1-29 所示，单击“确定”按钮，完成文件加密设置。

项目总结

本项目介绍了如何通过基本的绘图修改命令进行简易房屋的绘制，并且让大家初步了解和接触到了建筑图形绘图的基础，对 AutoCAD 2008 有一个既概括又全面的认识，在绘制施工图前期对绘图环境和设置有个大致的认识，这样为后面具体项目的绘制做好充足的知识储备。

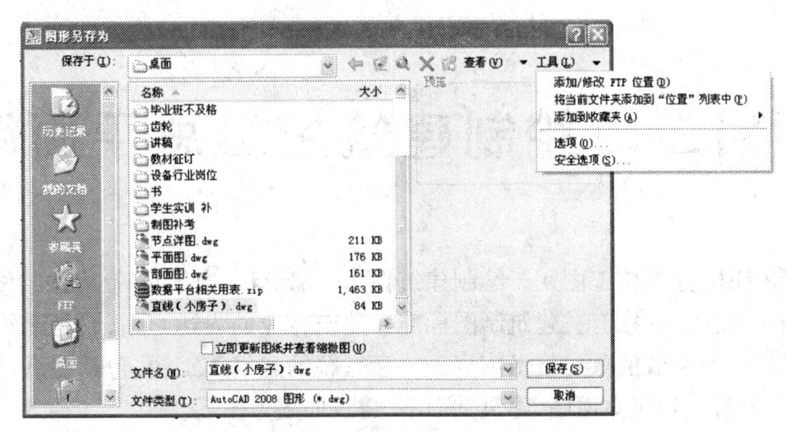

图 1-28　“图形另存为”对话框

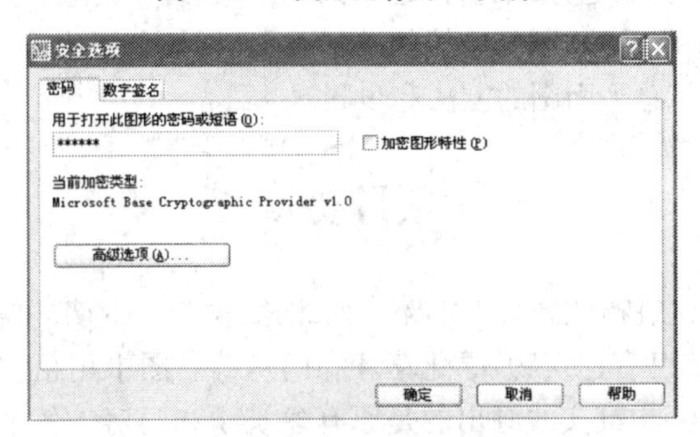

图 1-29　“安全选项”对话框

课后拓展

练习绘制 A3 图框线，如图 1-30 所示。

图 1-30　图框线练习

项目二　绘制建筑施工总平面图

在建筑制图中，建筑施工图用于绘制建筑物的外部形状、内部布置、内外装修、构造及施工要求，同时还要满足国家有关建筑制图标准和建筑行业的表达习惯，它是建筑施工、编制建筑工程预算、工程验收的重要技术依据。一套完整的建筑施工图，包括图纸首页、建筑总平面图、建筑平面图、建筑立面图、建筑剖面图、建筑详图等图纸。

建筑总平面设计主要表达建筑定位、建筑的高度、建筑与周边道路或环境的关系等。本部分内容将通过图 2-1 所示的"某住宅楼的总平面图"详细介绍建筑总平面图的识图和利用 AutoCAD 2008 绘制建筑总平面图的方法和步骤。

项目要点

如图 2-1 所示，该建筑物地处某十字路口西北角，位于有围墙环绕的某区域内。该区域内除住宅楼外还有一栋已有建筑物、绿化草坪和门房等。图中用粗实线画出的图形是新建住宅楼的底层平面轮廓，用细实线画出的是原有建筑物和门房。各个平面图形的小黑点数表示房屋的层数。图中围墙外带有圆角的细实线表示道路的边线，细点画线表示道路的中心线。新建道路或硬地注有主要的宽度尺寸。各道路与围墙之间为绿化地带。

通过对本项目的学习和实践，掌握总平面图的识图，图形界限、图层的设置，【矩形】、【正多边形】、【圆】、【椭圆】等绘图工具，【移动】、【复制】、【旋转】、【倒角】、【偏移】、【修剪】、【延伸】等修改工具的使用，以及建筑图总平面图的绘制及表示方法等。

任务一　确定绘图内容及流程

一、识图

1. 建筑总平面图的形成和作用

建筑总平面图简称总平面图，是表达建筑工程总体布局的图样。通常通过在建设地域上空向地面一定范围投影得到总平面图。总平面图表明新建房屋所在地有关范围内的总体布置，它反映了新建房屋、建筑物等的位置和朝向，室外场地、道路、绿化等布置，地形、地貌标高等以及和原有环境的关系和临界状况。建筑总平面图是建筑物及其他设施施工的定位、土方施工以及绘制水、暖、电等管线总平面图和施工总平面图的依据。

2. 建筑总平面图的阅读内容

（1）阅读标题栏、图名、比例。

（2）阅读设计说明。

（3）了解新建建筑的位置、层数、朝向等。

（4）了解新建建筑物的首层地坪、室外设计地坪的标高以及周围地形、等高线等。

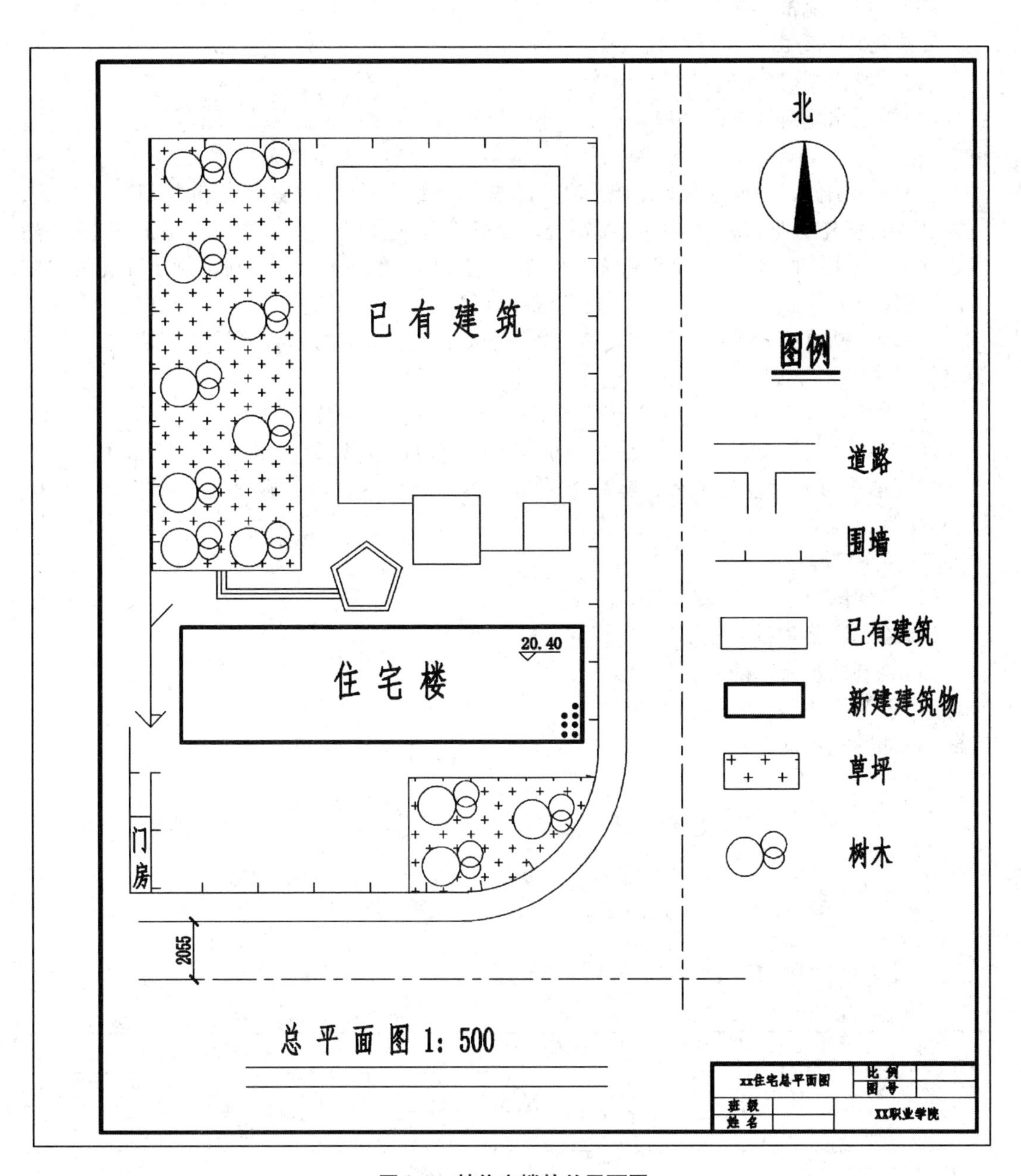

图 2-1　某住宅楼的总平面图

(5)了解新建建筑的周围环境状况。

(6)了解原有建筑物、构筑物和计划扩建的项目等。

(7)了解其他新建项目。

(8)了解当地常年主导风向。

3. 建筑总平面图的绘制内容及要求

(1)需给出图名、比例尺。

(2)需给出建筑地域的环境状况,如地理位置、建筑物占地界限及原有建筑物、各种管道等。

(3)应用图例以表明新建区、原有建筑的总体布置,表明各个建筑物的构筑物的位置,道路、广场、室外场地和绿化等的布置情况以及各个建筑物和层数等。在总平面图上,一般应该画出所采用的主要图例及其名称。此外,对于《建筑制图标准》中缺乏规定而需要自定义的图例,必须在总平面图中绘制清楚,并注明名称。

(4)确定新建或者扩建工程的具体位置,一般根据原有的房屋或者道路来定位,并以米为单位标注出定位尺寸。

(5)采用坐标来确定每一个建筑物及其道路转折点等的位置。

(6)画出指北针,用来表示该地区构筑物方向,有时也可以只画出单独的指北针。

建筑总平面图所包括的范围较大,因此需要采用较大的比例,通常采用 1:500、1:1 000、1:5 000 等比例尺。

二、绘图流程

(1)新建图形,建立绘图环境。

(2)绘制道路和各种建筑物、构筑物。

(3)绘制建筑物局部和绿化的细节。

(4)尺寸标注、文字说明和绘制图例。

(5)加图框和标题栏。

任务二　常用图形元素的绘制

一、新知识点

1. 矩形

(1)【矩形】调用方式。

①	菜单栏	“绘图”→“矩形”
②	工具栏	“绘图”→
③	命令行	RECTANG(REC)

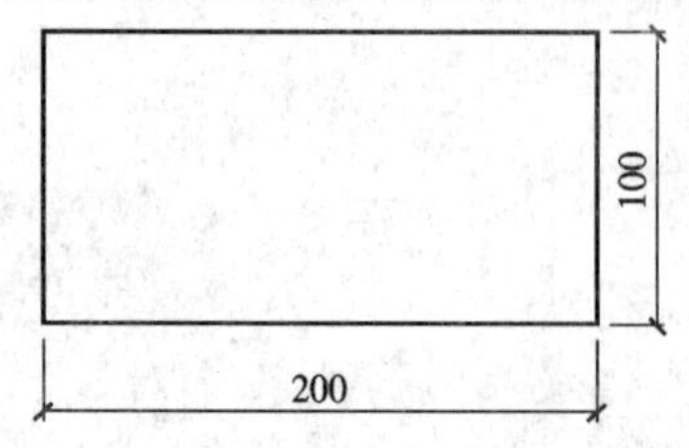

图 2-2　绘制矩形

(2)绘制方法。

①“对角点”方式:此为默认设置下画矩形的方式,通过定位出矩形的两个对角点绘制矩形。执行【矩形】命令,绘制如图 2-2 所示的图形,命令行提示如下。

命令:rectang↙(注:“↙”表示按回车键,后同)	启动【矩形】命令
指定第一个角点或 [倒角(C)/标高(E)/圆角(F)/厚度(T)/宽度(W)]:	拾取一点,定位矩形第一个角点
指定另一个角点或 [面积(A)/尺寸(D)/旋转(R)]:@200,100↙	输入对角点的坐标确定唯一矩形

②“尺寸”方式:指定尺寸的长度和宽度,绘制矩形。命令行提示如下。

命令:rectang↙	启动【矩形】命令
指定第一个角点或 [倒角(C)/标高(E)/圆角(F)/厚度(T)/宽度(W)]:	拾取一点,定位矩形第一个角点
指定另一个角点或 [面积(A)/尺寸(D)/旋转(R)]:d↙	选择“尺寸”选项
指定矩形的长度 < 10.0000 >:200↙	输入矩形长度
指定矩形的宽度 < 10.0000 >:100↙	输入矩形宽度
指定另一个角点或 [面积(A)/尺寸(D)/旋转(R)]:	指定矩形的位置

③“面积”方式用于根据矩形的面积和矩形一条边的长度,进行精确绘制矩形。

④“旋转”方式用于为矩形指定放置角度。

2. 正多边形

(1)【正多边形】调用方式。

①	菜单栏	“绘图”→“正多边形”
②	工具栏	“绘图”→
③	命令行	POLYGON(POL)

【正多边形】命令用于绘制等边、等角的闭合图形。

(2)绘制方法。

①“内接于圆”方式:默认设置下是以“内接于圆”方式绘制正多边形,需指定正多边形外接圆的半径。命令行提示如下。

命令:polygon↙	启动【正多边形】命令
输入边的数目 < 4 >:5↙	设置正多边形的边数
指定正多边形的中心点或[边(E)]:	拾取一点作为中心点
输入选项[内接于圆(I)/外切于圆(C)] <I>:i↙	采用当前设置,可直接按回车键
指定圆的半径:150↙	输入外接圆半径,效果如图2-3(a)所示

②“外切于圆” 方式:与“内接于圆”方式的绘制方法基本一致,区别在于当输入相同数值时出图的效果有所差异,如图2-3(b)所示。

③“边”方式:通过输入多边形一条边的边长来精确绘制正多边形。在对正多边形定位边时,需要分别定位出边的两个端点。命令行提示如下。

命令:polygon↙	启动【正多边形】命令
输入边的数目 <5>:5↙	设置边数
指定正多边形的中心点或[边(E)]:e↙	选择用“边”来绘制多边形
指定边的第一个端点:	拾取一点作为边的一个端点
指定边的第二个端点:@150,0↙	绘制结果如图 2-3(c)所示

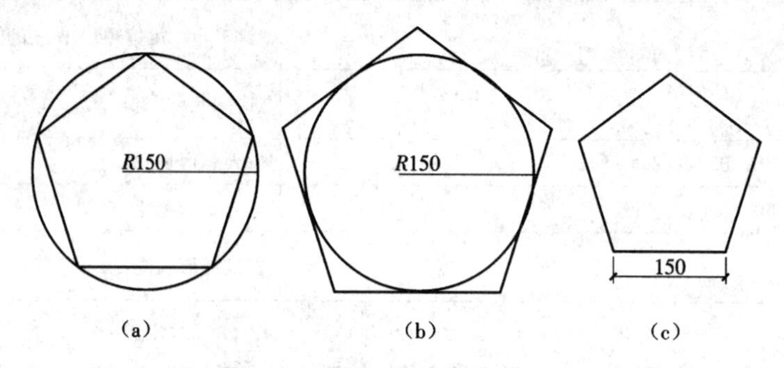

图 2-3 “正多边形“的绘制方法

(a)内接于圆方式;(b)外切于圆方式;(c)边方式

3. 圆

(1)【圆】调用方式。

①	菜单栏	“绘图”→“圆”
②	工具栏	“绘图”→
③	命令行	CIRCLE(C)

(2)绘制方法。

AutoCAD 提供了 6 种画图方法,如图 2-4 所示。

① 定距画圆。包括“半径画圆”和“直径画圆”两种基本的画圆方式,默认方式为“半径画圆”。当用户定位出圆的圆心之后,只需输入圆的半径或直径即可。命令行提示如下。

命令:circle↙	启动【圆】命令
指定圆的圆心或[三点(3P)/两点(2P)/相切、相切、半径(T)]:	在绘图区拾取一点作为圆的圆心
指定圆的半径或[直径(D)] <0.0000>:150↙	输入半径即可

②定点画圆。包括“两点画圆”和“三点画圆”两种方式,用户只需在圆周上定位出两点或三点,即可精确画圆。两点画圆命令行提示如下。

命令:circle↙	启动【圆】命令
指定圆的圆心或[三点(3P)/两点(2P)/相切、相切、半径(T)]:2P↙	选择"两点"
指定圆直径的第一个端点:	拾取一点作为直径的第一个端点
指定圆直径的第二个端点:	拾取直径上另一个端点

③相切画圆。AutoCAD为用户提供了"相切、相切、半径"和"相切、相切、相切"两种相切画圆方式,前一种相切方式是分别拾取两个相切对象后,再输入相切圆的半径。【相切、相切、半径】画圆,命令行提示如下。

命令:circle↙	启动【圆】命令
指定圆的圆心或[三点(3P)/两点(2P)/相切、相切、半径(T)]: t	选择"相切、相切、半径"画法
指定对象与圆的第一个切点:	拾取一点作为直径的第一个端点
指定对象与圆的第二个切点:	拾取直径上另一个端点
指定圆的半径 <99.3811>:150↙	输入圆的半径

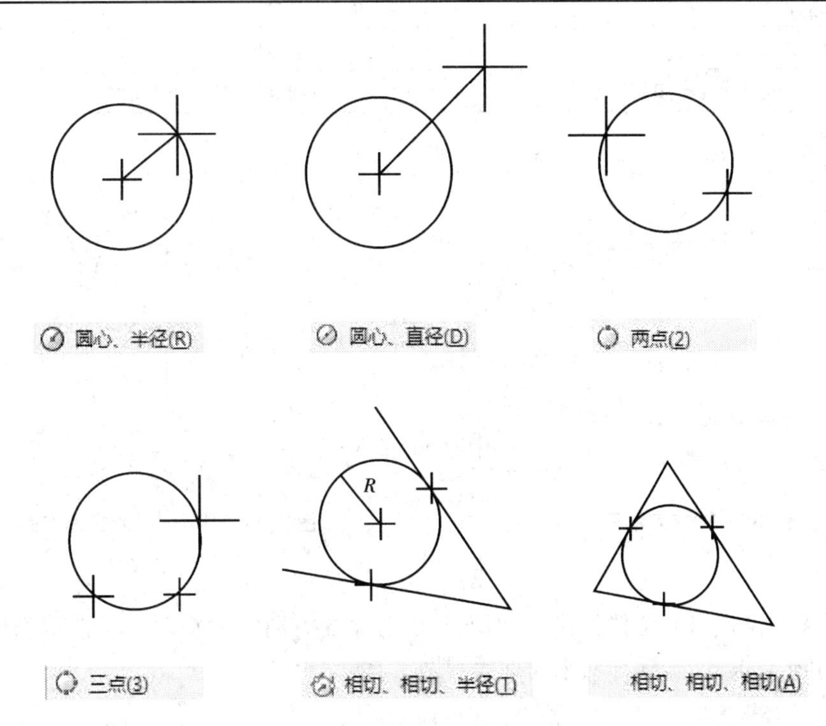

图2-4　6种绘圆方法示意

4. 椭圆

(1)【椭圆】调用方式。

①	菜单栏	"绘图"→"椭圆"
②	工具栏	"绘图"→
③	命令行	Ellipse(EL)

(2)绘制方法。

①"轴端点"方式。指定一条轴的两个端点和另一条轴的半长绘制椭圆。命令行提示如下。

命令:ellipse↙	启动【椭圆】命令
指定椭圆的轴端点或[圆弧(A)/中心点(C)]:	拾取一点,定位椭圆轴的一个端点
指定轴的另一个端点:@200,0↙	单击轴上另一个端点
指定另一条半轴长度或[旋转(R)]:40↙	绘制出如图 2-5 所示椭圆

②"中心点"方式。首先确定出椭圆的中心点,然后再确定椭圆轴的一个端点和椭圆另一半轴的长度。命令行提示如下。

命令:ellipse↙	启动【椭圆】命令
指定椭圆的轴端点或[圆弧(A)/中心点(C)]: _c 指定椭圆的中心点:	捕捉刚绘制的椭圆的中心点
指定轴的端点: @0,60↙	确定轴端点
指定另一条半轴长度或[旋转(R)]: 35↙	绘制出如图 2-6 所示椭圆

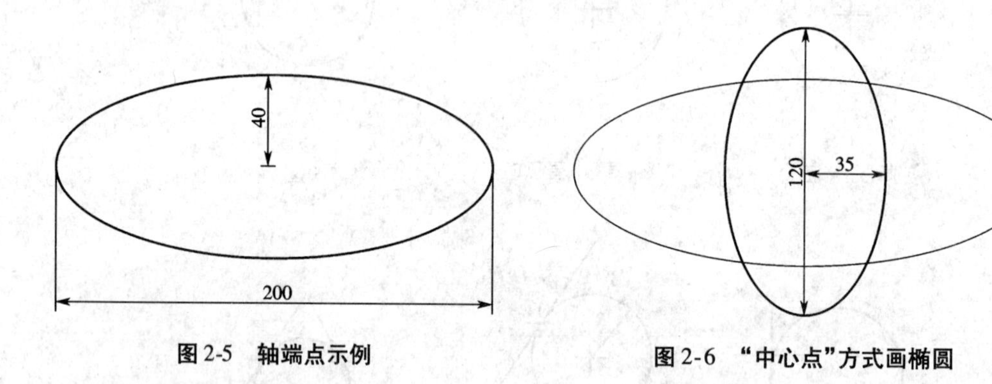

图 2-5 轴端点示例

图 2-6 "中心点"方式画椭圆

5. 移动

移动对象仅仅是对象位置的移动,而不改变对象的方向和大小。要非常精确地移动对象,可以使用捕捉模式、坐标和对象捕捉等辅助工具。

(1)【移动】调用方式。

①	菜单栏	"修改"→"移动"
②	工具栏	"修改"→
③	命令行	Move(M)

(2)绘制方法。

执行【移动】命令,将正五边形移动到新的位置,如图 2-7 所示。其操作的命令行提示如下。

命令：move↙	启动【移动】命令
选择对象：找到 1 个	点击选取正五边形
选择对象：	确认选择
指定基点或［位移(D)］ <位移>：	选择移动的基点
指定第二个点或 <使用第一个点作为位移>：	单击图形要移动到的新位置点

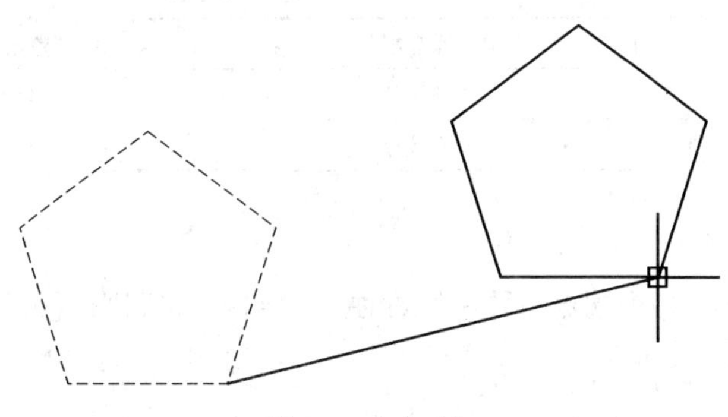

图 2-7　移动对象

6. 复制

【复制】命令可以在保持原有对象的基础上，将选择的对象复制到图中的其他部分，形成一个完整的复制，减少重复绘制同样图形的工作量。

(1)【复制】调用方式。

①	菜单栏	“修改”→“复制”
②	工具栏	“修改”→
③	命令行	Copy(E)

(2)绘制方法。

执行【复制】命令，将图 2-8 中的图形复制到指定位置，命令行提示如下。

命令：copy↙	启动【复制】命令
选择对象：找到 1 个	选择图 2-8 中所示的车库中的汽车进行复制
选择对象：	确认选择
指定基点或［位移(D)］ <位移>：	指定复制的基点
指定第二个点或 <使用第一个点作为位移>：	指定新位置点

7. 旋转

【旋转】命令用于将图形围绕指定的基点进行旋转。

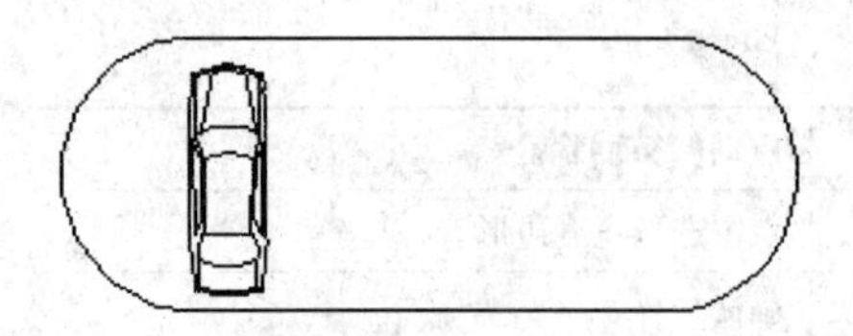

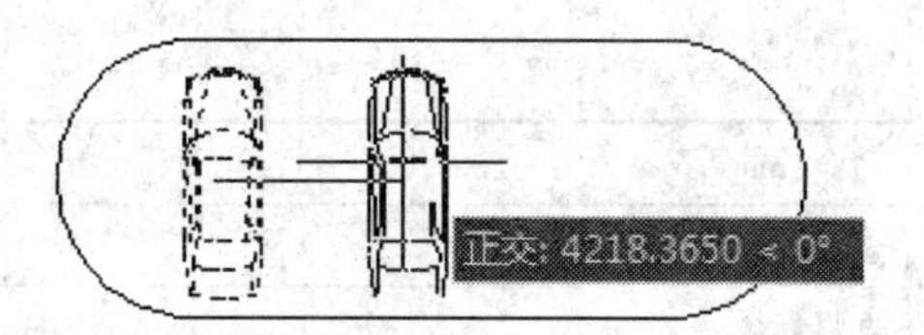

图 2-8 复制对象

(1)【旋转】调用方式。

①	菜单栏	“修改”→“旋转”
②	工具栏	“修改”→
③	命令行	Rotate(RO)

(2)绘制方法。

首先指定一条轴的两个端点和另一条轴的半长绘制矩形,执行【旋转】命令,将矩形旋转 30°放置。命令行提示如下。

命令:rotate↙ UCS 当前的正角方向: ANGDIR = 逆时针 ANGBASE = 0	启动【旋转】命令
选择对象:指定对角点:找到 1 个	选择如图 2-9 所示的矩形
选择对象:	确认选择
指定基点:	捕捉矩形左下角点作为基点
指定旋转角度,或[复制(C)/参照(R)] <0>: 30↙	输入旋转角度,绘图结果如图 2-10 所示

图 2-9 绘制矩形

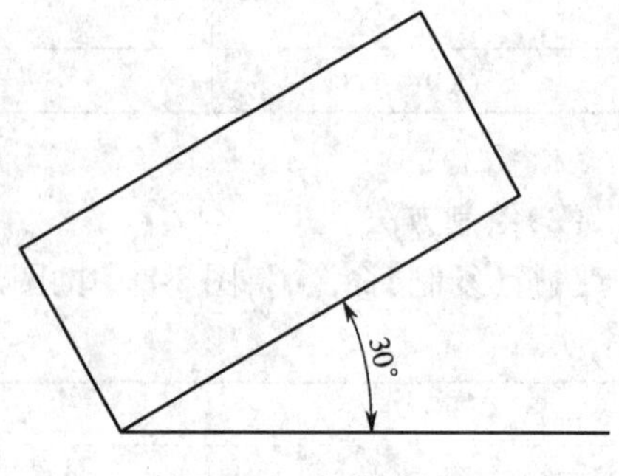

图 2-10 旋转结果

注意:在旋转对象时,输入的角度为正值,系统将按逆时针方向旋转;输入的角度为负值,系统将按顺时针方向旋转。

8. 倒角

【倒角】命令是指使用一条线段连接两条不平行的线。

(1)【倒角】调用方式。

①	菜单栏	“修改”→“倒角”
②	工具栏	“修改”→
③	命令行	Chamfer(CHA)

(2)绘制方法。

①“距离倒角”方式。指通过输入两条图线上的倒角距离进行倒角。命令行提示如下。

命令:chamfer↙ (“修剪”模式) 当前倒角距离 1 = 0.0000,距离 2 = 0.0000	启动【倒角】命令
选择第一条直线或[放弃(U)/多段线(P)/距离(D)/角度(A)/修剪(T)/方式(E)/多个(M)]: d↙	激活“距离”选项
指定第一个倒角距离 <0.0000>: 150↙	设置第一倒角长度
指定第二个倒角距离 <150.0000>: 100↙	设置第二倒角长度
选择第一条直线或[放弃(U)/多段线(P)/距离(D)/角度(A)/修剪(T)/方式(E)/多个(M)]:	选择水平线段
选择第二条直线,或按住 Shift 键选择要应用角点的直线:	选择倾斜线段

倒角的绘制过程如图 2-11 所示。

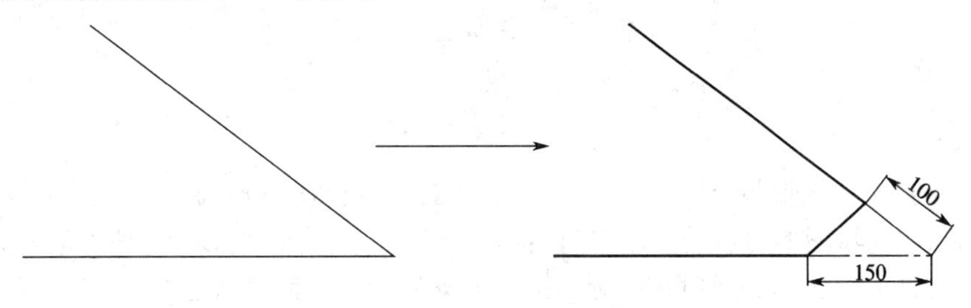

图 2-11 “距离倒角”的绘制过程

注意:用于倒角的两个倒角距离值不能为负值,如果将两个倒角距离值设为零,那么倒角的结果就是两条图线被修剪或延长,直至相交于一点。

②“角度倒角”方式。

通过设置一条图线的倒角长度和倒角角度进行倒角,如图 2-12 所示。使用此方式为图线倒角时,首先需要设置对象的长度和角度,命令行提示如下。

命令:chamfer↙ (“修剪”模式) 当前倒角距离 1 = 0.0000,距离 2 = 0.0000	启动【倒角】命令
选择第一条直线或[放弃(U)/多段线(P)/距离(D)/角度(A)/修剪(T)/方式(E)/多个(M)]: a↙	激活“角度”选项
指定第一个倒角距离 <0.0000>: 100↙	设置倒角长度
指定第一条直线的倒角角度 <0>:30↙	设置倒角角度
选择第一条直线或[放弃(U)/多段线(P)/距离(D)/角度(A)/修剪(T)/方式(E)/多个(M)]:	选择水平线段
选择第二条直线,或按住 Shift 键选择要应用角点的直线:	选择倾斜线段作为第二倒角对象

倒角的绘制过程如图 2-12 所示。

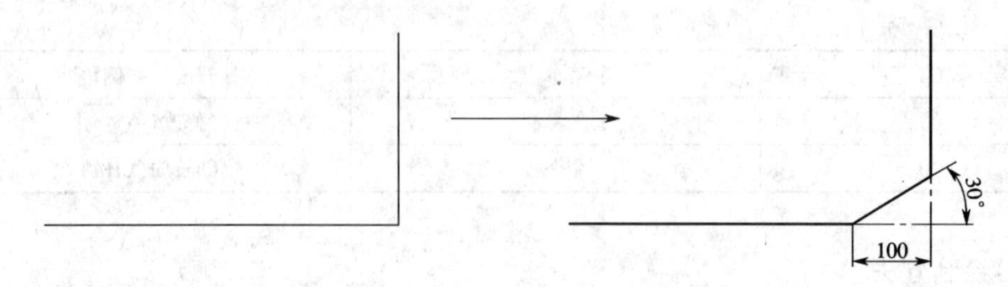

图 2-12 “角度倒角”的绘制过程

9. 夹点编辑

AutoCAD 为用户提供了“夹点编辑”功能,使用此功能,可以非常方便地编辑图形。在没有命令执行的前提下选择图形,那么这些图形上会显示出一些蓝色实心的小方框,如图 2-13 所示,而这些蓝色小方框即为图形的夹点,不同的图形结构其夹点个数及位置也会不同。

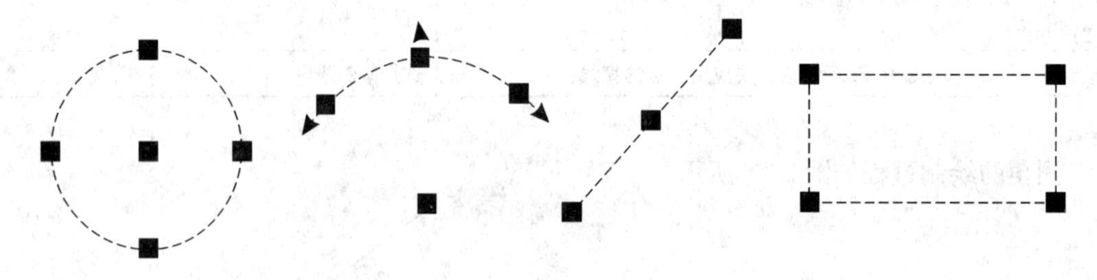

图 2-13 图形的夹点

而所谓的“夹点编辑”功能,就是将多种修改工具组合在一起,通过编辑图形上的这些夹点,达到快速编辑图形的目的。用户只需单击图形上的任何一个夹点,即可进入夹点编辑模式,此时所单击的夹点以“红色”亮显,称之为“热点”或者是“夹基点”。

当用户进入夹点编辑模式后,单击鼠标右键,即可打开夹点编辑菜单,在此菜单中为用户提供了【移动】、【镜像】、【旋转】、【缩放】、【拉伸】5 种命令,这些命令是平级的,其操作功能与“修改”工具栏上的各工具相同,用户只需单击相应的菜单项,即可启动相应的夹点编辑工具。

二、常用图形元素的绘制方法

在建筑绘图中,有一些固定的图形代表固定的含义,现就总平面图中的常用元素的绘制方法做一一介绍。

1. 建筑轮廓线

一般建筑物轮廓线直接使用直线命令或矩形命令绘制,用不同的线宽表示不同类型的建筑物,如图 2-1 中总平面图建筑物轮廓线的绘制。

2. 围墙

围墙用围墙符号绘制,围墙符号如图 2-1 所示。也可以使用块等距测量对象方式或使用偏移等方法绘制。

3. 道路、台阶或花坛

道路用直线或多段线命令绘制一边,然后使用偏移命令按路宽、台阶宽度、花坛厚度偏移已画的直线。对于其他的已知两对象相对位置关系的图形也可用偏移命令复制对象，再经修改，得到需要的图形。道路圆弧可以使用圆角、倒角命令，注意尽量不用圆弧命令。

4. 树木、草坪

树木的绘制可以使用正多边形、圆、多段线命令绘制后，再使用多段线编辑命令修改得到一个闭合的不规则的圆形曲线。使用圆环命令在其中心画一个圆点，代表一颗树木，用同样的方法绘制几棵相邻且有所差别的树木，然后把它们大量复制，根据需要插入到绿化地带。

草坪的绘制，用直线命令或多段线命令绘制草坪的封闭区域，然后用图案填充命令填充相应的花草图案即可。

任务三　建立绘图环境

在开始绘制建筑总平面图前，要先对绘图环境进行相应的设置，做好绘图前的准备。

一、新建文件

启动 AutoCAD 2008，执行【文件】→【新建】命令或者单击 按钮，将新文件保存为“建筑总平面图. dwg”。

二、设置建筑绘图单位及精度

建筑绘图单位的设置主要包括“长度”和“角度”两大部分，系统默认的长度类型为“小数”，角度类型为“十进制度数”。【单位】命令就是专用于设置图形单位及图形精度的工具。

1.【单位】命令的调用方式

①	菜单栏	“格式”→“单位”
②	命令行	UNITS(UN)

2. 有关绘图单位和单位精度的一般设置步骤

(1)单击【格式】菜单栏中的【单位】命令，打开如图 2-14 所示的“图形单位”对话框。

(2)在“长度”选项组中单击“类型”下拉列表框，设置长度的类型，默认设置为“小数”。

(3)展开“精度”下拉列表框，设置单位的精度，默认为“0.0000”。用户可以根据需要设置单位的精度。

(4)在“角度”选项组中，展开“类型”下拉列表框，设置角度的类型，默认为“十进制度数”；展开“精度”下拉列表框，设置角度的精度，默认为“0”。用户可以根据需要进行设置。

注意：“顺时针”单选项用于设置角度的方向，如果勾选该选项，那么在绘图过程中就以顺时针方向作为正角度方向，否则以逆时针方向作为正角度方向。

(5)在“插入比例”选项组内设置拖放内容的单位，默认为“毫米”。

(6)设置角度的基准方向。单击 方向(D)... 按钮，打开如图 2-15 所示的“方向控制”对话框用来设置角度的起始位置，默认水平向右为 0 度角。

三、设置图形界限和显示

在 AutoCAD 软件中，“图形界限”表示的是绘图的区域，它相当于手工绘图时所定制的草纸。由于在平时绘图过程中，需要经常绘制不同尺寸的图形，所以在开始绘图之前，一般都需要根据图形的总体范围设置不同的绘图区域，使绘制后的图形完全位于作图区域内，便

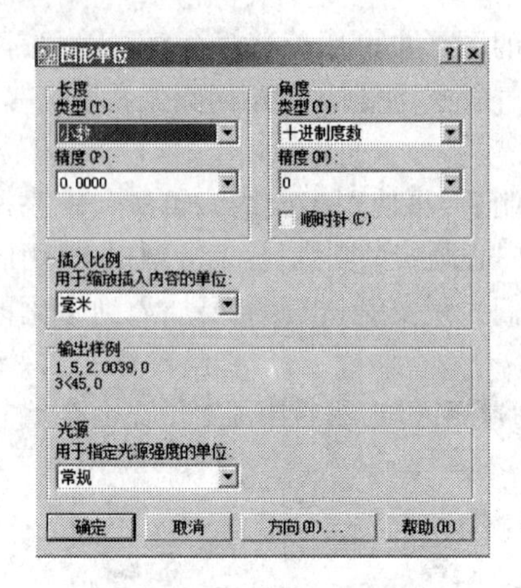

图 2-14　“图形单位”对话框

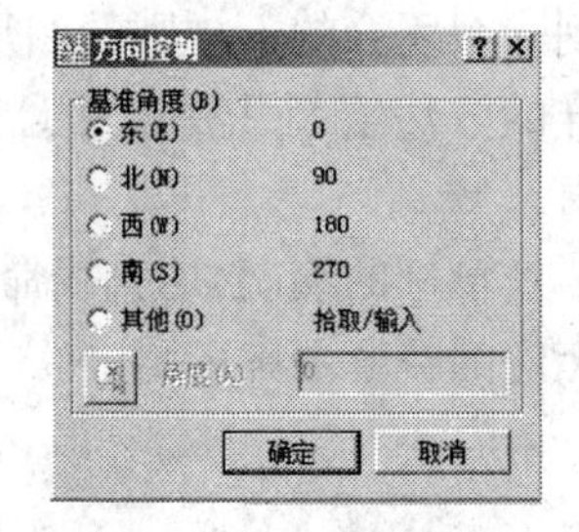

图 2-15　“方向控制”对话框

于视图的调整及用户的观察编辑等。

1. 设置图形界限

【图形界限】调用方式:

①	菜单栏	“格式”→“图形界限”
②	命令行	LIMITS

设置图形界限的命令行提示如下。

命令:limits↙ 重新设置模型空间界限:	启动“图形界限”设置工具
指定左下角点或[开(ON)/关(OFF)] <0.0000,0.0000>:↙	此处可输入 0,0,也可直接按回车键
指定右上角点 <420.0000,297.0000>:80000,120000↙	指定右上点坐标确定矩形的图形界限

2. 显示图纸大小

在命令行输入“Z”,并按下〈Enter〉键,在系统提示下输入“A”,命令行提示如下:

命令: Z↙	启动“缩放”工具
指定窗口的角点,输入比例因子 (nX 或 nXP),或者[全部(A)/中心(C)/动态(D)/范围(E)/上一个(P)/比例(S)/窗口(W)/对象(O)] <实时>: A↙	选择“全部”
正在重生成模型	此时显示整体图形界限

四、设置图层

在工程绘图中,许许多多的图形是叠放在同一个平面上,如建筑物的施工平面图、电路布线图和管道布线图等,如果把这些图绘制在一张图纸上,显然是错综复杂,很难分辨各种图形。而在 AutoCAD 中,采用了图层的方法很好地解决了这一问题。即把图形分层绘制,通过层的关闭和打开分别显示图形,这既可以使绘图定位方便,又可以了解图形之间相对位置的关系。

形象地说，一个图层就像一张透明图纸，可以在不同的透明图纸上分别绘制不同的实体，最后再将这些透明图纸叠加起来，从而得到最终的复杂图形。

1. 图层的性质

AutoCAD 对图层的数量没有限制，因此，原则上在一幅图中可以建立任意多个层。各个层具有以下几个特性。

(1)共享坐标系。

在一个层上建立的坐标系，在其他层上均能使用，因此所有层都具有完全相同的坐标系。

(2)严格对齐。

坐标相同的点应重合在一起，不会发生错位。

(3)具有相同的绘图界限和缩放比例。

2. 图层的作用

(1)控制图形的显示。

图层上的图形可以显示在屏幕上，也可以隐藏起来，以使图形界面简单、清晰。

(2)冻结图形。

图层上的图形可以被冻结起来，冻结后的图形既不能显示在屏幕上，也不能参与各种运算，因而可以加快图形处理的速度。

(3)锁住图形。

图层的图形可以被锁住，锁住后的图形不能被选择命令选中，因而不能用编辑命令进行修改，这样可以保护图形，防止一些误操作。

(4)设置图形的颜色、线型和线宽。

每个层都具有颜色、线型和线宽特性，如不经特别设置，层上所有图形都具有所在层规定的颜色和线型，因此无须对每个对象都进行颜色和线型的设置。

3.【图层】的调用方式

【图层】调用方式：

①	菜单栏	“格式”→“图层”
②	工具栏	“图层”→
③	命令行	LAYER(LA)

4. 图层的创建方法

(1)执行【图层】命令，在打开的“图层特性管理器”对话框中单击按钮，新图层将以临时名称“图层 1”显示在列表中，如图 2-16 所示。

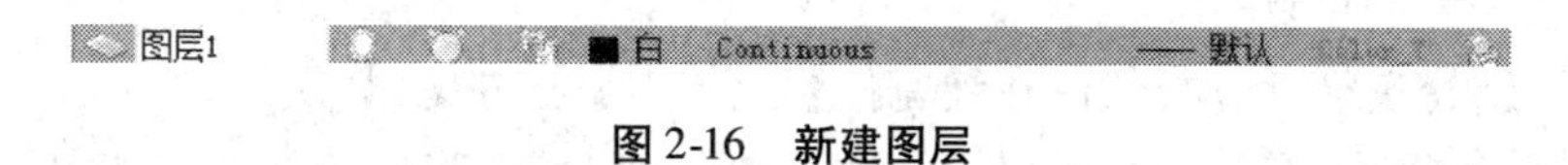

图 2-16　新建图层

(2)用户在反白显示的“图层 1”区域输入新图层的名称，即“中心线”，创建第一个新图层。

5. 图层内特性设置

(1)图层颜色的设置

①单击名为“中心线”的图层，使其处于激活状态，如图 2-17 所示。

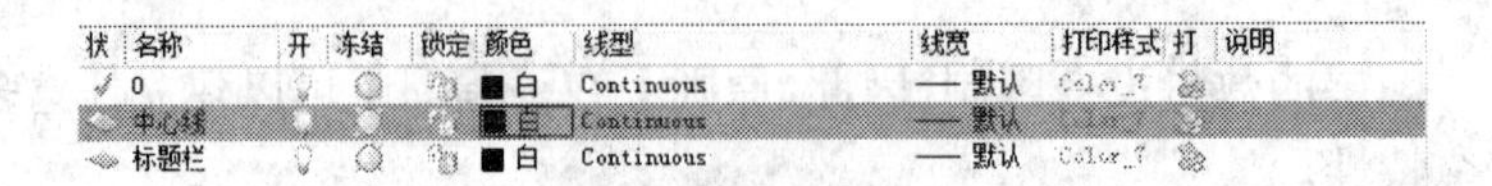

图 2-17 修改图层颜色

②在图 2-17 所示的颜色区域上单击鼠标左键，打开“选择颜色”对话框，如图 2-18 所示，选择颜色，点击“确定”按钮，即可将图层的颜色设置成功。

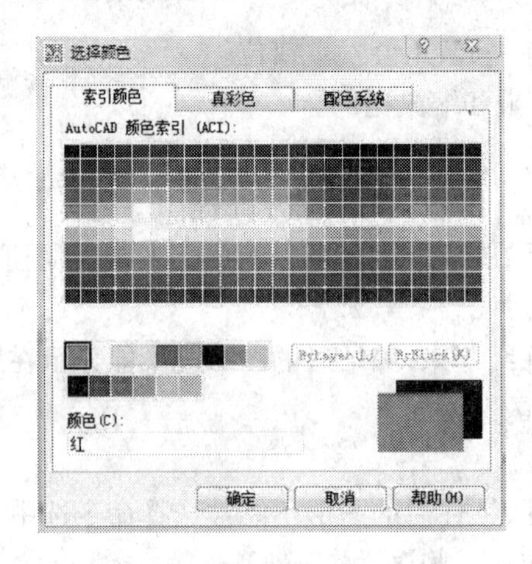

图 2-18 “选择颜色”对话框

(2)图层线型的设置。

①在如图 2-19 所示的“中心线”图层上的“线型”单击鼠标左键，打开“选择线型”对话框。

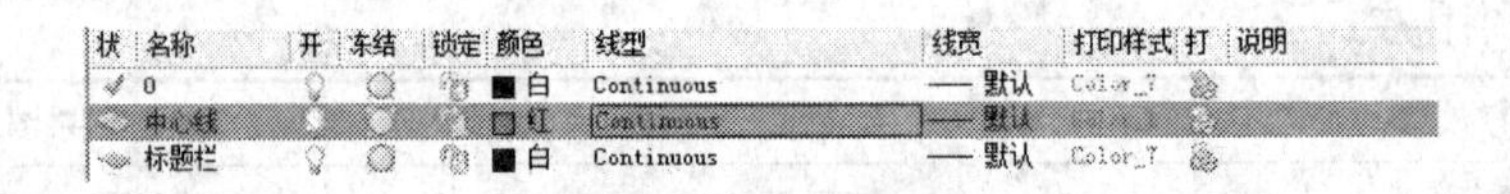

图 2-19 修改图层线型

②单击 加载(L)... 按钮，打开“加载或重载线型”对话框，选择“CENTER”线型，如图 2-20 所示。

③单击“确定”按钮，结果选择的线型被加载到“选择线型”对话框内。按照步骤操作即可得到如图 2-21 所示的线型设置。

(3)图层线宽的设置。

①选择“新建筑物”图层，然后在线宽位置上单击鼠标左键，如图 2-22 所示。

②此时系统打开“线宽”对话框，然后在对话框中选择“0.30 毫米”线宽，如图 2-23 所示。

③单击“确定”按钮。

根据建筑总平面图的绘制需要，对其进行如图 2-24 的图层特性设置。

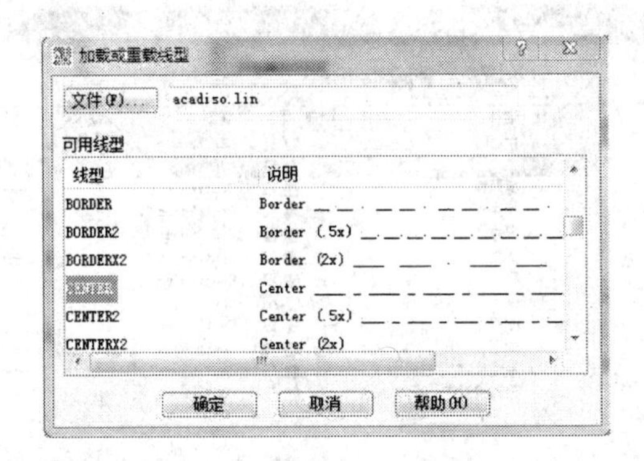

图 2-20　“加载或重载线型”对话框

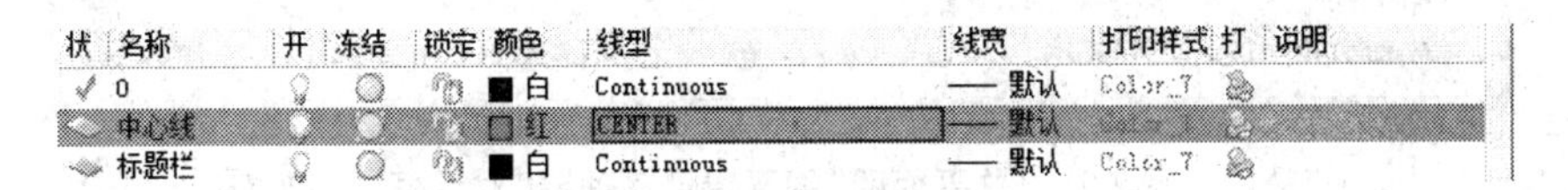

图 2-21　线型设置

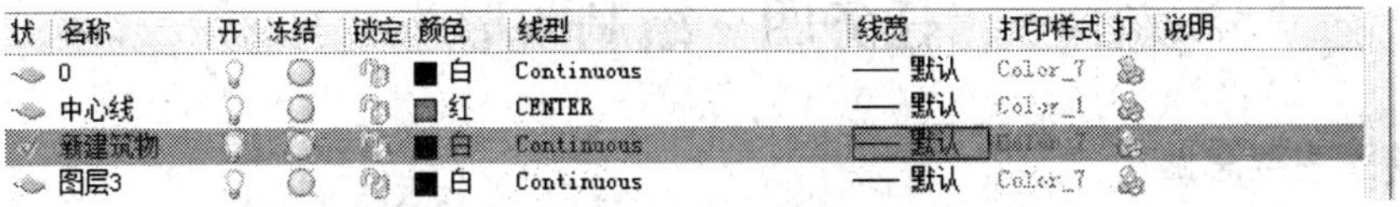

状	名称	开	冻结	锁定	颜色	线型	线宽	打印样式	打	说明
	0				白	Continuous	默认	Color_7		
	中心线				红	CENTER	默认	Color_1		
	新建筑物				白	Continuous	默认	Color_7		
	图层3				白	Continuous	默认	Color_7		

图 2-22　修改层的线宽

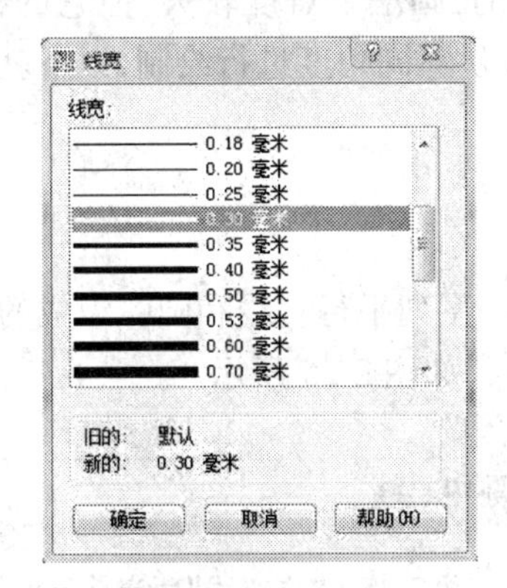

图 2-23　选择线宽

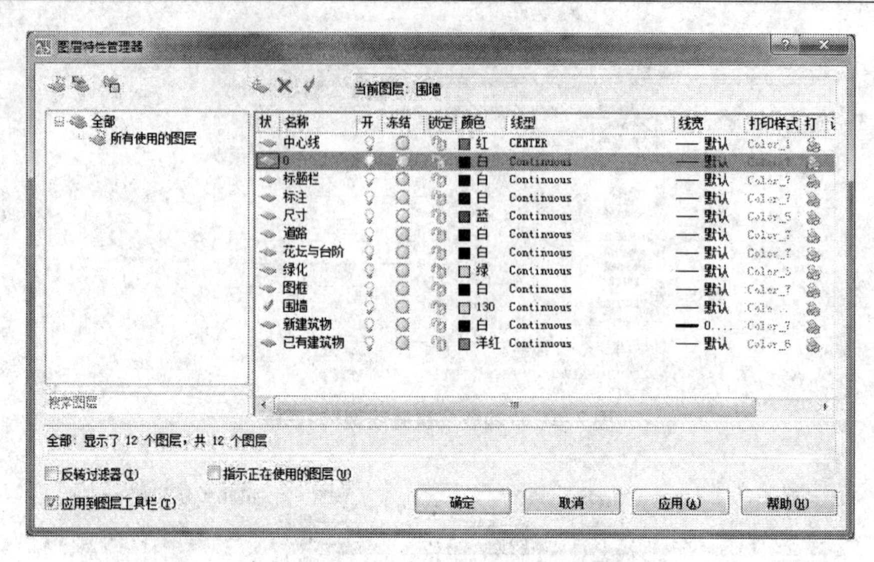

图 2-24 总平面图“图层特性管理器”对话框

任务四 绘制图形

一、绘图主要思路

本部分主要介绍总平面图的整体绘图步骤，其中绘图环境的设置已在任务三中设置完成。总平面图的图形是不规则的，画法上难度较大，但它的精度要求不高。根据图形的特点，总平面图里的各种元素可以从不同角度进行绘制，以下就根据绘图的流程完成总平面图的绘制。

二、绘制过程

1. 绘制道路

建筑总平面图的道路是由一系列平行直线和圆弧组成的，具体绘制步骤如下。

(1)置当前层为“中心线”层，如图 2-25 所示。

图 2-25 “中心线”为当前层

(2)执行【直线】命令，命令行提示如下。

命令：line↙	激活直线命令
指定第一点：	选择水平轴线起点
指定下一点或［放弃(U)］：65000↙(＜正交 开＞)	打开正交功能，输入轴线长度
指定下一点或［放弃(U)］：↙	选择水平轴线的端点进行确认
命令：line↙	
指定第一点：	单击确定竖直轴线起点

续表

指定下一点或［放弃(U)］:100000↙	向上拖曳鼠标并输入竖直轴线长度
指定下一点或［放弃(U)］:↙	确认
命令:lts↙	编辑线型比例
LTSCALE 输入新线型比例因子 <10.0000>:200↙	根据窗口大小选择适当比例

(3)选择【偏移】命令绘制道路线。将水平轴线向上偏移复制出1条,将竖直轴线向左偏移 复制出1条,作为道路线,如图2-26所示,命令行提示如下。

命令:offset↙	激活偏移命令
当前设置:删除源=否　图层=源　OFFSETGAPTYPE=0	
指定偏移距离或［通过(T)/删除(E)/图层(L)］ <通过>:6000↙	输入偏移值
选择要偏移的对象,或［退出(E)/放弃(U)］ <退出>:	单击水平线
指定要偏移的那一侧上的点,或［退出(E)/多个(M)/放弃(U)］ <退出>:	单击水平线上方某一点
选择要偏移的对象,或［退出(E)/放弃(U)］ <退出>:	单击直线垂竖
指定要偏移的那一侧上的点,或［退出(E)/多个(M)/放弃(U)］ <退出>:	单击竖直线左侧某一点

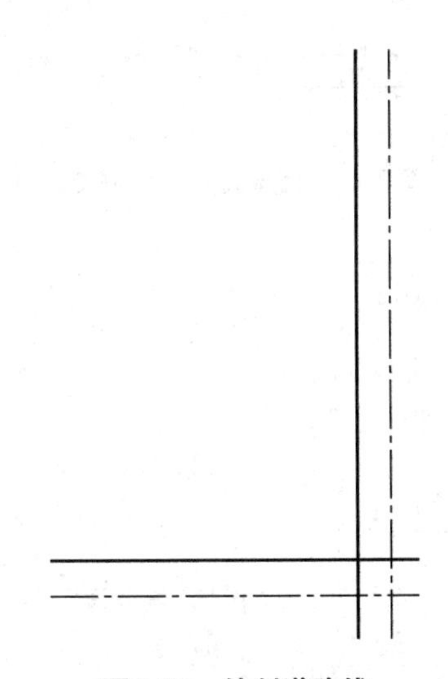

图2-26　绘制道路线

(4)将刚偏移出的2条线段切换到"道路"层。

①选中2条线段。

②选择道路图层作为当前层,如图2-27所示。

图2-27　"道路"当前层

③点击 将其切换到"道路"层。

(5)启动【圆角】命令,绘制两直线圆角,绘制结果如图 2-28 所示。命令行提示如下。

命令:fillet↙ 当前设置:模式 = 修剪,半径 = 0.0000	激活圆角命令
选择第一个对象或[放弃(U)/多段线(P)/半径(R)/修剪(T)/多个(M)]:r↙	调出命令对圆角半径进行修改
指定圆角半径 <0.0000>:18000↙	设置圆角半径为 18000
选择第一个对象或[放弃(U)/多段线(P)/半径(R)/修剪(T)/多个(M)]:	点击选取水平线段
选择第一个对象或[放弃(U)/多段线(P)/半径(R)/修剪(T)/多个(M)]:	点击选取垂直线段

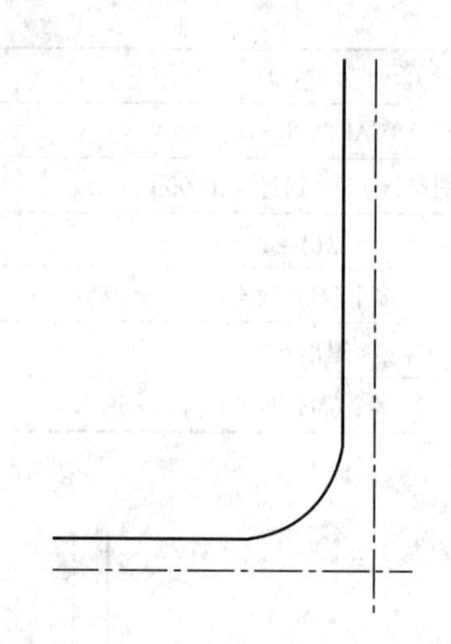

图 2-28 两直线圆角绘制结果

2. 绘制围墙

围墙右、下部分可由道路偏移得到,其他围墙可用【直线】命令或【多段线】命令绘制,也可用【偏移】命令绘制,具体绘制步骤如下。

(1)置当前层为“围墙”层,如图 2-29 所示。

图 2-29 “围墙”当前层

(2)执行【偏移】命令,命令行提示如下。

命令:offset↙ 当前设置:删除源 = 否 图层 = 源 OFFSETGAPTYPE = 0	激活偏移命令
指定偏移距离或[通过(T)/删除(E)/图层(L)] <6000.0000>: 3000↙	设置围墙偏移的距离为 3000
选择要偏移的对象或[退出(E)/放弃(U)] <退出>:	选择水平道路线段
指定要偏移的那一侧上的点或[退出(E)/多个(M)/放弃(U)] <退出>:	点击水平道路线段以上的任意点
选择要偏移的对象或[退出(E)/放弃(U)] <退出>:	偏移得到图 2-30 中的线段 a

用同样的方法进行偏移,得到图 2-30 中线段 b。将线段 a、b 分别偏移 78500、48000 的距离得到线段 c、d,如图 2-30(a)所示。

(3)使用【倒角】命令使得直线 a 与 c、b 与 d 和 c 与 d 连接,绘制结果如图 2-30(b)所示。

具体操作如下。

命令行窗口的操作步骤如下。

命令: chamfer↙ ("修剪"模式)当前倒角长度 = 0.0000,角度 = 301	激活倒角命令
选择第一条直线或[放弃(U)/多段线(P)/距离(D)/角度(A)/修剪(T)/方式(E)/多个(M)]:a↙	调出命令对倒角角度进行修改
指定第一条直线的倒角长度 <0.0000>:0↙	要使直线 a,c 和 b,d 以直角连接必须设定倒角长度和倒角角度均为 0
指定第一条直线的倒角角度 <301>:0↙	
选择第一条直线或[放弃(U)/多段线(P)/距离(D)/角度(A)/修剪(T)/方式(E)/多个(M)]:	点击选取直线 a
选择第二条直线,或按住 Shift 键选择要应用角点的直线:	点击选取直线 c

使用同样的倒角方法将 b 与 d 和 c 与 d 进行连接,得到图 2-30(b)。

也可使用【修剪】、【延伸】和【圆角】命令绘制,设置圆角半径为 0,也可得到图 2-30(b)。

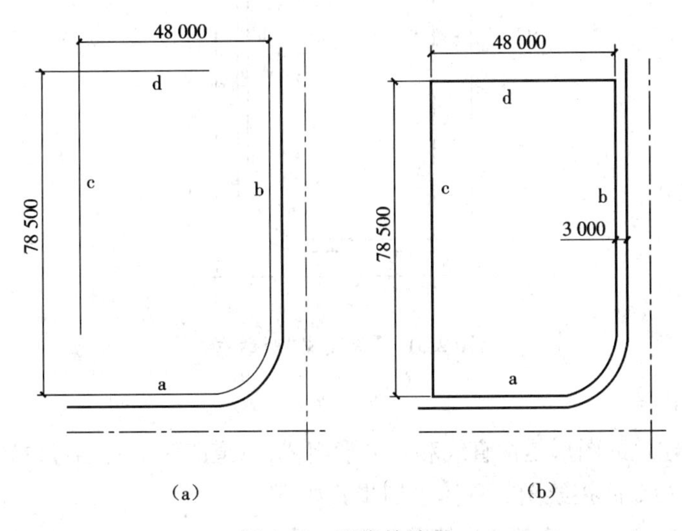

图 2-30　图像的绘制

(4)用【多段线编辑】命令将直线 a、b 和 a、b 之间的圆弧以及 c、d 合并为一条多段线。命令行提示如下。

命令: pedit↙	激活多段线编辑命令
指定第一个角点或[倒角(C)/标高(E)/圆角(F)/厚度(T)/宽度(W)]:	确定新建建筑物在总平面图中的位置

续表

选择多段线或［多条(M)］：m↙	调出多条多段线
选择对象：找到 1 个 选择对象：找到 1 个,总计 2 个 选择对象：找到 1 个,总计 3 个 选择对象：找到 1 个,总计 4 个 选择对象：找到 1 个,总计 5 个 选择对象：	选择直线 a,b,c,d 和 a,b 间的圆弧
输入选项［闭合(C)/打开(O)/合并(J)/宽度(W)/拟合(F)/样条曲线(S)/非曲线化(D)/线型生成(L)/放弃(U)］：j↙	将选中的直线圆弧进行合并
合并类型 = 延伸 输入模糊距离或［合并类型(J)］ <0.0000>： 多段线已增加 4 条线段	将直线 a,b 和 a,b 之间的圆弧以及 c,d 合并为一条多段线

(5)用【直线】命令绘制水平或垂直线段,长度为 1 000。然后执行【偏移】命令,偏移距离为 6 000,绘制成为图 2-31,a 和 b 线间的圆角处可大致分为三等分绘制。

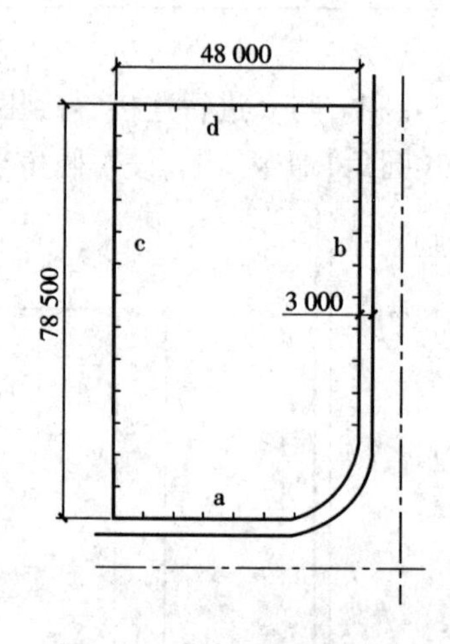

图 2-31 "块定义"对话框

3. 绘制已有建筑

本例中已有建筑的图形是由直线和正方形组成,以道路为相对参考位置,绘制这样的图可以借用【修改】命令间接绘图。具体绘制步骤如下。

(1)置当前层为"已有建筑"层,如图 2-32 所示。

图 2-32 "已有建筑"当前层

(2)启动【偏移】命令,按如图 2-33(a)所示进行偏移操作。

(3)启动【圆角】命令,圆角半径设为 0,将偏移的直线连接,如图 2-33(b)所示。

(4)启动【修剪】命令,将多余的线段剪掉。完成图 2-34 已有建筑的绘制。

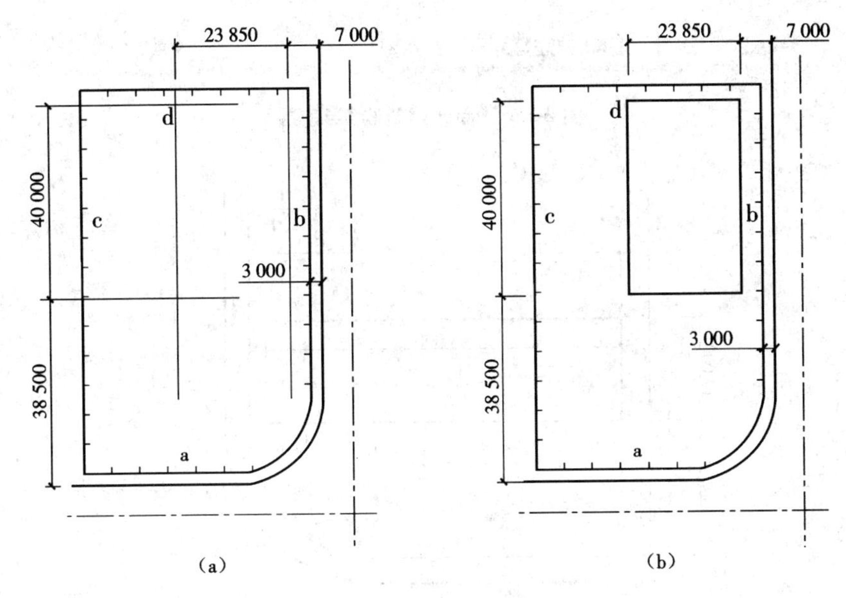

图 2-33　绘制已有建筑物

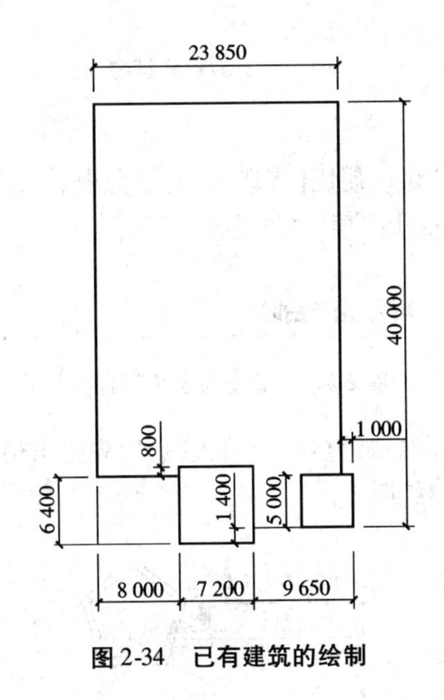

图 2-34　已有建筑的绘制

4. 绘制新建建筑物

本例中新建建筑物是一栋 7 层住宅楼，所以本图中新建建筑物尺寸为 4 3000 × 12 000，新建建筑物需要用粗实线绘制。图中已经标出了其与已有建筑的相对位置，可以用【偏移】命令、辅助线等方式绘制。

注意：在绘制有相对位置关系的图时，常常使用捕捉自方式，快捷、准确。

具体绘制步骤如下。

(1) 置当前层为“新建建筑物”层，线宽设置为 0.3，如图 2-35 所示。

(2) 运用【直线】、【矩形】、【偏移】命令，完成图 2-36 所示新建建筑物。

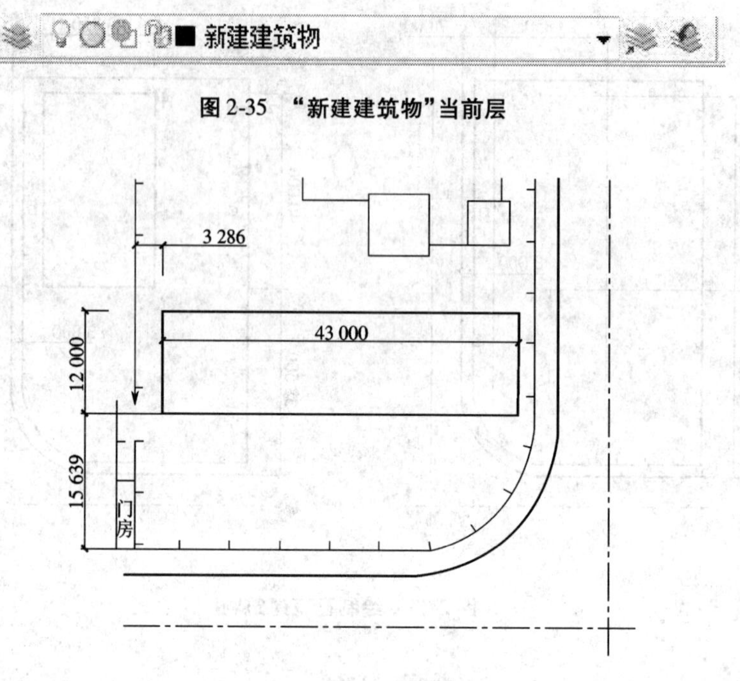

图 2-35 “新建建筑物”当前层

图 2-36 新建建筑物

5. 绘制台阶和花坛

台阶和花坛图形的绘制,可以使用【多段线】命令绘制,再使用【偏移】命令来实现。

(1)置当前层为“花坛与台阶”层,如图 2-37 所示。

图 2-37 “花坛与台阶”当前层

(2)首先将台阶部分使用窗口缩放命令放大,然后先绘出最里面一级台阶,再用【偏移】命令复制其他两阶。如图 2-38 所示。

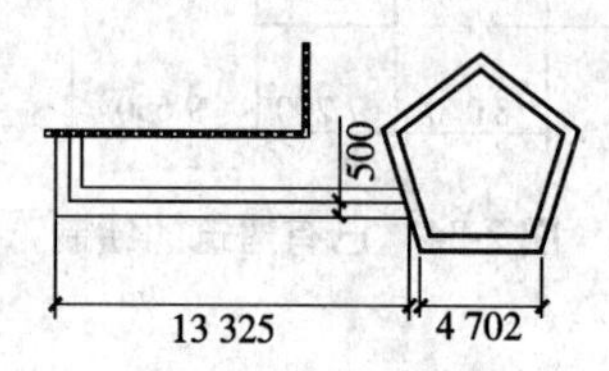

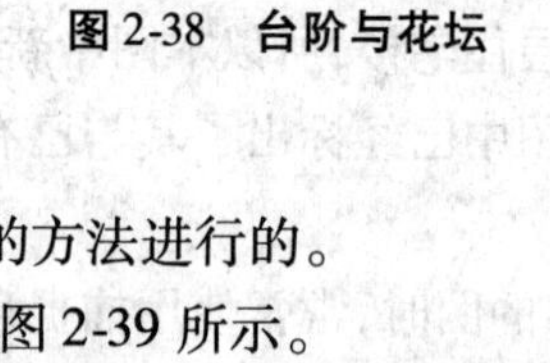

图 2-38 台阶与花坛

6. 绘制绿化草坪

草坪的绘制是利用图案填充的方法进行的。

(1)置当前层为“绿化”层,如图 2-39 所示。

(2)运用【直线】命令绘制草坪的边界,也可使用【偏移】、【圆角】命令处理图形。

(3)运用【图案填充】命令进行填充。

图 2-39　“绿化”当前层

①点击调出“图案填充”对话框，在边界选项卡中点击

边界
添加:拾取点

选择需要填充的图案。

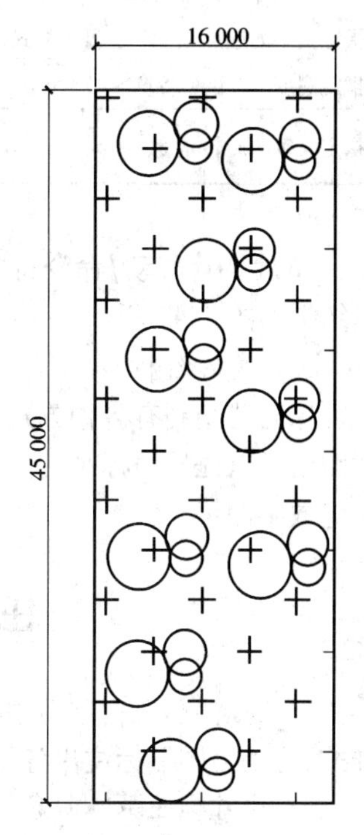

图 2-40　草坪绘制效果

②“图案填充”选项卡中选择填充的“样例”，进行填充。

③在“角度”和“比例”中对比例进行设置，由于本图中图形较大，所以根据绘图比例调整填充的比例为 1∶500。点击“确定”按钮进行填充。

为了美观，添加了一些点缀：树和草坪。树在图上显示为许多不规则的圆形。草坪绘制效果如图 2-40 所示。

7. 指北针的绘制

（1）置当前层为“0”层，如图 2-41 所示。

（2）先调出【圆】命令。

（3）打开“对象捕捉”，选中象限点。

（4）调出【多段线】命令，运用多段线“半宽”这一特性绘制指北针中的箭头。

具体操作的命令行提示如下。

图 2-41　“0”当前层

命令:circle↙	激活圆命令
指定圆的圆心或［三点(3P)/两点(2P)/相切、相切、半径(T)］: 指定圆的半径或［直径(D)］: 4800↙	选择圆心点 设置指北针圆的半径大小
命令: _pline	激活多段线命令
指定起点:	点击圆的上部象限点确定起点
当前线宽为 0.0000 指定下一个点或［圆弧(A)/半宽(H)/长度(L)/放弃(U)/宽度(W)］: h↙	调出多段线的半宽功能
指定起点半宽 <0.0000>:0↙	
指定端点半宽 <0.0000>: 600↙	设置多段线端点的半宽
指定下一个点或［圆弧(A)/半宽(H)/长度(L)/放弃(U)/宽度(W)］:	点击圆底部的象限点作为指北针的箭头端点

（5）运用【单行文字】绘制指北针圆上的文字。

具体操作的命令行提示如下。

命令:dtext↙ 当前文字样式:"Standard"当前文字高度:　2498.2925 指定文字的起点或［对正(J)/样式(S)］:	调出单行文字命令 指定文字起点
指定高度 <8858.2509>: 2500↙	设置文字的高度
指定文字的旋转角度 <0>:	回车确认,输入"北"字,两次回车确认退出文字录入状态

(6)运用【移动】命令将"北"字放到指北针中圆上部合适的位置。绘制结果如图 2-42 所示

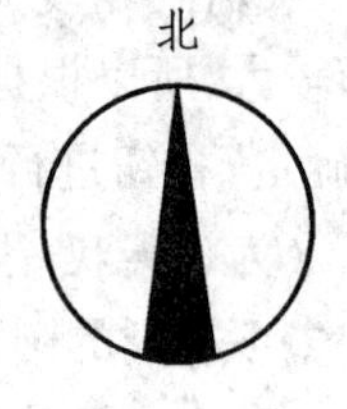

图 2-42　指北针

8. 标高的绘制

标高的绘制有多种方式,后面在立面图的绘制中将会做详细介绍,本章图中可以先按照标高的图样绘制出相似的图形,利用单行文字绘制出相应数字即可。

任务五　尺寸标注与文字说明

尺寸标注是工程制图中一项重要内容。利用 AutoCAD 2008,可以设计不同的尺寸标注样式,可以为图形标注出各种尺寸。

一、尺寸标注基本概念

AutoCAD 中,一个完整的尺寸标注是由尺寸线(角度标注又称为尺寸弧线)、尺寸界线、尺寸文字(即尺寸值)和尺寸箭头 4 部分组成。

二、新知识点

【标注样式】调用方式:

①	菜单栏	"标注"→"样式"
②	工具栏	"标注"→
③	命令行	DIMSTYLE

执行 DIMSTYLE 命令,AutoCAD 弹出如图 2-43 所示的"标注样式管理器"对话框。

1. 对话框中主要项的功能

(1)"当前标注样式"标签。

此处显示当前标注样式的名称。图 2-43 中说明当前标注样式为 ISO－25,这是 AutoCAD 2008 提供的默认标注样式。

(2)"样式"列表框。

此处列出已有标注样式的名称。图 2-43 中说明当前只有一个样式,即 AutoCAD 提供的默认标注样式 ISO－25。

(3)"列出"下拉列表框。

此处确定要在"样式"列表框中列出哪些标注样式,可通过下拉列表在"所有样式"和

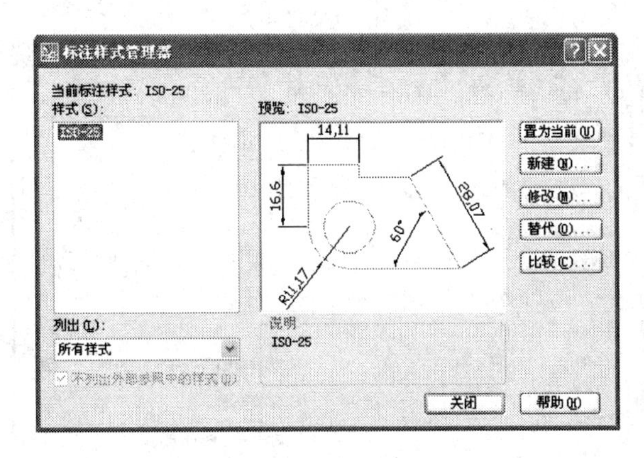

图 2-43　“标注样式管理器”对话框

“正在使用的样式”之间选择。

(4)“预览”图像框。

此处预览在“样式”列表框中所选中的标注样式的标注效果。

(5)“说明”标签框。此处显示在“样式”列表框中所选定标注样式的说明。

(6)“置为当前”按钮。

将指定的标注样式设置为当前样式。设置方法为:在“样式”列表框中选择对应的标注样式,单击“置为当前”按钮即可。

提示:当需要已有的某一标注样式标注尺寸时,应首先将此样式设为当前样式。利用“样式”工具栏中的“标注样式控制”下拉列表框,可以方便地将某一标注样式设为当前样式。

(7)“新建”按钮。

创建新标注样式。单击“新建”按钮,AutoCAD 弹出如图 2-44 所示的“创建新标注样式”对话框。

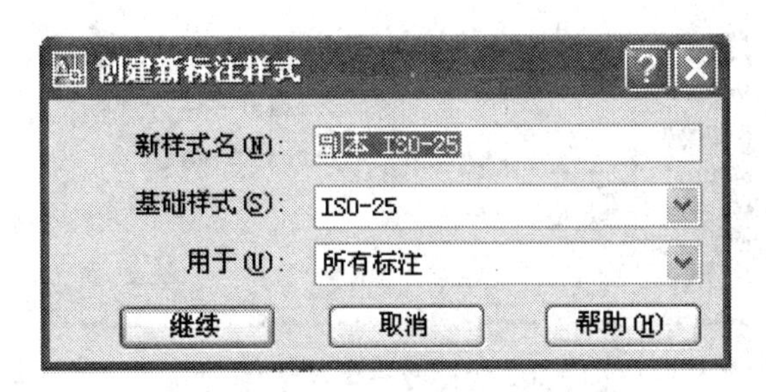

图 2-44　“创建新标注样式”对话框

用户可以通过对话框中的“新样式名”文本框指定新样式的名称;通过“基础样式”下拉列表框确定用于创建新样式的基础样式;通过“用于”下拉列表框,可以确定新建标注样式的适应范围。“用于”下拉列表中有“所有标注”、“线性标注”、“角点标注”、“半径标注”、“直径标注”、“坐标标注”、“引线和公差”等选项,分别使新定义的样式适用对应的标注。确定新样式的名称和有关设置后,单击“继续”按钮,AutoCAD 弹出“新建标注样式”对话框,如图 2-45 所示。

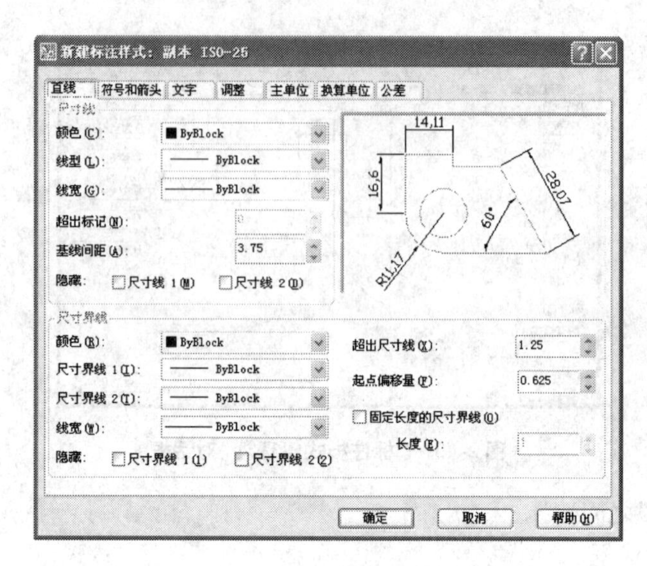

图 2-45 **“新建标注样式”对话框**

(8)“修改”按钮。

单击“修改”按钮,AutoCAD 弹出如图 2-46 所示的“修改标注样式”对话框。此对话框与图 2-45 所示的“新建标注样式”对话框相似,也由 7 个选项卡组成。

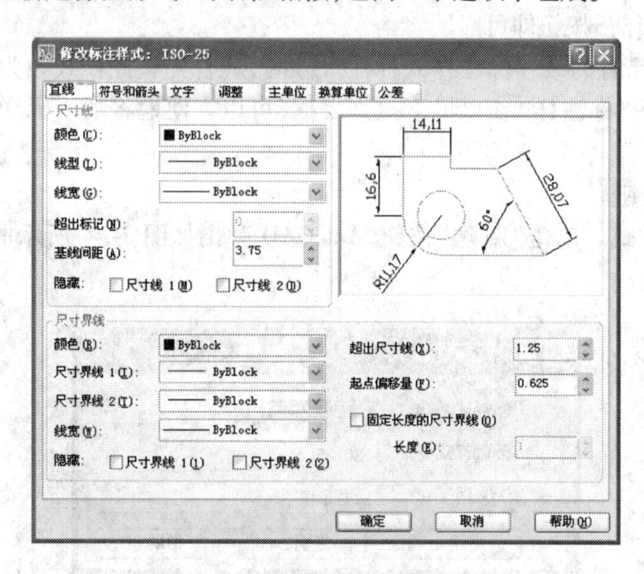

图 2-46 **“修改标注样式”对话框**

(9)“替代”按钮。

此按钮设置当前样式的替代样式。单击“替代”按钮,系统弹出与“修改标注样式”类似的“替代当前样式”对话框,通过该对话框设置即可。

(10)“比较”按钮。

此按钮用于对两个标注样式进行比较,或了解某一样式的全部特性。利用该功能,用户可快速比较不同标注样式设置上的区别。单击“比较”按钮,系统弹出“比较标注样式”对话框,如图 2-47 所示。

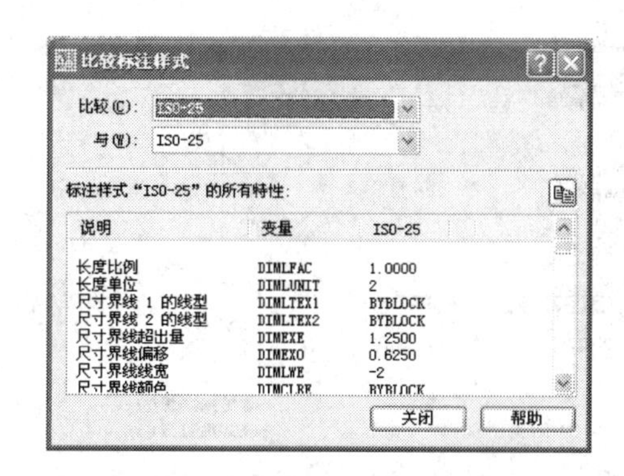

图 2-47　“比较标注样式”对话框

在此对话框中,如果在“比较”和“与”两个下拉列表框中指定了不同的样式,AutoCAD会在大列表框中显示出它们之间的区别;如果选择的是相同的样式,则在大列表框中显示出该样式的全部特性。

2.“新建标注样式”和“修改标注样式”中 7 个选项卡的作用

“新建标注样式”和“修改标注样式”两个对话框中均有“直线”、“符号和箭头”等 7 个选项卡。下面介绍这些选项卡的作用。

(1)“直线”选项卡。

①“尺寸线”选项组。该选项组用于设置尺寸线的样式。其中“颜色”、“线型”和“线宽”下拉列表框分别用于设置尺寸线的颜色、线型和线宽;“超出标记”文本框设置当尺寸“箭头”采用斜线、建筑标记、小点、积分或无标记时,尺寸线超出尺寸界线的距离;“基线间距”文本框设置当采用基线标记方式标注尺寸时,各尺寸线之间的距离。与“隐藏”项对应的“尺寸线 1”和“尺寸线 2”复选框分别用于确定是否在标注的尺寸上省略第一段尺寸线、第二段尺寸线以及对应的箭头,选中复选框表示省略。

②“尺寸界线”选项组。该选项组用于设置尺寸界线的样式,具体包括以下几种。

线型下拉列表框:设置尺寸界线的线型。

线宽下拉列表框:指定尺寸界线的线宽。

超出尺寸线文本框:确定尺寸界线超出尺寸线的距离。

起点偏移量文本框:确定尺寸界线的起始点与标注对象之间的距离。

(2)“符号和箭头”选项卡。

该选项卡用于确定尺寸线的箭头样式,如图 2-48 所示。

①“箭头”选项组。

第一项”/“第二个下拉列表框:列出了箭头的名称和图例,可以从中选择一种样式。要求使用建筑制图使用的箭头样式,如图 2-48 所示。

引线下拉列表框:用于指定引线标注的箭头样式。

箭头大小下拉列表框:用于确定箭头的大小。建筑制图采用 2.5 mm。

②“圆心标记”选项组。此选项组用于确定圆心标记的类型与大小。圆心的类型可在“无”(无标记)、“标记”(显示标记)和“直线”(显示为直线)之间选择。

“大小”文本框用于设定圆心标记的大小。在文本框中输入的值是圆心处短十字线长

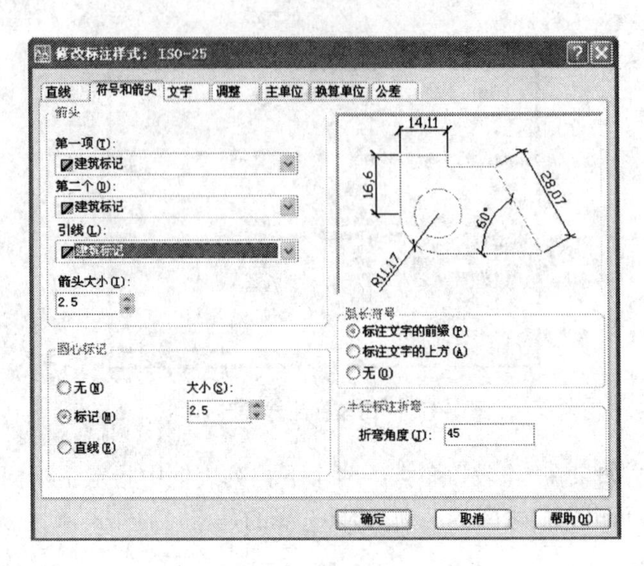

图 2-48 “符号和箭头”选项卡

的一半。

③“弧长符号”选项组。此选项组用于为圆弧标注长度时,控制圆弧符号的显示。

标注文字的前缀:表示要将弧长符号放在标注文字的前面。

标注文字的上方:表示要将弧长符号放在标注文字的上方。

无:表示不显示弧长符号。

④“半径标注折弯”选项组。折弯半径标注通常用在所标注圆弧的中心点位于较远位置时。“折弯角度”文本框确定半径标注的尺寸界线与尺寸线之间的横向直线的角度。

(3)“文字”选项卡。

“文字”选项卡用于设置标注文字的外观、位置及对齐方式,如图 2-49 所示。

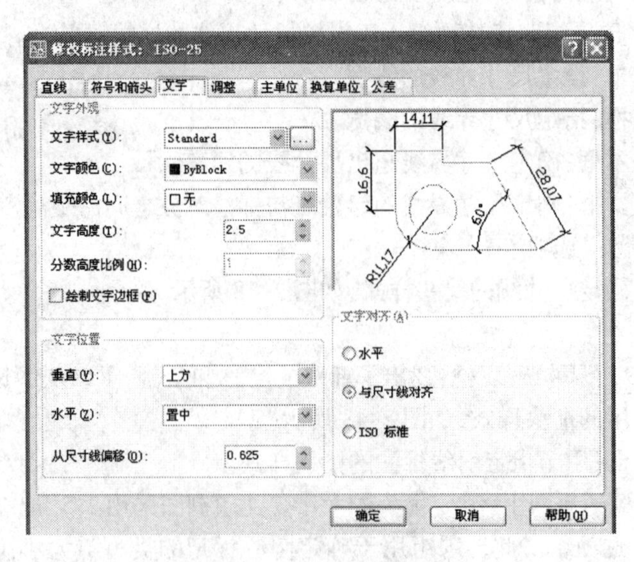

图 2-49 “文字”选项卡

①“文字外观”选项组。用于设置标注文字的外部特性。

②“文字位置”选项组。用于确定尺寸数字与尺寸线、尺寸界线的相对位置，包括 3 个选项。

垂直下拉列表框：控制尺寸文字相对于尺寸线在垂直方向的放置形式。有 4 个选项：“置中”、“上方”、“外部”和“日本工业标准”。绘图时常选用“上方”形式，即水平方向尺寸，数字在尺寸线上方；垂直方向尺寸，数字在尺寸线左边。若选“置中”形式，即水平方向尺寸，数字在尺寸线中部；垂直方向尺寸，数字在尺寸线左边的中部，如图 2-50 所示。

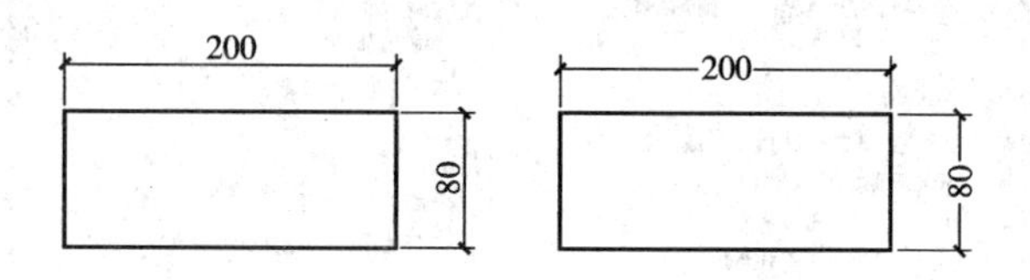

图 2-50　尺寸数字位于上部和中部

水平下拉列表框：有 5 个选项，分别为“置中”、“第一条尺寸界线”、“第二条尺寸界线”、“第一条尺寸界线上方”、“第二条尺寸界线上方”。绘图时常选用“置中”形式，即数字位于尺寸线的中部。

从尺寸线偏移文本框：用于设置尺寸线数字与尺寸线之间的距离。

③“文字对齐”选项组。该选项组用于设置标注文字的放置方式，包括 3 个选项。

水平：所有尺寸数字始终沿水平方向放置。适用于标注角度尺寸。

与尺寸线对齐：所有尺寸数字始终沿尺寸线平行方向放置。适用于标注线性尺寸。

ISO 标准：当尺寸数字在尺寸界线以内时，尺寸数字沿尺寸平行方向放置；当尺寸数字在尺寸线以外时，尺寸数字沿水平方向放置。

(4)“调整”选项卡。

“调整”选项卡用于调整尺寸界线、箭头、尺寸数字的相互位置关系，如图 2-51 所示。该选项卡包括 4 个选项组：“调整选项”、“文字位置”、“标注特征比例”和“优化”。

①“调整选项”选项组。当尺寸线之间没有足够的空间同时放置尺寸文字和箭头时，确定首先从尺寸界线之间移出尺寸文字还是箭头，用户可以通过该选项组中的各单选按钮进行选择。

文字或箭头(最佳效果)：选择该项，系统自动调整尺寸数字和箭头，使其达到最佳的标注效果。

箭头：选择该项，当尺寸界限之间的空间绘不下箭头时，将箭头绘制在尺寸界线外侧。

文字：选择该项，当尺寸界限之间的空间标注不下尺寸数字时，将尺寸数字移到尺寸界线的外侧标注。

文字和箭头：选择该项，当尺寸界限之间的空间标注不下箭头和尺寸数字时，将箭头和尺寸数字绘制在尺寸界线的外侧。

文字始终保存在尺寸界线之间：选择该项，箭头和尺寸数字始终放置在尺寸界线之间。

②“文字位置”选项组。确定当尺寸文字不在默认位置时，应将其放在何处。用户可以在“尺寸线旁边”、“尺寸线上方，带引线”以及“尺寸线上方，不带引线”之间进行选择。

③“标注特征比例”选项组。该选项组用于控制大于图形的尺寸，根据不同的几何图形

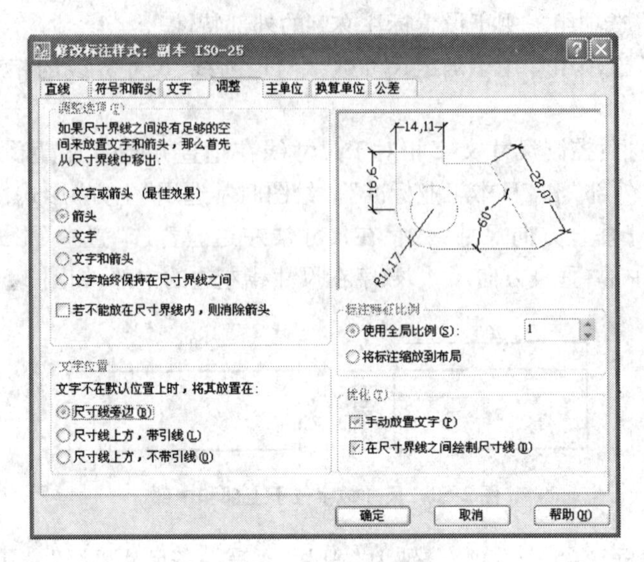

图 2-51 “调整”选项卡

标注设置不同的比例系数,使得打印图形达到最佳的效果。

使用全局比例:用于设置整体比例系数。默认值为“1”。AutoCAD 将控制尺寸线、尺寸界线、文字高度、箭头大小和偏移量等标注特征与全局比例系数相乘。全局比例会影响尺寸标注的自动测量值,与打印比例共同作用于打印图形的尺寸,即打印尺寸等于原尺寸和全局比例系数相乘。

将标注缩放到布局:用于控制是在图纸空间还是在当前的模型空间视窗上使用整体比例系数。如果仅选择在布局中进行比例缩放,全局比例选项会被禁用,并且标注比例与图形比例无关,修改图形比例将会改变标注文字高度和箭头尺寸大小。

④“优化”选项组。该选项组用于在设置标注尺寸时是否进行附加调整。其中,“手动放置文字”复选框确定是否使 AutoCAD 忽略对尺寸文字的水平设置,以便将尺寸文字放在用户指定的位置;“在尺寸界线之间绘制尺寸线”复选框确定当尺寸箭头放在尺寸线外时,是否在尺寸界线内绘出尺寸线。

(5)“主单位”选项卡。

该选项卡用于设置主单位的格式、精度以及尺寸文字的前缀和后缀,图 2-52 为对应的对话框。

①“线性标注”选项组。该组用于设置线性标注的格式与精度。

②“测量单位比例”选项组。该组用于确定测量单位的比例,其中,“比例因子”文本框用于确定测量尺寸的缩放比例。用户设置比例值后,AutoCAD 实际标出的尺寸值是测量值与该值之积的结果。可以满足按不同比例绘图和标注对象真实尺寸的机械制造、工程施工对图纸的要求。线性标注的测量值乘以比例因子为对象实际尺寸,AutoCAD 将按对象的实际尺寸进行尺寸标注。“仅应用到布局标注”复选框用于设置所确定的比例关系是否仅适用于布局。

③“消零”选项组。用于确定是否显示尺寸标注中的前导零或后续零。

④“角度标注”选项组。

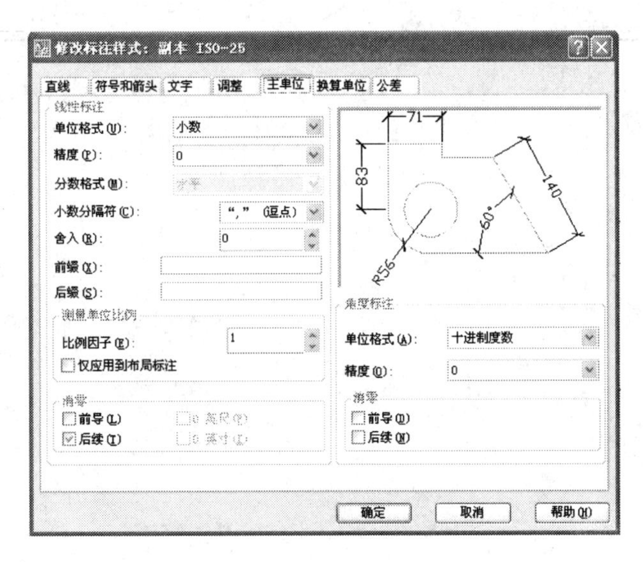

图 2-52　“主单位”选项卡

单位格式下拉列表框：用于设置角度标注尺寸单位。AutoCAD 提供了 4 种格式：“十进制度数”（为默认设置）、“度/分/秒”、“百分度”和“弧度”。

精度下拉列表框：用于设置角度标注的精度位数。

消零：用于是否消除前导零和后续零。

(6)“换算单位”选项卡。

该选项卡用于确定是否使用换算单位以及换算单位的格式。

(7)“公差”选项卡。

任务六　绘制图框和标题栏

图幅、图框、图标是施工图的组成部分。本部分将以 A3 标准图纸的格式绘制为例，学习图幅、图框、图标的绘制过程，进一步熟悉 AutoCAD 2008 的基本命令及其应用。A3 标准图纸的格式如图 2-53 所示。

一、新知识点

1. 偏移

(1)【偏移】调用方式。

①	菜单栏	“修改”→“偏移”
②	工具栏	“修改”→
③	命令行	OFFSET(O)

【偏移】命令用于将图线按照一定的距离或指定的点进行偏移。在工程图中可用来绘制一些距离相等、形状相似的图形，如环形跑道、人行道、阳台等实体图形。

(2)执行“偏移”命令，命令行提示如下。

图 2-53　A3 图纸

命令:offset↙	激活【偏移】命令
当前设置:删除源 = 否　图层 = 源　OFFSETGAPTYPE = 0	默认的设置
指定偏移距离或[通过(T)/删除(E)/图层(L)]<通过>:20↙	设置偏移距离
选择要偏移的对象或[退出(E)/放弃(U)]<退出>:	单击图 2-54 中的圆形作为偏移对象
指定要偏移的那一侧上的点或[退出(E)/多个(M)/放弃(U)]<退出>:	在圆的内侧拾取一点
选择要偏移的对象或[退出(E)/放弃(U)]<退出>:	单击直线作为偏移对象
指定要偏移的那一侧上的点,或[退出(E)/多个(M)/放弃(U)]<退出>:	在直线的上侧拾取一点
选择要偏移的对象或[退出(E)/放弃(U)]<退出>:	按回车键,结果如图 2-55 所示

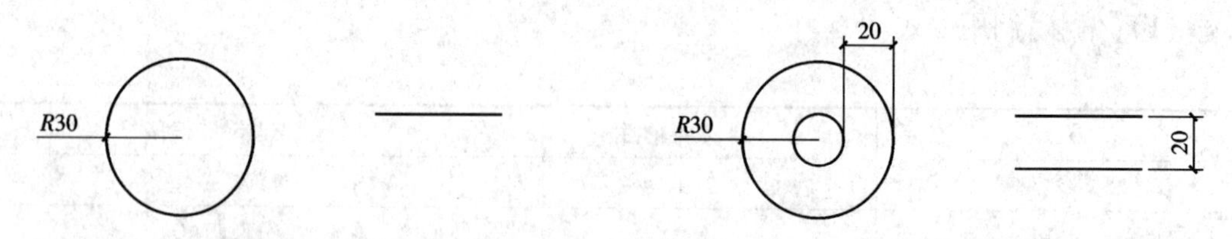

图 2-54　圆内侧拾取一点的结果　　　　图 2-55　圆上侧拾取一点的结果

(3)其他选项。

指定偏移距离或[通过(T)/删除(E)/图层(L)]<通过>:

①通过(T):如果在提示中输入 T 并回车,就可确定一个偏移点,从而使偏移复制后的

新实体通过该点。此时，相当于“复制”图形到相应的位置。

②删除(E)：选择该项后，命令行将出现

要在偏移后删除源对象吗？［是(Y)/否(N)］ <是>：

如果选择“是(Y)”，即输入Y，则表示在偏移后源对象消失，相当于“移动”命令。

③ 图层(L)：对偏移复制的实体是否和原实体在一个图层进行确定。

2. 修剪

(1)【修剪】调用方式。

①	菜单栏	“修改”→“修剪”
②	工具栏	“修改”→
③	命令行	TRIM(TR)

【修剪】命令用于沿着指定的修剪边界，修剪掉目标对象中不需要的部分。

(2)执行【修剪】命令。

将图2-56所示的两组图线中的倾斜图线进行修剪。命令行提示如下。

命令：trim↙	激活修剪命令
当前设置：投影=UCS，边=延伸 选择剪切边...	默认的设置
选择对象或 <全部选择>：	选择水平直线作为剪切边
选择要修剪的对象，或按住Shift键选择要延伸的对象，或［栏选(F)/窗交(C)/投影(P)/边(E)/删除(R)/放弃(U)］：	在倾斜直线的下端单击鼠标左键（选择要修剪的部分）
选择要修剪的对象，或按住Shift键选择要延伸的对象，或［栏选(F)/窗交(C)/投影(P)/边(E)/删除(R)/放弃(U)］：	按回车确认

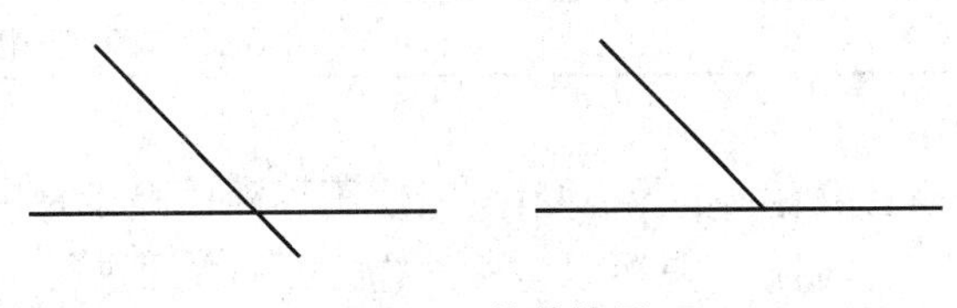

图2-56　修剪结果

3. 延伸

(1)【延伸】调用方式。

①	菜单栏	“修改”→“延伸”
②	工具栏	“修改”→
③	命令行	EXTEND(EX)

【延伸】命令可以将选定的对象延伸至指定的边界上，用户可以将所选的直线、射线、圆弧、椭圆弧、非封闭的二维或三维多段线延伸到指定的直线、射线、圆弧、椭圆弧、圆、椭圆、二维或三维多段线、构造线和区域等的上面。

命令:extend↙ 当前设置:投影 = UCS,边 = 无	激活延伸命令
选择边界的边...	
选择对象或 <全部选择>:	选择要延伸到的边或图形
选择要延伸的对象,或按住 Shift 键选择要修剪的对象,或[栏选(F)/窗交(C)/投影(P)/边(E)/放弃(U)]:	选择要延伸的图形回车确认,如图 2-57 所示

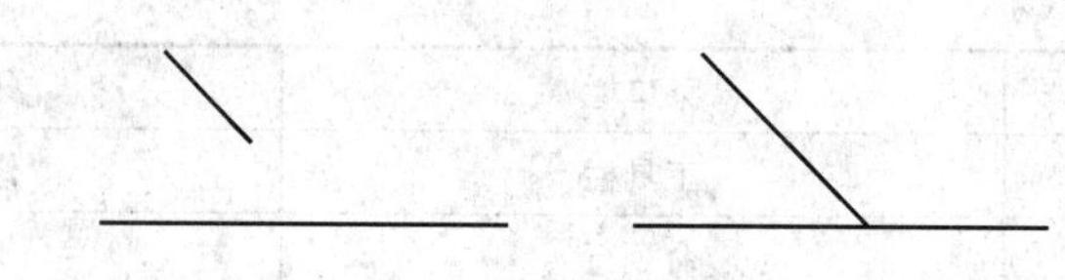

图 2-57　延伸结果

二、绘图流程

1. 新建图层

图层名称:A3 模板。

图层的相关设置:颜色为黑色、线型为"Continuous",线宽为"0.2 mm",设置为当前层。

2. 设置绘图界限

在 CAD 绘图中我们要根据图样大小选择合适的绘图范围。一般来说,绘图范围要比图样稍大一些,对于 A3 图纸,设置 500 × 400 绘图界限即可。具体操作步骤如下,可参考图 2-58 命令窗口操作。

命令: limits ↙	设置绘图界限,亦可通过格式菜单栏进行设置
指定左下角点或[开(ON)/关(OFF)] <0.0000,0.0000>:↙	以 <0.0000,0.0000> 为图形界限的左下角点
指定右上角点 <420.0000,297.0000>:500,400 ↙	设置 500 × 400 绘图界限
命令:zoom↙	用视图缩放命令进行缩放

注意:这时虽然屏幕上没有发生什么变化,但绘图界限已经设置完毕,而且所设的绘图范围已全部呈现在屏幕上。栅格工具可以对所设置的图形界限进行检测。

```
命令: limits
重新设置模型空间界限:
指定左下角点或 [开(ON)/关(OFF)] <0.0000,0.0000>:
指定右上角点 <420.0000,297.0000>: 500,400
命令: zoom
指定窗口的角点, 输入比例因子 (nX 或 nXP), 或者
[全部(A)/中心(C)/动态(D)/范围(E)/上一个(P)/比例(S)/窗口(W)/对象(O)] <实时>: a
```

图 2-58　设置绘图界限

3. 绘制图幅

A3 标准格式图幅为 420 mm × 297 mm,利用"直线"命令以及相对坐标来完成图幅,采用 1∶100 的比例绘图。

(1)启动【直线】命令后,根据命令行提示按下述步骤进行操作,可参考图 2-59 完成操

作步骤。

命令:line↙	
指定第一点	在屏幕左下方单击,定位图2-59中A点
指定下一点或[放弃(U)]:@0,297↙	绘制直线段AB
指定下一点或[放弃(U)]:@420,0↙	绘制直线段BC
指定下一点或[闭合(C)/放弃(U)]:@0,-297↙	绘制直线段CD
指定下一点或[闭合(C)/放弃(U)]:c↙	将直线闭合,绘出直线段DA完成图幅绘制

图2-59　绘制图幅

(2)相关说明。

为了便于掌握,在学习AutoCAD阶段,将建筑图的尺寸暂时分为两类:工程尺寸和制图尺寸。工程尺寸是指图样上有明确标注的,施工时作为依据的尺寸,如开间尺寸、进深尺寸、墙体厚度、门窗大类等。而制图尺寸是指国家制图标准规定的图纸规格、一些常用符号及线型宽度尺寸等,如轴线编号大小、指北针符号尺寸、标高符号、字体高度、箭头的大小以及粗细线的宽度要求等。

当采用1:100的比例绘图时,对于这两种尺寸可作如下两种约定:第一,将所有制图尺寸扩大100倍。如在绘图幅时,输入的尺寸是(59 400,4 200),而在输入工程尺寸时,按实际尺寸输入。如开间的尺寸是3 600 mm,就直接输入3 600,这与手工绘图正好相反;第二,将所有制图尺寸按实际尺寸输入。如在绘图幅时,输入的尺寸是(297,420)而在输入工程尺寸时,缩小100倍,如开间的尺寸是3 600 mm,就输入36,这与手工绘图正好相同。

还可采用前面讲到的【矩形】等命令简捷地绘制图幅。

4. 绘制图框

因为图框线与图幅线之间有相对尺寸,所以在绘制图框时,可以根据图幅尺寸,执行【偏移】、【复制】、【剪切】、【编辑多段线】等命令来完成。具体操作如下。

(1)偏移图幅线。

启动【偏移】命令后,根据命令行提示按下述步骤进行操作。

命令:offset↙	选择偏移命令对图幅线进行偏移
指定偏移距离或[通过(T)/删除(E)/图层(L)] <5.0000>:25↙	确定图框线偏移的距离
选择要偏移的对象,或[退出(E)/放弃(U)] <退出>:	选择直线段 AB
指定要偏移的那一侧上的点,或[退出(E)/多个(M)/放弃(U)] <退出>:	对 AB 线进行向右偏移

说明:重复执行偏移命令,依次对 BC、CD、AD 线段向内侧进行偏移,偏移位移由 25 改为 5,得到如图 2-60 的效果。

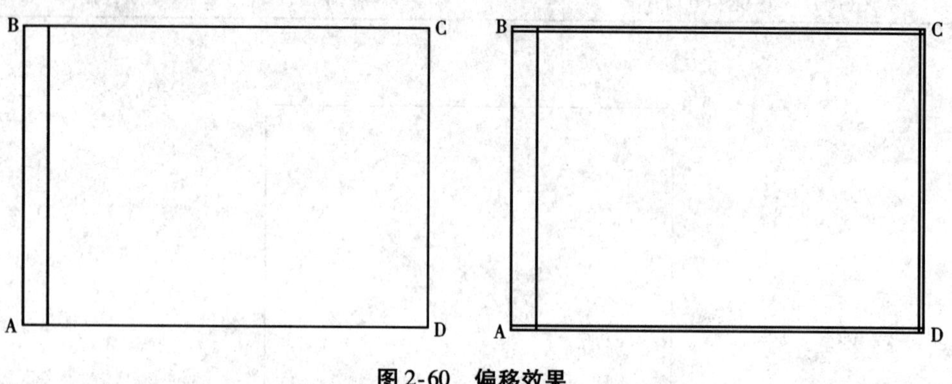

图 2-60　偏移效果

(2)修剪图框线。

启动【修剪】命令后,将多余线段剪掉,具体操作步骤如下。

命令:trim↙ 当前设置:投影 = UCS,边 = 延伸 选择剪切边...	选择修剪命令,将多余边剪掉
选择对象或 <全部选择>:	此时选择的是修剪的边界线,当直接回车时表示全部线段都是修剪的边界线
选择要修剪的对象,或按住 Shift 键选择要延伸的对象,或[栏选(F)/窗交(C)/投影(P)/边(E)/删除(R)/放弃(U)]:	选择要修剪掉的线段,完成命令,如图 2-61 所示

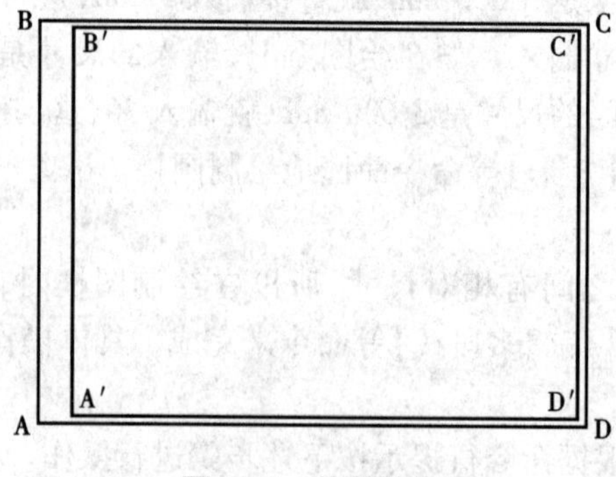

图 2-61　修剪效果

(3)加粗图框线。

制图标准要求图框线为粗线，需选中 A′B′C′D′设置其线宽，点击标准工具栏中的对象特性按钮，出现"对象特性"对话框，进行线宽的修改，如图 2-62 所示。加粗后的图框线如图 2-63 所示。

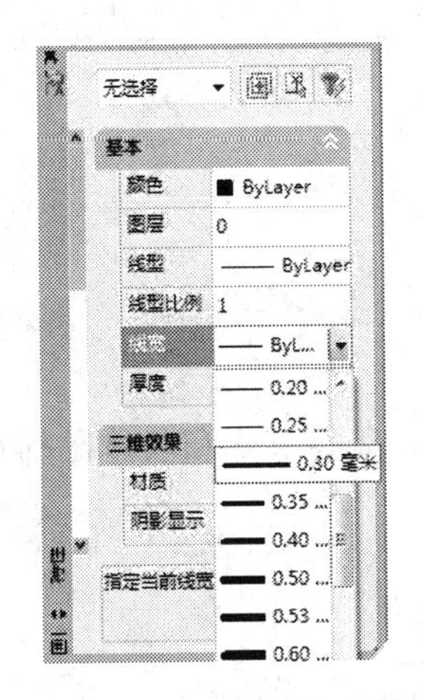

图 2-62　"对象特性"对话框

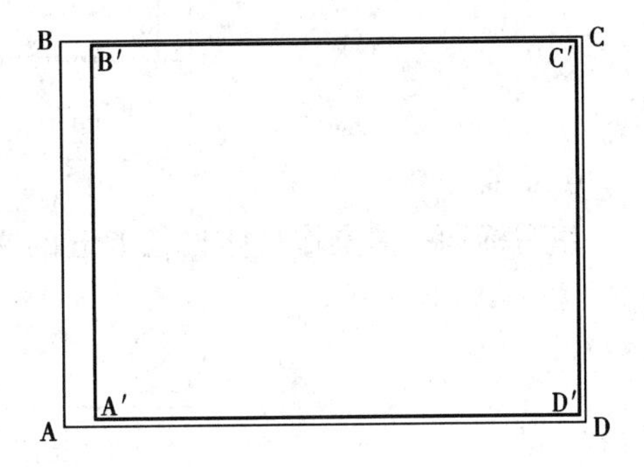

图 2-63　加粗后的图框线

5. 绘制标题栏

标题栏的绘制与图框的绘制一样，也是通过【偏移】、【复制】、【修剪】等命令完成的。

(1)偏移图线。

启动【偏移】命令，将 C′D′向左偏移 180 个单位，A′D′向上偏移 40 个单位，得到如图 2-64 所示效果。

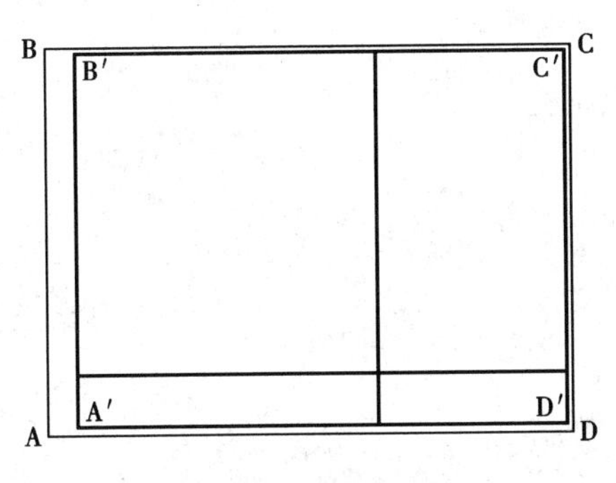

图 2-64　偏移后效果

(2)修剪图线。

运用【修剪】命令将多余线段修剪掉，得到如图 2-65 所示的外框。

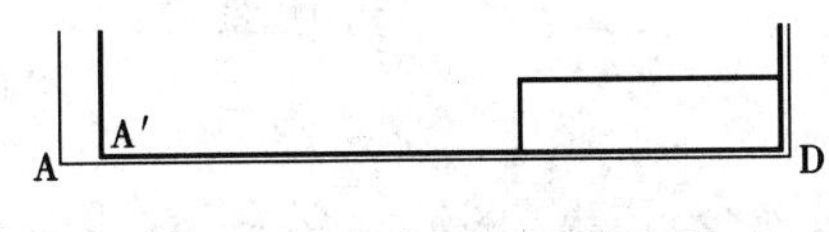

图 2-65　修剪后标题栏外框

同样方法可以完成标题栏内线的绘制，最后得到如图 2-66 所示的图形，完成 A3 模板绘制。

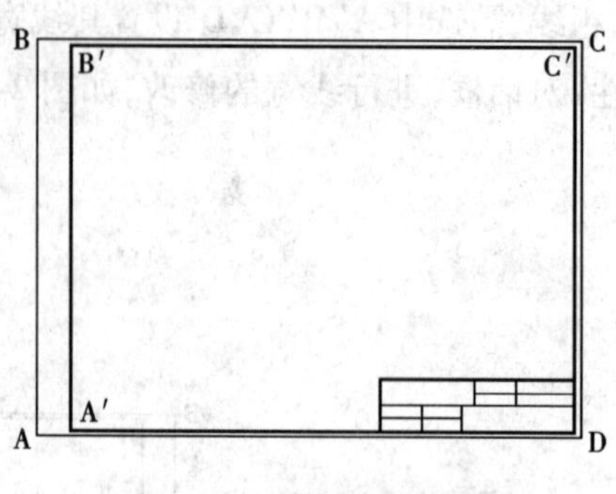

图2-66　绘制图标结果

6. 填写标题栏

填写标题栏的操作具体见任务五的文字设置和说明部分。最终形式和整体图样如图2-67和图2-68所示。

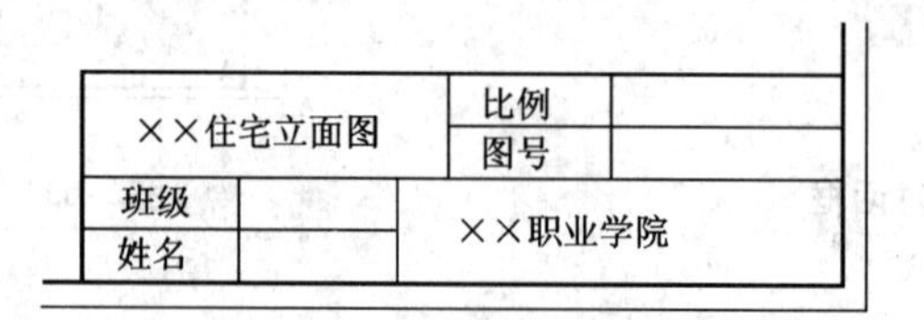

图2-67　文字内容

图2-68　A3图框线

7. 图形保存

单击【文件】→【另存为】命令，弹出“图形另存为”对话框，选择一个文件夹，输入“A3图框线”文件名后，单击“保存”按钮，这样就创建了一个A3图框线文件，保存好以备后期沿用。

项目总结

通过前一部分绘制简易房屋图的学习,在对 AutoCAD 有了一定了解的基础上,本部分内容开始介绍建筑施工图中建筑总平面图的基本知识和一般绘制方法,通过某住宅小区建筑总平面图的实例介绍如何利用 AutoCAD 绘制一个完整的建筑总平面图。通过本部分内容的学习,能够读懂并掌握画图过程中涉及的相关知识点,把各个知识点都结合起来学习,做到融会贯通。

项目三　绘制建筑施工平面图

本项目介绍了建筑施工平面图的基本知识和绘图过程，通过一个建筑平面图的实例，从轴线到最终的文字、标注，整体演示了利用 AutoCAD 2008 绘制一个完整建筑平面图的流程。建筑平面图是建筑设计中一个重要的组成部分，通过本项目的学习，可以独立完成建筑平面图的绘制，如图 3-1 所示。

项目要点

平面图的绘制是建筑绘图中最基本也是最重要的一个环节，综合性很强。本项目主要讲解轴线、墙体、柱、门窗、门窗洞口、平面楼梯的绘制步骤；所运用到的命令有【圆角】、【多线】、【镜像】、【分解】、【多段线】、【图案填充】、【圆弧】、【标注】等；绘图环境有图形界限、单位、图形显示、捕捉以及图层的设置等。

任务一　确定绘图内容及流程

一、识图

建筑平面图是建筑施工图的基本样图，它是假想用一水平的剖切面沿门、窗洞位置将房屋剖切后，对剖切面以下部分所作的水平投影图。它反映出房屋的平面形状、大小和布置，墙、柱的位置、尺寸和材料，门窗的类型和位置等。

建筑平面图是建筑施工图中最重要的，也是最基本的图样之一，是施工放线、墙体砌筑和安装门窗的依据。对于多层建筑，一般应每层有一个单独的平面图。但一般建筑常常是中间几层平面布置完全相同，这时就可以省掉几个平面图，只用一个平面图表示，这种平面图称为标准层平面图。

建筑施工图中的平面图，一般有底层平面图（表示第一层房间的布置、建筑入口、门厅及楼梯等）、标准层平面图（表示中间各层的布置）、顶层平面图（房屋顶层的平面布置图）以及屋顶平面图（即屋顶平面的水平投影，其比例尺一般比其他平面图要小）。

二、建筑平面图的图示内容

建筑平面图反映了建筑平面的形状和尺寸、房间的大小和布置、门窗的开启方向等。应该严格按照国家制图标准表示出其尺寸和位置，具体内容如下。

1. 房屋建筑平面形状及平面房间布局

房屋建筑平面形状：如点式住宅为正方形、条式建筑为矩形，有的公共建筑是圆形、多边形、半圆形等。

平面房间布局：如住宅建筑中客厅、主卧、次卧、卫生间、厨房等，办公楼的办公室、小型会议室、大型会议室、会客室、接待室、卫生间等的布局，并注明各房间的使用面积。

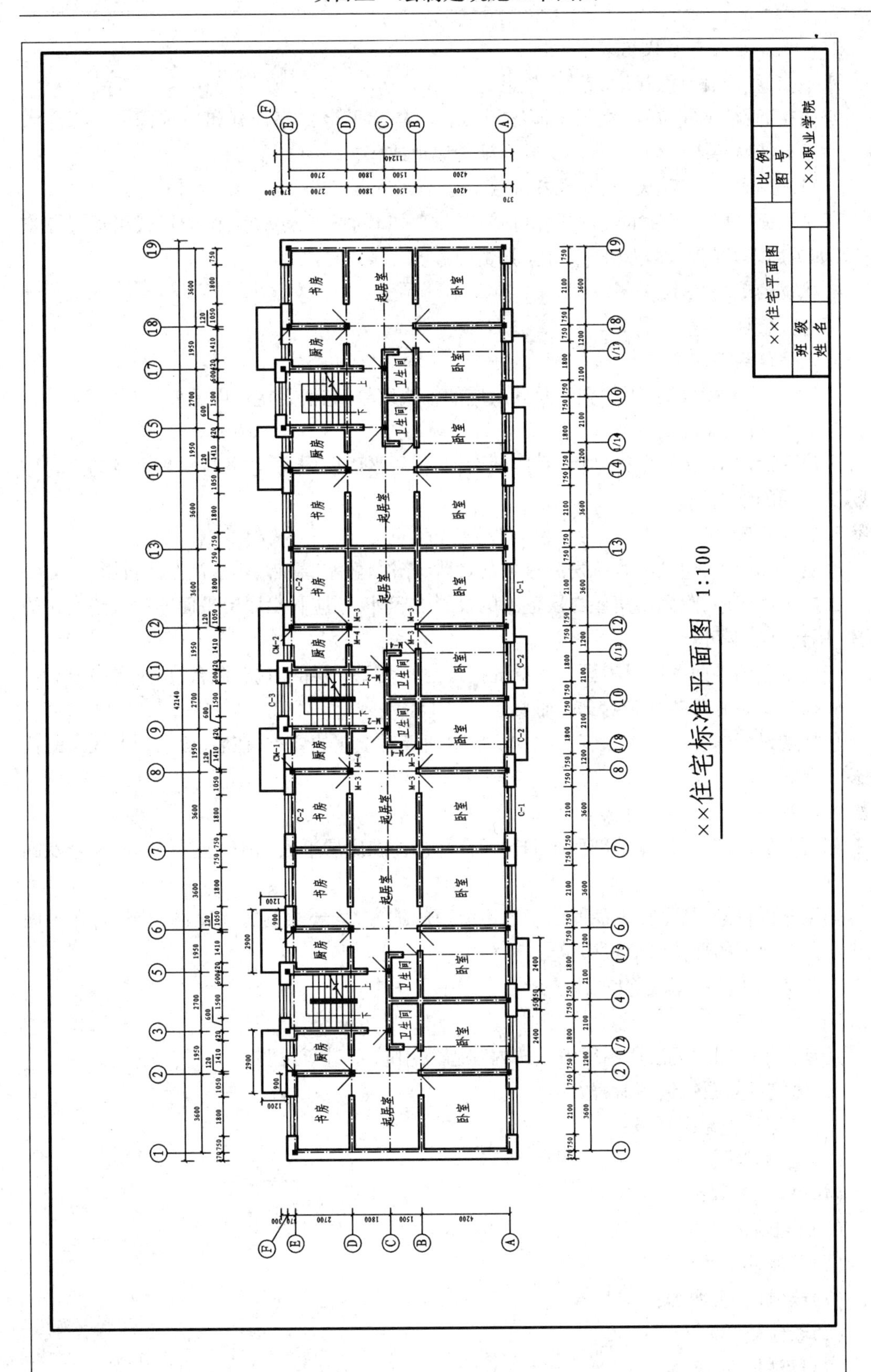
××住宅标准平面图 1:100
××住宅平面图
比 例
图 号
××职业学院
班 级
姓 名
书房
起居室
卧室
厨房
卫生间
42140
11240

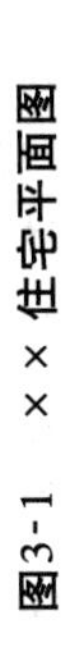
图3-1　××住宅平面图

2. 水平及竖向交通状况

水平交通:门、门厅、过厅、走廊、过道等。

竖向交通:楼梯间位置(楼梯平面布置、踏步、楼梯平台)、高层建筑电梯间的平面位置等。对于有特殊要求的建筑,竖向交通设施为坡道或爬梯。

3. 门窗洞口的位置、大小、形式及编号

通过平面图中所标注的细部尺寸可知道门窗洞口的位置及大小,门的形式可通过图例表示,如单扇平开门、双扇双开平开门、弹簧门等。

4. 建筑构配件尺寸、材料

墙、柱、壁柱、卫生器具等。

5. 定位轴线及编号

包括纵轴线、横轴线、附加轴线及其对应的轴线编号,它们是定位的主要依据。

6. 室内、外地面标高

底层平面图中,标注室外地面、室内地面;其他层平面图中,标注各层楼地面及与主要地面标高不同的地面标高。

7. 室外构配件

底层平面图中,包括与本栋房屋有关的台阶、花池、散水、勒脚、排水沟等的投影。

二层平面图中,除画出房屋二层范围的投影内容外,还应画出底层平面图中无法表达的雨篷、阳台、窗楣等内容。

三层以上的平面图则只需画出本层的投影内容及下一层的窗楣、阳台、雨篷等内容。

8. 综合反映其他各工种对土建的要求

包括如设备施工中给排水管道、配电盘、暖通等对土建的要求,在墙、板上预留孔洞的位置及尺寸等。

9. 有关符号

剖面图的剖切符号:建筑剖面图的剖切符号标注在底层平面图中,包括剖面的编号及剖切位置。

详图索引符号:凡是在平面图中表达不清楚的地方,均要绘制放大比例的图样,在平面图中给需要放大的部位绘出索引符号。

指北针或风向频率玫瑰图:主要绘在底层平面图中。

10. 文字说明

凡是在平面图中无法用图线表达的内容,需要用文字进行说明。

三、建筑平面图的绘图流程

(1)创建设置绘图环境;

(2)绘制轴线;

(4)开门、窗洞;

(5)绘制墙体;

(6)绘制柱子;

(7)绘制门、窗图形;

(8)绘制楼梯;

(9)标注尺寸、文本;

(10)插入图框,完成平面图。

在下一个任务中,我们将通过分步绘制平面图的构造部分给大家介绍利用 AutoCAD 绘制建筑平面图的具体流程。

任务二　平面图中主要建筑构、配件的绘制

一、新知识点

1. 圆角

【圆角】调用方式:

①	菜单栏	“修改”→“圆角”
②	工具栏	“修改”→
③	命令行	FILLET(F)

圆角命令就是使得两条线以一定半径的圆角相交,形成指定边角边的图样,半径由用户自由指定,但是半径的数值是有范围的,最大为两条平行线的间距的一半,也就是说两条平行线也可以进行圆角操作,以半径为两条平行线间距一半的半圆连接,用户可以自行练习。

执行【圆角】命令,命令行提示如下。

命令:fillet↙	激活圆角命令
当前设置:模式 = 修剪,半径 =0.0000	默认的设置
选择第一个对象或[放弃(U)/多段线(P)/半径(R)/修剪(T)/多个(M)]:r↙	对半径进行设置
指定圆角半径 <0.0000 >:10↙	设置半径为 10
选择第一个对象或[放弃(U)/多段线(P)/半径(R)/修剪(T)/多个(M)]:	十字光标变成“□”
然后点击要圆角的两条直线,完成圆角的操作	
【说明】若不对半径进行设置,直接回车,则默认为 0,点击两条直线后,直接形成自动相交,延伸的线被直接删除	

2. 多线

多线是高级绘图命令。多线是由 1 ~ 16 条平行线组成,这些平行线称为元素。通过指定的每个元素距多线原点的偏移量可以确定元素的位置。用户可以自己创建和保存多线样式,或是使用包含两个元素的默认样式,还可以设置每个元素的颜色、线型以及显示和隐藏多线的接头。所谓接头就是指那些出现在多线元素每个顶点处的线条。

(1)设置多线样式。

绘制多线前要设置多线样式,首先选择想要的线型。

【多线样式】调用方式:

①	菜单栏	“格式”→“多线样式”
②	命令行	MLSTYLE

选择【多线样式】命令后弹出对话框,如图 3-2 所示。

图 3-2 “多线样式”对话框

当前多线样式:显示当前正在使用的多线样式。

样式列表框:显示已经创建好的多线样式。

预览:显示当前选中的多线样式的形状。

说明:当前多线样式附加说明和描述。

置为当前:用于设置将要创建的多线样式。从“样式”列表中选择一个名称,单击“置为当前”按钮即可。

新建:单击“新建”按钮将弹出“创建新的多线样式”对话框,从中可以创建新的多线样式。如图 3-3 所示。

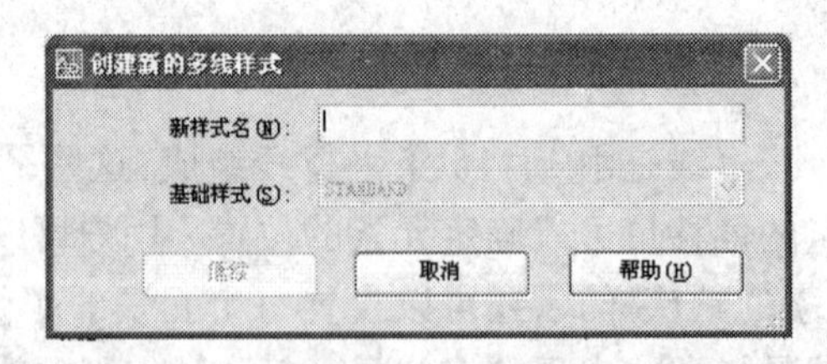

图 3-3 “创建新的多线样式”对话框

新样式名:用于设置新多线样式的名称。

基础样式下拉列表:用于设置参考样式。

设置完成后单击“继续”按钮,弹出如图 3-4 所示的“新建多线样式”对话框。

说明文本框:用于设置多线样式的简单说明和描述。

图 3-4　“新建多线样式”对话框

封口选项组:用于设置多线起点和终点的封闭形式。封口有 4 个选项,分别为直线、外弧、内弧和角度,图 3-5 所示为各种封口的示意图。

图 3-5　多线封口示意图

填充选项组的“填充颜色”下拉列表:用于填充多线背景。

显示连接复选框:用于显示多线每个部分的端点上的连接线。

图元选项:用于设置多线元素的特性。元素特性包括每条直线元素的偏移量、颜色和线型。

添加按钮:可将新的多线元素添加到多线样式中。

删除按钮:可将当前的多线样式中不需要的直线元素删除。

偏移文本框:用于设置当前多线样式中某个直线元素的偏移量,偏移量可以是正值,也可以是负值。

颜色下拉列表框。用于设置颜色。

线型按钮:弹出“选择线型”对话框,可以从该对话框中选择已经加载的线型,或按需要加载线型。

在“选择线型”对话框中有如下选项。

加载按钮:弹出“加载或重载线型”对话框,可以选择合适的线型。

修改:单击“修改”按钮将弹出“修改多线样式”对话框,从中可以修改选定的多线样式,不能修改默认的 STANDARD 多线样式。参数与“新建多线样式”对话框相同。如图 3-6 所示。

重命名:单击“重命名”按钮可以在“样式”列表中直接重命名选定的多线样式,不能重命名 STANDARD 多线样式。

删除:单击“删除”按钮可以从“样式”列表中删除当前选定的多线样式,此操作并不会

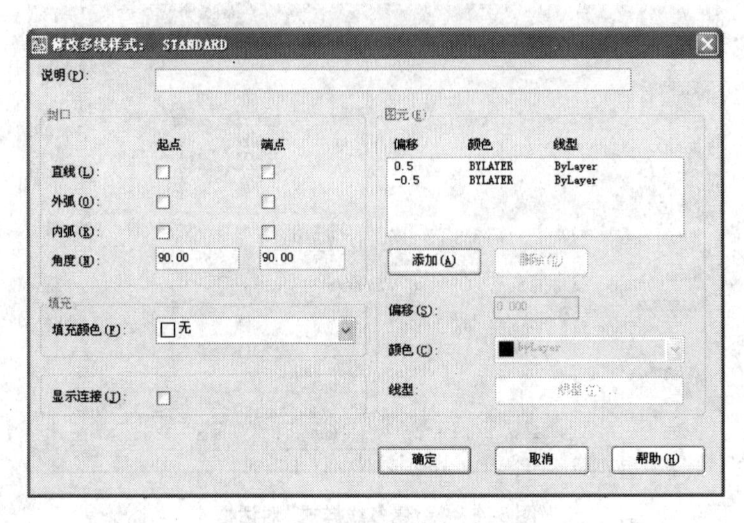

图 3-6 “修改多线样式”对话框

删除 MLN 文件中的样式。

加载:单击“加载”按钮将弹出“加载多线样式”对话框,可以从指定的 MLN 文件中加载多线样式,如图 3-7 所示。

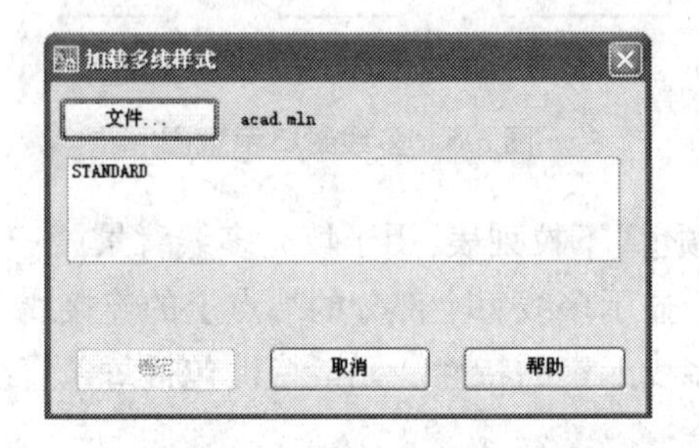

图 3-7 “加载多线样式”对话框

保存:单击“保存”按钮将弹出“保存多线样式”对话框,用户可以将多线样式保存或复制到多线库(MLN)文件。如果指定了一个已存在的 MLN 文件,新样式定义将添加到此文件中,并且不会删除其中已有的定义,默认文件名是 acad.mln。

(2)绘制多线。

在设置好多线样式后启动多线命令。

【多线】调用方式:

①	菜单栏	“绘图”→“多线”
②	命令行	MLINE(ML)

执行多线命令,命令行提示如下。

命令:mline↙	启动多线命令
当前设置: 对正 = 上,比例 = 20.00,样式 = STANDARD	默认的设置
指定起点或[对正(J)/比例(S)/样式(ST)]:	指定多线起点或修改多线设置
指定下一点:	选择下一点的位置
指定下一点或[放弃(U)]:	选择下一点的位置或取消
指定下一点或[闭合(C)/放弃(U)]:	选择下一点的位置、闭合或取消

在命令行提示中显示了当前多线的对正样式、比例和多线样式,用户如果需要采用这些设置,则可以指定多线的端点绘制多线;用户如果需要采用其他的设置,可以修改绘制参数。命令行提供了对正、比例、样式3个选项以供用户设置。

①对正(J)。该选项的功能是控制将要绘制的多线相对于十字光标的位置。在命令行输入j,命令行提示如下。

命令:mline↙	启动多线命令
当前设置: 对正 = 上,比例 = 20.00,样式 = STANDARD	默认的设置
指定起点或[对正(J)/比例(S)/样式(ST)]:j↙	输入j,设置对正方式
输入对正类型[上(T)/ 无(Z)/下(B)] <上>:	选择对正方式

MLINE命令有3种对正方式:上、无和下。默认选项为"上",使用此选项绘制多线时,在光标下方绘制多线,因此在指定点处将会出现具有最大正偏移值的直线。使用选项"无"绘制多线时,多线以光标为绘制中心,拾取的点在偏移量为0的元素上,即多线的中心线与选取的点重合。使用选项"下"绘制多线时,多线在光标上面绘制,拾取点在多线负偏移量最大的元素上,使用3种对正方式绘图的效果如图3-8所示。

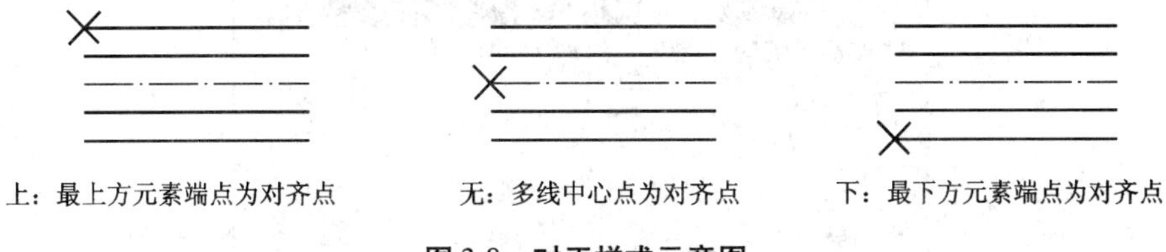

图3-8　对正样式示意图

② 比例(S)。该选项的功能是决定多线的宽度是在样式中设置宽度的多少倍。在命令行输入s,命令行提示如下。

命令:mline↙	启动多线命令
当前设置: 对正 = 上,比例 = 20.00,样式 = STANDARD	默认的设置
指定起点或[对正(J)/比例(S)/样式(ST)]:s↙	输入s,设置比例大小
输入多线比例<20.00>:	输入多线的比例值

如比例输入0.5,则表示宽度是设置宽度的一半,即各元素的偏移距离为设置值的一

半。因为多线中偏移距离最大的线排在最上面,偏移距离越小线越靠下,为负值偏移量的在多线原点下面,所以当比例为负值时,多线的元素顺序颠倒过来。

③ 样式(ST)。该选项的功能是为将要绘制的多线指定样式。在命令行输入 ST,命令行提示如下。

命令:mline↙	启动多线命令
当前设置:对正 = 上,比例 = 20.00,样式 = STANDARD	默认的设置
指定起点或[对正(J)/比例(S)/样式(ST)]:st↙	输入 st,设置多线样式
输入多线样式名或“?”:	输入存在并加载的样式名,或输入“?”

输入“?”后,文本窗口中将显示出当前图形文件加载的多线样式,默认的样式为 STANDARD。

(3)多线编辑。

【多线编辑】调用方式:

①	菜单栏	“修改”→“对象”→“多线”
②	命令行	MLEDIT

执行“MLEDIT”命令后,弹出如图 3-9 所示的“多线编辑工具”对话框。在这里可以对十字形、T 形及有拐角和顶点的多线进行编辑,还可以截断和连接多线。对话框中有 4 组编辑工具,每组工具有 3 个选项。要使用这些选项时,只需要单击选项的图标即可。对话框中第 1 列控制的是多线的十字交叉处;第 2 列控制的是多线的 T 形交点的形式;第 3 列控制的是多线的拐角和顶点;第 4 列控制的是多线的剪切和连接。

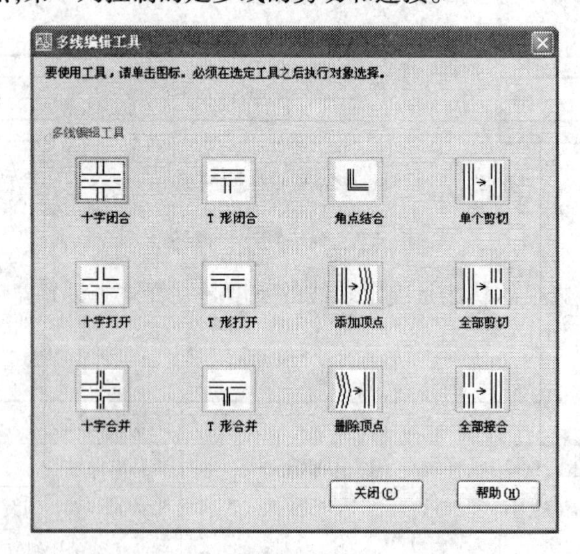

图 3-9 “多线编辑工具”对话框

3. 镜像

【镜像】调用方式：

①	菜单栏	“修改”→“镜像”
②	工具栏	“修改”→
③	命令行	MIRROR(MI)

镜像是将图形沿着给定的轴线对称反射的变换。镜像命令用于生成所选对象的对称图形，操作时需指出对称轴线，对称轴线可以是任意方向的，而原图形对象可以删去或保留。

命令：mirror ↙	启动镜像命令
选择对象：	指定图像并全选
选择对象：指定对角点：找到 15 个 ↙	回车确认
选择对象：指定镜像线的第一点：	选择镜像第一点
选择对象：指定镜像线的第一点：指定镜像线的第二点：	选择镜像第二点
要删除源对象吗？[是(Y)/否(N)] <N>：↙	回车确认是否删除源对象

图 3-10 是镜像命令绘制的图形。

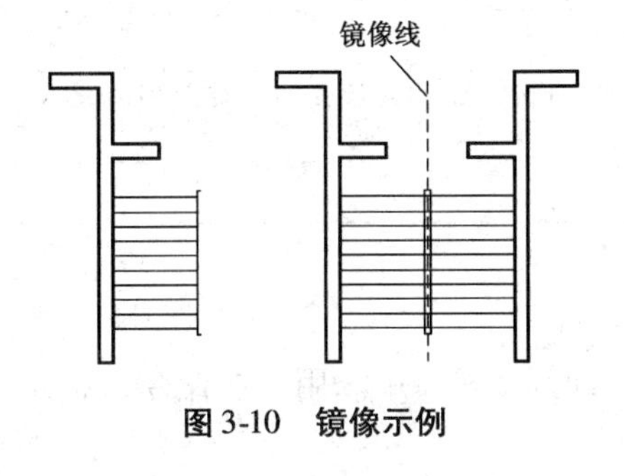

图 3-10　镜像示例

4. 分解

【分解】调用方式：

①	菜单栏	“修改”→“分解”
②	工具栏	“修改”→
③	命令行	EXPLODE(X)

分解命令是将矩形、多边形、多段线、多线、块等单独的图形分解为更小的图形元素和以直线为单位的独立元素。

如图 3-11 的图形是用正多边形命令绘制的，分解为独立线段，如图 3-11 右图所示。

5. 多段线

【多段线】调用方式：

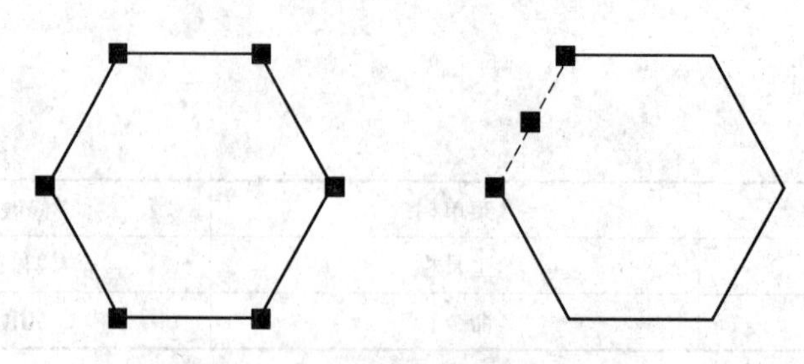

图 3-11 正六边形分解的前、后图对比

①	菜单栏	“绘图”→“多段线”
②	工具栏	“绘图”→ ⤼
③	命令行	PLINE(PL)

多段线命令就是由相连的多段直线或弧线组成,但被作为单一的对象使用,当用户选择组成多段线的其中任意一段直线或弧线时将选择整个多段线。多段线中的线条可以设置成不同的线宽以及不同的线型,此命令具有很强的实用性。

命令:pline↙	启动多段线命令
指定起点:	确定一点
当前线宽为 0.0000	
指定下一个点或[圆弧(A)/闭合(C)/半宽(H)/长度(L)/放弃(U)/宽度(W)]:a↙	选择圆弧
……	下面分步讲解

(1)圆弧(A)。

该选项用于将弧线段添加到多段线中。用户在命令行提示后输入“A”,命令行提示如下。

指定圆弧的端点或[角度(A)/圆心(CE)/方向(D)/半宽(H)/直线(L)/半径(R)/第二个点(S)/放弃(U)/宽度(W)]:

圆弧的绘制方法在下面绘制门窗的部分中讲解。其中的“直线(L)”选项用于将直线添加到多段线中,实现弧线到直线的绘制切换。

(2)半宽(H)。

该选项用于指定从多段线线段的中心到其一边的宽度。起点半宽将成为默认的端点半宽。端点半宽在再次修改半宽之前将作为所有后续线段的统一半宽。宽线线段的起点和端点位于宽线的中心。用户在命令行提示后输入“H”,命令行提示如下。

指定起点半宽 <0.0000>:

指定端点半宽 <0.0000>:

(3)长度(L)。

该选项用于在与前一线段相同的角度方向上绘制指定长度的直线段。如果前一线段是圆弧,程序将绘制与该弧线段相切的新直线段。用户在命令行提示后输入“L”,命令行提示如下。

指定直线长度:(输入沿前一直线方向或前一圆弧相切直线方向的距离)

(4)宽度(W)。

该选项用于设置指定下一条直线段或者弧线的宽度。用户在命令行中输入“W”,则命令行提示如下。

指定起点宽度 <0.0000>:

指定端点宽度 <0.0000>:

(5)闭合(C)。

该选项从指定的最后一点到起点绘制直线段或者弧线,从而创建闭合的多段线,必须至少指定两个点才能使用该选项。

(6)放弃(U)。

该选项用于删除最近一次添加到多段线上的直线段或者弧线。

对于“半宽(H)”和“线宽(W)”两个选项,设置的是弧线还是直线线宽,由下一步所要绘制的是弧线还是直线来决定;对于“闭合(C)”和“放弃(U)”两个选项,如果上一步绘制的是弧线,则以弧线闭合多段线或者放弃弧线的绘制,如果上一步是直线,则以直线段闭合多段线或者放弃直线的绘制。

【修改多段线】调用方式:

①	菜单栏	“修改”→“对象”→“多段线”
②	命令行	PEDIT

作用:

①闭合一条非闭合的多段线;

②打开一条已闭合的多段线;改变多段线的宽度;

③把整条多段线改变为新的统一宽度;

④改变多段线中某一条线段的宽度或锥度;

⑤将一条多段线分成两条多段线;

⑥将多条相邻的直线、圆弧和二维多段线连接组成一条新的多段线;

⑦移去两顶点间的曲线;

⑧移动多段线的顶点或增加新的顶点。

6. 图案填充

【图案填充】调用方式:

①	菜单栏	“绘图”→“填充图案”
②	工具栏	“绘图”→

说明:本任务中介绍的图案填充只涉及简单的柱子填充,详细讲解见项目六。

7. 圆弧

【圆弧】调用方式:

①	菜单栏	“绘图”→“圆弧”
②	工具栏	“绘图”→
③	命令行	ARC(A)

工具栏图标的“圆弧”是表示三点画弧或指定圆弧的起点或圆心(C),也就是用“圆心、起点”的模式完成圆弧的绘制。除此以外系统还为我们提供了圆弧的其他画法。

一共有5类画弧方式,如图3-12所示。下面对这5种方式进行介绍。

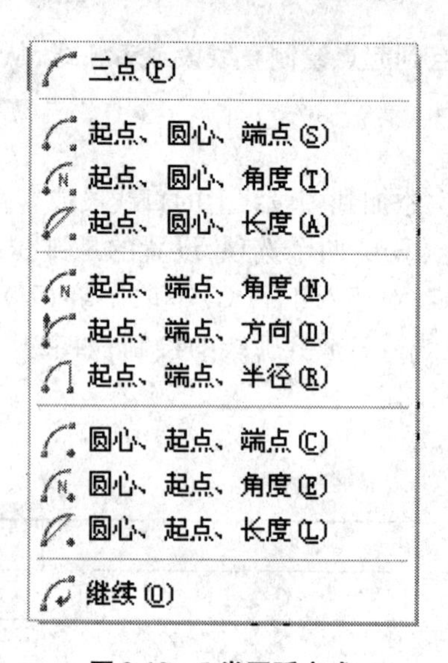

图3-12　5类画弧方式

(1)指定三点的方式。

指定三点的方式是画弧的默认方式,依次指定3个不共线的点,绘制的圆弧为通过这3个点而且起于第1个点止于第3个点的圆弧。图3-13和图3-14是画弧的过程。

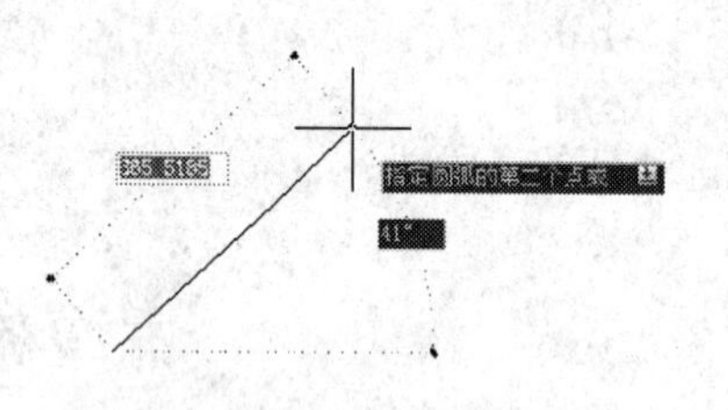

图3-13　确定弧的第2点

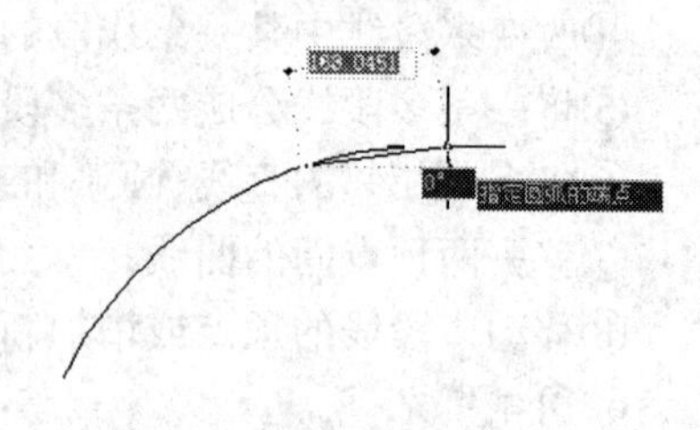

图3-14　确定弧的第3点

(2)指定起点、圆心的方式。

圆弧的起点和圆心决定了圆弧所在的圆。第3个参数可以是画弧的端点(终止点)、角度(起点和端点的圆弧角度)和长度(圆弧的弦长),各参数的含义如图3-15所示。

(3)指定起点、端点的方式。

圆弧的起点和端点决定了圆弧所在的圆。第3个参数可以是弧的角度、圆弧在起点处的切线方向和圆弧的半径,各参数的含义如图3-16所示。

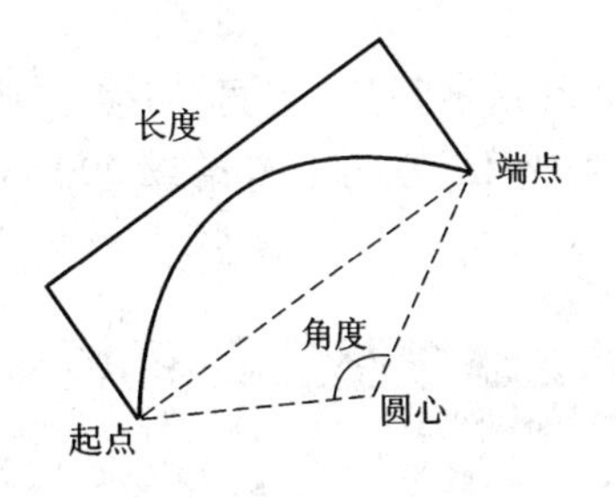

图 3-15　起点、圆心法画弧的各参数

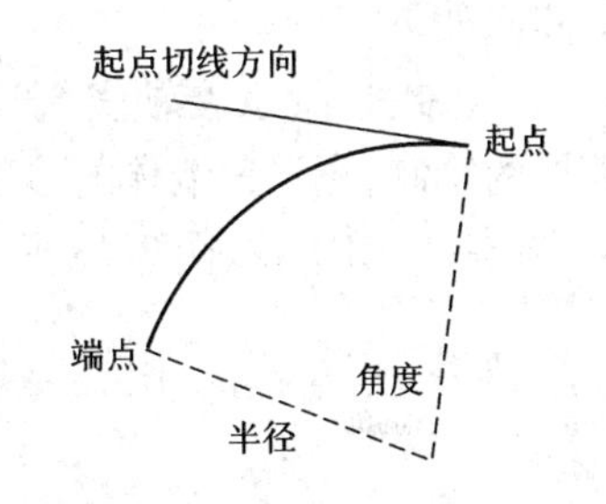

图 3-16　起点、端点法画弧的各参数

(4)指定圆心、起点的方式。

该方式与第 2 种绘弧方式没有太大区别,这里不再赘述。

(5)“继续”的方式。

该方法绘制的弧线将从上一次绘制的圆弧或直线的端点处开始绘制,同时新的圆弧与上一次绘制的直线或圆弧相切。在执行 ARC 命令后的第一个提示下直接按下〈Enter〉键,系统便采用此方法绘制圆弧。

二、墙体

墙体的绘制有很多种办法,一种是用直线或是多段线命令绘制单条墙线,再用偏移命令生成双线,最后用修剪命令修剪掉多余部分。另一种是使用多线命令直接绘制墙线,再用多线编辑命令、分解和修剪命令得到内外墙体线。

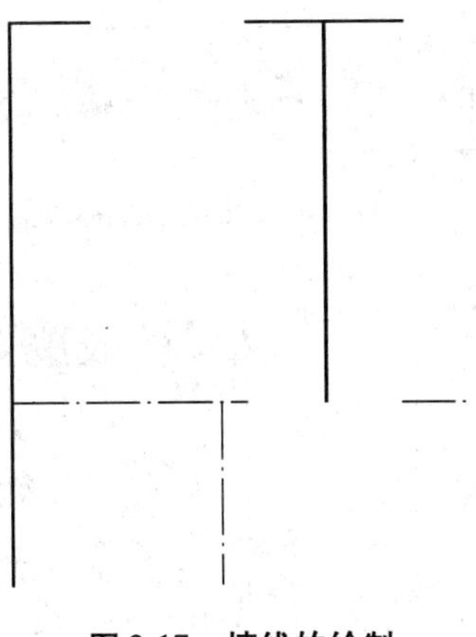

图 3-17　墙线的绘制

方法 1:运用直线、偏移、修剪和圆角命令绘制墙线。

步骤如下。

(1)绘制完轴线,在轴线上开完门洞、窗洞后,进行墙线的绘制,先在轴线上画出一道墙体线,如图 3-17 所示。

(2)然后用偏移命令复制出两边的墙体线,如图 3-18 所示。

(3)删除与轴线重合的墙线,再用修剪和圆角工具完成最终的墙线,如图 3-19 所示。

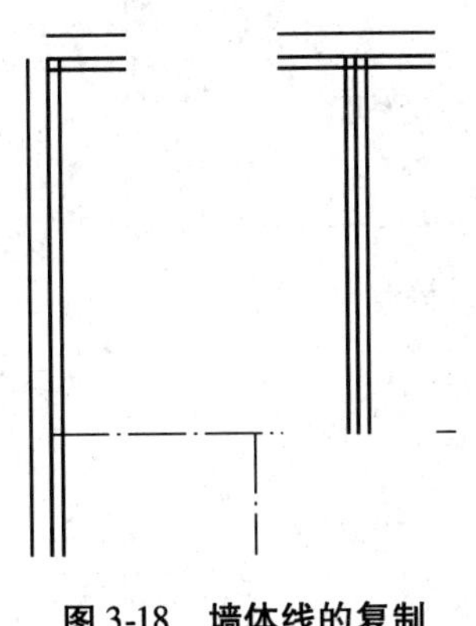

图 3-18　墙体线的复制

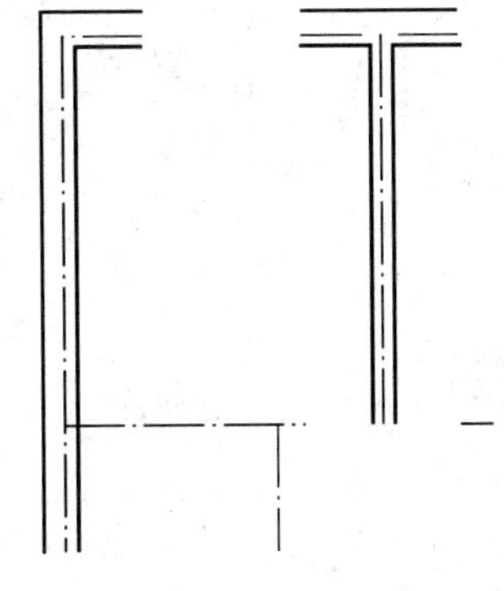

图 3-19　最终结果

方法 2:运用多线、多线编辑工具、镜像、分解和修剪命令绘制墙线。

步骤如下。

(1)绘制完轴线,在轴线上开完门洞、窗洞后(也可以先不开门、窗洞,用多线预留),进行墙线的绘制,先设置墙体的多线样式,第一步命名,内墙厚 240 mm,外墙厚 490 mm,如图 3-20、图 3-21、图 3-22、图 3-23 所示。

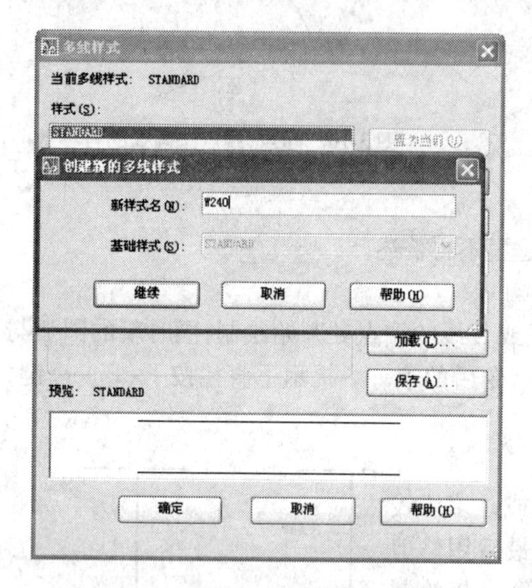

图 3-20 创建 240 mm 墙多线样式

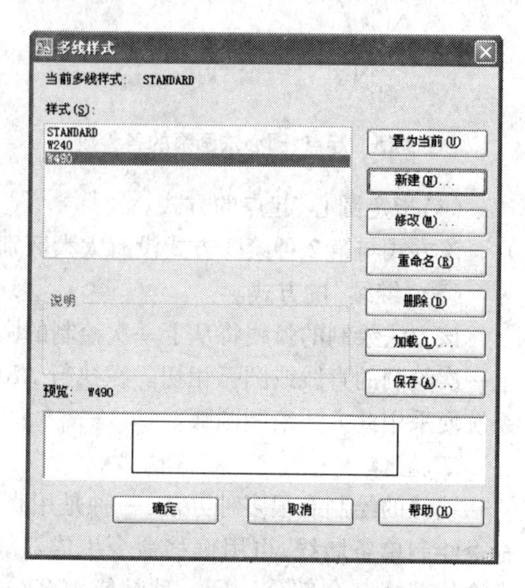

图 3-21 创建好两种多线样式

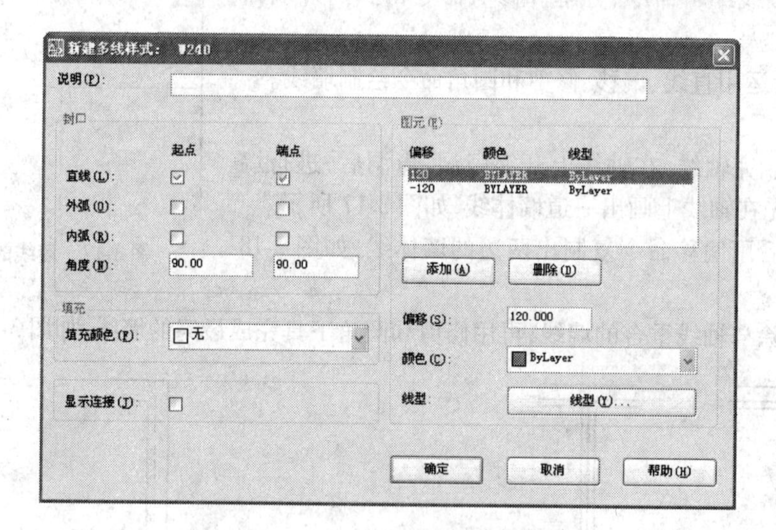

图 3-22 设置 240 mm 墙多线样式参数

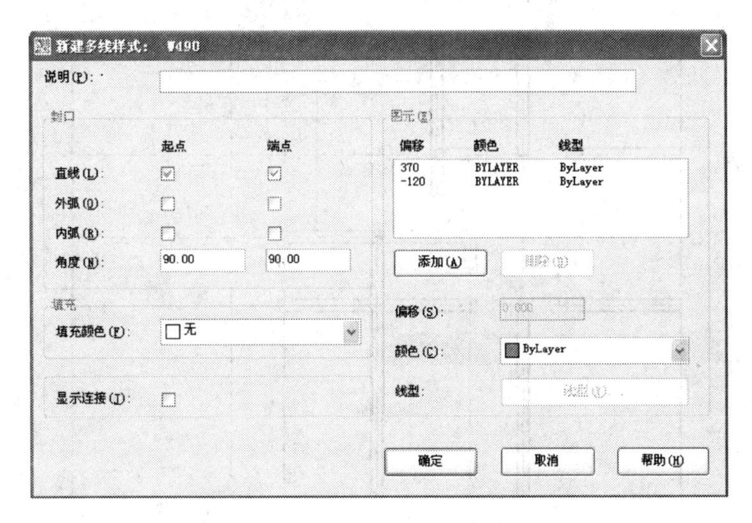

图 3-23 设置 490 mm 墙多线样式参数

(2)激活多线,设置命令如下。

命令:mline ↙	启动多线命令
当前设置:对正 = 上,比例 = 20.00,样式 = STANDARD	默认的设置
指定起点或[对正(J)/比例(S)/样式(ST)]:ST ↙	输入 ST,设置多线样式
输入多线样式名或"?":W240 ↙	设置多线样式为 W240
当前设置:对正 = 上,比例 = 20.00,样式 = W240	
指定起点或[对正(J)/比例(S)/样式(ST)]:S ↙	输入 S,设置比例大小
输入多线比例 <20.00>:1 ↙	设置比例为 1
当前设置:对正 = 上,比例 = 1.00,样式 = W240	
指定起点或[对正(J)/比例(S)/样式(ST)]:J ↙	输入 J,设置对正方式
输入对正类型[上(T)/无(Z)/下(B)] <上>:Z ↙	设置对正方式为居中
当前设置:对正 = 无,比例 = 1.00,样式 = W240	完成设置
指定起点或[对正(J)/比例(S)/样式(ST)]:	捕捉图上的轴线点
指定下一点:	按照图 3-24 所示,最终形成墙体图线
指定下一点或[放弃(U)]:	
指定下一点或[闭合(C)/放弃(U)]:	
命令:mirror ↙	启动镜像命令
选择对象:	选择图 3-24 的墙体
选择对象:找到 1 个,总计 6 个	回车确认
选择对象:指定镜像线的第一点:	选择中轴线上一点
选择对象:指定镜像线的第一点:指定镜像线的第二点:	选择中轴线上另一点
要删除源对象吗?[是(Y)/否(N)] <N>:↙	回车确认不删除源对象,如图 3-25 所示

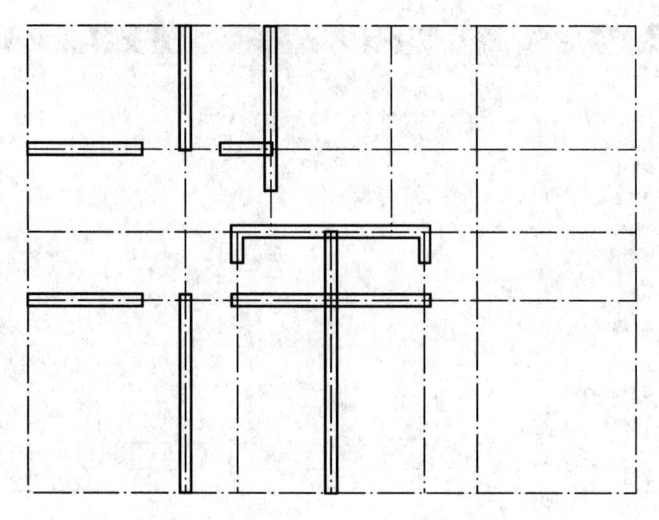

图 3-24 启动多线命令绘制的墙体图线

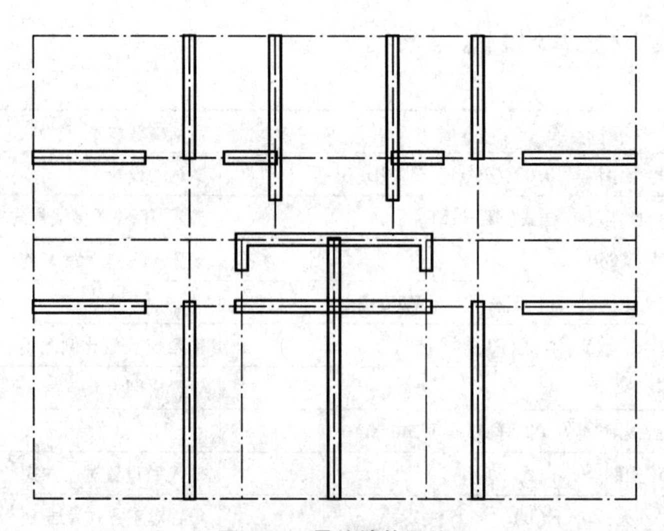

图 3-25 最终墙体图线

(3)用同样的方法对平面图中 490 mm 墙进行绘制,绘制时注意方向,设置墙体正值为"370",负值为" -120",所以从左向右绘图为上 370、下 120,从右向左为上 120,下 370。

(4)绘制完成后进行镜像操作,如图 3-26 所示。

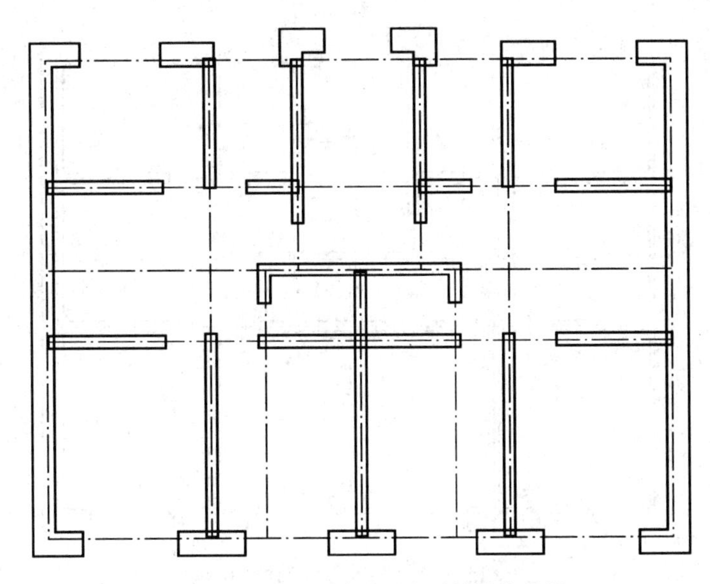

图 3-26　490 mm 墙绘制完后的镜像结果

(5)最后对墙线进行多线编辑,启动“多线编辑工具”对多线进行修剪,如图 3-27 所示。运用 T 形合并、十字合并等进行编辑。

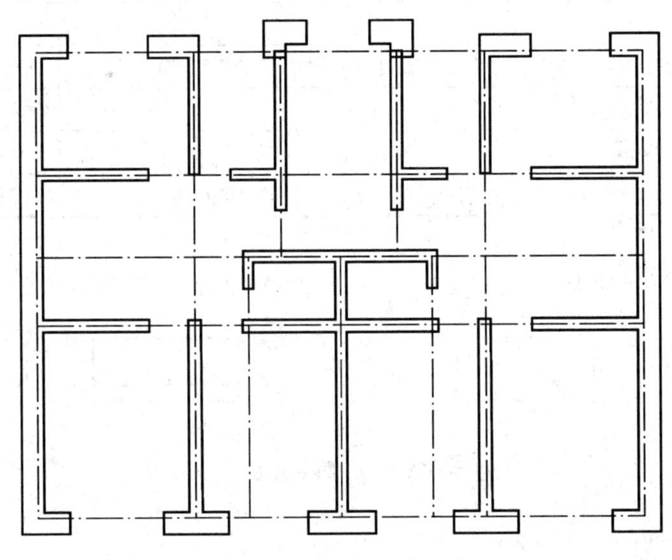

图 3-27　启动“多线编辑工具”的修剪结果

但对于特殊部位不能进行“多线编辑工具”修剪的,只能用分解命令分解成单线,然后进行修剪,如图 3-28 所示。

三、柱子

柱子的绘制也有多种方法,这里主要讲述两种:多段线和图案填充两种方式。

方法 1:运用多段线绘制。

步骤如下。

激活多段线命令,提示如下。

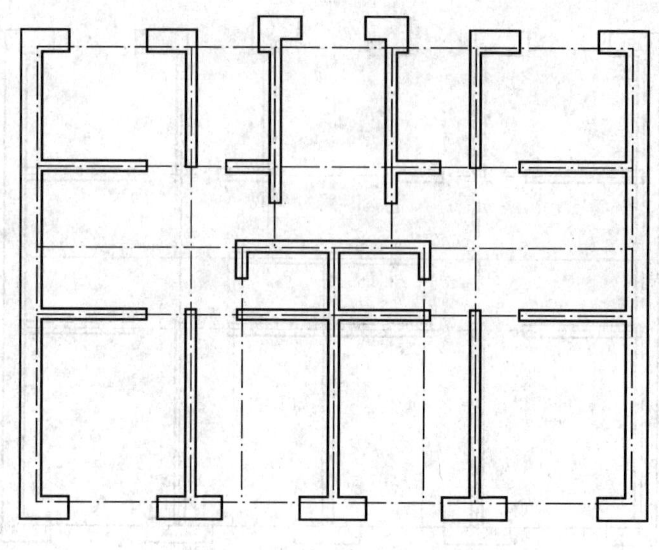

图 3-28 特殊部分的修剪

命令：pline↙	激活多段线命令
指定起点：	确定一点
当前线宽为 0.0000	
指定下一个点或［圆弧(A)/闭合(C)/半宽(H)/长度(L)/放弃(U)/宽度(W)］：w↙	选择宽度命令
指定起点宽度 <0.0000>：240↙	输入宽度
指定端点宽度 <240.0000>：↙	直接确定 240
指定下一个点或［圆弧(A)/闭合(C)/半宽(H)/长度(L)/放弃(U)/宽度(W)］：	确定端点

本建筑图柱子尺寸为 240 mm×240 mm，所以最终成图如图 3-29 所示。

图 3-29 最终成图

方法 2：运用图案填充绘制。

步骤如下。

(1)绘制柱子的外轮廓，可以用直线、多段线、矩形、正多边形命令绘制，是尺寸为 240 mm×240 mm 的正方形。如图 3-30 所示。

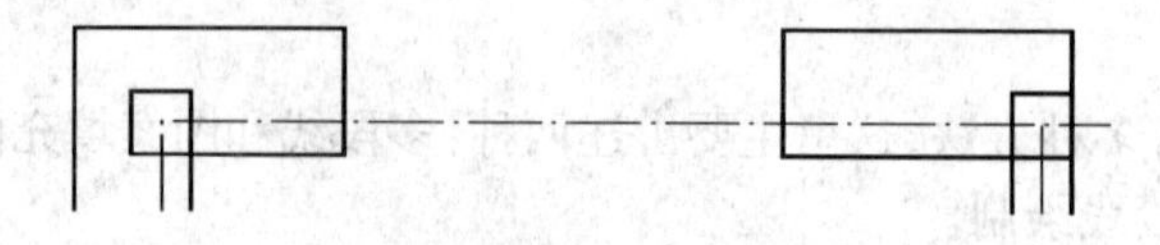

图 3-30 绘制柱子的外轮廓

(2)选择图案填充命令,出现“图案填充和渐变色”对话框。如图3-31所示。

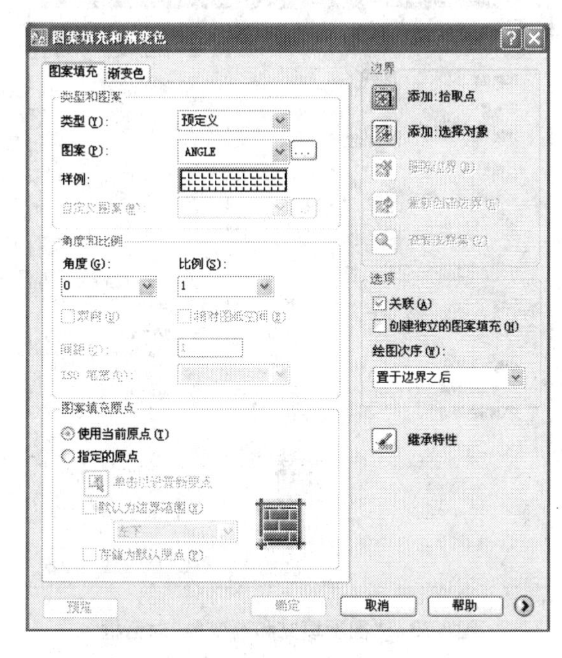

图3-31　“图案填充和渐变色”对话框

(3)选择“样例”,出现“填充图案选项板”对话框,选择“SOLID”选项。

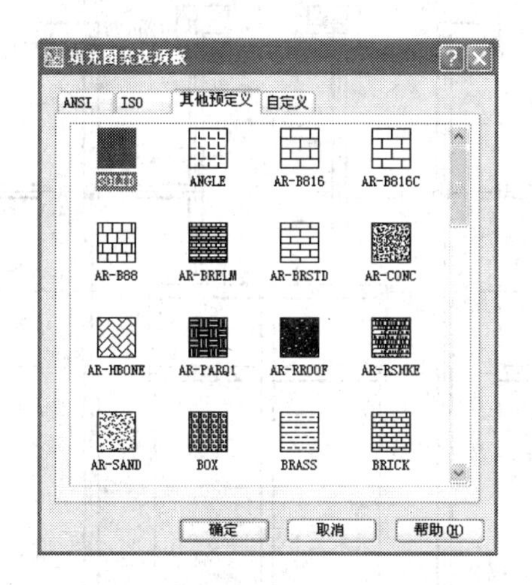

图3-32　“填充图案选项板”对话框

(4)出现“图案填充和渐变色”对话框,如图3-33所示。如果外框线是整体、连续的闭合图形可以直接选择“添加:选择对象”;如果外框线不是整体、连续的图形,是直线围成的闭合图形,要选择“添加:拾取点”。

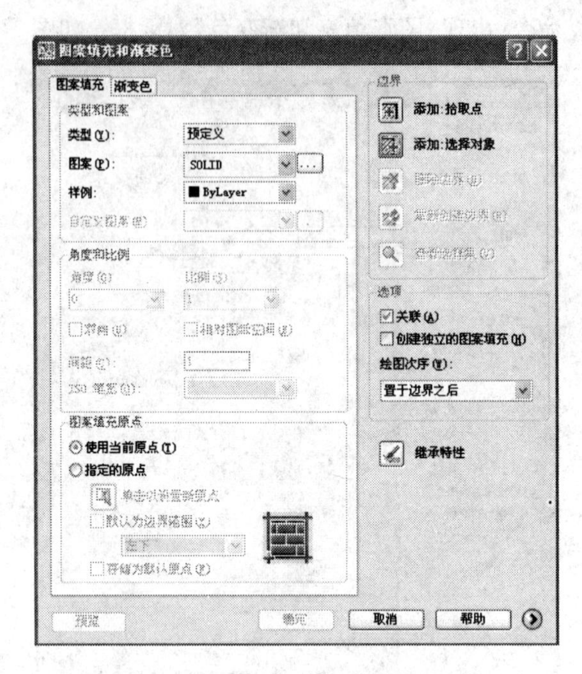

图 3-33 “图案填充和渐变色”对话框

(5)最终作出柱子的填充图,如图 3-34 所示。

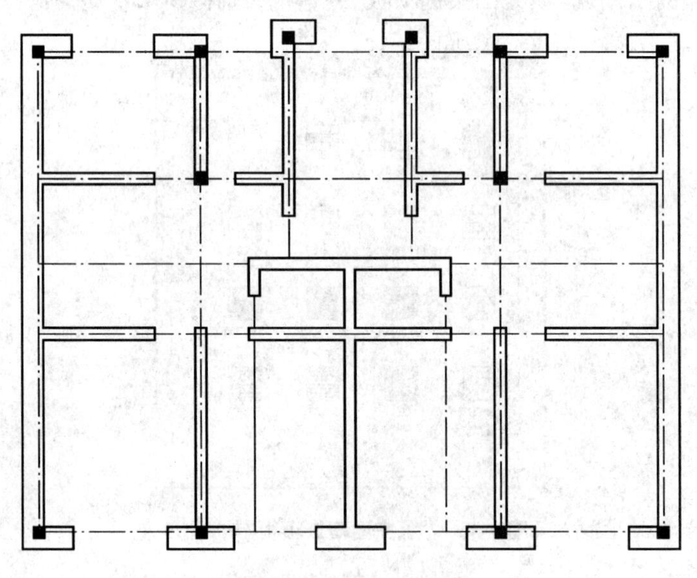

图 3-34 柱子的填充图

四、门窗

门窗的绘制也有多种方法。首先是门的绘制,可以用弧线绘制,也可以用 45°斜线表示,可以直接画出,也可以用图块直接插入;窗的绘制,可以直接用直线绘制,也可以用多线绘制,一般来说都采用多线,比较快捷。

1. 门的绘制

这里我们用最简便的方法:圆弧和直线绘制。

方法1:画弧方式。

运用新知识点讲解的几种方式画弧,画弧方式是以门的开启点为圆心、半径为门洞长度的90°的弧所围成的图形,如图3-35所示。

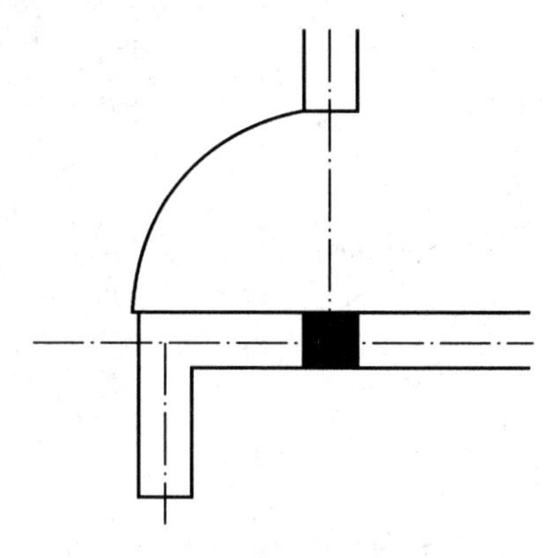

图3-35　画弧方式绘制门

方法2:直线方式。

直线方式是以门的开启点为基点,和门洞形成45°角的直线,如图3-36所示。

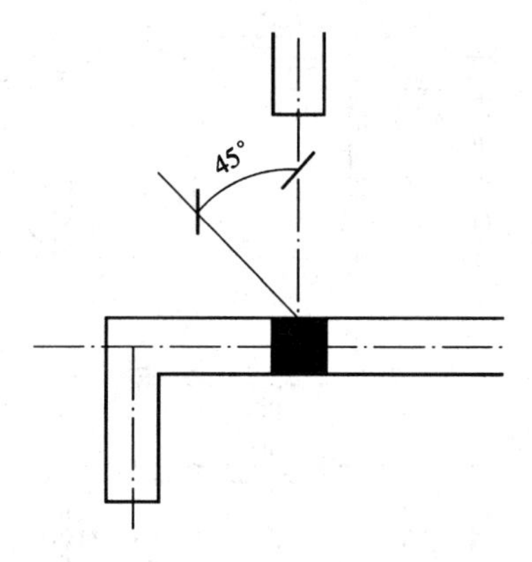

图3-36　直线方式绘制门

2. 窗的绘制

这里我们也用最简便的方法:多线绘制。

步骤如下。

(1)设置多线参数。

绘制窗线,采用多线样式的元素数值为1,绘制多线的比例为490。

(2)设置多线的比例。

命令:mline↙	启动多线命令
当前设置:对正 = 无,比例 = 20.00,样式 = CHUANG	默认的设置
指定起点或[对正(J)/比例(S)/样式(ST)]:S↙	输入S,设置比例大小
输入多线比例 <20.00 >:490↙	设置比例为490
当前设置:对正 = 上,比例 = 490.00,样式 = CHUANG	最终设置如图3-37所示

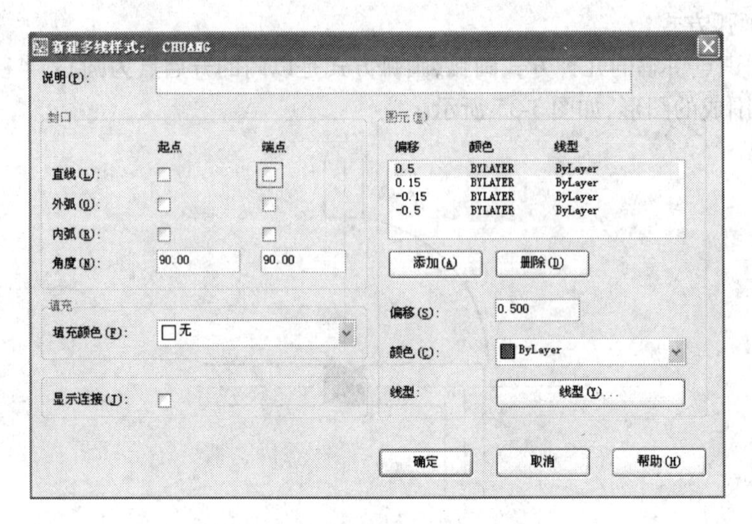

图 3-37　“新建多线样式”对话框

门窗最终的成图如图 3-38 所示。

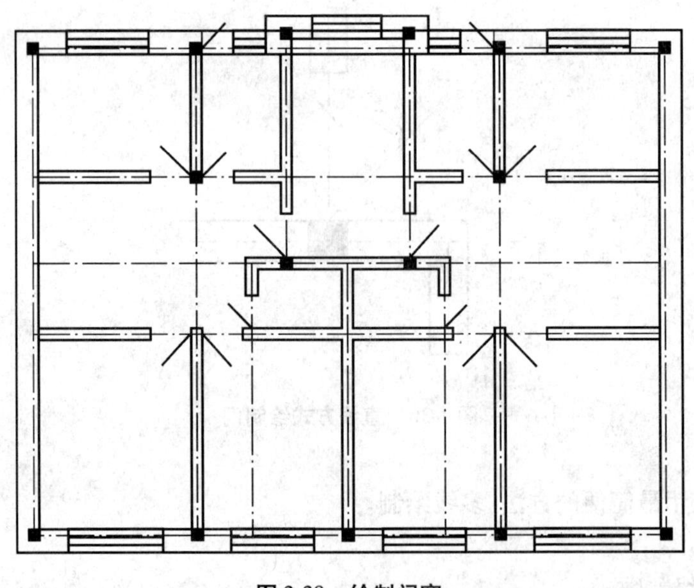

图 3-38　绘制门窗

五、平面楼梯

平面楼梯的画法也有多种方式，楼梯都是有规则的直线，所以方法很多：点的定距等分，然后连接直线；偏移；阵列等方式。这里我们介绍最简单的偏移、镜像方式。

步骤如下。

（1）楼梯间的梯井宽度为 60 mm，梯段踏步宽度为 280 mm，偏移距离 280 绘制踏步，进行偏移复制，如图 3-39 所示。

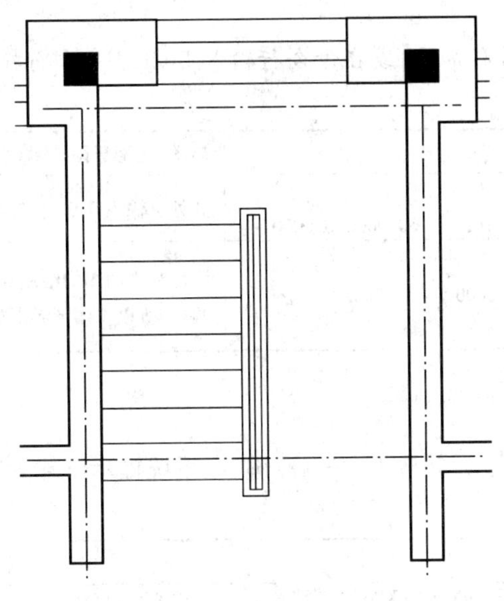

图 3-39　偏移复制

(2)镜像踏步,如图 3-40 所示。

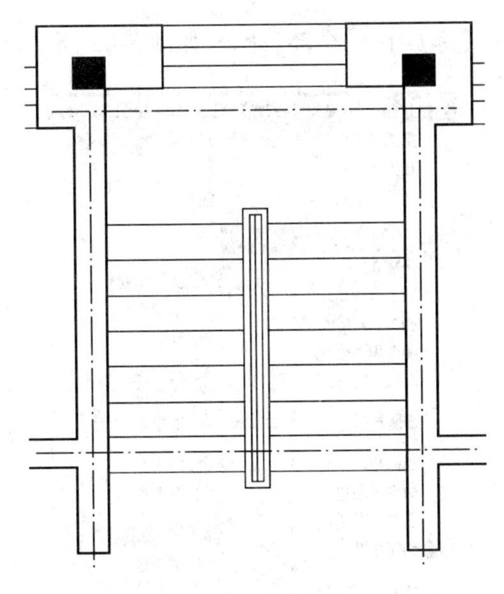

图 3-40　镜像踏步

任务三　建立绘图环境

在开始绘制建筑平面图前,首先对绘图环境进行相应的设置,做好绘图前的准备。

一、新建文件

启动 AutoCAD 2008,执行【文件】→【新建】或单击按钮,创建新的图形文件。

二、设置图形界限

1. 执行【格式】→【图形界限】或在命令行输入 limits，命令行提示如下。

命令：limits ↙	启动“图形界限”设置工具
重新设置模型空间界限： 指定左下角点或［开(ON)/关(OFF)］<0.0000,0.0000>：	此处可输入 0,0 或直接回车
指定右上角点 <420.0000,297.0000>：58000,29700 ↙	因建筑立面图的绘制比例为 1∶100，图形放在 A3 图幅内，所以将图形界限放大 100 倍，输入 58000,29700

2. 显示图纸大小

方法 1：在命令行输入 Z，并按下〈Enter〉键，在系统提示下输入“A”，命令行提示中下。

命令：zoom (z) ↙	启动“缩放”工具
指定窗口的角点，输入比例因子 (nX 或 nXP)，或者［全部(A)/中心(C)/动态(D)/范围(E)/上一个(P)/比例(S)/窗口(W)/对象(O)］<实时>：A ↙	选择“全部”显示
正在重生成模型	

方法 2：单击【视图】→【缩放】→【全部】命令，如图 3-41 所示。

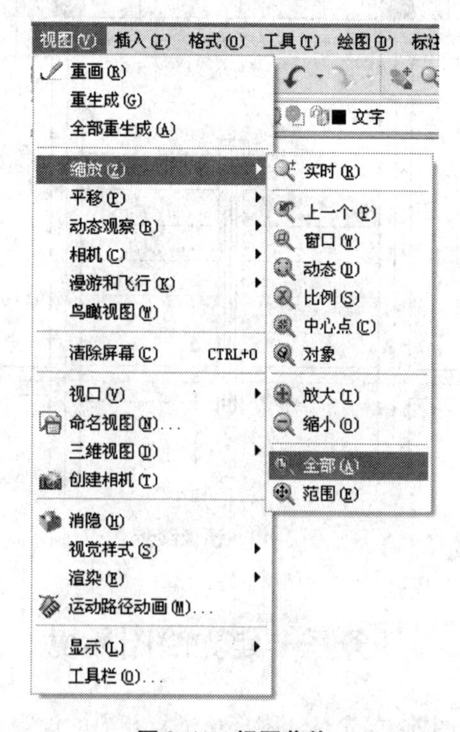

图 3-41 视图菜单

提示：此操作目的是让所设置的图形界限全部显示在当前的绘图区内。用户一定不要忽视这个步骤，这样才可以使自己设置的图形界限最大地显示在整个窗口中。

三、设置图层

在命令行输入“la”并按下〈Enter〉键或者左键单击按钮，打开“图层特性管理器”对话框。绘制建筑平面图，在“图层特性管理器”对话框依次设置图层，如图 3-42 所示。其中的所有特性都可以点击相应的图标设置数值和形式，如果想要添加其他类型的线型，可以选择“加载”，然后再选定相应的线型。

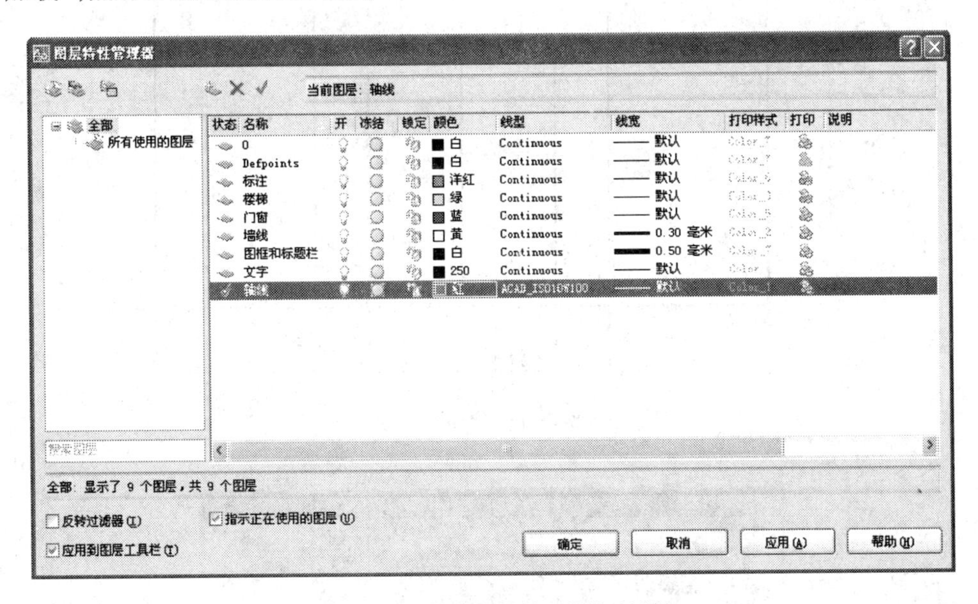

图 3-42　“图层特性管理器”对话框

提示：图层要根据所绘制图的特点设置，可以在绘图之前全部设置好，也可以在绘图过程中逐步设置。但建议在绘图之前设置，这样做就会对所绘制的图有所认识与了解，对绘图的过程也会有个大致的思路，有利于提高绘图速度。

任务四　绘制图形

本任务主要是介绍平面图的整体绘图步骤，通过上一个任务的具体绘制来完成整体的建筑平面图。

一、绘制定位轴线

无论是电子计算机绘图还是手绘，都必须第一步绘制定位轴线，定位轴线是用来确定建筑物主要结构或构件的位置及其标志尺寸的线。

(1)将当前图层置为“轴线”图层，按照尺寸定位出轴线的位置，布出轴线网，在这里说明一下，由于本图例是 3 栋相同的住宅楼，所以在绘制的时候可以先绘制一栋，然后用镜像或复制命令作出其他两栋，如图 3-43 所示。

(2)“轴线”显示为直线，因为图的尺寸较大所以显示过密，单击[格式]→[线型]出现“线型管理器”对话框。全局比例因子设置为 50.0000，如图 3-44 所示。

修改后的比例效果如图 3-45 所示。

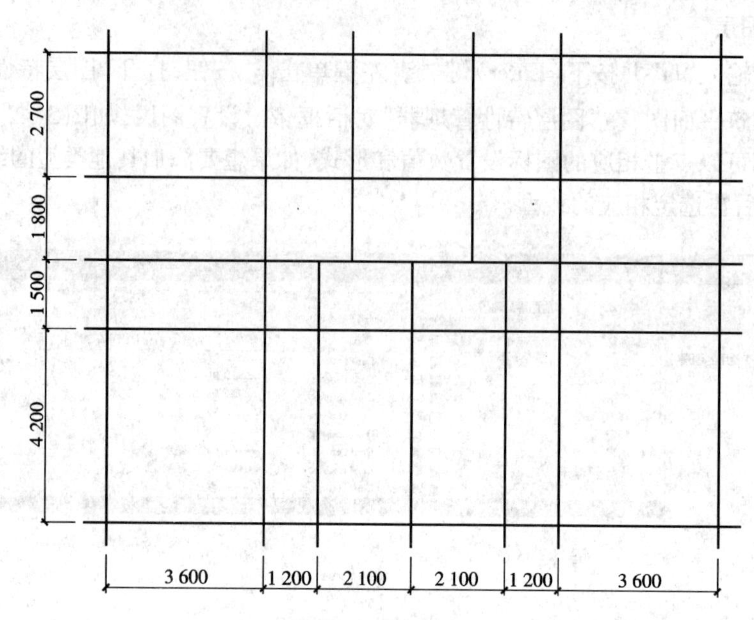

图 3-43　分布轴线

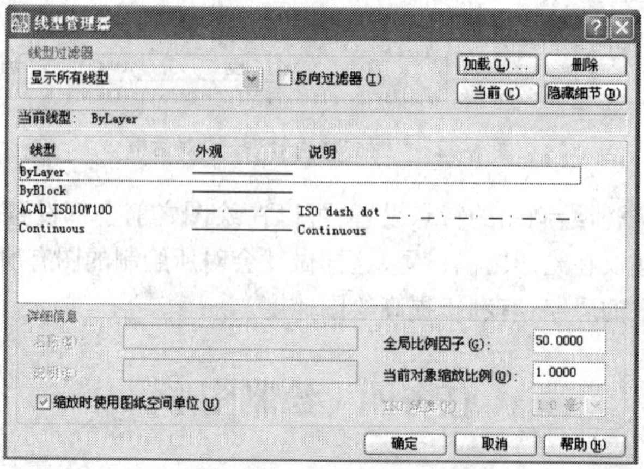

线型管理器
线型过滤器
显示所有线型
反向过滤器(I)
加载(L)...
删除
当前(C)
隐藏细节(D)
当前线型:　ByLayer
线型　外观　说明
ByLayer
ByBlock
ACAD_ISO10W100　ISO dash dot
Continuous　Continuous
详细信息
全局比例因子(G):　50.0000
当前对象缩放比例(O):　1.0000
缩放时使用图纸空间单位(U)
确定　取消　帮助(H)

图 3-44　“线型管理器”对话框

二、绘制墙线

墙线的绘制在建筑制图中占有很重要的地位,因为墙线能够表示出建筑平面的分隔方式,前面我们讲过两种方法绘制墙线。

方法 1:运用直线、偏移、修剪和圆角命令绘制墙线。

方法 2:运用“多线、多线编辑”工具、镜像、分解和修剪命令绘制墙线。

这两种方法都是绘制墙体的主要方式,第二种更快捷,但是多线是高级绘图命令,使用时一定要注意样式和比例关系的设置,以免出现错误。

(1)设置多线样式和两种墙体的线型,分别为 240 墙和 490 墙,具体设置见图 3-20、图 3-21、图 3-22、图 3-23,这里不再讲述。

(2)在设置好多线后,绘制的时候注意对正、比例的设置,一般选择居中对齐。240 墙是

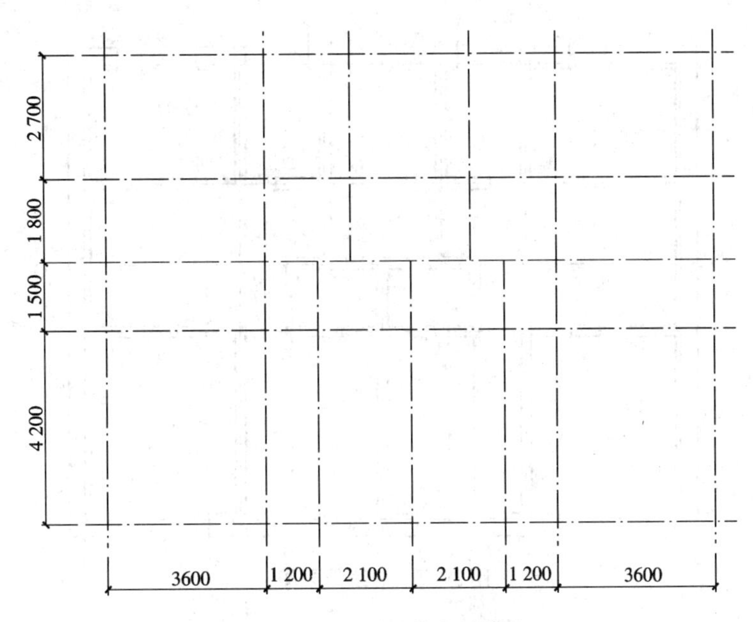

图 3-45　修改后的比例效果

在轴线的基础上平分的，所以绘制的方向不影响结果，但是 490 墙是以轴线为界限，上下的厚度有所差别，绘制时注意方向，设置墙体正值为 370，负值为 -120，所以从左向右绘图为上 370 下 120，从右向左为上 120 下 370。绘制的时候注意门窗洞口的留设。设置好后准备画墙线。如图 3-46 所示。

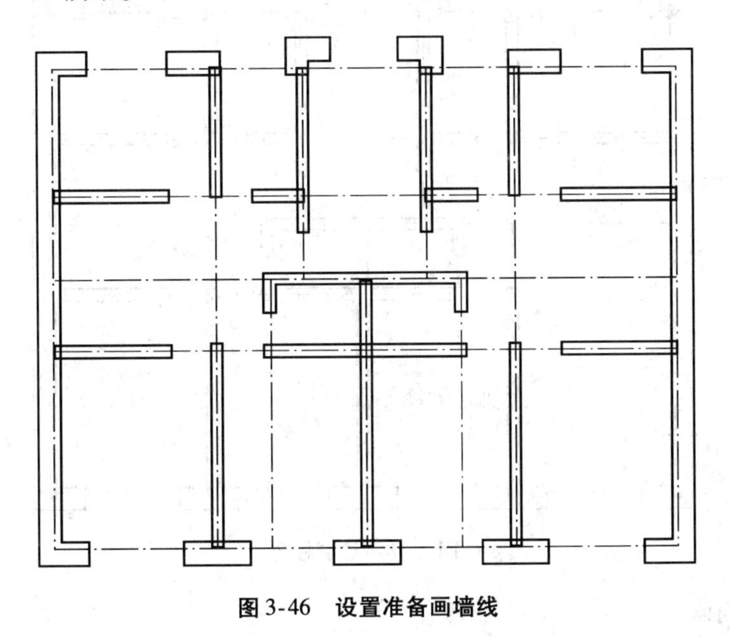

图 3-46　设置准备画墙线

(3)然后进行多线的合并，单击菜单栏[修改]→[多线]，出现“多线编辑工具”，选择 T 形合并、十字合并等进行修剪，其余的特殊部位不能用多线编辑的，可以分解，然后用修剪进行修改、完图。如图 3-47 所示。

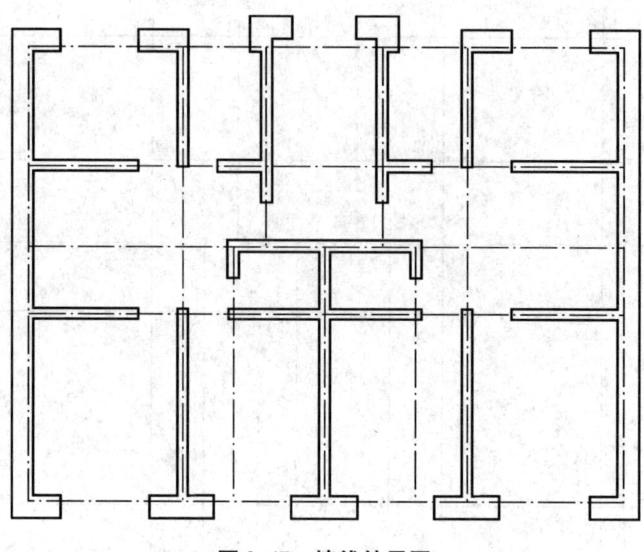

图 3-47 墙线结果图

三、绘制柱子

前面我们也讲述过柱子的画法:多段线和图案填充两种方式。此处运用最简单的多段线直接绘制的方式将柱子画出,柱子尺寸为 240 mm×240 mm,注意起点和终点的位置选择,如图 3-48 所示。

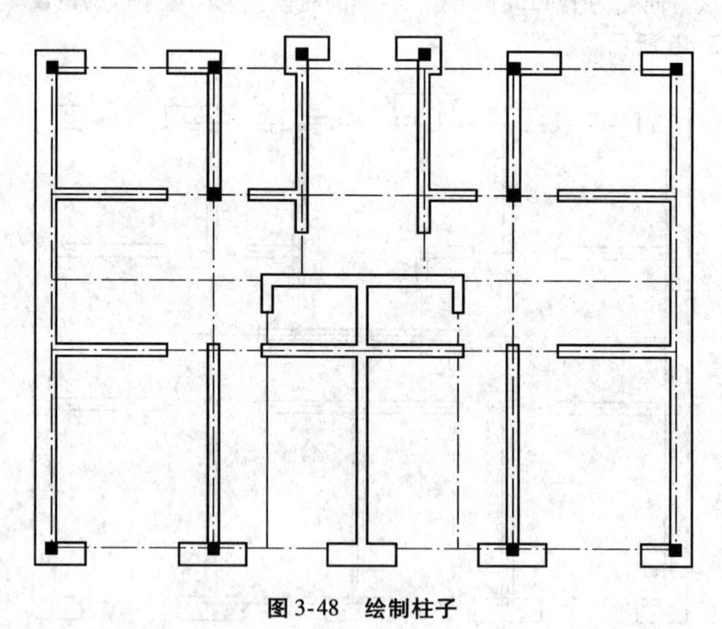

图 3-48 绘制柱子

四、绘制门窗

在前面讲过门用 45°斜线表示,窗用多线命令快速绘制。设置多线样式并注意比例的设置,具体如图 3-37 所示,绘制门窗仍然可以用单面绘制然后镜像的方法,最终成图如 3-49 所示。

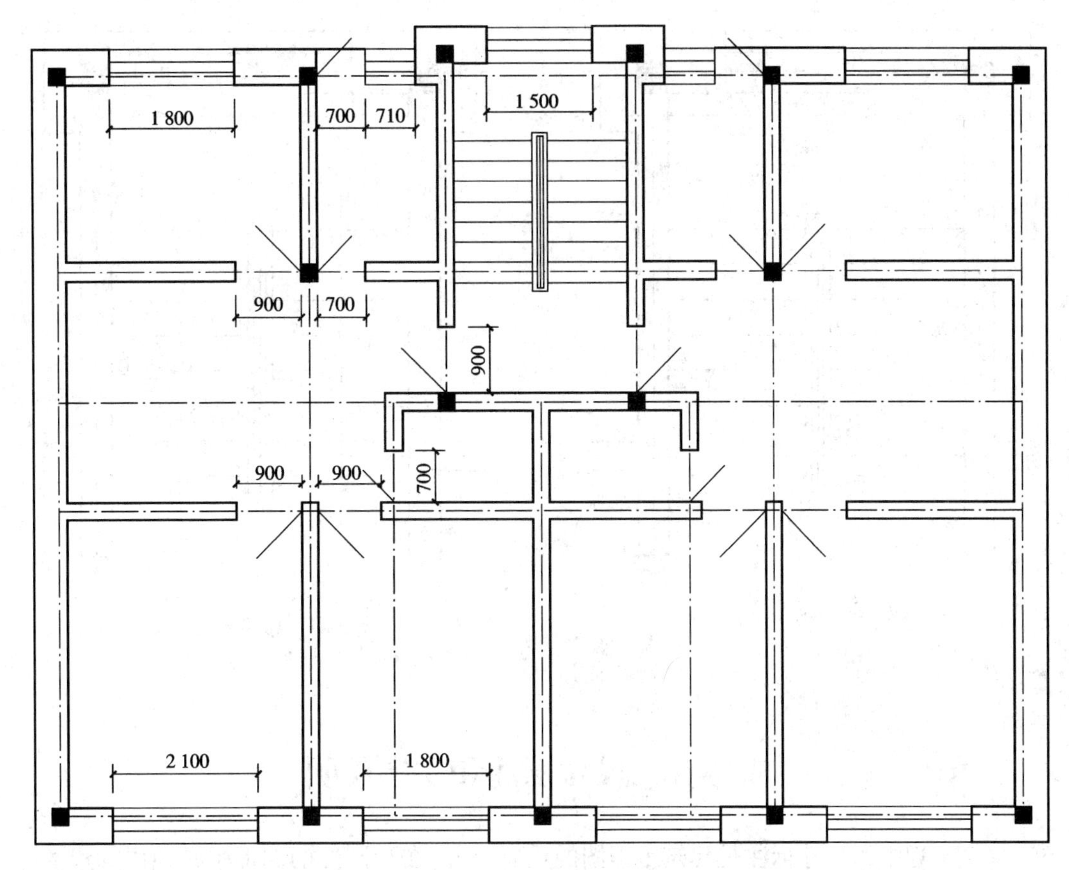

图 3-49　门窗最终成图

五、绘制楼梯

在前面曾介绍过楼梯的绘制方法，此处再来回顾一下整体的步骤以及后期的完善步骤。前面用偏移的方式绘制楼梯线，然后镜像形成楼梯平面，楼梯间的梯井宽度为 60 mm，梯段踏步宽度为 280 mm，然后我们继续完成细部的绘制，如图 3-50 所示。

使用多段线将折断线和楼梯的上下示意方向绘制出来，注意多段线的使用和设置，如图 3-51 所示。

步骤如下。

激活多段线命令，提示如下。

命令：pline↙	激活多段线命令
指定起点：	确定楼梯"下"点
当前线宽为 0.0000	确定起点线宽为 0，直到画箭头的开始点
指定下一个点或［圆弧(A)/闭合(C)/半宽(H)/长度(L)/放弃(U)/宽度(W)］：w↙	选择宽度命令
指定起点宽度 <0.0000>：100↙	输入起点宽度为 100
指定端点宽度 <100.0000>：0↙	确定终点宽度为 0
指定下一个点或［圆弧(A)/半宽(H)/长度(L)/放弃(U)/宽度(W)］：200↙	输入长度 200，结束操作

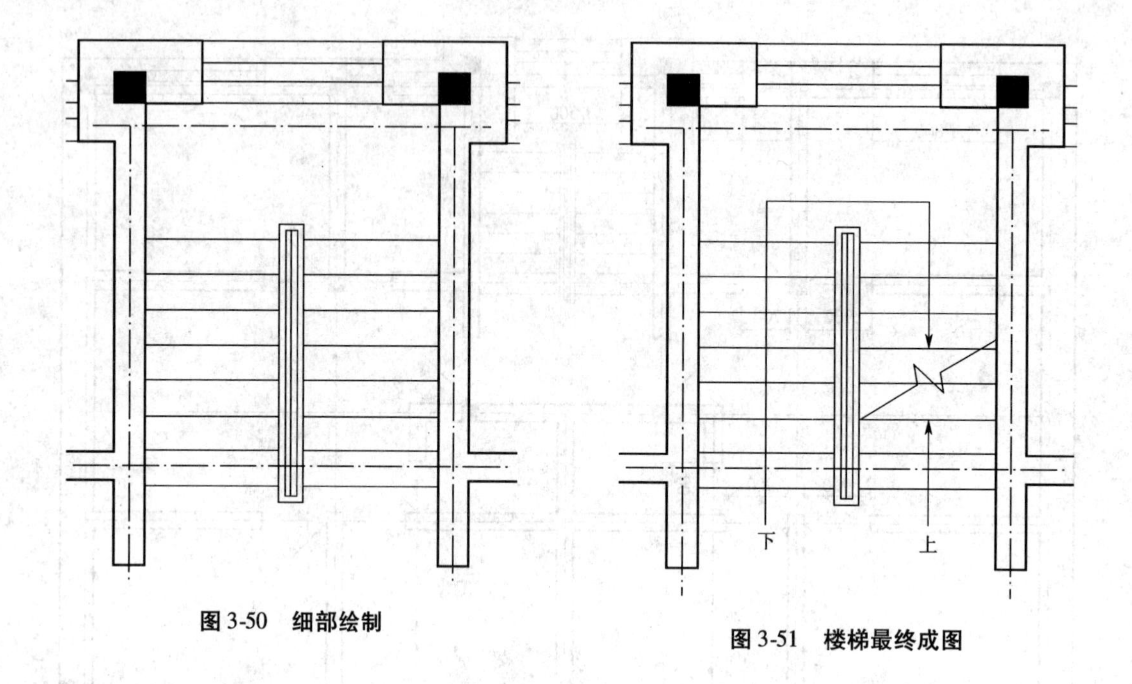

图 3-50 细部绘制

图 3-51 楼梯最终成图

任务五 尺寸标注和文字说明

建筑工程中的尺寸标注是建筑工程图的重要部分，在绘制好的图形中必须添加尺寸标注和文字注释，以使得整幅图形内容和大小一目了然，利用 AutoCAD 2008 的尺寸标注命令可以方便快速地标注图中各种方向、形式的尺寸。

将"标注"层设置为当前层，在标准工具栏中单击右键，在弹出的快捷菜单中选择"标注"选项，从而打开"标注"工具栏，如图 3-52 所示，在"标注样式"下拉列表中选择样式，本部分采用之前在平面图中所设置的样式进行标注。

图 3-52 "标注"工具栏

图标显示了各种标注的名称和大致的形式，下面给大家一一介绍。

一、新知识点

1. 线性

【线性】标注调用方式：

①	菜单栏	"标注"→"线性"
②	工具栏	"绘图"→⊢⊣
③	命令行	DIMLINEAR(DLI)

线性标注用于标注两点之间水平尺寸、垂直尺寸和旋转尺寸。当激活该命令时命令行出现“指定第一条尺寸界限原点”等操作提示，捕捉第一点，然后再捕捉第二点，向下移动光标即可出现两点之间的水平距离，左右移动光标即可出现两点之间的垂直距离，然后单击左键确认，如图3-53所示。

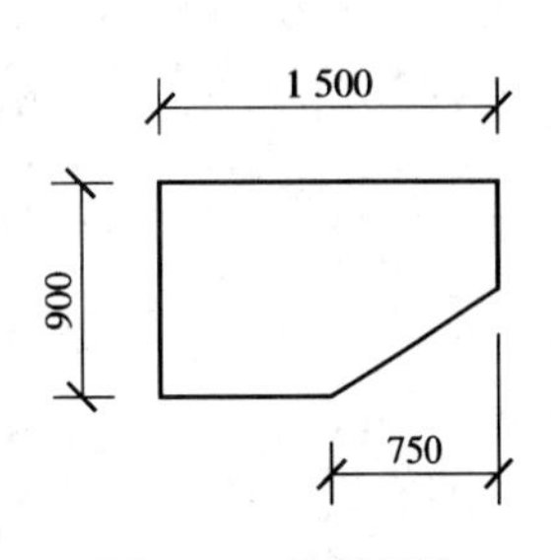

图3-53　线性标注

指定两点距离后出现以下提示。

[多行文字(M)/文字(T)/角度(A)/水平(H)/垂直(V)/旋转(R)]：

多行文字：用于以多行文字的形式为尺寸文本进行添加前后缀或是修改尺寸文本，激活多行文字在打开的文字格式中，选择符号中的直径添加尺寸前缀；

文字：是以单行文字的形式为尺寸文本添加前后缀；

角度：为所标注的尺寸文本指定选择的角度；

水平：用于标注两点之间的水平尺寸；

垂直：用于标注两点之间的垂直尺寸；

旋转：用于为尺寸线指定旋转角度。

2. 对齐

【对齐】标注调用方式：

①	菜单栏	“标注”→“对齐”
②	工具栏	“绘图”→
③	命令行	DIMALIGNED(DAL)

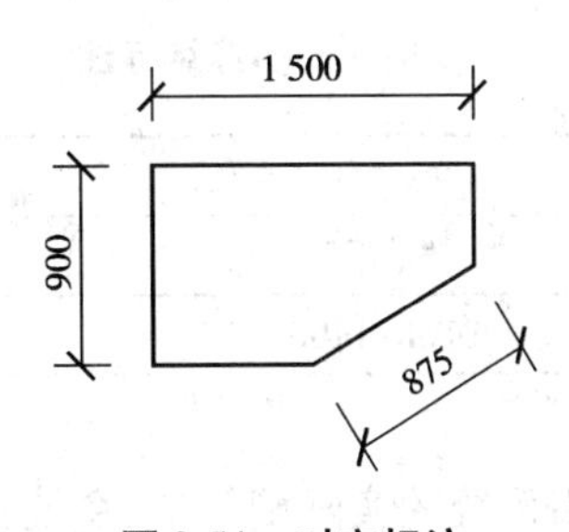

图3-54　对齐标注

对齐标注命令用于创建平行于所选对象或平行于两条尺寸界限原点连线的直线型尺寸。当激活该命令时命令行出现指定第一条尺寸界限原点等操作提示，拾取点或是按回车键选择对象，系统自动测量出对象的尺寸，“多行文字”、“文字”、“角度”同线性标注命令用法一样，如图3-54所示。

3. 基线

【基线】标注调用方式：

①	菜单栏	“标注”→“基线”
②	工具栏	“绘图”→
③	命令行	DIMBASELINE(DBA)

基线标注是从同一基准线标注的几个相互平行的尺寸，如图3-55所示。基线标注的前提是当前图形中已经有一个线性标注、坐标标注或者角度标注，这个标注的第一尺寸界限将作为基线标注的基准。

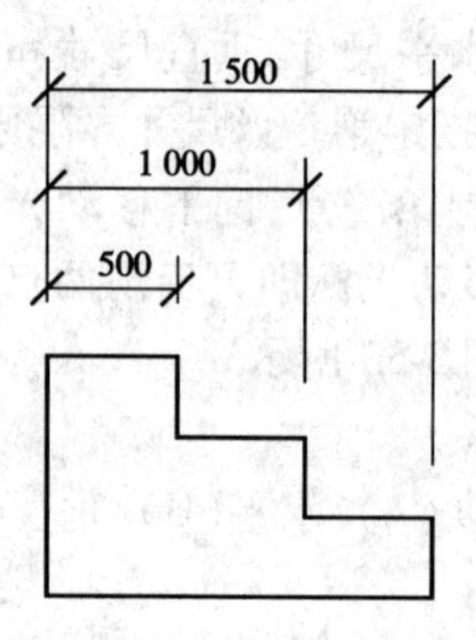

图 3-55 基线标注

4. 连续

【连续】标注调用方式：

①	菜单栏	“标注”→“连续”
②	工具栏	“绘图”→
③	命令行	DIMCONTINUE(DCO)

连续标注可以迅速地标注首尾相连的连续尺寸，如图 3-56 所示。连续标注的前提是当前图形中已经有一个线性标注、坐标标注或者角度标注，每个后续标注将使用前一个标注的第二尺寸界限作为本标注的第一尺寸界限。

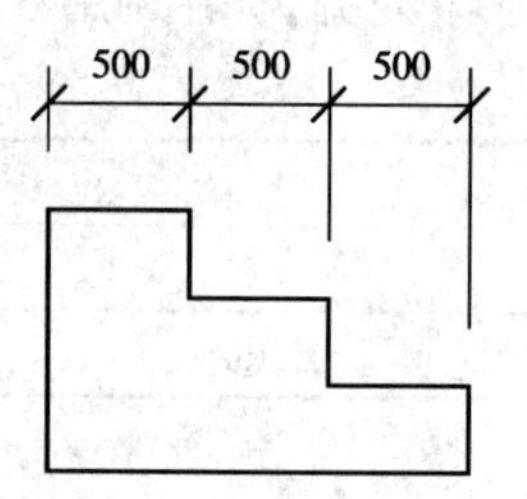

图 3-56 连续标注

5. 半径

【半径】标注调用方式：

①	菜单栏	“标注”→“半径”
②	工具栏	“绘图”→
③	命令行	DIMRADIUS(DRA)

半径标注命令用于标注圆或圆弧的半径尺寸，如果用户采用系统的实际测量值，系统会自动在测量的数字前添加半径符号，如图 3-57 所示。

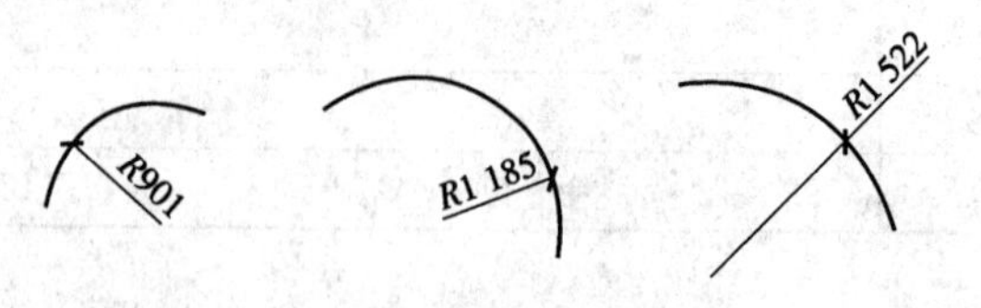

图 3-57 半径标注

6. 直径

【直径】标注调用方式：

①	菜单栏	“标注”→“直径”
②	工具栏	“绘图”→
③	命令行	DIMDIAMETER(DDI)

直径标注命令用于标注圆或圆弧的直径尺寸，如果用户采用系统的实际测量值，系统会自动在测量的数字前添加直径符号，如图3-58所示。

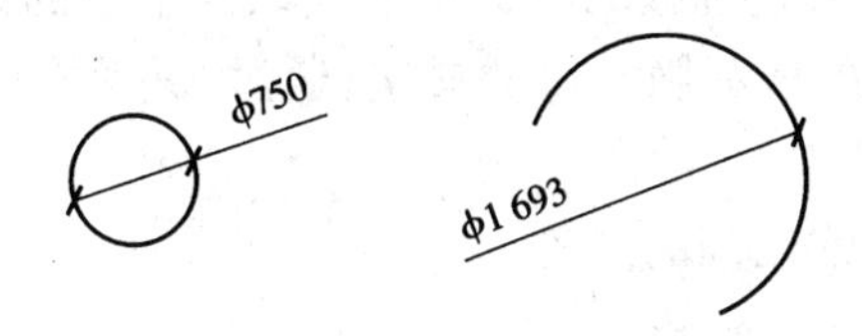

图3-58　直径标注

7. 角度

【角度】标注调用方式：

①	菜单栏	“标注”→“角度”
②	工具栏	“绘图”→
③	命令行	DIMANGULAR(DAN)

角度标注命令用于标注圆、圆弧或直径等对象的角度尺寸，如图3-59所示。

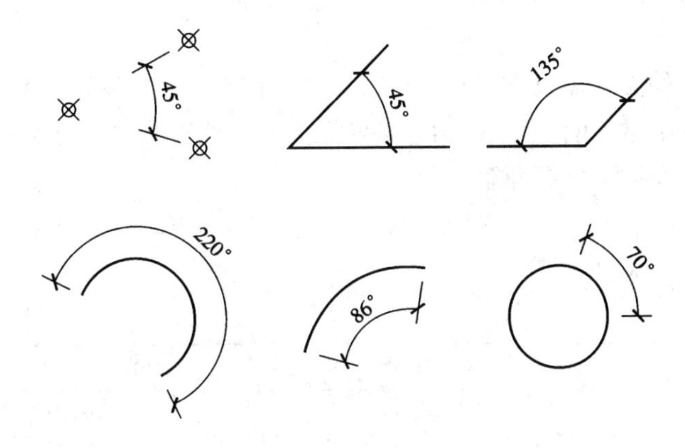

图3-59　角度标注

(1)标注圆弧的包含角。

在“选择圆弧、圆、直线或 <指定顶点>”的提示下选择圆弧，AutoCAD提示：

指定标注圆弧线位置或[多行文字(M)/文字(T)/角度(A)]：

如果在该提示下直接确定标注弧线(即尺寸弧线)的位置，AutoCAD会按实际测量值标注出圆弧的包含角。也可以通过“多行文字(M)”和“文字(T)”选项重新确定尺寸文字；通过“角度(A)”选项确定尺寸文字的旋转角度。

(2)标注圆上某段圆弧的包含角。

执行 DIMANGULAR 命令后,如果在“选择圆弧、圆、直线或 < 指定顶点 >”的提示下选择圆,AutoCAD 提示:

指定角的第二个端点:

指定标注弧线位置或[多行文字(M)/文字(T)/角度(A)]:

如果在此提示下直接确定标注弧线的位置,AutoCAD 标注出角度值,其中圆心为该角的顶点,尺寸界线(或延伸线)通过选择圆时的拾取点以及指定的第二点。也可以通过“多行文字(M)”和“文字(T)”选项重新确定尺寸文字;通过“角度(A)”选项确定尺寸文字的旋转角度。

(3)标注两条不平行直线之间的夹角。

同“标注圆上某段圆弧的包含角”相似。

(4)根据 3 个点标注角度。

执行 DIMANGULAR 命令后,如果在“选择圆弧、圆、直线或 < 指定顶点 >”提示下直接按〈Enter〉键,AutoCAD 提示:

指定角的顶点:

指定角的第一个端点:

指定角的第二个端点:

指定标注弧线位置或[多行文字(M)/文字(T)/角度(A)]:

如果在此提示下直接确定标注弧线的位置,AutoCAD 根据给定的 3 点标注出角度。也可以通过“多行文字(M)”和“文字(T)”选项重新确定尺寸文字;通过“角度(A)”选项确定尺寸文字的旋转角度。

二、文字说明

AutoCAD 提供的文字输入方式有单行文字和多行文字。文字说明命令帮助用户方便快捷地创建建筑制图中常见的标题、说明等必要性文字。这里给大家重点介绍单行文字命令,多行文字命令在后面章节详细介绍。

1. 单行文字

【单行文字】标注调用方式:

①	菜单栏	“绘图”→“文字”→“单行文字”
②	命令行	DTEXT (DT)
③	工具栏	“绘图”→AI

单行文字的操作步骤如下。

命令: dtext ↙	启动“单行文字”命令
当前文字样式:Standard 当前文字高度:2.5000	给出文字默认设置
指定文字的起点或[对正(J)/样式(S)]:	选择文字位置
指定高度: 2.5000 ↙	选择文字高度

续表

指定文字的旋转角度 <0.0000>:↙	默认为0,回车
【说明】回车确认后,出现单行文字动态输入框,高度为文字高度,边框随文字的增多而展开,用户输入文字后按回车确认好可	完成文字输入

对正:用来确定标注文字的排列方式及排列方向。

样式:用来选择文字样式。

用【单行文字】命令标注文本,可以进行换行,即执行一次命令可以连续标注多行但每换一行或用光标重新定义一个起始位置时,再输入的文本便被作为另一实体。

2. 多行文字

【多行文字】标注调用方式:

①	菜单栏	"绘图"→"文字"→"多行文字"
②	工具栏	"绘图"→ A
③	命令行	MTEXT (MT)

用单行文字(DTEXT)命令虽然也可以标注多行文本,但换行时定位及行列对齐比较困难,且标注结束后,每行文本都是一个单独的实体,不易编辑。AutoCAD 2008 为此提供了多行文字(MTEXT)命令,使用多行文字(MTEXT)命令可以一次标注多行文本,并且各行文本都以指定宽度排列对齐,共同作为一个实体。这一命令在注写设计说明中非常有用。

三、图形标注

1. 标注样式设置

(1)第一步,创建新标注样式,如图3-60所示。

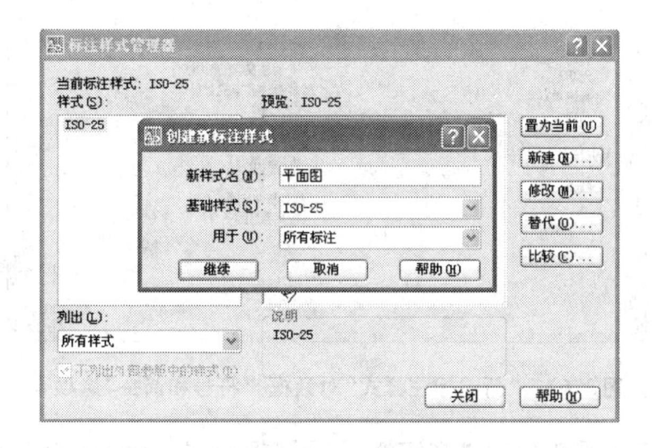

图3-60　创建新标注样式

(2)单击"继续"按钮,弹出"新建标注样式"对话框,在"线"选项卡中,设置"基线间距"为10,"超出尺寸线"距离为2,"起点偏移量"为2,选中"固定长度的尺寸界线"复选框,设置"长度"为4,如图3-61所示。

(3)单击"符号和箭头"选项卡,选择箭头为"建筑标记","箭头大小"为1.5,设置"折弯

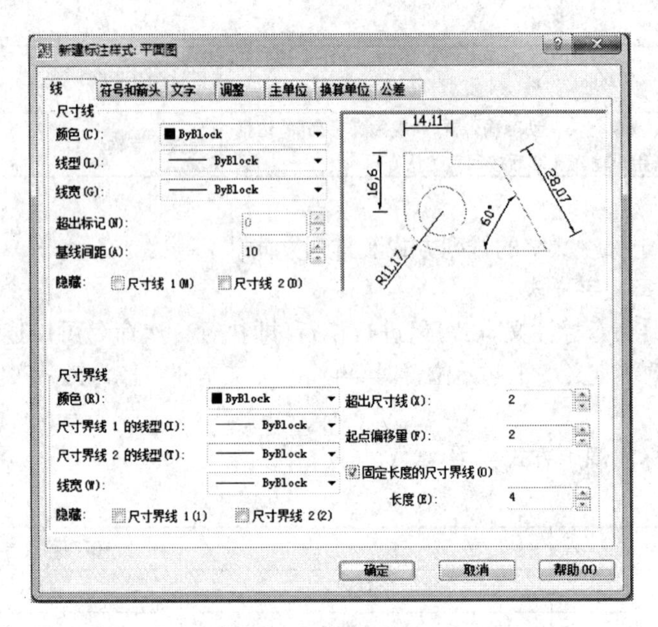

图 3-61　“新建标注样式”对话框:“线”选项卡

角度”为 45,如图 3-62 所示。

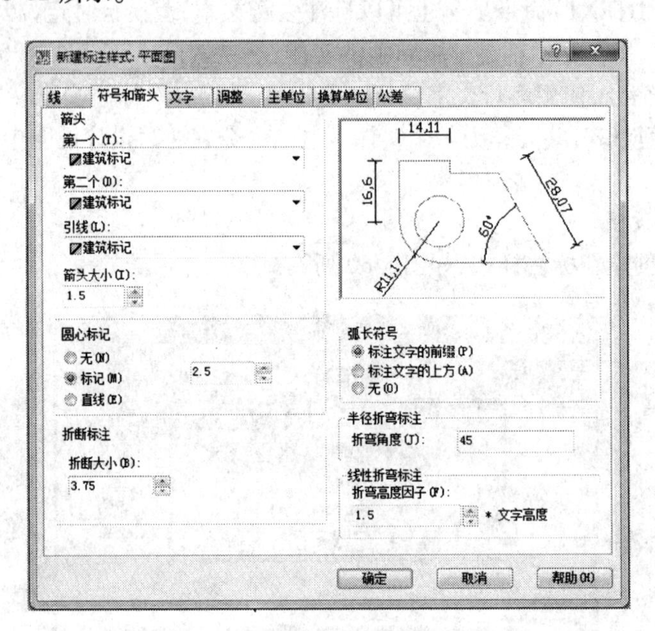

图 3-62　“新建标注样式”对话框:“符号和箭头”选项卡

(4)打开“文字”选项卡,单击“文字样式”下拉列表框后面的按钮,弹出“文字样式”对话框,单击“新建”按钮,创建“标注文字”文字样式,设置如图 3-63 所示。

(5)单击“关闭”按钮,回到“文字”选项卡,在下拉列表中选择“标注文字”文字样式,设置“文字高度”为 2.5,“从尺寸线偏移尺寸”为 1,设置如图 3-64 所示。

(6)打开“调整”选项卡,在“标注特性比例”选项组中选中“使用全局比例”单选按钮,然后输入 100,这样就会把标注的特征放大 100 倍,例如,原来字高 2.5,放大后高 250,按

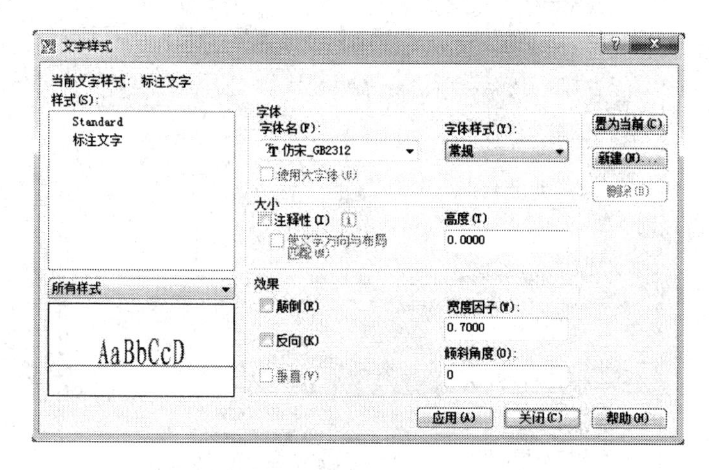

图 3-63　文字样式的设置

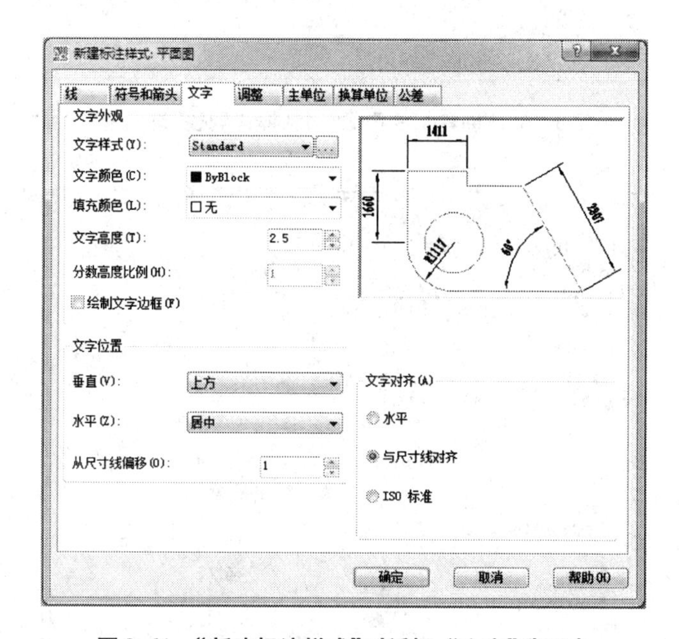

图 3-64　“新建标注样式”对话框：“文字”选项卡

1∶100 输出后，字体高度仍然为 2.5mm。其他设置如图 3-65 所示。

（7）打开“主单位”选项卡，设置标注的“单位格式”为小数，“精度”为 0，测量单位的“比例因子”为 1，其他设置如图 3-66 所示。

（8）单击“确定”按钮，回到“标注样式管理器”对话框，平面图标注样式创建完成。

（9）单击【文件】→【另存为】命令，弹出“图形另存为”对话框，如图 3-67 所示，在“文件类型”下拉列表框中选择“AutoCAD 图形样板”选项，输入文件名后单击“保存”按钮，系统自动将文件夹保存到当前安装文件下 Local Settings\Application Data\Autodest\AutoCAD 2008\R17.1\chs\Template。

通过以上步骤的详解，样板图就创建完成了，后面的项目都将在本样板图中创建。

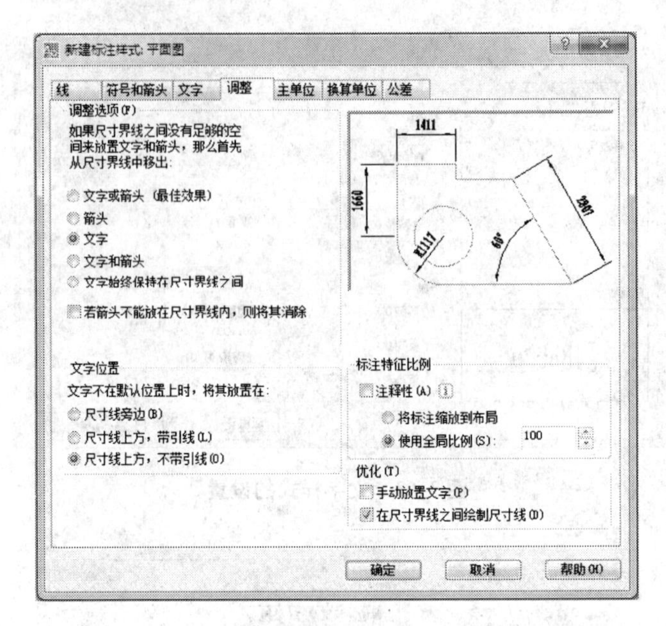

图 3-65 “新建标注样式”对话框:“调整”选项卡

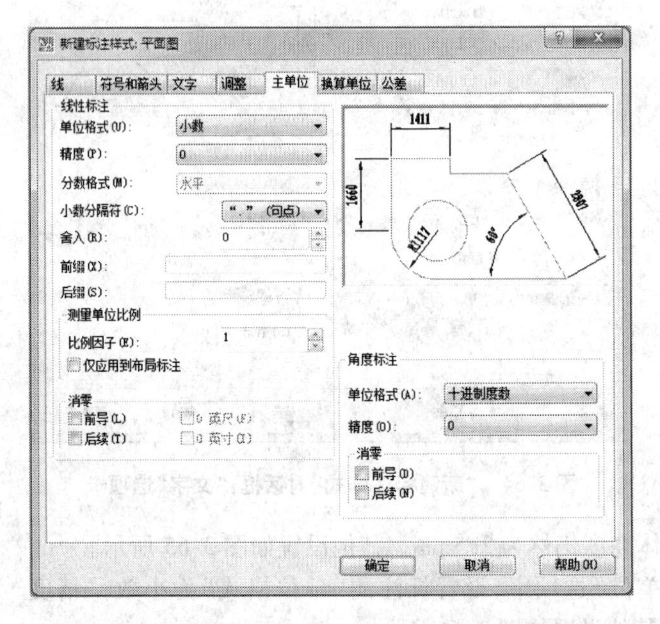

图 3-66 “新建标注样式”对话框:“主单位”选项卡

2. 标注图形

平面图的尺寸标注主要运用“线性标注”和“连续标注”命令,然后绘制轴线编号。具体步骤如下。

(1)将“标注”图层置为当前,打开标注工具栏,选择先前设置好的标注样式,使用线性标注和连续标注命令,进行尺寸标注。为了使图形美观,可以使用构造线作为辅助线,然后标注后删除,如图 3-68 所示。

(2)绘制轴线编号。执行【圆】命令,在绘图区域内任意拾取一点为圆心绘制半径为

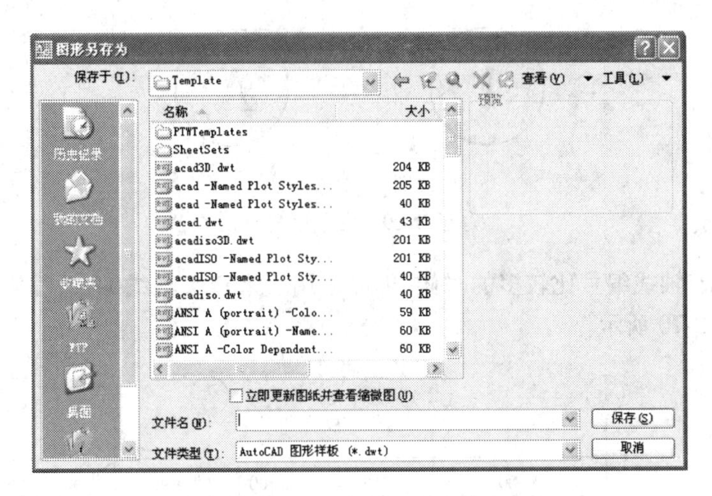

图3-67　“图形另存为”对话框

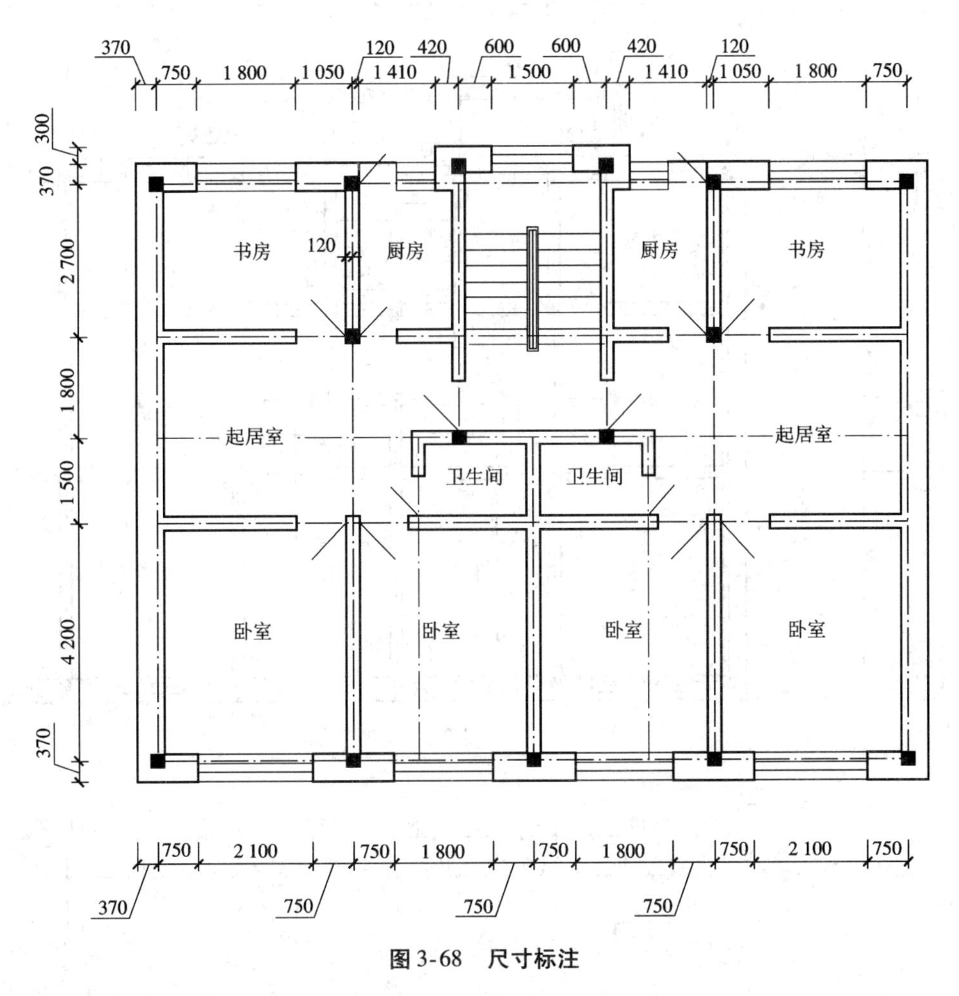

图3-68　尺寸标注

400的圆，然后输入横向数字编号和纵向字母编号，横向从左到右顺序为1，2，3，4……纵向从下往上顺序为A，B，C，D……文字的高度为500，如图3-69和图3-70所示。

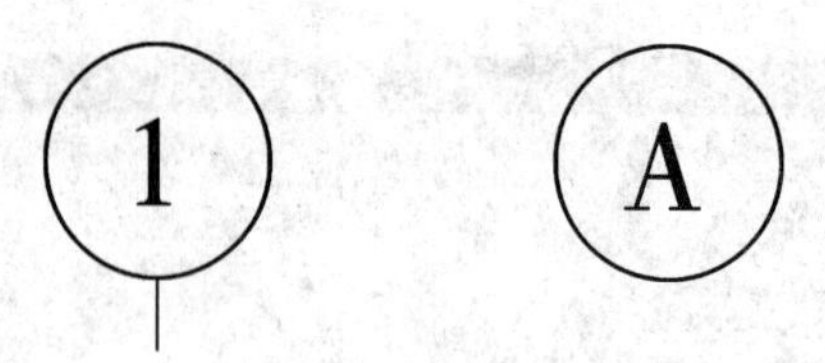

图 3-69　轴线编号

图形较复杂、轴线编号比较多的时候，也可以用块来定义轴线编号，编辑属性定义也能完成绘制，如图 3-70 所示。

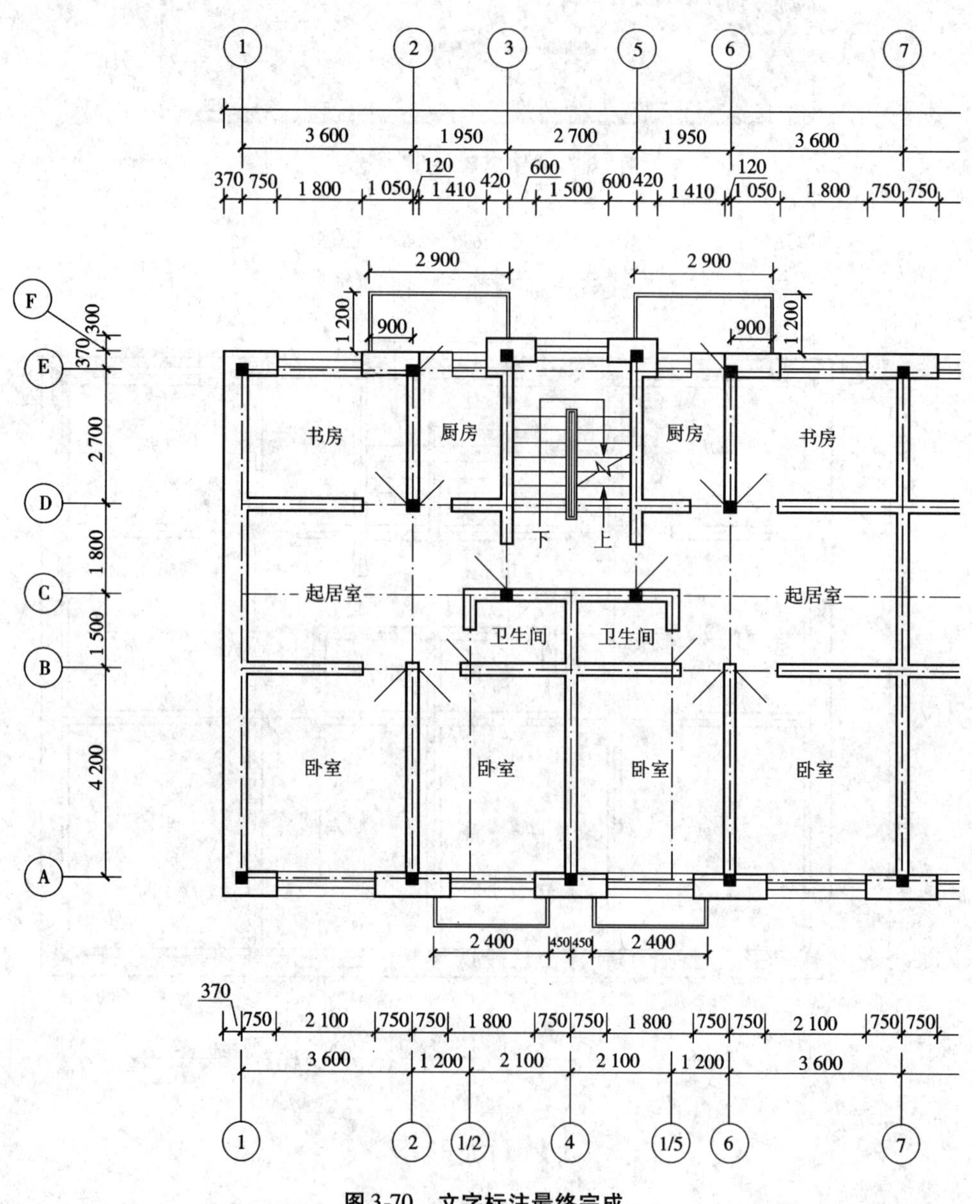

图 3-70　文字标注最终完成

任务六　绘制图框和标题栏

为了提高作图速度，我们将上一个项目的A3图框线导入，将其进行大小和位置的设置。引用图框，方式可以是直接打开文件复制，也可以直接用“插入块”的方式将整个文件导入。插入块的具体方式为单击左侧工具栏 ，出现“插入”对话框，如图3-71所示。

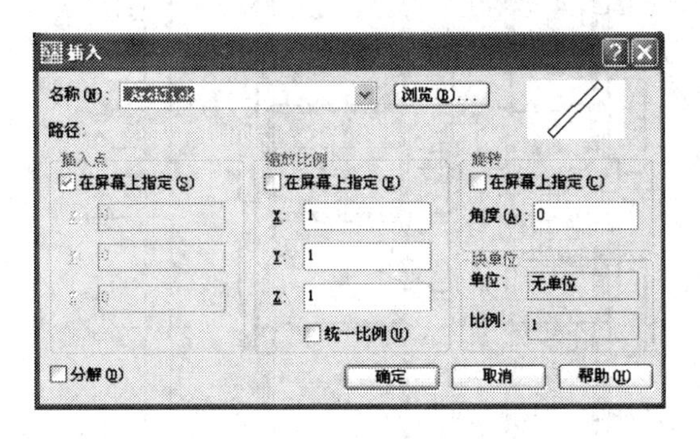

图3-71　“插入”对话框

然后点击“浏览”按钮，弹出“选择图形文件”对话框，找到A3图框线文件，点击“打开”，这样就导入了此文件，放置到合适的位置，完成平面图的绘制。整体如图3-72所示。

项目总结

本项目主要介绍了建筑平面图的内容和画图步骤，结合一个普通3栋住宅楼平面图的实例，具体介绍了如何使用AutoCAD 2008绘制一幅完整的建筑平面图，通过本项目的学习，应当对建筑平面图的设计过程和绘制方法有了一个大概的了解，并能够熟练运用前面项目中所述命令，完成相应的操作。

当绘制更为复杂的图形时，合理的绘图顺序相当重要，绘图时不能急躁，不能只求速度跳过某一步骤而直接进入下一步骤，否则很容易造成图纸混乱。建筑平面图是建筑设计过程中的一个基本组成部分，通过本项目的内容，可以为后面项目的学习打下很好的基础。在下一个项目中，将以建筑平面图为基础，介绍如何绘制建筑立面图。

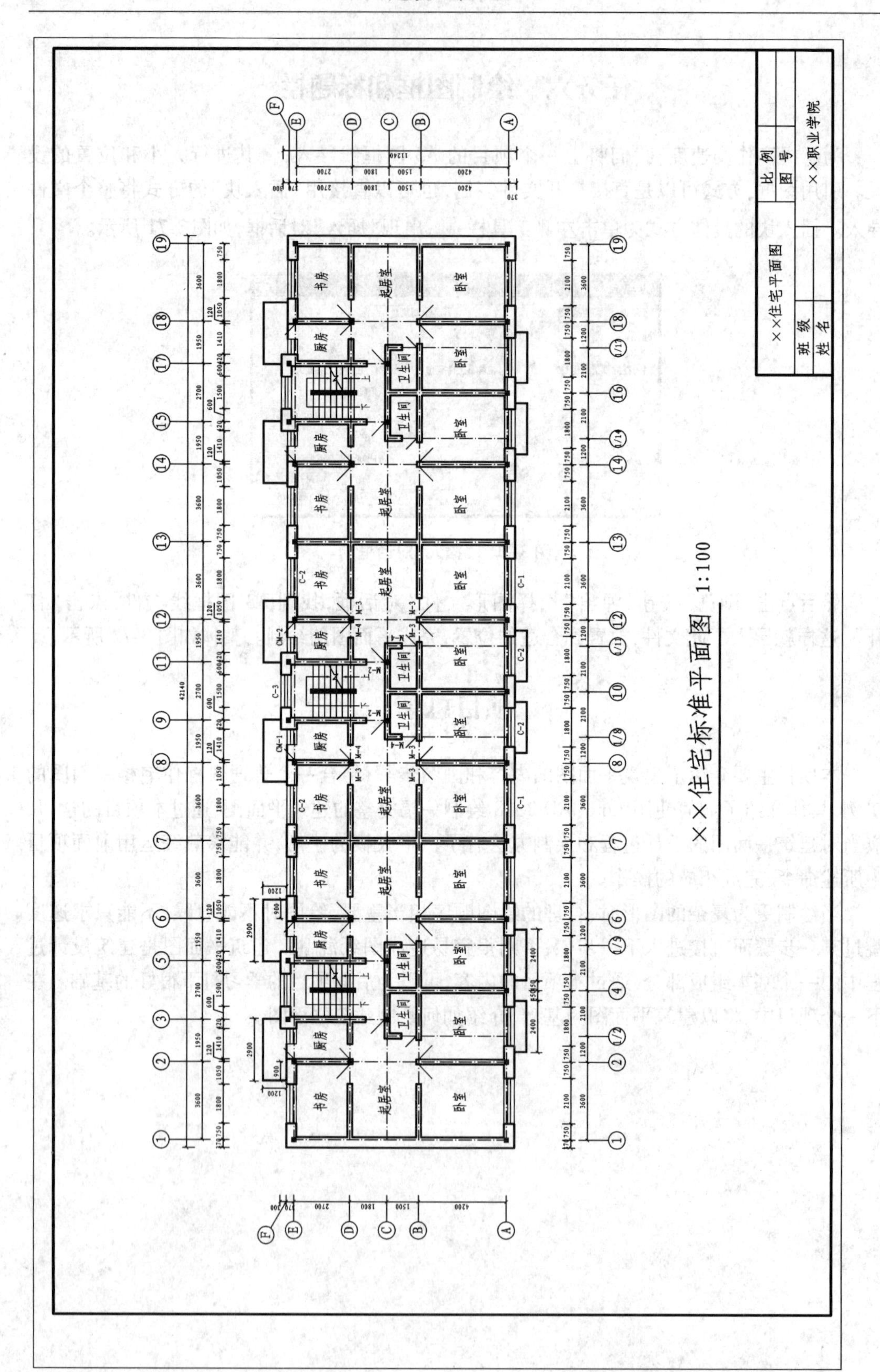

图3-72 住宅平面图整体效果

课后拓展

练习 1

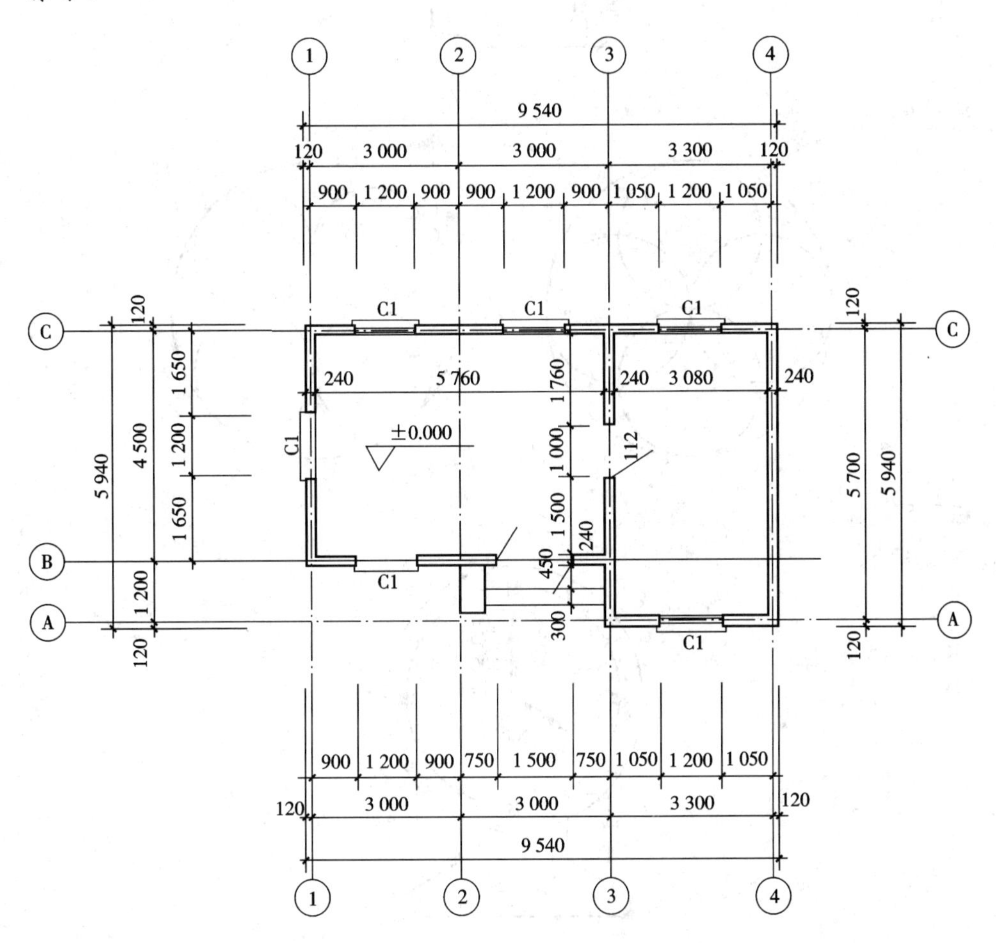
1
2
3
4
9 540
120
3 000
3 000
3 300
120
900
1 200
900
900
1 200
900
1 050
1 200
1 050
C1
C1
C1
C
120
1 650
240
5 760
1 760
240
3 080
240
120
C
5 940
4 500
1 200
C1
±0.000
1 000
112
5 700
5 940
1 650
1 500
240
B
450
C1
A
1 200
300
C1
A
120
120
900
1 200
900
750
1 500
750
1 050
1 200
1 050
120
3 000
3 000
3 300
120
9 540
1
2
3
4

练习 2

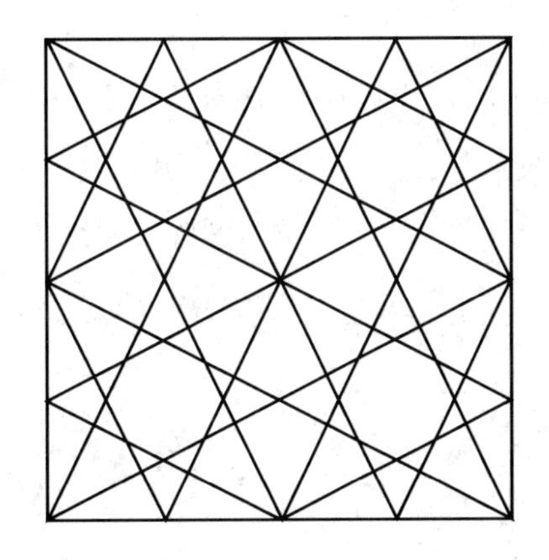

练习 3

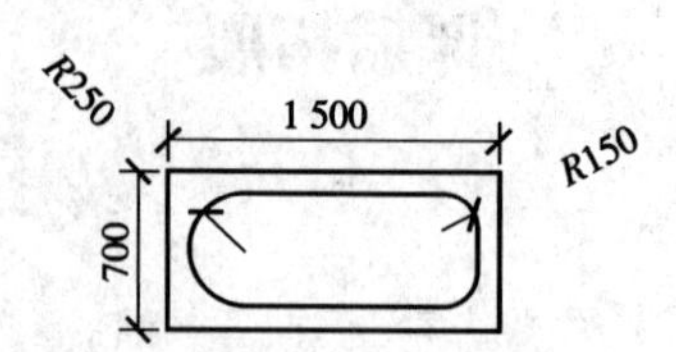

练习 4

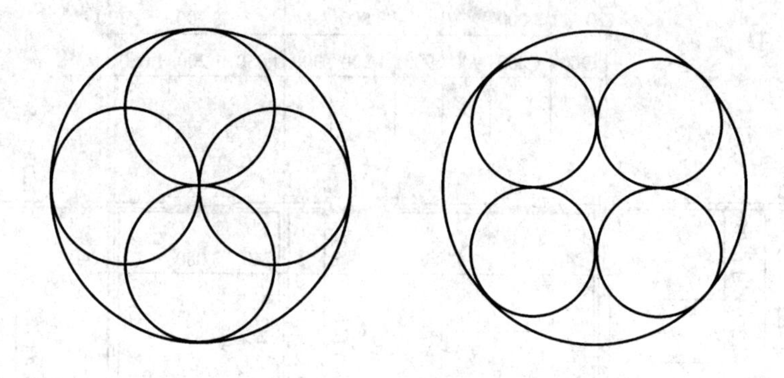

练习 5

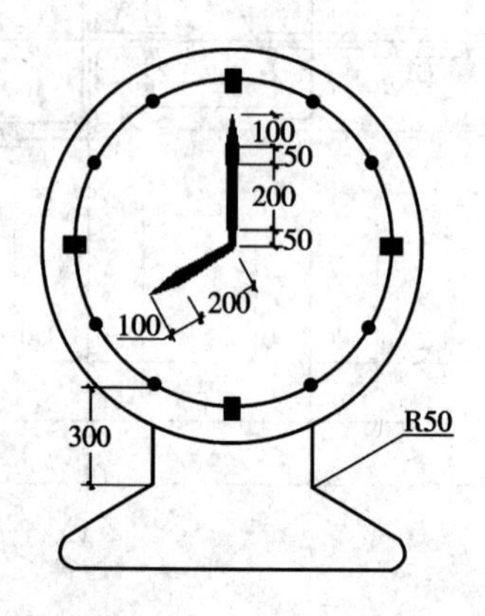

项目四　绘制建筑施工立面图

建筑立面图是平行于建筑物各方向外墙面的正投影图。本项目主要介绍建筑立面图的基本知识,结合实例讲解如何利用 AutoCAD 2008 绘制完整的建筑立面图的主要方法和步骤。建筑立面图是建筑设计中的一个重要组成部分,通过本项目的学习,应该了解建筑立面图与建筑平面图的区别,并能够独立完成建筑立面图的绘制。

项目要点

如图 4-1 所示,此图为某住宅楼的立面图。该图为正面和背面并存的立面图,中间用对称线将正、背面隔开表示。图中有门窗、阳台和封闭阳台,有装饰材料文字说明和两端的定位标高和尺寸。因此,可以先绘制轴线,然后每一种窗绘制一个,其余按规律经矩形阵列完成。标高可以定义属性块,插入时更改标记可快速完成标高的标注,相同的尺寸标注可以使用阵列完成。本项目涉及的新知识点有【点】、【构造线】、【拉伸】、【打断】、【阵列】、【图块使用技术】等命令。

任务一　确定绘图内容及流程

一、识图

1. 建筑立面图的形成和作用

建筑立面图是建筑物在与建筑物立面平行的投影面上投影所得的正投影图。

建筑立面图主要用来表达建筑物的外部造型、门窗位置及形式、墙面装饰材料、阳台、雨篷等部分的材料和做法。建筑立面图是建筑施工中控制高度和外墙装饰效果的技术依据。

2. 建筑立面图的命名

在建筑施工图中,立面图的命名一般有 3 种方式,如图 4-2 所示。

(1)以建筑物墙面的特征命名:通常把建筑物主要出入口所在墙面的立面图称为正立面图,其余几个立面相应地称为背立面图、侧立面图。

(2)以建筑物的朝向来命名:如东立面图、西立面图、南立面图、北立面图。

(3)以建筑两端定位轴线编号命名:如①~⑦立面图,Ⓕ~Ⓐ立面图。

国标规定,有定位轴线的建筑物,宜根据两端轴线编号标注立面图的名称。

3. 建筑立面图的绘制内容及要求

(1)图名、比例。建筑立面图的比例应和平面图相同。根据国家标准《建筑制图标准》规定:立面图常用的比例有 1:50、1:100 和 1:200。

(2)建筑物立面的外轮廓线形状、大小。

(3)建筑立面图定位轴线的编号。在建筑立面图中,一般只绘制两端的轴线,且编号应

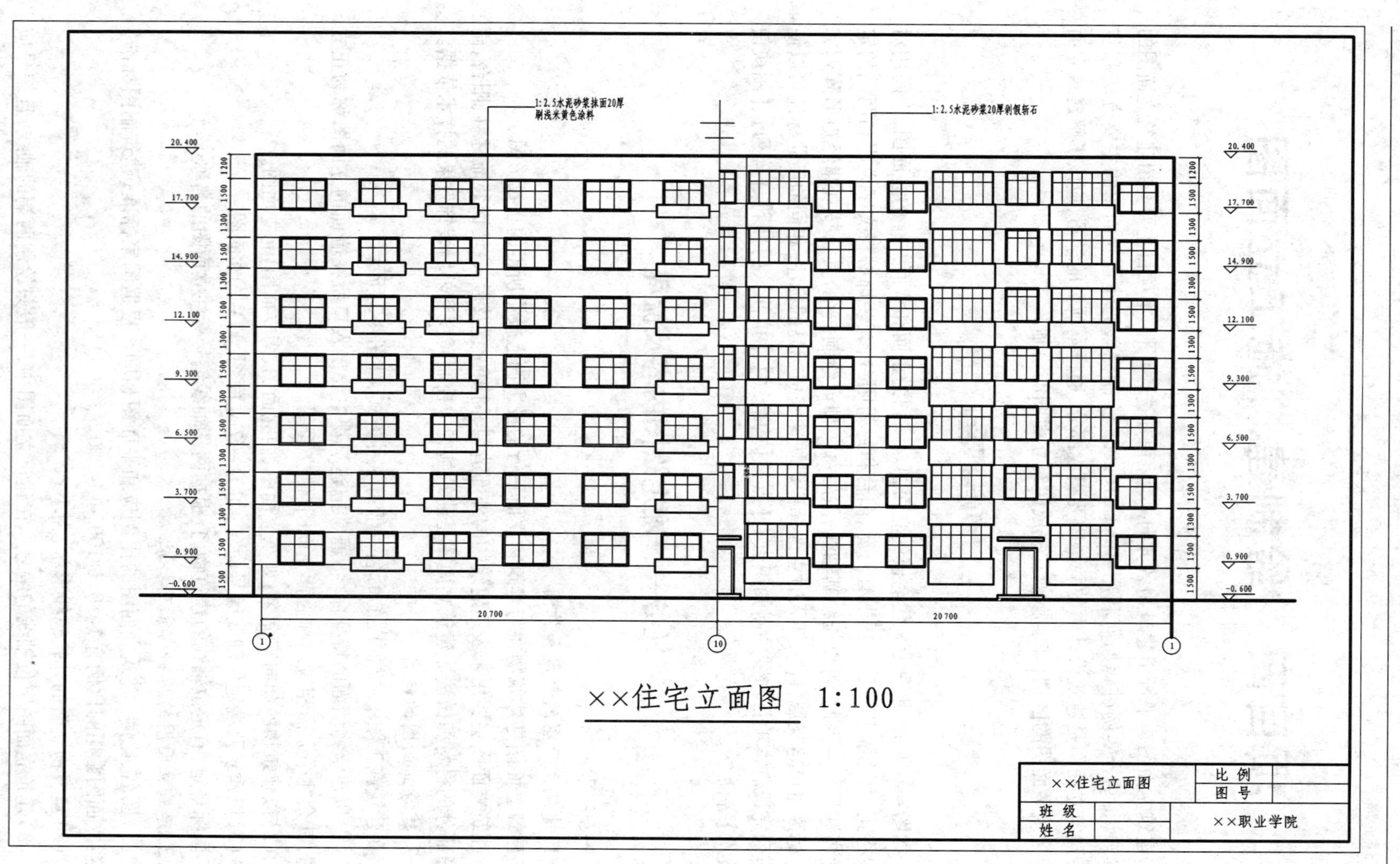
1:2.5水泥砂浆抹面20厚
刷浅米黄色涂料
1:2.5水泥砂浆20厚剁假斩石
20.400
17.700
14.900
12.100
9.300
6.500
3.700
0.900
-0.600
20 700
20 700
××住宅立面图 1:100
××住宅立面图
比 例
图 号
班 级
姓 名
××职业学院

图4-1 ××住宅立面图

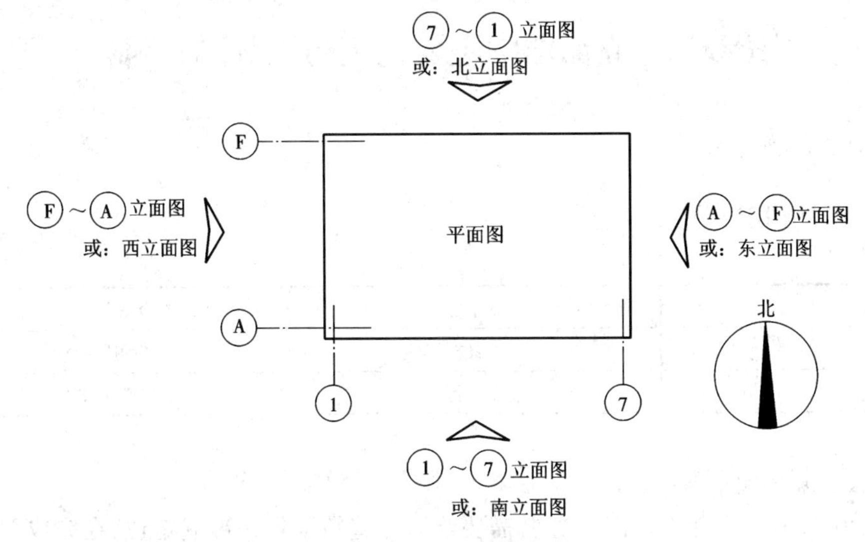

图 4-2　立面图命名示意图

与平面图中的相对应，确定立面图的观看方向。定位轴线是平面图与立面图间联系的桥梁。

(4)建筑物立面造型。

(5)外墙上建筑构配件，如门窗、阳台、雨水管等的位置和尺寸。

(6)外墙面的装饰。外墙表面分格线应表示清楚，用文字说明各部位所用面材及色彩。外墙的色彩和材质决定建筑立面的效果，因此一定要进行标注。

(7)立面标高。在建筑立面图中，高度方向的尺寸主要使用标高的形式标注，主要包括建筑物室内外地坪、各楼层地面、窗台、阳台底部、女儿墙等各部位的标高。通常，立面图中的标高尺寸，应注明在立面图的轮廓线以外，分两侧就近注写。注写时要上下对齐，并尽量位于同一铅垂线上。但对于一些位于建筑物中部的结构，为了表达更清楚起见，在不影响图面清晰的前提下，也可就近标注在轮廓线以内。

(8)详图索引符号。建筑物的细部构造和具体做法常用较大比例的详图来反映，并用文字和符号加以说明，所以凡是需绘制详图的部位，都应该标上详图的索引符号，具体要求与建筑平面图相同。

二、绘图流程

(1)绘制地平线、定位轴线、各层的楼面线(这些线其实是不可见的，只是为了以后绘制门窗洞口时有个参考的标准)、建筑外墙轮廓等。

(2)绘制立面门窗洞口、阳台、楼梯间，墙身及暴露在外墙外面的柱子等可见的轮廓。

(3)绘出门窗、雨水管、外墙分割线等立面细部。

(4)标注尺寸及标高，绘制索引符号及书写必要的文字说明等。

(5)插入图框，完成全图。

任务二　立面图中主要建筑构、配件的绘制

一、新知识点

1. 点

(1)【点】调用方式。

①	菜单栏	“绘图”→“点”
②	工具栏	“绘图”→
③	命令行	POINT(PO)

(2)设定点的大小与样式。

在利用 AutoCAD 绘制图形时,经常需要绘制一些辅助点来准确定位,在完成图形后再删除它们。下面来介绍点的绘制方法。AutoCAD 既可以绘制单独的点,也可以绘制等分点和等距点,在创建点之前要设置点的样式和大小,然后再绘制点。

选择【格式】→【点样式】命令,弹出如图 4-3 所示的“点样式”对话框,在该对话框中可以完成点的样式与大小的设置。

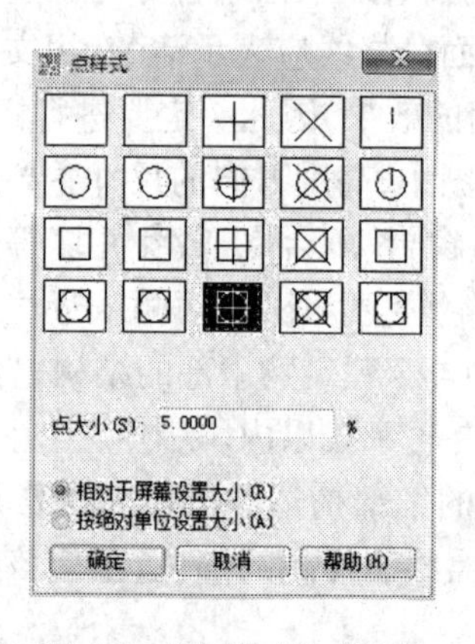

图 4-3　“点样式”对话框

提示:一个图形文件中,点的样式是一致的,一旦更改了一个点的样式,除了被锁住或者冻结的图层上的点,其余所有点都会发生变化,但是将该图层解锁或者解冻后,点的样式和其他图层一样都将发生变化。

(3)绘制单点或多点。

选择【绘图】→【点】→【单点】或者【多点】命令(区别在于一次命令能够输入一个点或者多个点),即可在指定的位置单击鼠标创建对象,或者输入点的坐标绘制多个点,具体的坐标输入方法为之前介绍的 3 种坐标输入方法。

(4)绘制定数等分点。

AutoCAD 提供了【等分】命令,可以将已有图形按照一定的要求等分。

①绘制定数等分点,就是将点或者块沿着对象的长度或周长等间隔排列。

选择【点】→【定数等分】命令或输入 DIVIDE 命令后，在系统提示下选择要等分的对象，并输入等分的线段数目，就可以在图形对象上绘制定数等分点了。可以绘制定数等分点的对象包括圆、圆弧、椭圆、椭圆弧和样条曲线。具体操作过程参见立面图窗户的绘制。

②绘制定距等分点，就是按照一定的间距绘制点。

在“绘图”菜单中选择【点】→【定距等分】或者输入 MEASURE 命令，在系统的提示下输入点的间距，即可绘制出该图形上的定距等分点。

具体操作提示如下。

命令：measure↙	启动定距等分功能
选择要定距等分的对象：	选择对象
指定线段长度或［块(B)］：　指定第二点	可输入数值也可用两端点示意长度

2. 构造线

(1)【构造线】调用方式。

①	菜单栏	“绘图”→“构造线”
②	工具栏	“绘图”→
③	命令行	XLINE(XL)

(2)命令说明。

① 构造线仅用作绘图辅助线，最好将其集中绘制在某一图层上，将来输出图形时可以将该图层关闭，这样辅助线就不会被打印输出了。

② 构造线命令绘制的辅助线可以用修剪、旋转等编辑命令进行编辑。

注意：用修剪命令进行修剪时，仅修剪构造线的一边，该对象变为射线；修剪两端才能将构造线变为直线。

3. 拉伸

(1)【拉伸】调用方式。

①	菜单栏	“修改”→“拉伸”
②	工具栏	“修改”→
③	命令行	STRETCH(ST)

(2)命令说明。

【拉伸】命令可以拉伸对象选定的部分，没有选定的部分保持不变。在使用“拉伸”命令时，图形选择窗口外的部分不会有任何改变；图形选择窗口内的部分会随图形选择窗口的移动而移动，但也不会有形状的改变，只有与图形选择窗口相交的部分会被拉伸。所以使用【拉伸】命令时，若所选图形对象全部在交叉框内，则移动图形对象，等同于【移动】命令。具体操作方法参见立面图窗户绘制过程。

注意:能被拉伸的图形对象有线段、弧、多段线和轨迹线、实体和三维曲面,而文本、块和圆不能被拉伸。宽线、圆环、二维填充实体等可对各个点进行拉伸,其拉伸结果可改变这些形体的形状。

技巧:当绘制完的图形发现尺寸有误时可以考虑使用【拉伸】命令对整个图形进行修改。

4. 打断

(1)【打断】调用方式。

①	菜单栏	"修改"→"打断"
②	工具栏	"修改"→
③	命令行	BERAK(BR)

(2)命令说明。

【打断】命令用于打断所选的对象,即将所选的对象分成两部分,或删除对象上的某一部分,该命令作用于直线、射线、圆弧、椭圆弧、二维或三维多段线和构造线等。

【打断】命令将会删除对象上位于第一点和第二点之间的部分。第一点是选取该对象时的拾取点或用户重新指定的点,第二点即为选定的点。如果选定的第二点不在对象上,系统将选择对象上离该点最近的一个点。将圆和圆弧进行断开操作时,一定要按逆时针方向进行操作,即第二点应相对于第一点的逆时针方向,否则可能会把不该剪掉的部分剪掉。如图 4-4 所示。

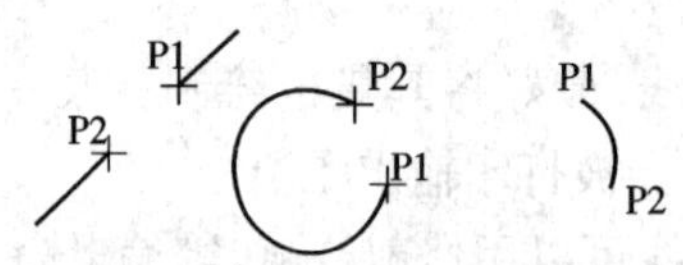

图 4-4 "打断点"选择示意图

单击按钮,命令行提示如下:

命令:break↙	启动【断开】命令
选择对象:指定第二个打断点或[第一点(F)]:	选择需要打断的对象
指定第一个打断点:	点取 P1 点
指定第二个打断点:	点取 P2 点

二、窗体

窗体是立面图上用得最多的元素之一,在建筑立面图中,窗户反映了建筑物的采光状况。在绘制窗户之前,应观察该立面图上共有多少种窗户。

这里先详细介绍本项目中几种窗的绘制方法,然后介绍其他几种常见窗的样式。

1. 立面图中的窗体绘制方法

从建筑物立面图上可以看出,这栋建筑物有 3 种固定式窗(如图 4-5(a)、(b)、(c)),分别可以用矩形和偏移命令绘制，由于3种窗体的样式相同，高度相同，仅宽度不同，绘制窗户的时候可以利用原有的工作进行修改，不必每种都重新绘制。另外，此图中的窗户布置有规律，不易混淆，所以窗户和窗洞可以一起绘制出来。

（1）窗体尺寸与样式如图4-5所示。

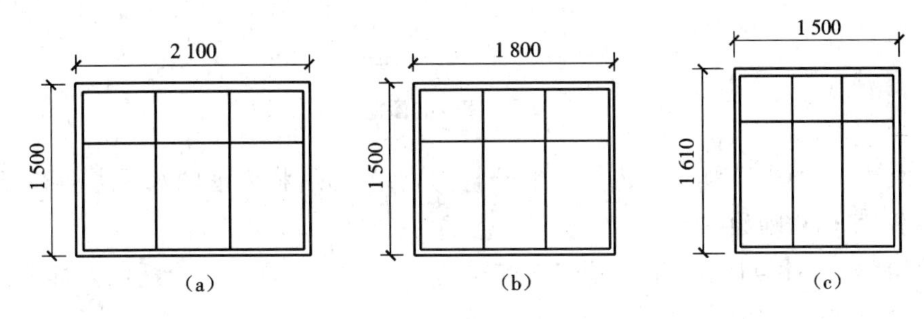

图4-5　窗体尺寸样式示意图

（2）绘图步骤：以图4-5（a）（2 100×1 500窗户）为例进行绘制。

第一步：选择“门窗”作为当前层，如图4-6所示。

图4-6　“门窗”当前层

第二步：绘制一个长2 100，宽1 500的矩形，作为窗洞。

命令：rectang↙	启动“矩形”工具
指定第一个角点或[倒角(C)/标高(E)/圆角(F)/厚度(T)/宽度(W)]：	绘图区内选择任意点
指定另一个角点或[面积(A)/尺寸(D)/旋转(R)]：@2100,1500↙	使用相对坐标，坐标之前不要忘记加“@”

第三步：使用“偏移”工具完成窗框绘制，如图4-7所示。

命令：offset↙	启动“偏移”工具
当前设置：删除源=否　图层=源　OFFSETGAPTYPE=0	默认设置
指定偏移距离或[通过(T)/删除(E)/图层(L)]<通过>：60↙	输入两矩形之间的距离
选择要偏移的对象，或[退出(E)/放弃(U)]<退出>：	选择窗洞矩形
指定要偏移的那一侧上的点，或[退出(E)/多个(M)/放弃(U)]<退出>：	光标放置在矩形内侧

第四步：利用点的定数等分辅助完成窗扇的绘制。

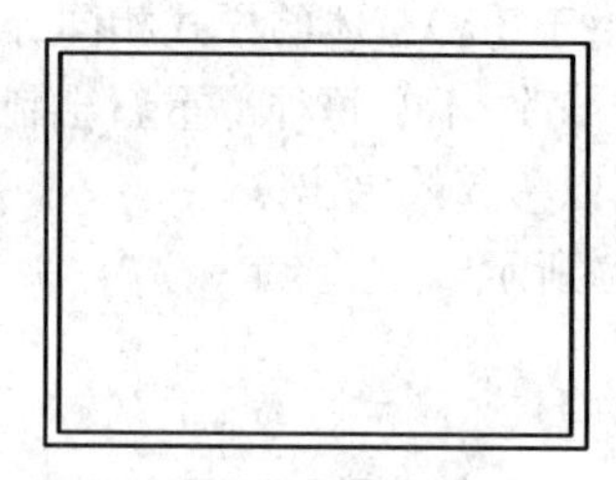

图 4-7 完成的窗框

首先利用“分解”工具将内框矩形分解为直线;然后将内框的水平方向和竖直方向分别 3 等分,具体步骤如下。

选择【格式】→【点样式】命令,弹出“点样式”对话框,选择一个合适的点样式(只要在图中可显示出即可),如⊞。

选择绘图菜单中的【点】→【定数等分】。

将窗框的水平线 3 等分,命令行提示如下。

命令:divide↙	启动点的定数等分功能
选择要定数等分的对象:	选择窗框水平线
输入线段数目或[块(B)]:3↙	输入总的线段数

窗框的竖直线 3 等分与水平线的 3 等分基本一样,只是在选择定数等分的对象时有所区别,在这里不再详细复述。完成后如图 4-8 所示。

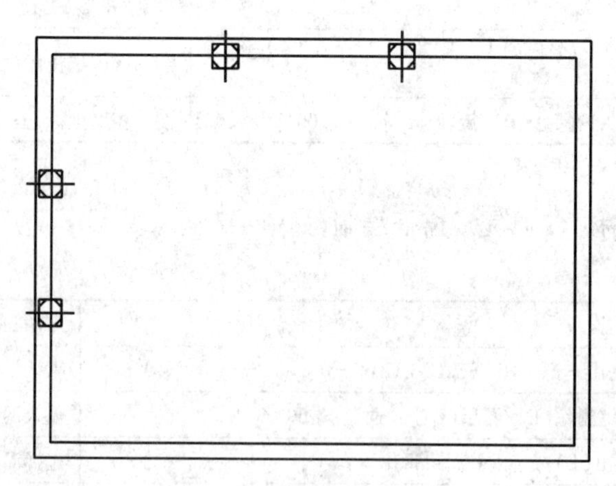

图 4-8 定数等分之后

将对象捕捉设置中的“节点”选中。如图 4-9 所示。

利用【直线】命令绘制窗线,此时建议将状态栏的极轴按钮打开,这样可以在画直线的同时捕捉到交点,如图 4-10 所示。否则,需要画出直线之后找到交点再进行修剪才可以完成。

按照样图绘制完所有直线后,将所有“点标记”删除,然后根据工程图的规范要求将窗洞加粗,利用特性工具栏将选择对象的线宽设置为 0.30 mm,如图 4-11 所示。完成的窗体

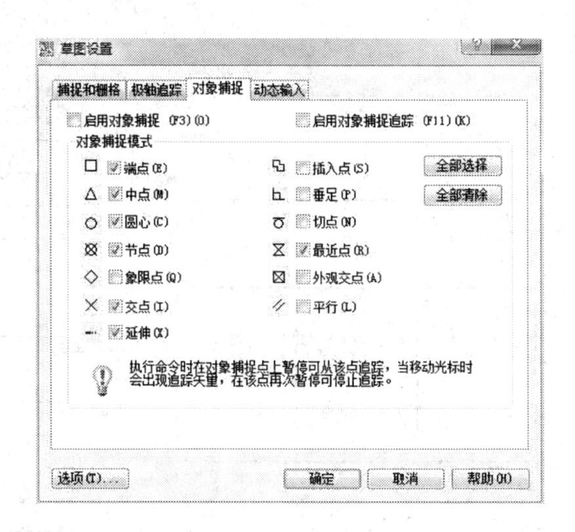

图 4-9　“草图设置”对话框:“对象捕捉”选项卡

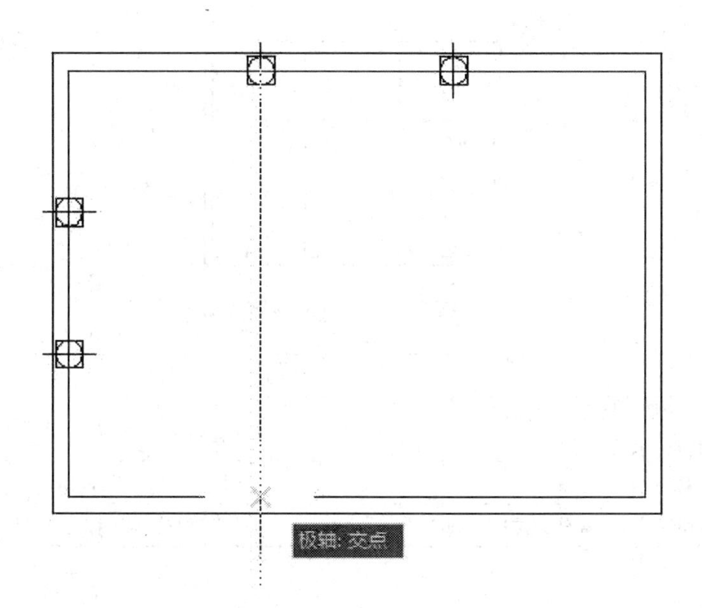

图 4-10　利用极轴捕捉交点

绘制效果如图 4-12 所示。

提示:如果想显示加粗后的效果需要打开状态辅助栏中的 线宽 按钮。

图 4-5(b)和(c)图的绘制可以参考(a)图的绘制方法,也可以利用已绘制好的(a)图进行修改完成,下面介绍利用已完成的图 4-5(a)修改绘制图 4-5(b)的方法。

通过观察得知窗体(b)和(a)的样式一样,宽度都是 1 500,只有长度上有差别,分别为 2 100 和 1 800,根据这个特点可以选择“拉伸”工具辅助完成绘图。

复制窗体图 4-5(a),选择“拉伸”工具将其长度 2 100 修改成 1 800,宽度 1 500 不变,命令行提示如下。

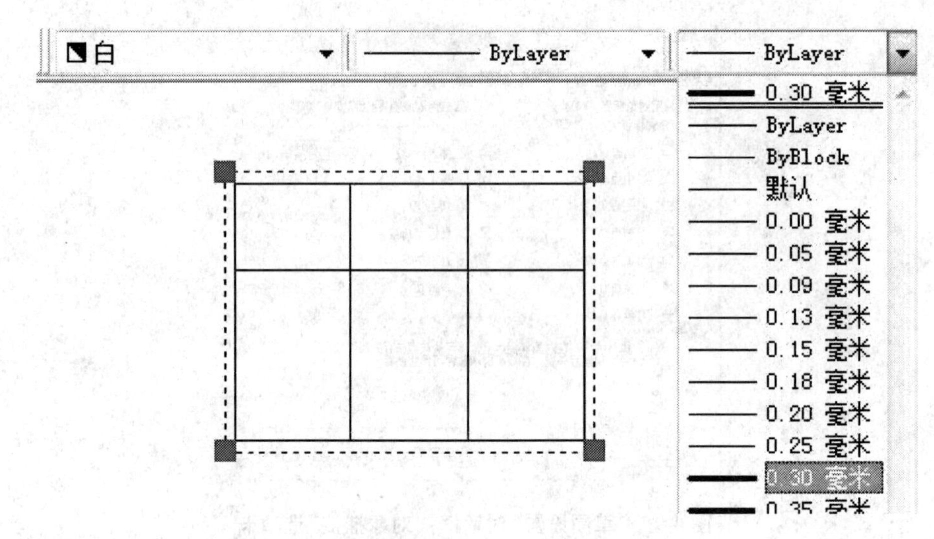

图 4-11　利用特性工具栏设置外框线宽

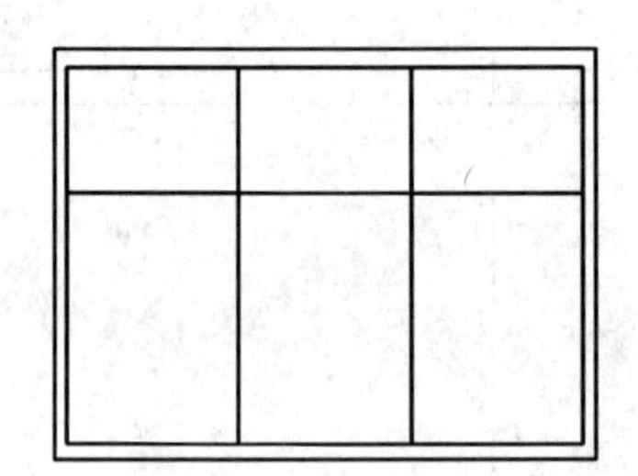

图 4-12　完成的窗体

命令：stretch↙	启动"拉伸"工具
以交叉窗口或交叉多边形选择要拉伸的对象… 选择对象：指定对角点：找到 6 个	注意利用"交叉窗口"选择，如图 4-13(a)所示
指定基点或［位移(D)］ <位移>：	如图 4-13(b)所示指定
指定第二个点或 <使用第一个点作为位移>：300↙	向光标左侧水平移动，结果如图 4-13(c)所示

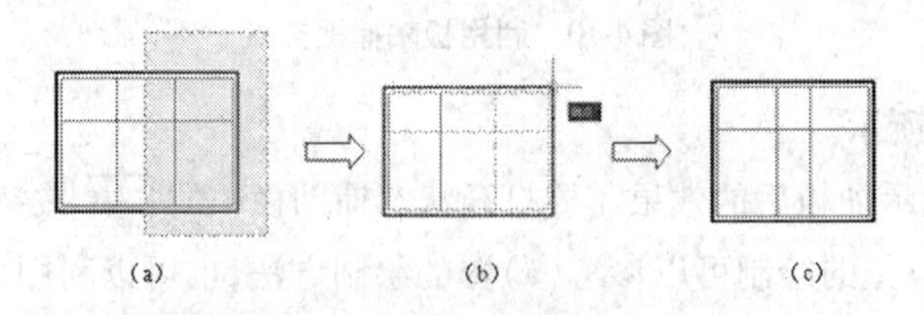

图 4-13　拉伸绘制过程

此时，只需再利用点的定数等分功能就可完成窗体图 4-5(b)的绘制，详细过程参考窗体图 4-5(a)的窗线绘制过程，这里不再详细复述。

2. 其他几种常用窗体样式(图 4-14)

(1)单层固定窗：反复利用【矩形】和【偏移】命令即可完成。

(2)单层外开平开窗:在单层固定窗的基础上利用对象捕捉(中点)辅助【直线】命令即可完成绘制。

(3)左右推拉窗:其中的箭头可用【多段线】命令绘制。

(4)百叶窗:可以使用【直线】和【偏移】命令,也可使用【阵列】命令,方法较多。

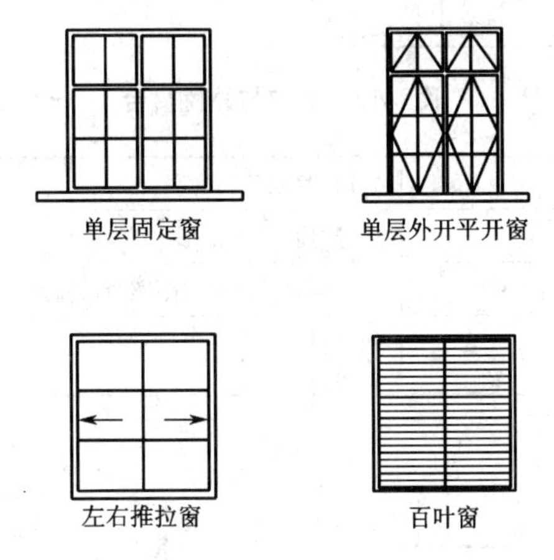

图 4-14　常用窗体样式

这里虽然只列出简单的几种样式,但是其他的各种窗体与这几种窗体的差别大多只是直线的位置和样式不同,大同小异,所以尽可参照绘制。

三、阳台

本例中有外挑窗台和封闭阳台两种,如图 4-15 所示。

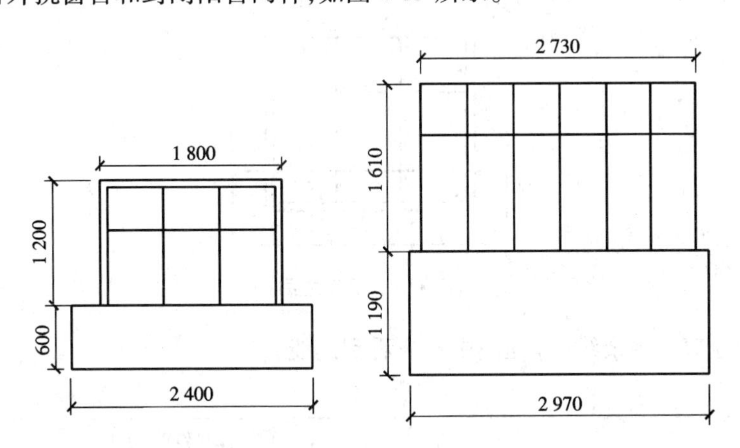

图 4-15　外挑窗台和封闭阳台

1. 外挑窗台绘制方法

首先复制一个之前已完成的窗体图 4-5(b)(1 800 ×1 500),然后利用矩形命令绘制 2 400 ×600 的外挑窗台,并将线宽设置为 0.3,如图 4-16 所示。

移动矩形外挑窗台与窗户相交,命令行提示如下。

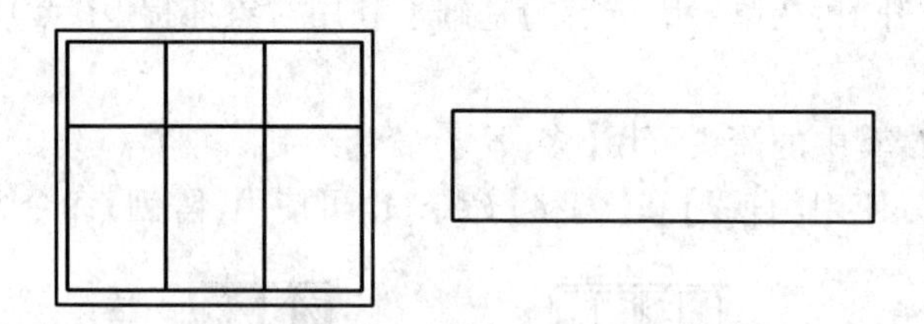

图 4-16　窗户与外挑窗台

命令：move↙	启动“移动”工具
选择对象：找到 1 个	选择“窗台”的矩形
指定基点或［位移(D)］ <位移>： 300	利用对象追踪捕捉距离对象左侧中点 300 处，如图 4-17 所示
指定第二个点或 <使用第一个点作为位移>：	捕捉窗户左下角端点，如图 4-18 所示，回车之后得到如图 4-19 所示图形

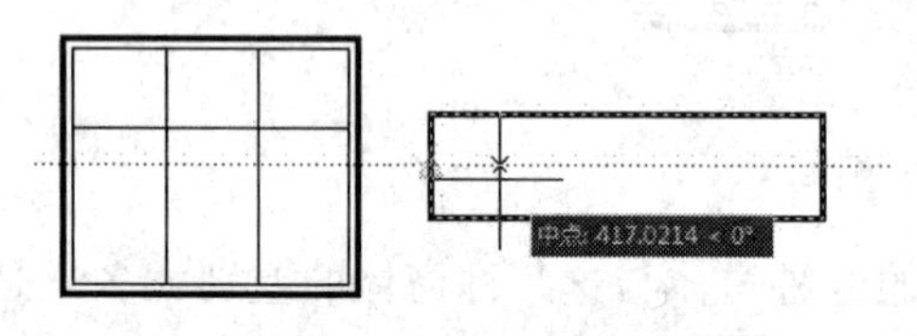

图 4-17　利用对象追踪指定移动基点

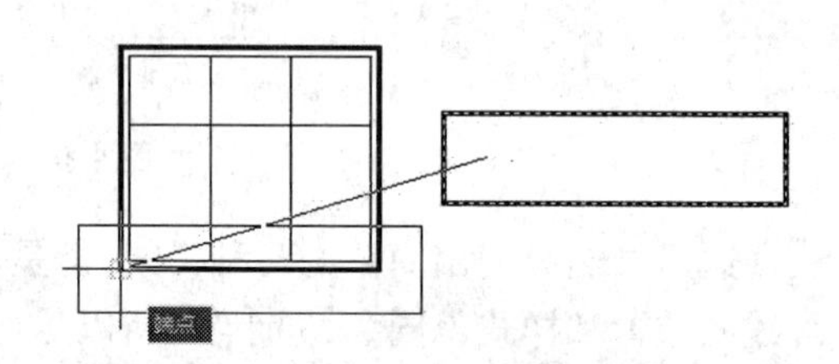

图 4-18　窗台与窗户相交点

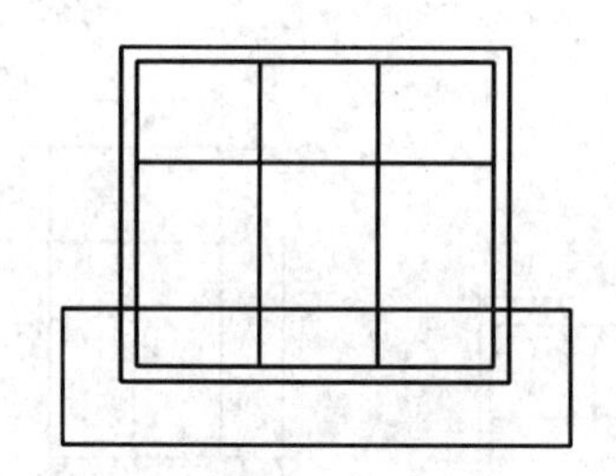

图 4-19　相交之后

用修剪命令剪去多余线(即在图中不应看到的线)。

命令：trim↙	启动“修剪”工具
当前设置：投影 = UCS，边 = 无	默认设置
选择剪切边… 选择对象或 <全部选择>： 指定对角点：找到 8 个	可用交叉窗口选择多条线作为剪切边
选择要修剪的对象，或按住 Shift 键选择要延伸的对象，或［栏选(F)/窗交(C)/投影(P)/边(E)/删除(R)/放弃(U)］：	根据图形选择要剪掉的部分线段，如图 4-20 所示

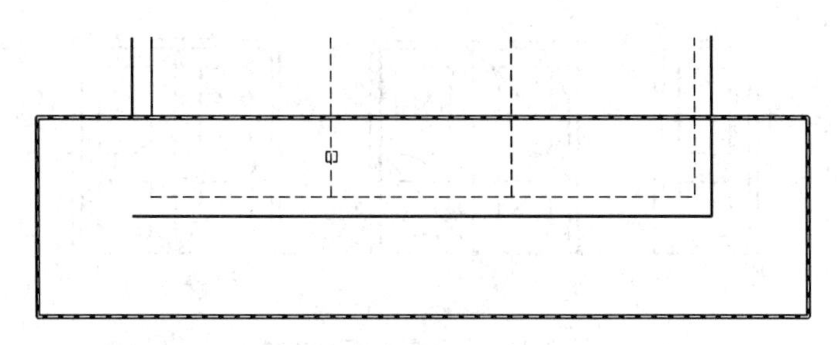

图 4-20　选择要修剪的对象

最后删除其他多余线段完成外挑窗台绘制，如图 4-21 所示。

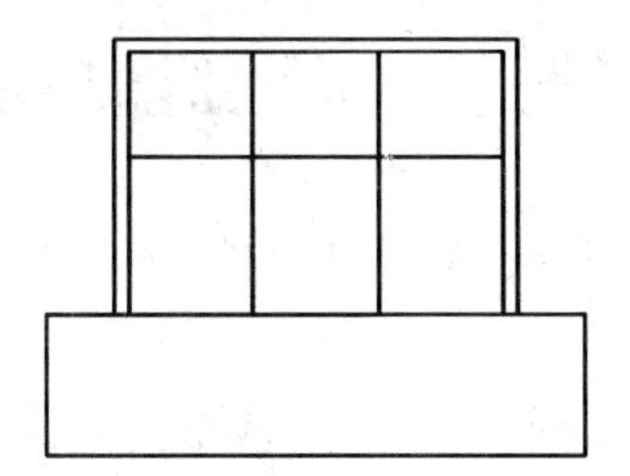

图 4-21　外挑窗台

2. 封闭阳台绘制方法

首先绘制尺寸分别为 2 970 ×1 190 与 2 730 ×1 610 的两个矩形，利用移动命令将两个矩形按照图 4-15 中封闭阳台的样式相交，这里可以参照之前阳台的绘制方法，利用对象追踪进行捕捉指定移动的基点，然后利用直线命令和点的定数等分绘制封闭阳台的窗线，最后检查全图，删除多余点、线，完成绘制。

四、门、雨篷和台阶

其实门的绘制与窗户的绘制如出一辙，也是先绘制门洞，然后绘制一扇门作为模板，其他相同的门可以利用模板复制出来。一般而言，门的数量要比窗户少得多。

1. 立面图中门、雨篷和台阶的绘制方法

对于本例图中，只有一种门，如图 4-22 所示，用【矩形】命令绘制完成一半后，经【复制】命令或者【镜像】命令完成另一半的绘制，多余的线用【修剪】命令剪去即可。

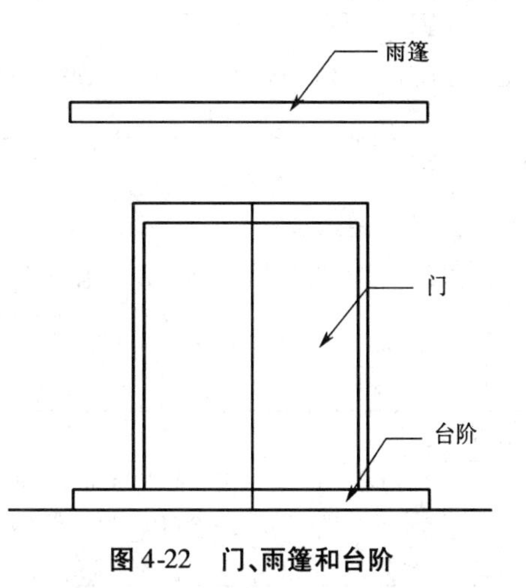

图 4-22　门、雨篷和台阶

2. 其他常见门的样式（如图 4-23）

（1）墙外单扇推拉门：利用【矩形】命令和【偏移】命令完成。

（2）双扇门：利用【镜像】命令复制单扇门，用【直线】命令连接中点即可。

（3）双扇弹簧门：与双扇门的区别只在于有两条虚线。此处虚线的绘制可以考虑使用【打断】命令完成。

雨篷和台阶的样式比较单一，如图 4-22 所示均以矩形表示，利用矩形绘制即可，这里不

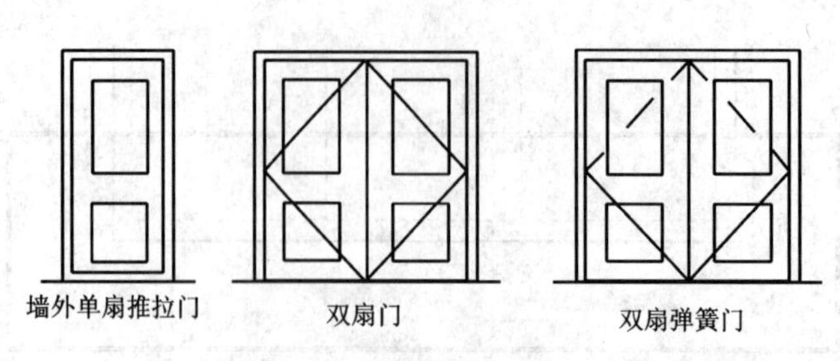

图 4-23 几种常见门的样式

再详细讲述。

任务三 建立绘图环境

在开始绘制建筑立面图前,首先对绘图环境进行相应的设置,做好绘图前的准备。

一、新建文件

启动 AutoCAD 2008,执行【文件】→【新建】或单击图标,将新文件保存为“建筑立面图”。

二、设置图形界限

1. 执行【格式】→【图形界限】或在命令行输入 limits,命令行提示如下。

命令: limits ↙ 重新设置模型空间界限:	启动“图形界限”设置工具
指定左下角点或[开(ON)/关(OFF)] <0.0000,0.0000>:	此处可以直接按回车键
指定右上角点 <420.0000,297.0000>: 42000,29700 ↙	因建筑立面图的绘制比例为 1:100,图形放在 A3 图幅内,所以将图形界限放大 100 倍,输入(42000,29700)

2. 显示图纸大小

方法 1:在命令行输入“Z”,并按下〈Enter〉键,在系统提示下输入“A”,命令行提示如下。

命令: z ↙	启动“缩放”工具
指定窗口的角点,输入比例因子 (nX 或 nXP),或者[全部(A)/中心(C)/动态(D)/范围(E)/上一个(P)/比例(S)/窗口(W)/对象(O)] <实时>: a ↙	选择“全部”
正在重生成模型	

方法 2:单击【视图】→【缩放】→【全部】命令,如图 4-24 所示。

提示:此项操作的目的是让所设置的图形界限全部显示在当前的绘图区内。千万不要忽视这一步骤,这样才可以使自己设置的图形界限最大地显示在整个桌面上。

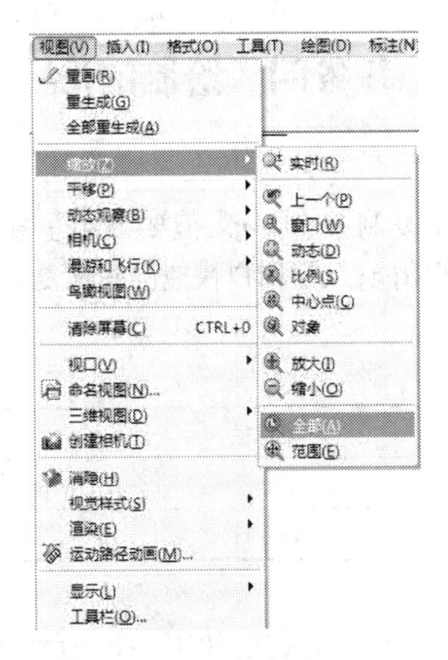

图 4-24　**视图菜单**

三、设置图层

在命令行输入“La”并按下〈Enter〉键或者左键单击 ，打开“图层特性管理器”对话框，设置建筑立面图所需的图层，如图 4-25 所示。

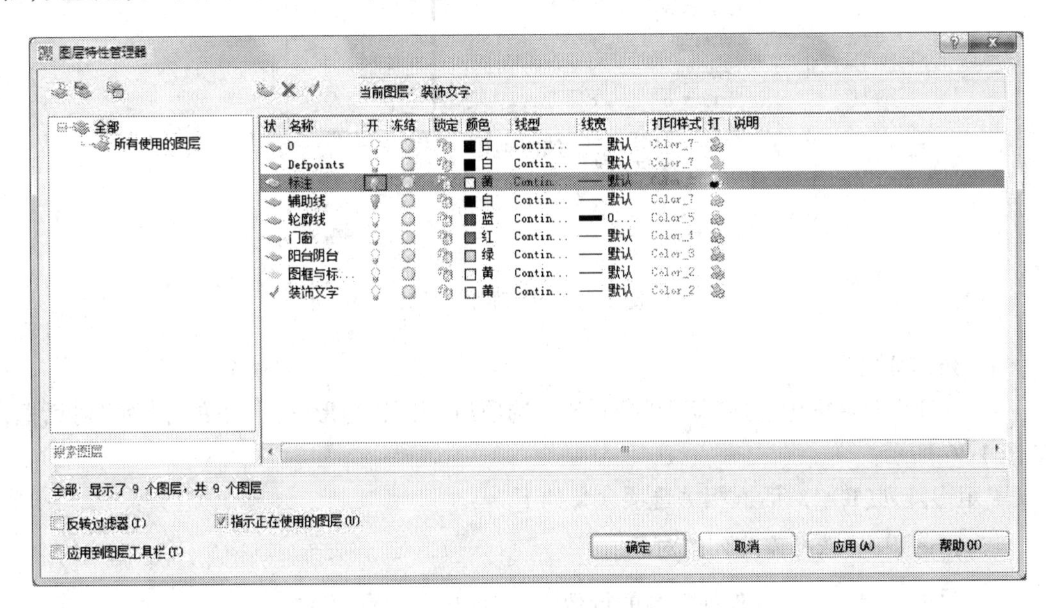

图 4-25　**“图层特性管理器”对话框**

提示：图层的设置要根据所绘制图形的特点设置，可以在绘图之前全部设置好，也可以在绘图过程中逐步设置，但建议在绘图之前设置，这样使绘图前对所绘制的图形有所认识与了解，通过设置也对绘图的过程有了大致的思路，有利于提高绘图速度。

任务四　绘制图形

一、新知识点

尽管【复制】命令可以一次复制多个图形,但要复制呈规则分布的图形仍不是特别方便。AutoCAD 提供了图形阵列功能,以便用户快速准确地复制呈规则分布的图形。

【阵列】调用方式:

①	菜单栏	“修改”→“阵列”
②	工具栏	“修改”→
③	命令行	ARRAY(AR)

启动【阵列】命令后,出现“阵列”对话框,如图 4-26 所示。阵列分为“矩形阵列”和“环形阵列”两种方式,下面分别介绍这两种阵列方式。

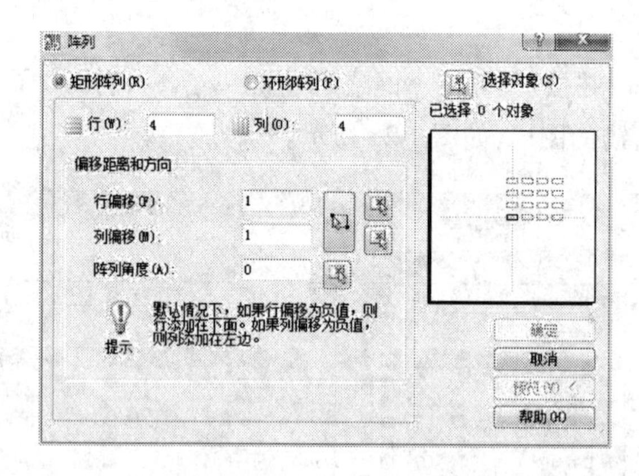

图 4-26　“阵列”对话框

1. 矩形阵列

在“阵列”对话框中选择“矩形阵列(R)”选项后,出现“矩形阵列”下的“阵列”对话框,如图 4-26 所示。

“矩形阵列(R)”对话框相关选项含义如下。

选择对象(S):选择需阵列的对象。

行(W): 4 :阵列复制的行数。

列(O): 4 :阵列复制的列数。

“偏移距离和方向”选项组如图 4-27 所示。

行偏移(F):输入行间距。可在文本框内直接输入间距,也可点击右边的“拾取行偏移”按钮,直接在 AutoCAD 绘图界面中拾取。

列偏移(M):输入列间距。

阵列角度(A):输入阵列复制的角度。

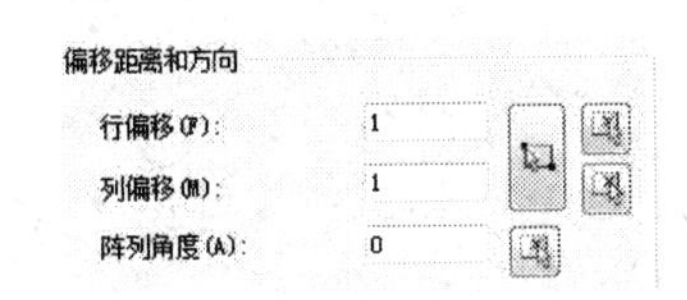

图 4-27　**"偏移距离和方向"选项组**

注意：行间距、列间距、阵列角度有正、负之分。行间距为正值时，向上复制阵列；为负值时，向下复制阵列。列间距为正值时，向右复制阵列；为负值时，向左复制阵列。阵列角度为正值时，向上旋转复制阵列；为负值时，向下旋转复制阵列。

2. 环形阵列

在"阵列"对话框中选择"环形阵列"选项后，出现环形阵列下的"阵列"对话框，如图 4-28 所示。

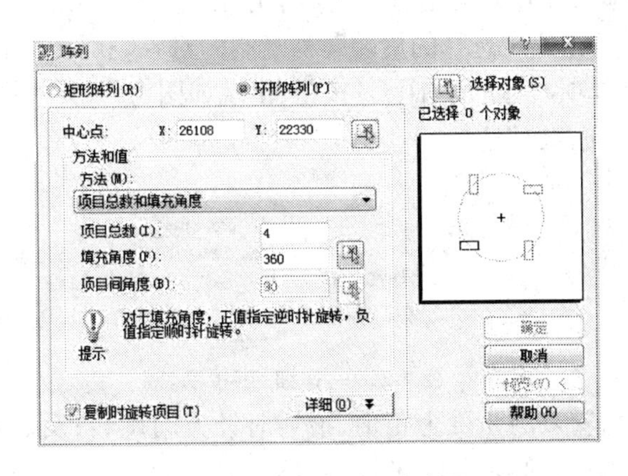

图 4-28　**"环形阵列"选项**

"环行阵列(P)"的相关选项含义如下。

选择对象(S)：选择需阵列的对象。

中心点:　X: 26108　Y: 22330　：选择的对象进行环形阵列时的中心。可在文本框中分别输入中心点在绘图界面上的绝对坐标(x,y)，也可单击文本框右边的按钮，回到绘图界面，在绘图界面上直接单击鼠标左键选择相应特征点。

方法和值选项组：如图 4-29 所示。

方法(M)：共有 3 种方法可供选择，分别是下面单选项(项目总数、填充角度、项目间角度)的两两组合。左键单击选项框右边的箭头，可弹出一个下拉列表框，如图 4-30 所示。

根据所选的方法，项目总数、填充角度、项目间角度选项中未被选中的文本框将出现灰色。

项目总数(I):　4　项目总数(I)：环形阵列复制的个数。在右边的文本框中输入具体数据即可。

填充角度(F):　360　填充角度(F)：环形阵列复制对象时，对象、复制品、中心点形成的扇形的具体角度，可通过右边的文本框输入，也可单击文本框右边的按钮，回到绘图界面，在绘图界面上依据命令行提示，以选定的中心点为起点，选择终点，形成有向线段的角度，直接确定。

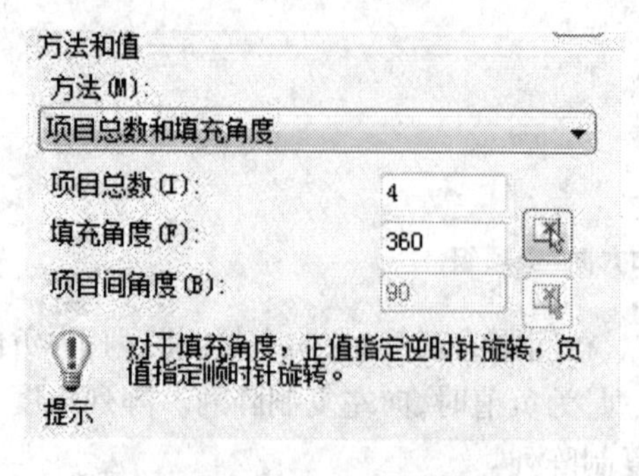

图 4-29 “方法和值”选项组

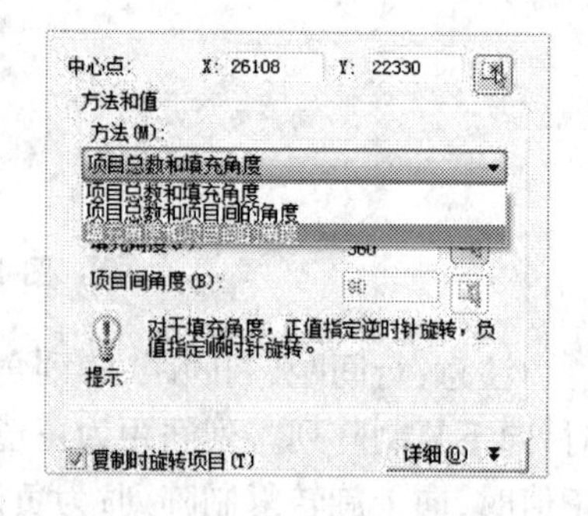

图 4-30 “方法”下拉列表框

项目间角度(B): 90 项目间角度(B):对象、对象的复制品相邻两两间的关于中心点形成的扇形角度。确定方式同“填充角度(F)”选项。

复制时旋转项目(T):确定选择的旋转阵列复制的对象绕旋转中心点旋转时的基点。

单击图 4-29 中该选项右边的详细(O)按钮,出现如图 4-31 所示的下拉框。可设为默认值,也可直接在绘图界面上选取。

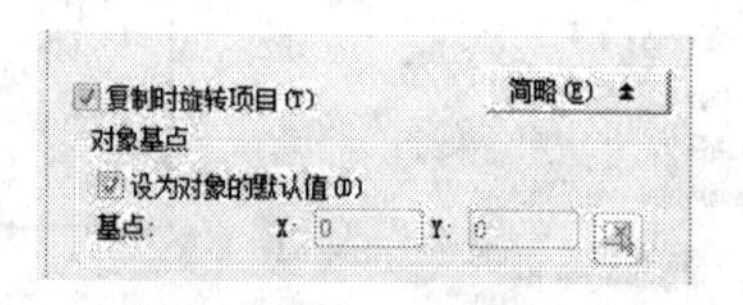

图 4-31 “详细”下拉框

注意:环形阵列时,输入的角度为正值,沿逆时针方向旋转;反之,沿顺时针方向旋转。环形阵列的复制份数也包括原始形体在内。

如图 4-32 所示为通过环形阵列绘出的图形。

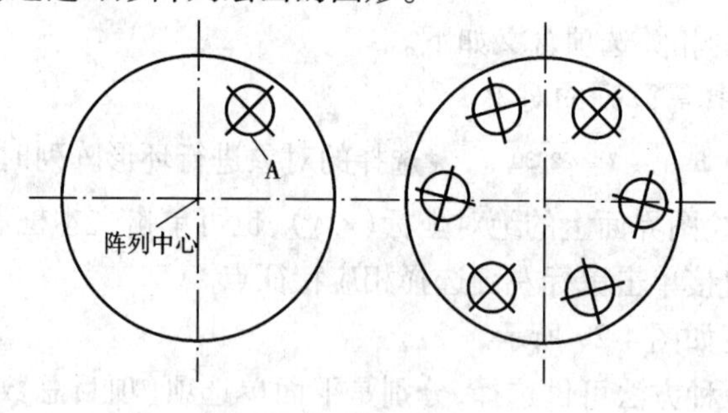

图 4-32 环形阵列示例

二、绘制辅助网格

在多数立面图上,都是规整的图形元素的排列,所以绘制出辅助网格,对于以后绘图时定位是非常有利的。

1. 选取辅助线为当前图层

选择当前层后图层工具栏显示如图 4-33 所示。

2. 绘制基准线

在图上绘制一条水平线和一条垂直线作为两条基准定位轴线,同时作为绘制整个辅助

图 4-33　“辅助线”当前层

网格的基础。通常以地平线作为水平基准，再作出一条垂直线与之正交，这里以图左侧的垂直轮廓线作为垂直基准。命令行提示如下。

命令:line↙指定第一点:	启动“直线”工具
指定下一点或[放弃(U)]:44350	打开正交,光标放到起点的右侧,输入线段长度
指定下一点或[放弃(U)]:	回车,完成水平线绘制
命令:_line 指定第一点:	启动直线工具利用对象追踪水平线起点右侧一点
指定下一点或[放弃(U)]: 20400	输入立面图左侧垂直轮廓线的长度
指定下一点或[放弃(U)]:	回车,完成垂直基准线绘制,效果如图 4-34 所示

图 4-34　水平与垂直基准线

三、生成网格

将基准线做一系列的偏移就可以生成辅助网格。

1. 水平线的偏移

命令:offset↙	启动“偏移”工具
当前设置: 删除源 = 否　图层 = 源　OFFSETGAPTYPE = 0	默认设置
指定偏移距离或[通过(T)/删除(E)/图层(L)] <通过>:　1120↙	输入偏移距离
选择要偏移的对象,或[退出(E)/放弃(U)] <退出>:	选中水平基线
指定要偏移的那一侧上的点,或[退出(E)/多个(M)/放弃(U)] <退出>:	选中水平基线上方
指定要偏移的那一侧上的点,或[退出(E)/多个(M)/放弃(U)] <退出>:	直接按回车键退出

完成上述步骤后，就又得到一条水平线，重复这样的步骤，只是每次注意修改偏移距离，即可得到全部的水平线。从水平基准线开始依次往上绘制每条水平线时输入的偏移距离分别为 1 500，1 500，1 300，1 500，1 300，1 500，1 300，1 500，1 300，1 500，1 300，1 500，1 300，1 500。

2. 垂直线的偏移

垂直线的偏移基本与水平线的偏移类似，只是在选择要偏移对象时有所差别，根据本图特点是正背立面图，所以垂直线要比水平线复杂许多，需要从原图认真分析确定偏移距离，并及时仔细检查，避免偏移尺寸发生错误。

经过水平线与与垂直线的偏移生成的辅助网格线如图 4-35 所示。

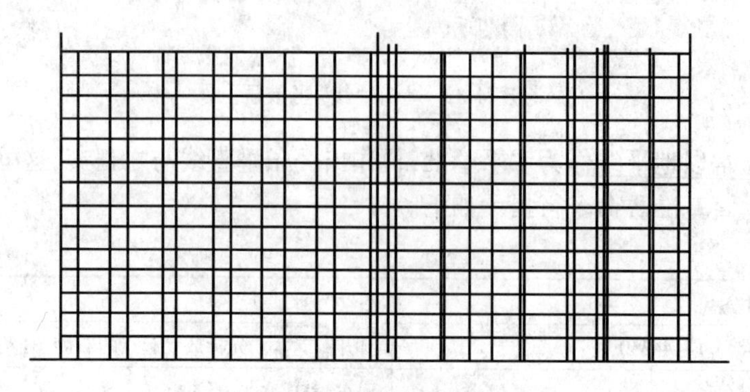

图 4-35 辅助网格线

注意:辅助网格生成后,会成为以后作图的参考工具,但是最后出图时为了显示起来比较美观,多数会将其隐藏起来,以免造成图面的杂乱。

四、绘制外形轮廓

建筑物的外形轮廓用粗实线来绘制,具体操作步骤如下。

1. 选定当前图层为"轮廓线"

选择当前层后图层工具栏显示如图 4-36 所示。

图 4-36 "轮廓线"当前层

设置此图层时,注意线型设置为 Continuous,线宽设置为 0.3,如图 4-37 所示。

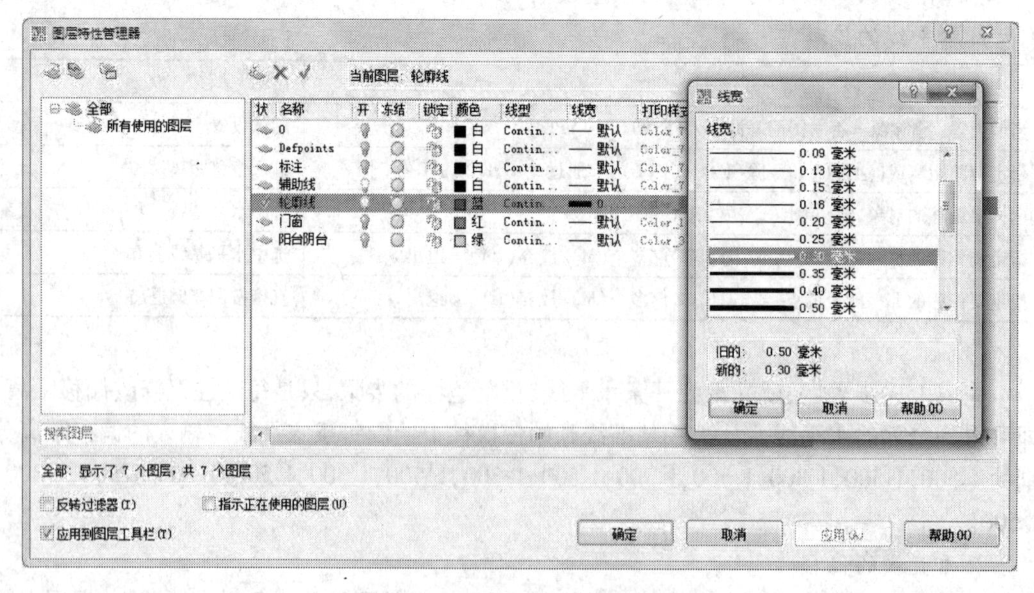

图 4-37 "轮廓线"图层线宽的设置

2. 绘制地平线与建筑轮廓线

使用【直线】命令绘制，绘制好的地平线与建筑物轮廓线如图 4-38 所示。

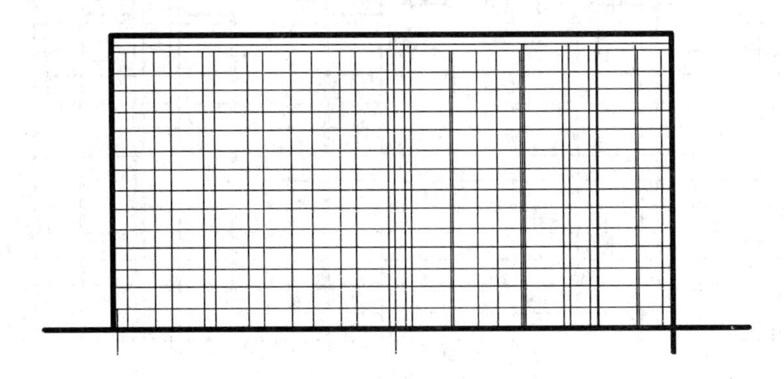

图 4-38　绘制好的地平线与轮廓线

五、绘制窗户与阳台

本例中有 3 种窗户和两种阳台，具体的绘制方法已经在之前的任务二构、配件的绘制中做过详细的介绍，这里只介绍把绘制好的窗户与阳台安装在立面图上的具体步骤。

1. 确定各种窗户与阳台的位置

打开辅助网格，可以发现这些水平线垂直线交织的网线已经提供了现成的窗洞，只需要确定好每种窗户与阳台的位置即可。

2. 安装窗户与阳台

在确定的位置安装之前已经绘制完成的窗户与阳台(图 4-39)，每种窗户与阳台在立面图中都不止一个，安装时不必单个安装，只需通过观察找出规律，有选择性地安装，本例图中可以考虑安装顶层的窗户与阳台，如图 4-40 所示。

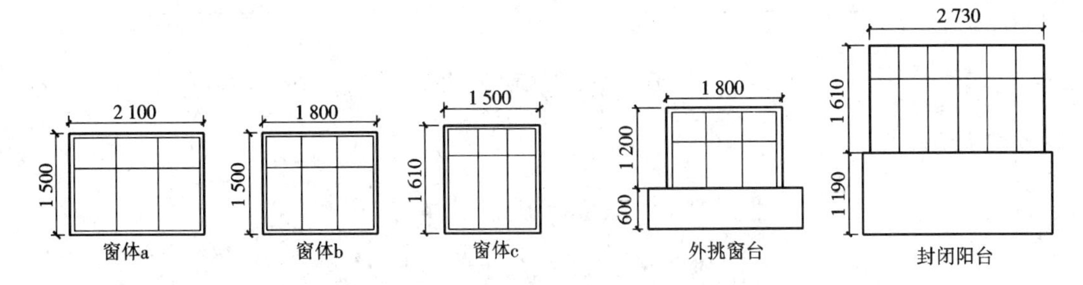

图 4-39　本例中的窗户与阳台样式

3. 完成其他窗户绘制

选择【阵列】命令绘制，命令行提示如下：

命令：array↙	弹出"阵列"对话框，选择"矩形阵列"
选择对象：指定对角点：找到 135 个	如图 4-41 所示，选择对象

此时键入〈Enter〉键直接回到"阵列"对话框，根据本例立面图的内容，设置对话框中的行文本框为"7"，列文本框为"1"，行偏移文本框输入"－2800"，设置完的"阵列"对话框如

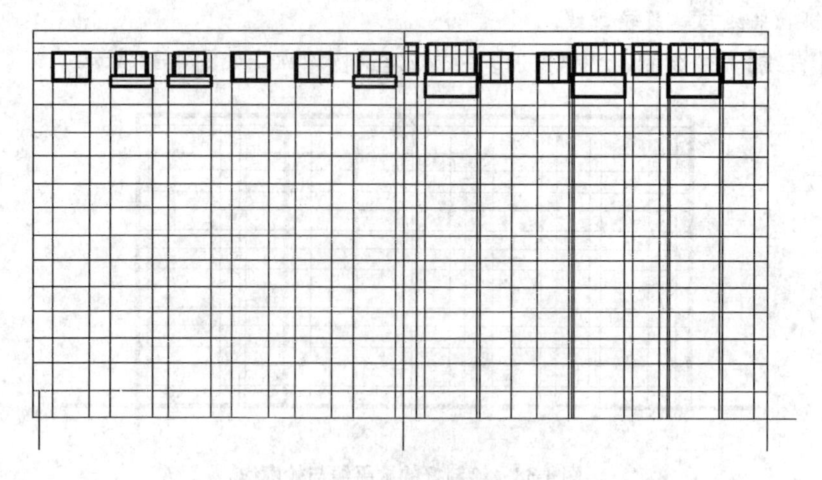

图 4-40 顶层安装窗户与阳台示意图

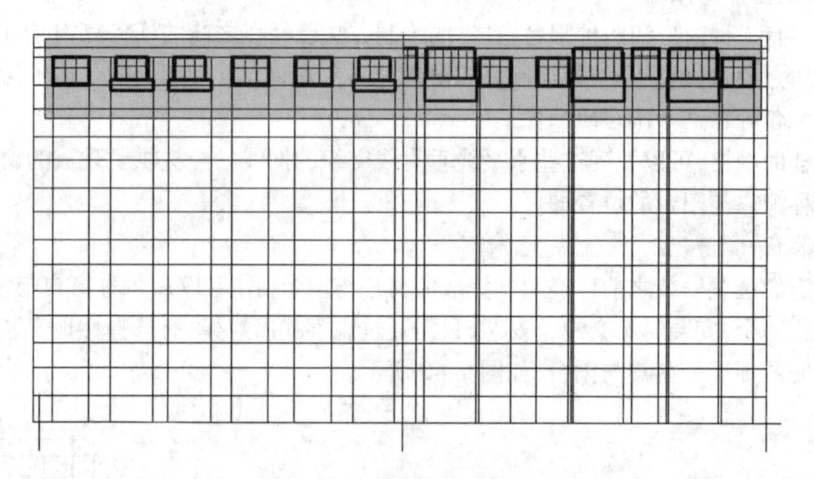

图 4-41 “阵列”的对象

图 4-42 所示。

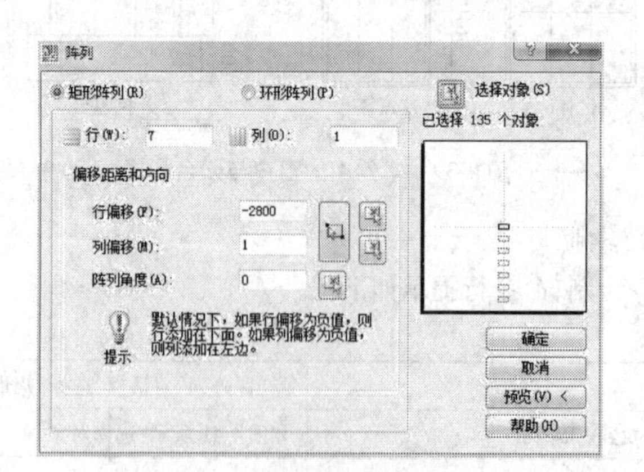

图 4-42 “矩形阵列”参数设置

提示:输入行数与列数之后可以通过旁边的示例图所显示的样式确定是否设置正确,行偏移、列偏移与阵列角度的数值输入要格外注意正负号的选择，对话框中有相应提示 提示，具体的内容参考【阵列】知识点的讲解。

设置完成之后，建议不要马上单击 确定 按钮，可以先单击 预览(V) < 按钮，出现图 4-43 所示界面。

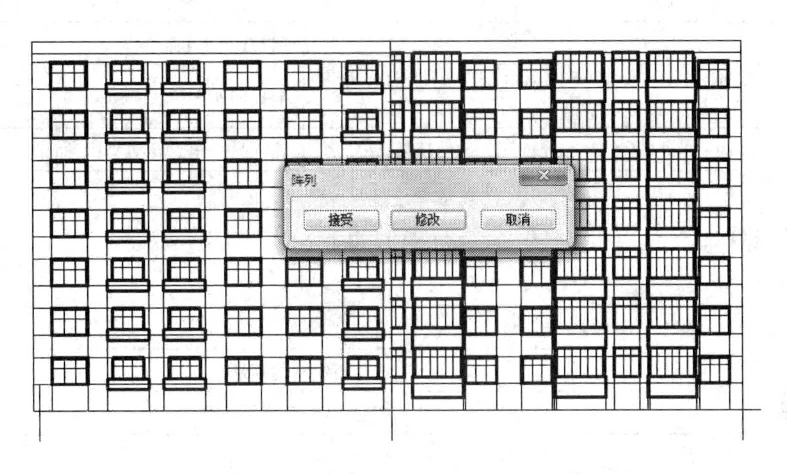

图 4-43　阵列预览图

当所显示的图形符合样图样式，可以选择 接受 ，否则选择 修改 ，重新回到“阵列”对话框进行参数的重新设置，然后继续重复以上步骤直至图形阵列正确为止。

立面图中有两列窗户为 6 扇，与其他几列窗户数量不同，将图 4-44 所示删除即可。

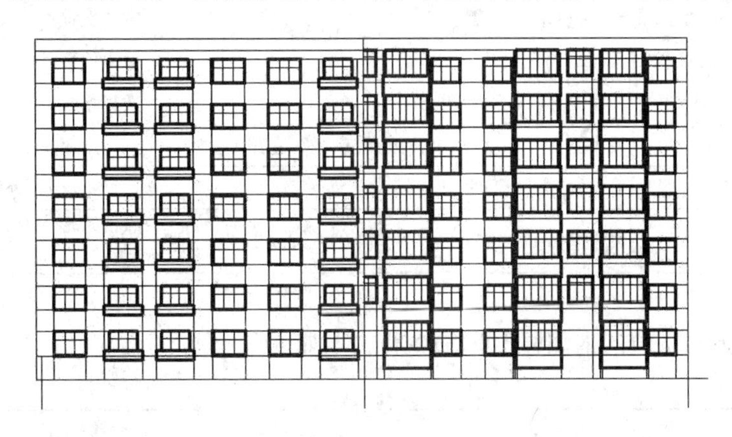

图 4-44　删除位置示意图

4. 绘制门

在建筑立面图中，门也是重要的图形对象，与绘制窗户相类似，在绘制门之前，应观察该立面图上共有多少种门。对于本立面图来说，只有一种双扇门，所以只需绘制一种门即可，具体绘制步骤如下。

(1)选定当前层为“门窗”，如图 4-45 所示。

(2)门洞的轮廓。

执行【矩形】命令，绘制 1 500 ×2 200 的矩形，命令行提示如下。

图 4-45 “门窗”当前层

命令:rectang ↙	启动【矩形】命令
指定第一个角点或[倒角(C)/标高(E)/圆角(F)/厚度(T)/宽度(W)]:	捕捉门所在位置
指定另一个角点或[面积(A)/尺寸(D)/旋转(R)]:@1500,2200 ↙	输入另一角点相对坐标,回车,完成矩形绘制

执行【分解】命令,将矩形分解,命令行提示如下。

命令:explode ↙	启动“分解”工具
选择对象:找到 1 个	选择所绘制的矩形
选择对象:	按回车键,完成矩形分解

(3)完成门的绘制。

执行【偏移】命令,将矩形两侧垂直线向内各偏移 120,命令行提示如下。

命令:offset ↙	启动“偏移”工具
当前设置:删除源 = 否 图层 = 源 OFFSETGAPTYPE = 0	默认设置
指定偏移距离或[通过(T)/删除(E)/图层(L)]:120 ↙	输入偏移距离
选择要偏移的对象,或[退出(E)/放弃(U)] < 退出 >:	选择矩形一侧垂直线
指定要偏移的那一侧上的点,或[退出(E)/多个(M)/放弃(U)] < 退出 >:	点击矩形内侧一点
选择要偏移的对象,或[退出(E)/放弃(U)] < 退出 >:	选择矩形另一侧垂直线
指定要偏移的那一侧上的点,或[退出(E)/多个(M)/放弃(U)] < 退出 >:	点击矩形内侧,按回车键,完成偏移

将矩形上方水平线向内偏移 100,命令行提示如下。

命令:offset ↙	启动“偏移”工具
当前设置:删除源 = 否图层 = 源 OFFSETGAPTYPE = 0	默认设置
指定偏移距离或[通过(T)/删除(E)/图层(L)] < 120.0000 >:100 ↙	输入偏移距离
选择要偏移的对象,或[退出(E)/放弃(U)] < 退出 >:	选择矩形上方水平线
指定要偏移的那一侧上的点,或[退出(E)/多个(M)/放弃(U)] < 退出 >:	点击矩形内侧一点,回车,完成偏移

利用【修剪】命令将多余线剪掉,本张图的修剪结果是两个直角,所以也可以使用【圆角】或【倒角】命令来完成,这里以使用【倒角】命令进行修剪为例做详细介绍。

续表

命令:chamfer↙	启动“倒角”工具
(“修剪”模式)当前倒角距离 1 =0.0000,距离 2 =0.0000	默认设置即是直角
选择第一条直线或[放弃(U)/多段线(P)/距离(D)/角度(A)/修剪(T)/方式(E)/多个(M)]:	拾取框点击在一条直线上留下的那一侧
选择第二条直线,或按住 Shift 键选择要应用角点的直线:	拾取框点击在另一条直线上留下的那一侧

利用同样的方法修剪得到另一个角,最后利用【直线】命令捕捉中点,完成门的绘制。如图 4-46 所示。

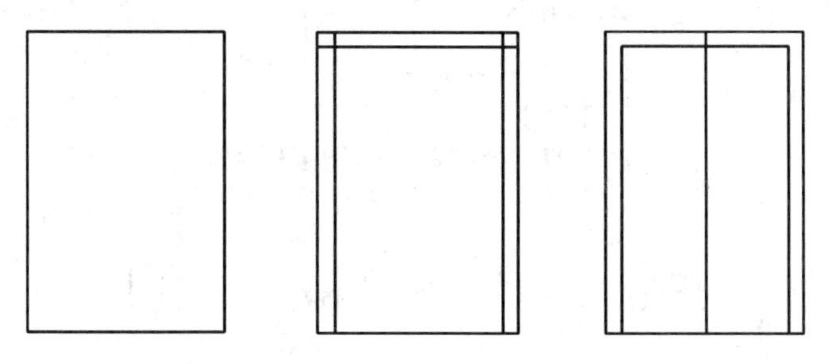

图 4-46　门的绘制过程

提示:利用【圆角】或【倒角】命令来完成直角时,均要求在特定模式下才能完成,即【圆角】的设置为“模式 = 修剪,半径 = 0.0000”;【倒角】的设置为“(“修剪”模式)当前倒角距离 1 =0.0000,距离 2 =0.0000”,而且在选择对象时要特别注意拾取留下的那一部分。

5. 绘制雨篷和台阶

(1)绘制台阶。

台阶的绘制比较简单,采用【矩形】命令即可,本立面图上仅有两处相同的台阶,画出一个,绘制过程命令行提示如下。

命令:rectang↙	启动“矩形”工具
指定第一个角点或[倒角(C)/标高(E)/圆角(F)/厚度(T)/宽度(W)]: 300↙	利用对象追踪捕捉门廓左下角点左侧 300 处
指定另一个角点或[面积(A)/尺寸(D)/旋转(R)]: @2100, -200↙	输入另一个角点的相对坐标

(2)绘制雨篷。

立面图上的雨篷一般也是由矩形表示,绘制过程命令行提示如下。

命令:rectang↙	启动“矩形”工具
指定第一个角点或[倒角(C)/标高(E)/圆角(F)/厚度(T)/宽度(W)]: 2550↙	利用对象追踪捕捉台阶左上角点上方 2550 处
指定另一个角点或[面积(A)/尺寸(D)/旋转(R)]: @2100,150↙	输入另一个角点的相对坐标

完成的图按照在立面图上门所在位置移动过去即可,如图 4-47 所示。

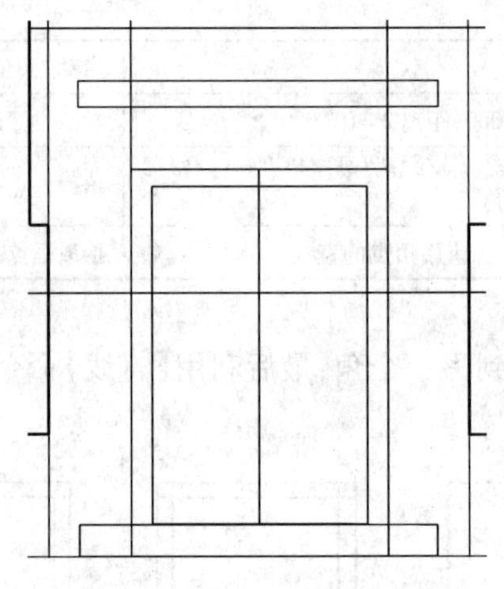

图 4-47　绘制完的门、雨篷和台阶

任务五　尺寸标注和文字说明

在已绘制的图形中必须添加尺寸标注和文字说明,以使整幅图形内容和大小一目了然。本任务将介绍如何在建筑立面图中添加尺寸标注和文字说明。

一、新知识点

块是一个或多个连接的对象,用于创建单个对象,块可以帮助用户在同一图形或其他图形中重复使用对象。

1. 内部块

【创建块】调用方式:

①	菜单栏	"绘图"→"创建块"
②	工具栏	"绘图"→
③	命令行	BLOCK(B)

如图 4-48 所示的为"块定义"对话框,根据需要在各选项组中可以设置相应的参数,从而创建一个内部块。各选项功能如下。

名称下拉列表框:用于输入或选择当前要创建的块名称。

基点选项组:用于指定块的插入基点,用户可以单击"拾取点"按钮 ,暂时关闭对话框以使用户能在当前图形中拾取插入基点。

对象选项组:用于指定新块中要包含的对象,以及创建块之后如何处理这些对象,单击"选择对象"按钮 ,暂时关闭对话框,允许用户到绘图区选择块对象,完成选择对象后,按〈Enter〉键重新显示 "块定义"对话框。

按统一比例缩放复选框:用于指定块参照按统一比例缩放,即各方向按指定的相同比例缩放。

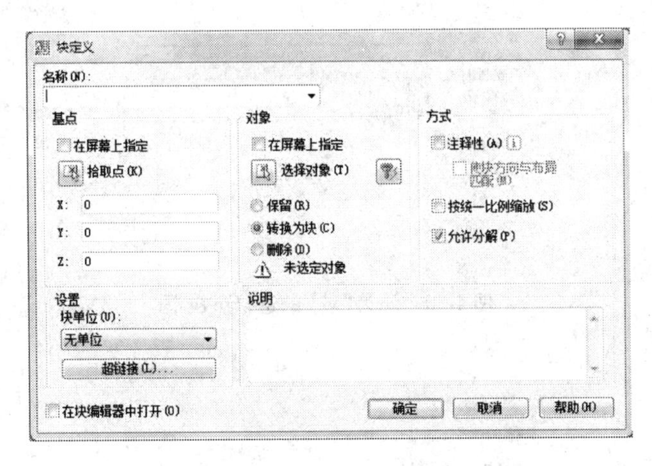

图 4-48　"块定义"对话框

当选中了"在块编辑器中打开"复选框后，单击"确定"按钮，将在块编辑器中打开当前的块定义，一般用于动态块的创建和编辑。

2. 外部块

①外部块的创建。在命令行输入"W"或"WBLOCK"，弹出"写块"对话框，如图 4-49 所示。各选项功能如下。

图 4-49　"写块"对话框

源项目组：包括 3 个可选项。

块：本图中所有已做好的内部块，从旁边的下拉框中选择即可，如图 4-50 所示。

整个图形：表示选择本图中所有内容。

对象：通过单击 选择对象(T) 选择所要做成外部块的内容，并通过 拾取点(K) 选择合适的插入基点，这种选择方式基本和创建内部块的方法是类似的。

②外部块的保存。外部块可以作为一个".dwg"文件保存在电脑里，并可以插入到任意一张 CAD 图中使用，这也是它区别于内部块的地方。如图 4-51 所示。

③创建块属性。图块的属性是图块的一个组成部分，它是块的非图形附加信息，包含块

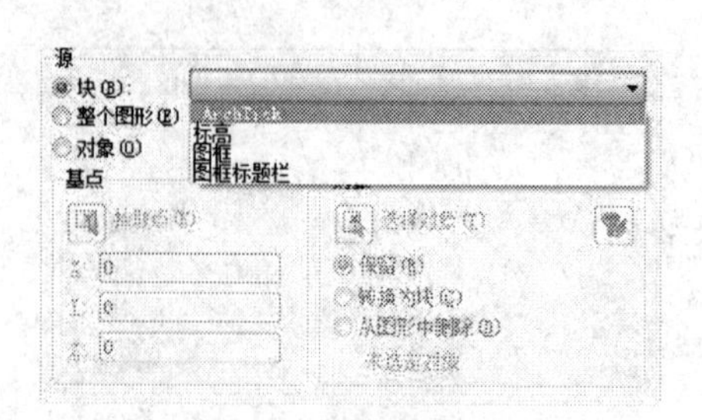

图 4-50 源为“块”的选择下拉框

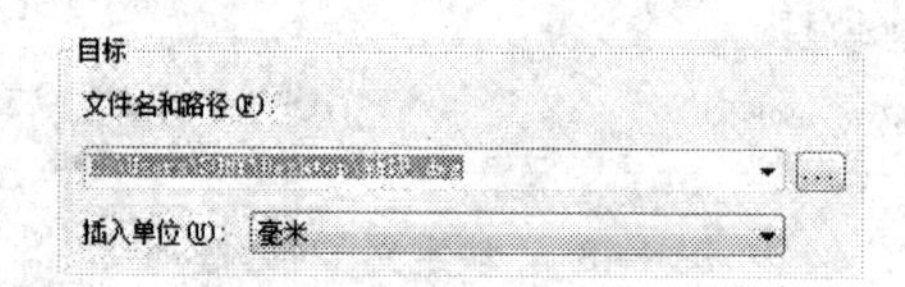

图 4-51 “目标”选择

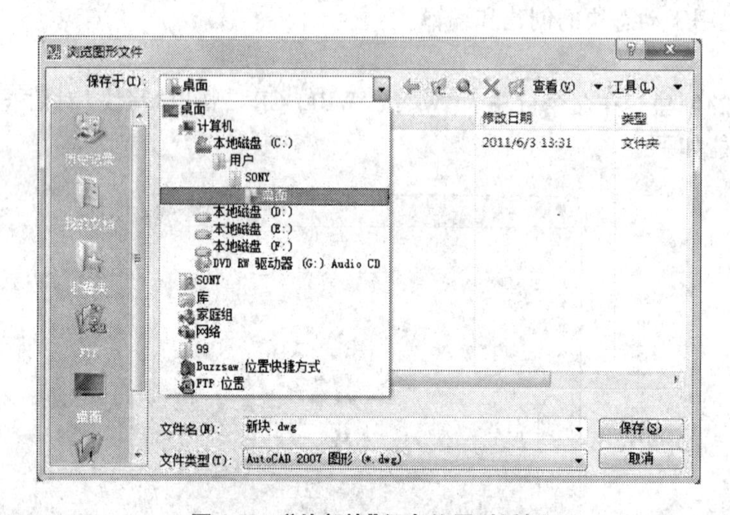

图 4-52 “外部块”保存位置对话框

中的文字对象。

【属性定义】调用方式：

①	菜单栏	“绘图”→“块” →“属性定义”
②	命令行	ATTDEF

弹出如图 4-53 所示的“属性定义”对话框：

模式选项组：用于设置属性模式。

属性选项组：用于设置属性数据。

标记文本框：用于标识图形中每次出现的属性；

提示文本框：用于指定在插入包含该属性定义的块时显示的提示，提醒用户指定属性值；

图 4-53　“属性定义”对话框

默认文本框:用于指定默认的属性值。

插入点选项组:用于指定图块属性的位置。

选中“在屏幕上指定”复选框,则在绘图区中指定插入点。

文字设置选项组:用于设置属性文字的对正、样式、高度和旋转参数值。

当属性创建完毕之后,用户可以在命令行中输入 ATTEDIT 命令对指定的块编辑属性值,命令行提示如下。

命令：attedit ↙	启动“块编辑”工具
选择块参照：	要求指定需要编辑属性值的图块

在绘图区选择需要编辑属性值的图块后,弹出“编辑属性”对话框,如图 4-54 所示,可以在定义的提示信息文本框中输入新的属性值,单击“确定”按钮对属性值进行修改。

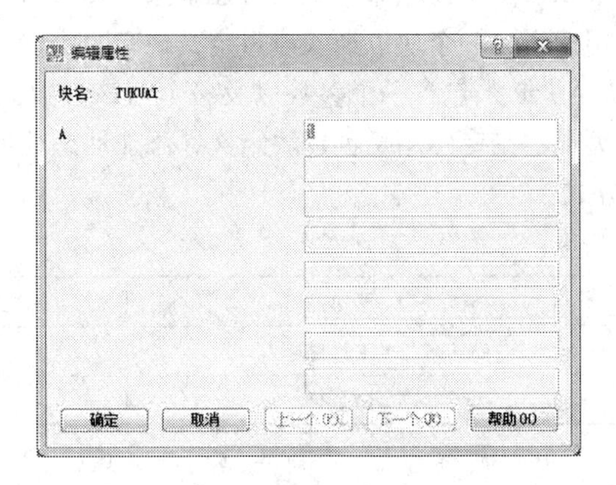

图 4-54　“编辑属性”对话框

当选择了相应的图块后,选择【修改】→【对象】→【属性】→【单个】命令,如图 4-55 所示。

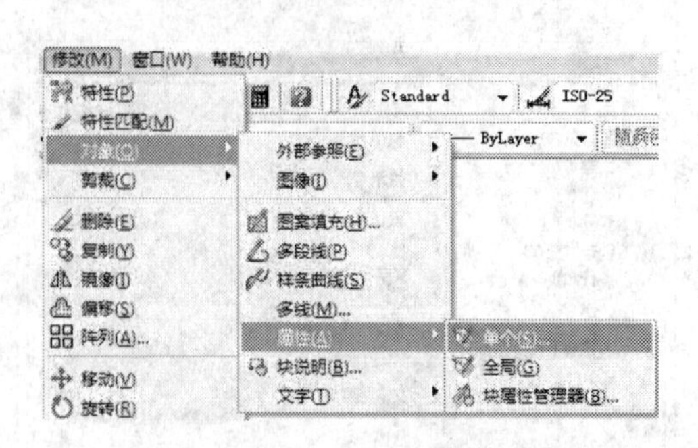

图 4-55 菜单选择

此时弹出如图 4-56 所示的“增强属性编辑器”对话框。在“属性”选项卡中,可以在“值”文本框中修改属性的值。

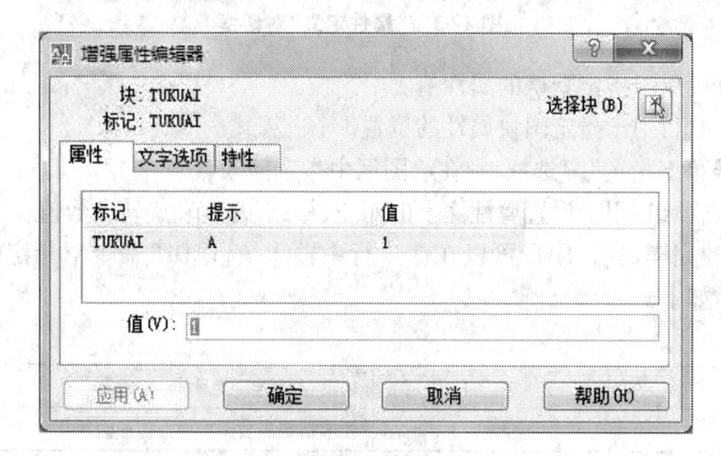

图 4-56 “增强属性编辑器”对话框

3. 动态块

通过动态块功能,可以自定义夹点或自定义特性来操作几何图形,这样可以根据需要方便地调整块参照,而不用搜索另一个块以插入或重定义现有的块。

欲成为动态块的块至少必须包含一个参数以及一个与该参数关联的动作,这个工作可以由块编辑器完成,块编辑器是专门用于创建块定义并添加动态行为的编写区域。

【块编辑器】调用方式:

①	菜单栏	“工具”→“块编辑器”
②	工具栏	“标准”→
③	命令行	BEDIT

弹出如图 4-57 所示的“编辑块定义”对话框。

在“要创建或编辑的块”文本框中可以选择已经定义的块,也可以选择当前图形创建的新动态块,如果选择“〈当前图形〉”选项,当前图形将在块编辑器中打开。在图形中添加动态元素后,可以保存图形并将其作为动态块参照插入到另一个图形中。

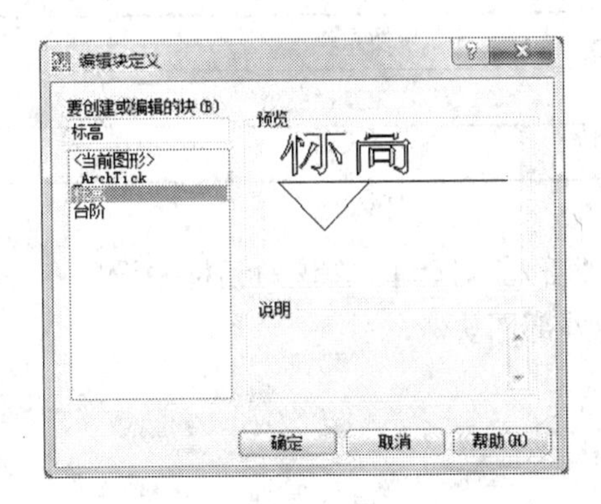

图 4-57　“编辑块定义”对话框

单击“编辑块定义”对话框中的“确定”按钮，即可进入块编辑器，如图 4-58 所示，块编辑器由块编辑器工具栏、块编写选项板和编写区域组成。

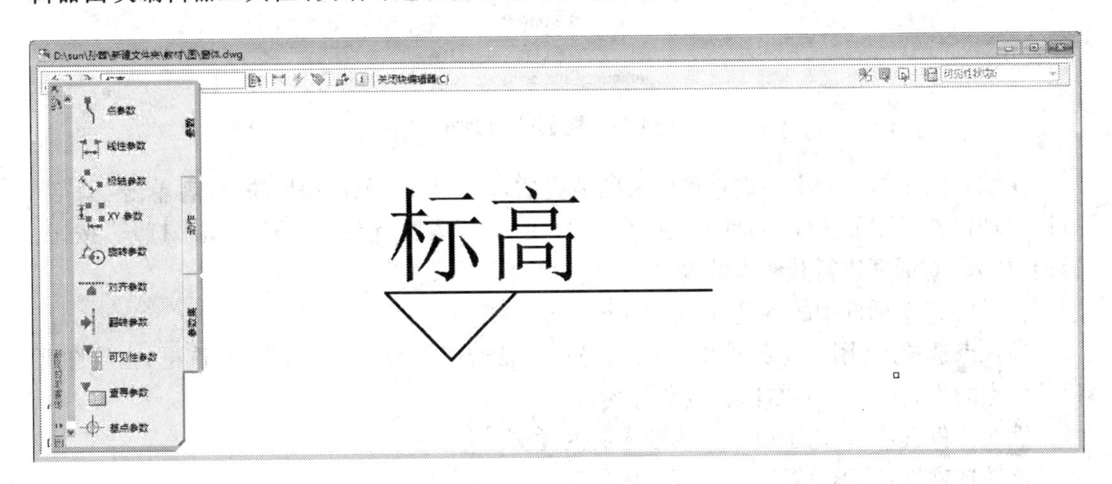

图 4-58　块编辑器

在块编辑器中，块编辑器工具栏位于整个编辑区的正上方，提供了在块编辑器中使用于创建动态块以及设置可见性状态的工具；块编写选项板中包含用于创建动态块的工具，它包含“参数”、“动作”、和“参数集”3 个选项卡，“参数”选项卡用于向块编辑器中的动态块添加参数，动态块的参数包括点参数、线性参数、极轴参数、*XY* 参数、旋转参数、对齐参数、翻转参数、可见性参数、查询参数和基点参数。“动作”选项卡用于向块编辑器中的动态块添加动作，包括移动动作、缩放动作、拉伸动作、极轴拉伸动作、旋转动作、翻转动作、阵列动作和查询动作。“参数集”选项卡用于在块编辑器中向动态块定义中添加一个参数和至少一个动作的工具，是创建动态块的一种快捷方式。

4. 插入块

完成块的定义后，就可以将块插入到图形中。

【插入块】调用方式：

①	菜单栏	“插入”→“块”
②	工具栏	“绘图”→
③	命令行	INSERT

弹出如图4-59所示的“插入”对话框，在该对话框中设置相应的参数后，单击“确定”按钮，即可插入内部图块或者外部图块。

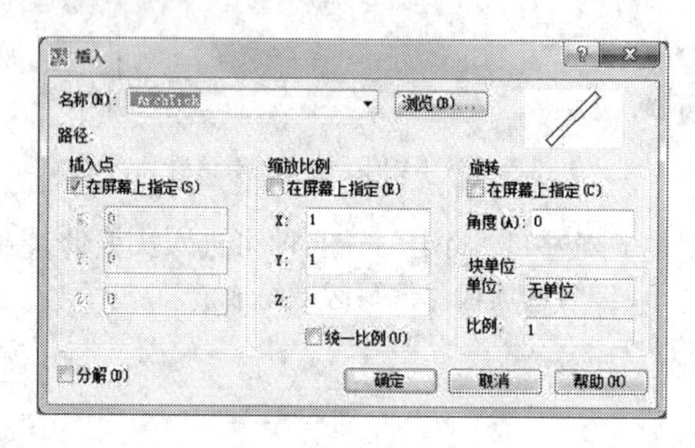

图4-59 “插入”对话框

在“名称”下拉列表框中选择已定义的需要插入到图形中的内部图块，或者单击“浏览”按钮，弹出“选择图形文件”对话框，找到要插入的外部图块所在的位置，单击“打开”按钮，返回“插入”对话框进行其他参数设置。

在“插入”对话框中的各选项功能如下。

插入点选项组：用于指定图块的插入位置，通常选中“在屏幕上指定”复选框，在绘图区以拾取点的方式配合“对象捕捉”功能指定。

缩放比例选项组：用于设置图块插入后的比例。

旋转选项组：用于设置图块插入后的角度。

分解复选框：用于控制插入后图块是否自动分解为基本的图元。

二、尺寸标注

立面图标注主要是为了标注建筑物的竖向高度，应该显示出各主要构件的位置和标高，例如室外地坪标高、门窗洞标高以及一些局部尺寸等。在需绘制详图之处，需添加详图符号。

立面图上一些局部尺寸与平面图的标注类似，可以用AutoCAD自带的标注功能来实现，但室外地坪、门窗洞等的标高无法利用AutoCAD自带的标注功能来实现，需要来创建“标高”图块。

1.创建“标高”图块

《建筑制图标准》规定，标高符号应以直角等腰三角形表示，正常情况下按图4-60(a)所示，形式用细实线绘制，如标注位置不够，也可按图4-60(b)所示形式绘制。标高符号的具体画法如图4-60(c)、图4-60(d)。l取适当长度标注标高数字，h根据需要取适当高度。

总平面图室外地坪标高符号宜用涂黑的三角形表示，如图4-61(a)所示，具体尺寸与其他标高符号一致。标高符号的尖端应指至被注高度的位置。尖端一般应向下，也可向上。标高数字应注写在标高符号的左侧或右侧，如图4-61(b)所示

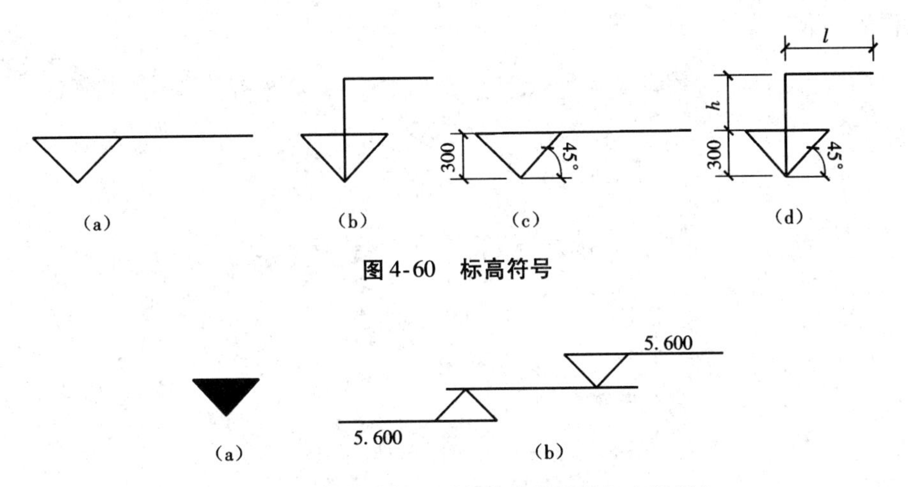

图 4-60　标高符号

图 4-61　总平面图室外地坪标高符号与标高的指向

标高数字应以米为单位，注写到小数点以后第 3 位或者第 2 位。零点标高应注成 ±0.000，正数标高不注“+”，负数标高应注“-”，例如 3.000、-0.600.

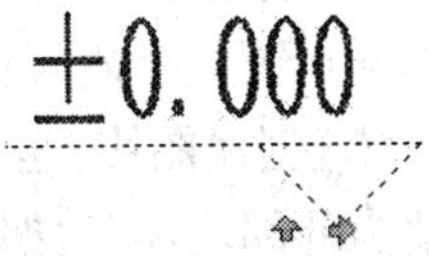

±0.000

图 4-62　零点标高

下面创建立面图中的标高图块(图 4-62)，该标高图块可以在插入图块时输入具体标高值，还可以改变标高箭头的方向。

具体操作步骤如下。

图 4-63　绘制标高图形

(1)使用【多段线】命令绘制标高符号，第一点为任意点，其他点依次为(@1 500,0)、(@ -300,-300)和(@ -300,300)，结果如图 4-63 所示。

(2)选择【格式】→【文字样式】命令，弹出“文字样式”对话框，

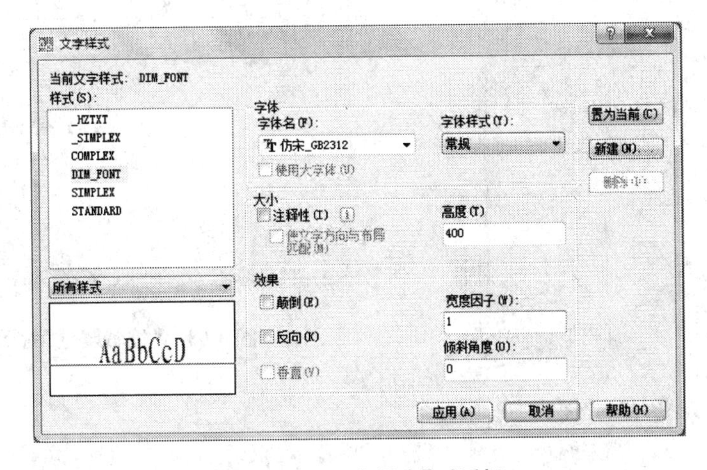

图 4-64　“文字样式”对话框

单击“新建”按钮，创建“立面图文字”文字样式，设置字体、高度和宽度比例，如图 4-64 所示。

(3)选择【绘图】→【块】→【定义属性】命令，弹出“属性定义”对话框，如图 4-65 所示设

置对话框的参数。

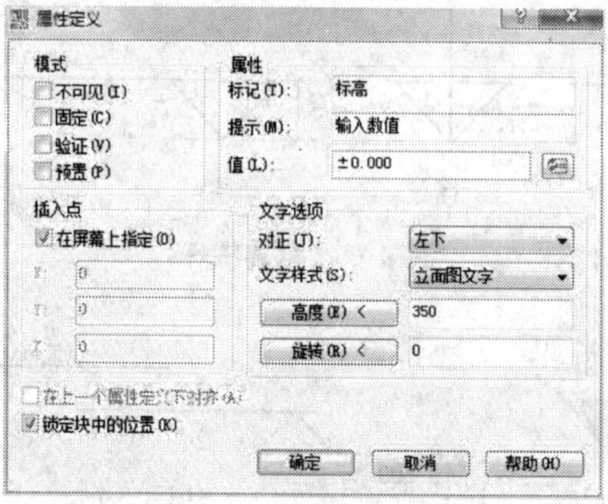

图 4-65 “标高”的属性定义

(4)设置完成后单击“确定”按钮,命令行提示指定起点,拾取图形起点为文字插入点。效果如图 4-66 所示。

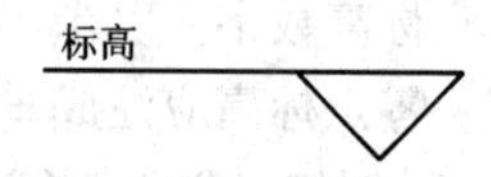

图 4-66 创建属性

(5)创建图块,建筑施工图中都会有标高标注,所以将“标高”创建为外部块保存,如图 4-67 所示定义图块名称为“标高”,基点为三角形的下点,选择对象为图 4-66 所有内容。

(6)单击“确定”按钮,弹出如图 4-68 所示的“编辑属性”对话框,单击“确定”按钮,完成图块的创建,效果如图 4-69 所示。

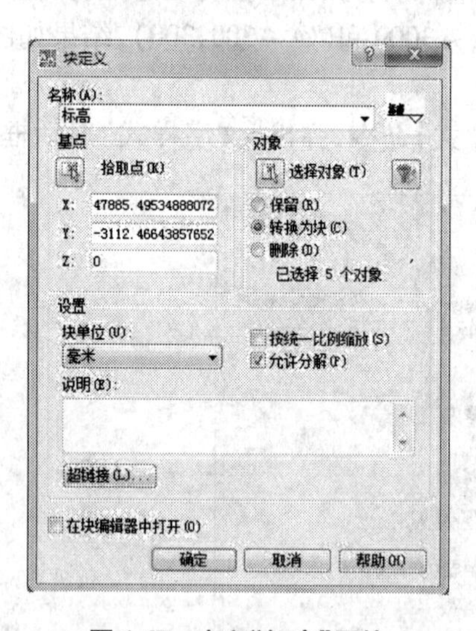

图 4-67 定义“标高”图块

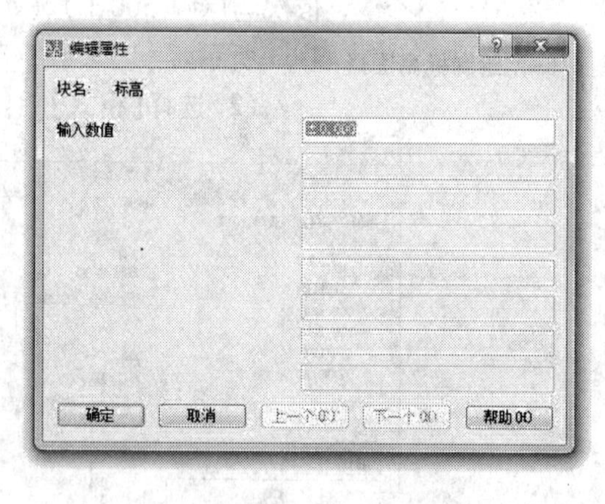

图 4-68 “编辑属性”对话框

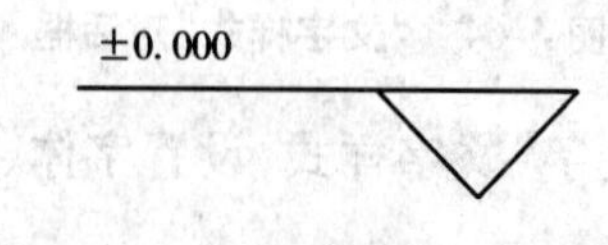

图 4-69 编辑完成属性的效果

(7)选择图块后单击右键,在弹出的快捷菜单中选择【块编辑器】命令,弹出块编辑器,如图 4-70 所示,在块编辑器中可以对块进行编辑。

(8)单击“对象追踪”按钮,使该按钮处于按下状态(开),创建投影线时需要使用对象追踪。

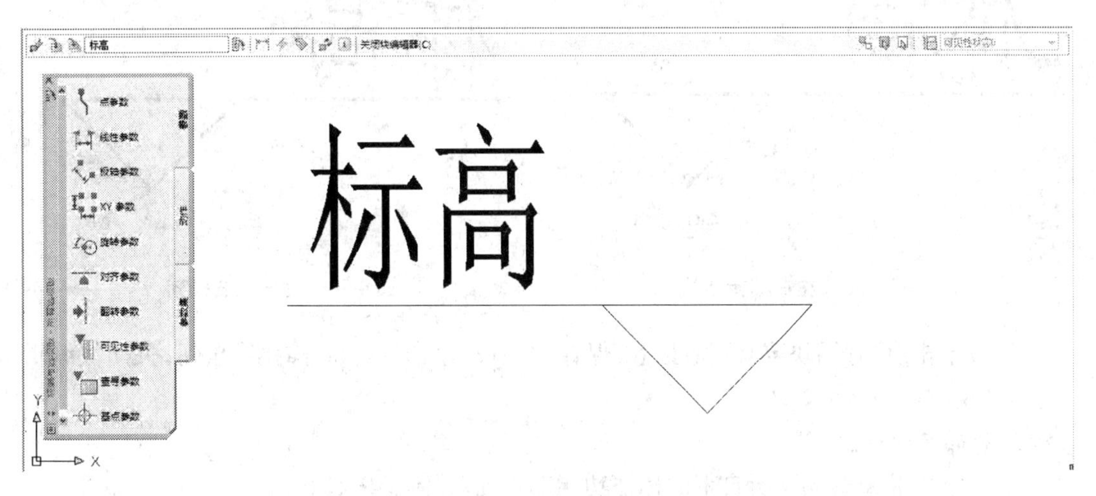

图 4-70　块编辑器

(9)选择“参数集”选项卡的“翻转集”选项,命令行提示如下。

命令：_BParameter 翻转	
指定投影线的基点或［名称(N)/标签(L)/说明(D)/选项板(P)］:	捕捉三角形下端点水平线上左边一点,使用对象追踪
指定投影线的端点:	捕捉三角形下端点水平线上右边一点
指定标签位置:	指定如图 4-71 所示的标签位置
命令：_. BACTIONSET	双击图上感叹号
指定动作的选择集	
选择对象：指定对角点：找到 5 个	选择所有图形对象

创建的上下翻转的动作效果如图 4-72 所示。

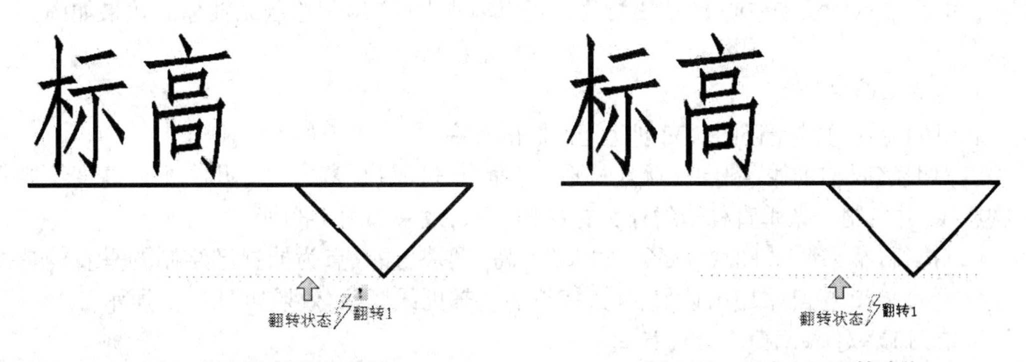

图 4-71　添加上下翻转参数　　**图 4-72　完成上下翻转动作**

(10)使用同样的参数集为左右翻转创建动作,投影线为过三角形下端点的竖直线,效果如图 4-73 所示,双击感叹符号,选择翻转对象,创建完成的效果如图 4-74 所示。

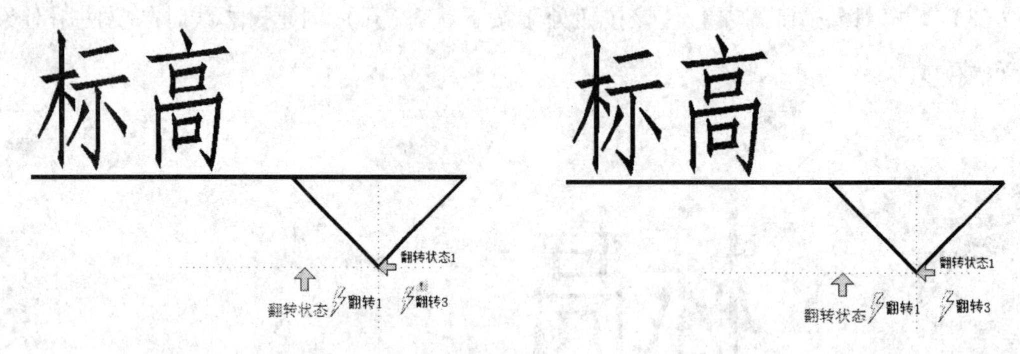

图 4-73 添加左右翻转参数　　　　图 4-74 完成左右翻转

(11)单击“保存图块定义”按钮,保存动态块,单击“关闭编辑器”按钮,关闭块编辑器,完成“标高”图块的创建。

2. 局部尺寸标注

这部分利用 AutoCAD 所自带的标注功能来实现,具体步骤如下。

(1)将当前层设为“标注”层,在标准工具栏中单击右键,在弹出的快捷菜单中选择“标注”选项,从而打开“标注”工具栏,如图 4-75 所示,在“标注样式”下拉列表中选择样式,本部分采用之前在平面图中所设置的样式进行标注。

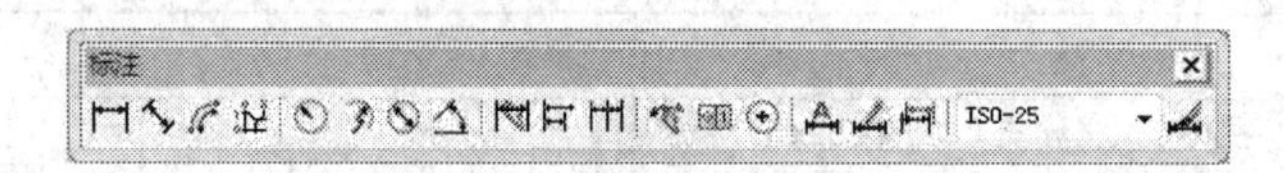

图 4-75 “标注”工具栏

(2)使用【线性标注】和【连续标注】命令,创建尺寸标注,效果如图 4-76 所示。

(3)绘制轴线标号。绘制一个半径 400 的圆,在“绘图”菜单中选择“单行文字”选项,选择立面图文字为文字样式,输入单行文字“1”,高度 400,并将其移动放置到圆的中心,如①,选择【复制】命令复制此轴标,以捕捉上象限点为复制基点,如图 4-77 所示,以图 4-78 中的轴线下端为复制的指定第二点,依次复制到 3 个轴线下端。

在中间轴标处双击中心数字“1”,改成相应轴线编号“10”,绘制完轴标的效果如图 4-79 所示

3. 创建立面图标高

利用创建好的“标高”图块来创建立面图的标高,具体步骤如下。

(1)切换到“辅助线”图层,执行【构造线】命令,过屋顶、窗户线等几个主要高度绘制水平构造线,并绘制一条垂直构造线作为标高插入点,效果如图 4-80 所示。

(2)执行【插入】→【图块】命令,插入“标高”图块,插入点为捕捉已绘制的垂直构造线与地平线的交点,标高采用默认值,插入完毕后将辅助线删除,效果如图 4-81 所示。

4. 绘制⑩-①轴立面图标高标注

通过观察,本立面图标高标注的特点是左右对称,根据这个特点,可以利用①-⑩轴正立面图的标高标注进行镜像得到⑩-①背立面图的标高标注。命令行提示如下。

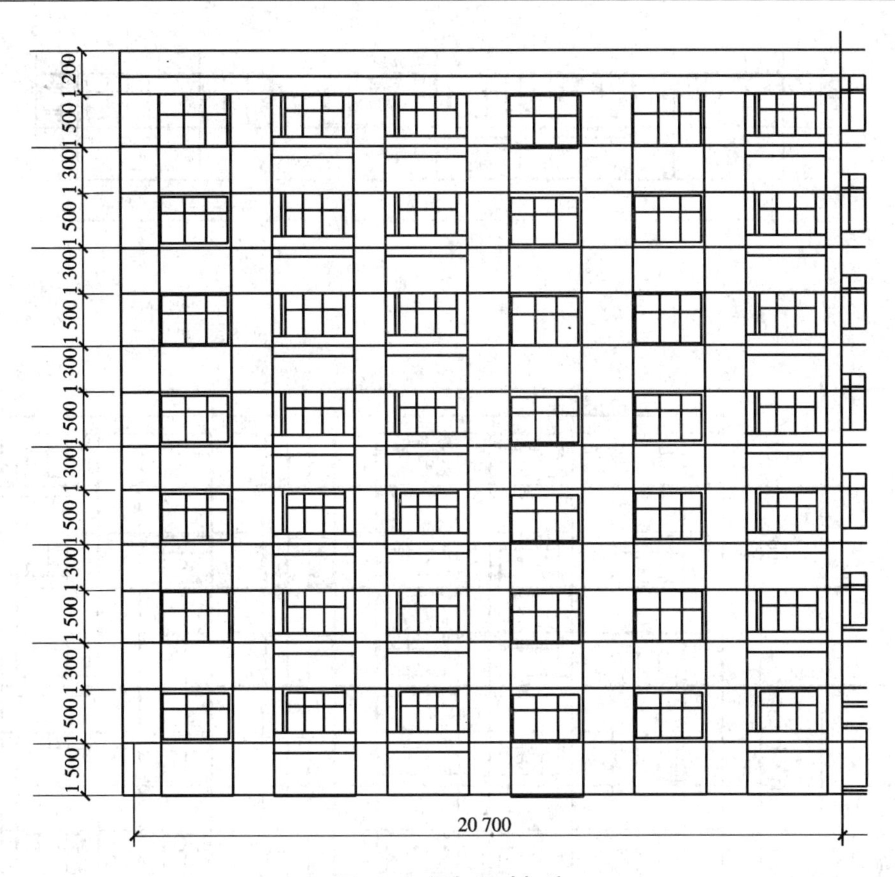

图 4-76　添加尺寸标注

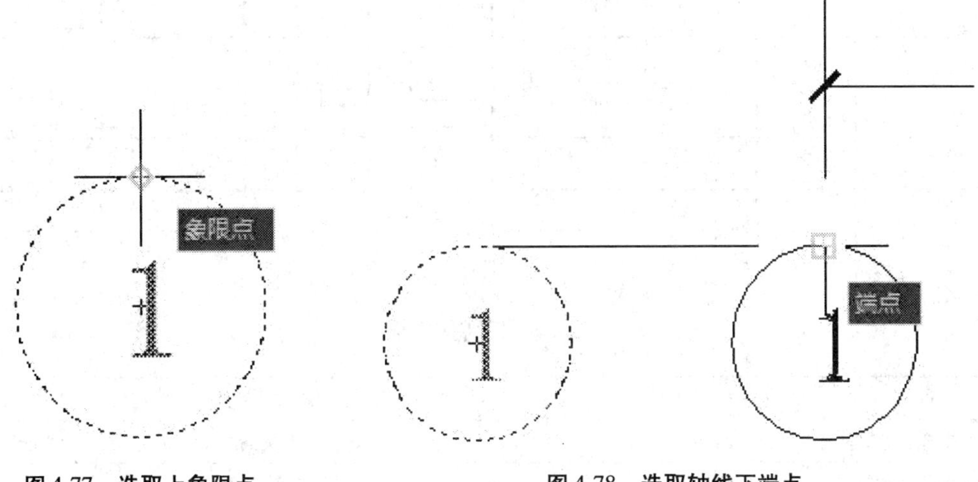

图 4-77　选取上象限点

图 4-78　选取轴线下端点

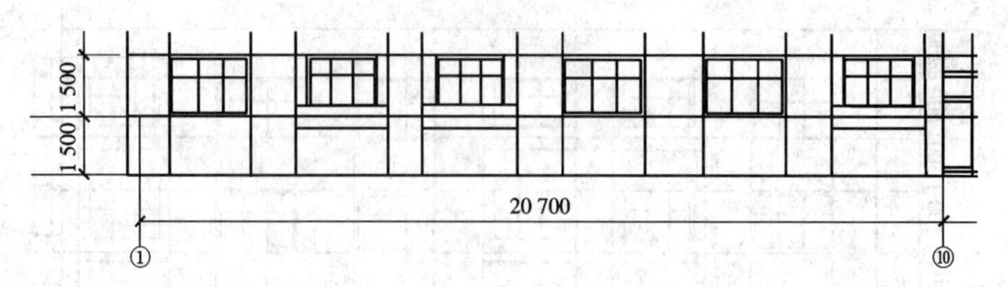

图 4-79 轴标

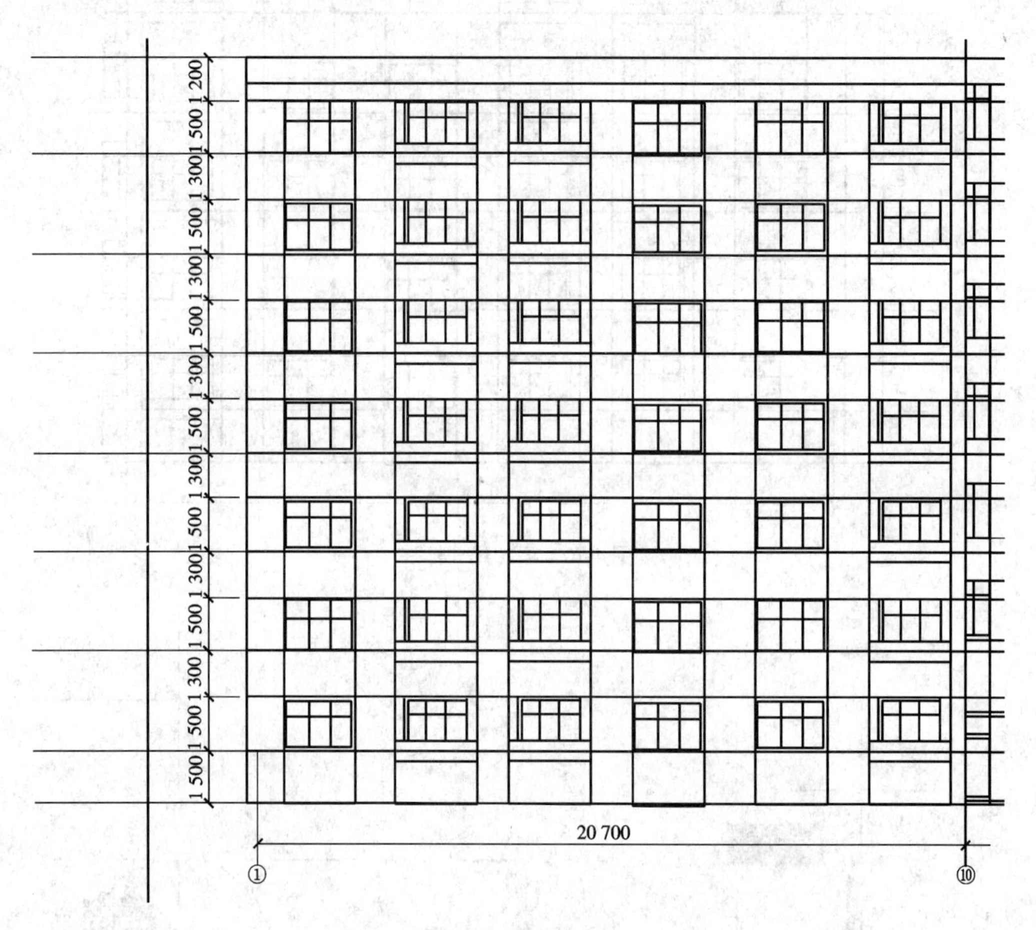

图 4-80 绘制辅助线

命令：mirror↙	启动“镜像”工具
选择对象：指定对角点：找到 24 个	选择所有标高与尺寸标注，如图 4-82 所示
指定镜像线的第一点：指定镜像线的第二点：	选择⑩轴直线两端
要删除源对象吗？［是(Y)/否(N)］ <N>：	选择不删除，效果如图 4-83 所示

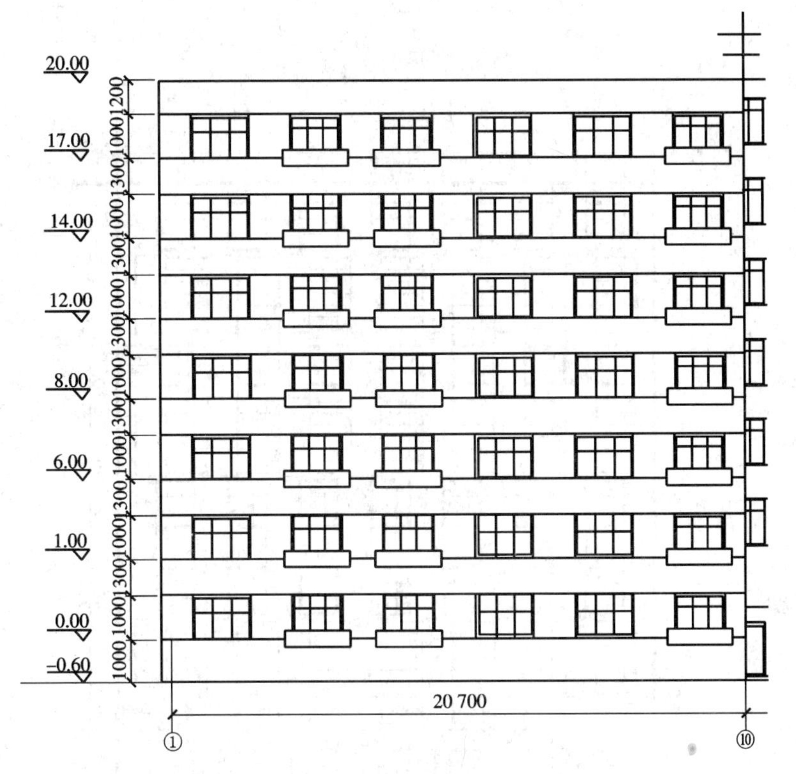

图 4-81　完成标高标注的① - ⑩轴立面图

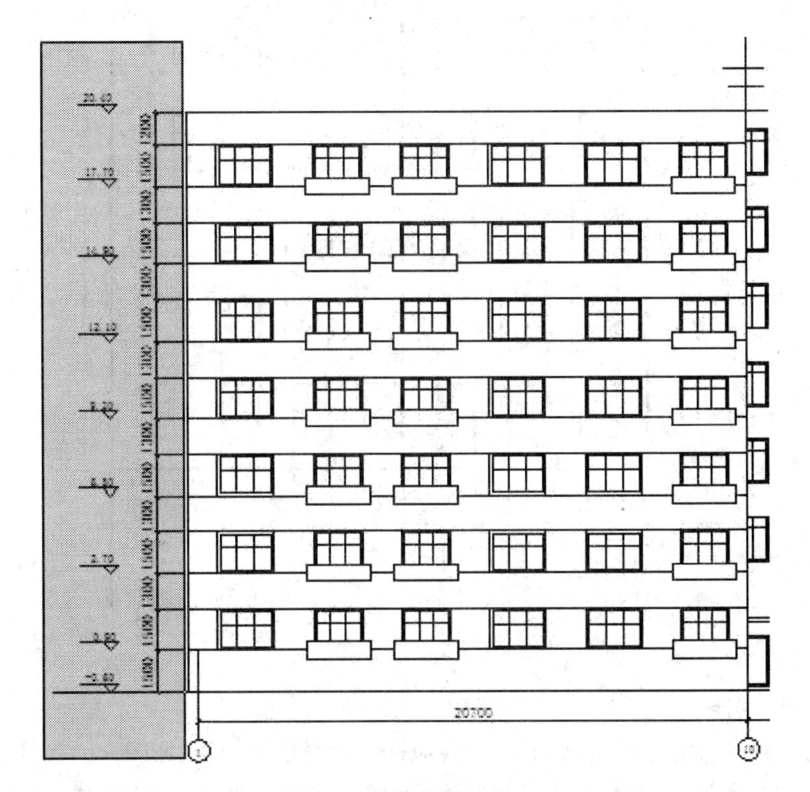

图 4-82　镜像选择对象

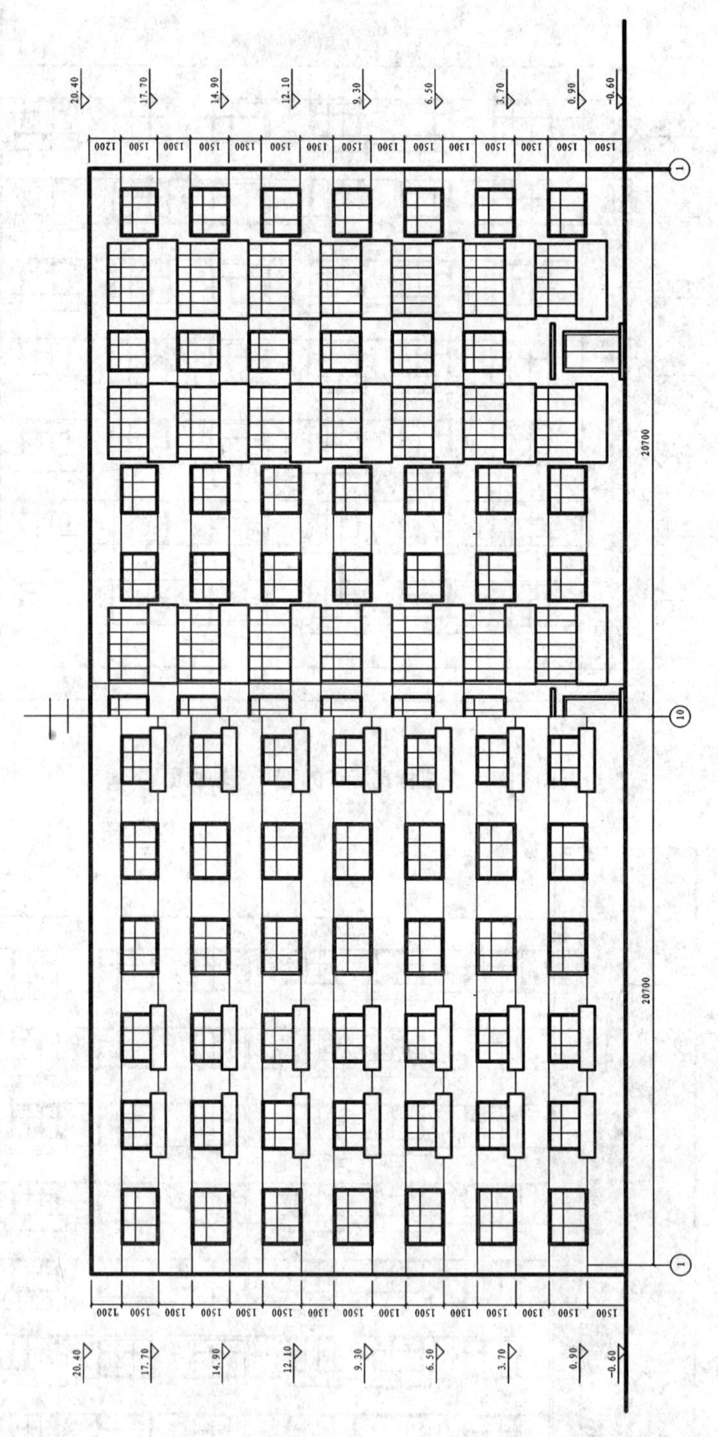

图 4-83 镜像之后成图

三、文字说明

建筑立面图应标注出图名和比例，还应标注出材质和做法、详图索引等其他必要的文字说明。例如在本例中，正立面墙面的做法是 1:2.5 水泥砂浆抹面 20 厚，刷浅米黄色涂料，北立面墙面做法是1∶2.5水泥砂浆20厚剁假斩石，这些都应该在立面图中标出。具体步骤如下。

(1)将当前图层设为“装饰文字”层。

(2)仅保留3条轴线辅助线，其余辅助线均删除(也可利用图层将其隐藏)。

(3)执行【直线】命令，以墙面上任一点为第1点，垂直方向向上屋顶外一点为第2点，水平方向右侧一点为第3点，绘制直线，这3点对于尺寸没有具体要求，大概与图4-84所示差不多即可。

(4)选择【格式】→【文字样式】，新建样式名为“立面图文字”，字体名为“仿宋”，宽度比例为“0.7”。

选择【绘图】→【单行文字】，选择“立面图文字”为文字样式，输入单行文字，输入效果如图4-84，命令行提示如下。

命令：dtext↙	
当前文字样式:立面图文字　当前文字高度:0.000	
指定文字的起点或［对正(J)/样式(S)］:	指定文字起点
指定高度 <0.000>：400↙	输入文字的实际高度
指定文字的旋转角度 <0>：↙	直接回车，然后输入文字内容

(5)在图的正下方绘制一条加粗直线，在“绘图”菜单中选择“单行文字”选项，选择立面图文字为文字样式，输入图名和比例，文字大小根据图的大小而定，效果与图4-85大概一致即可。

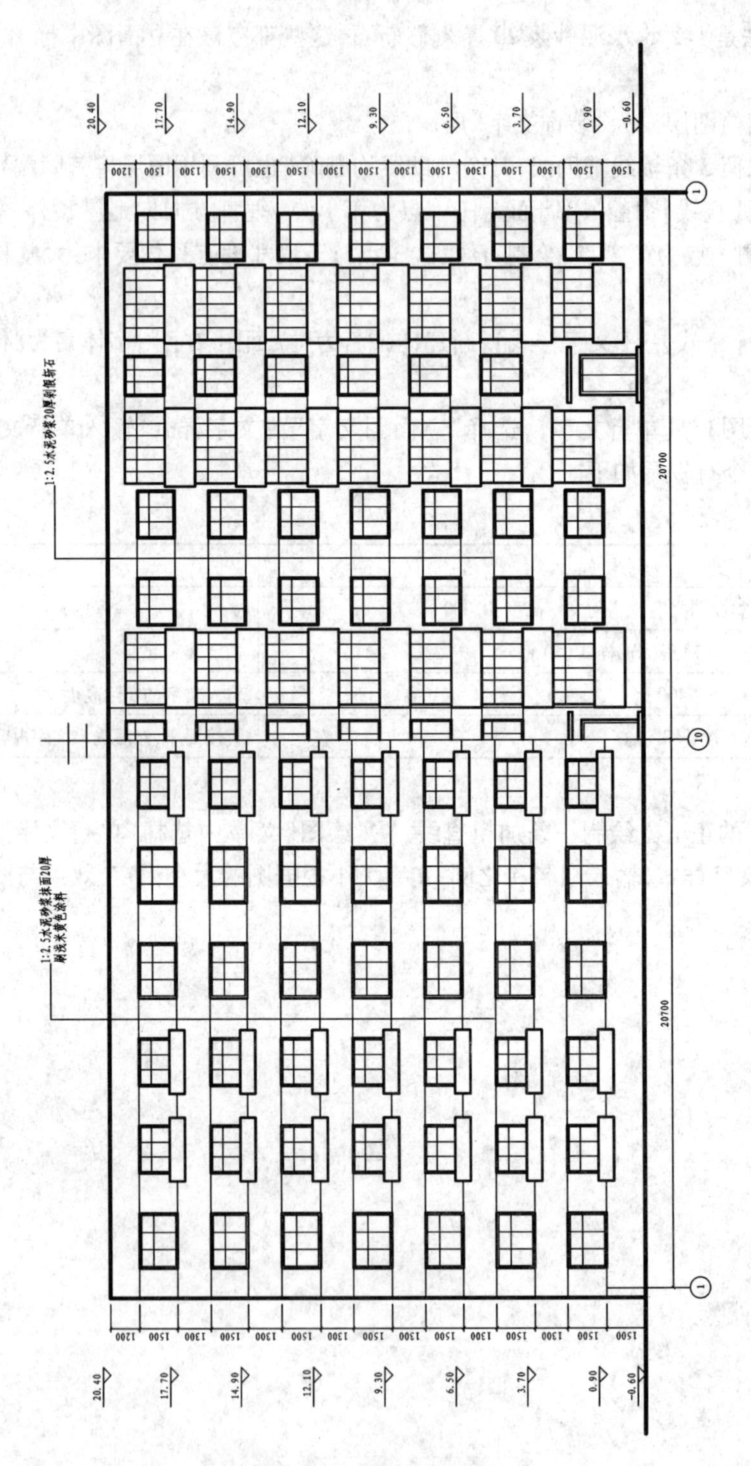

图 4-84 创建文字说明

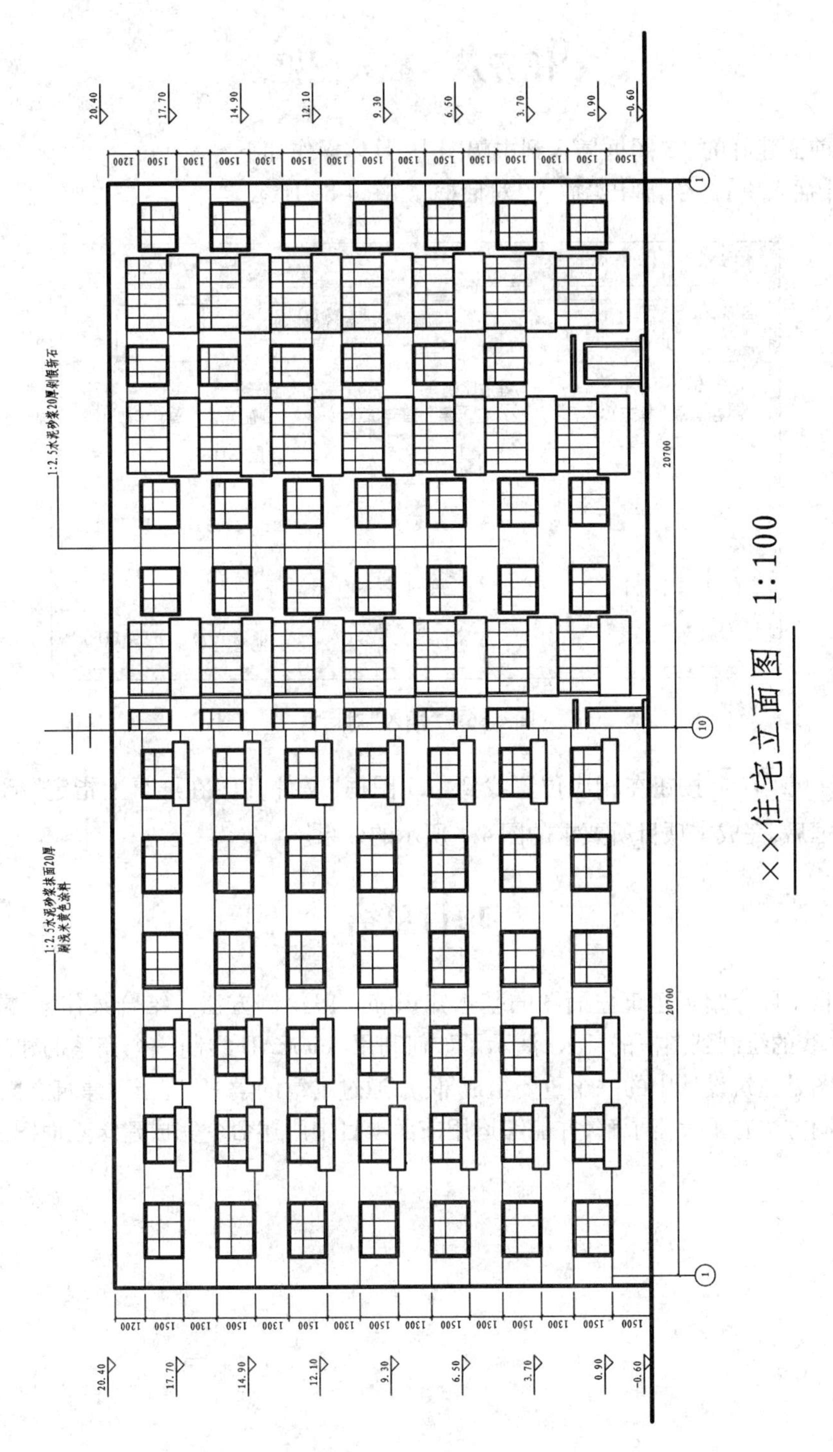

图4-85　“文字说明”示意图

任务六　插入图框

使用前面建好的 A3 图框插入到本幅图中,具体操作如下。

选择【插入块】命令,弹出“插入”对话框,如图 4-86 所示。

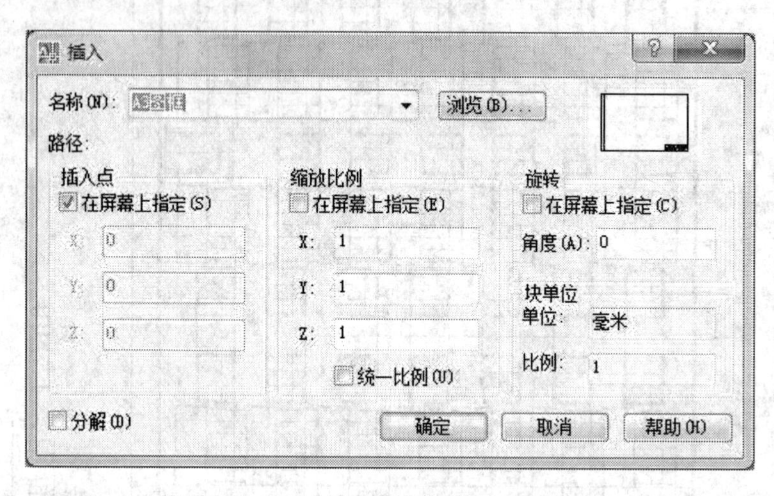

图 4-86　“插入”对话框

通过 浏览(B)... 按钮在相应位置找到“A3 图框”文件,以“在屏幕上指定”插入点的方式插入图框后,完成本项目所要求的图 4-1 所示的效果。

项目总结

本项目主要介绍了建筑立面图的基本知识和一般绘制方法。结合某住宅楼立面图实例,从轮廓线的绘制到图框的插入,演示了如何利用 AutoCAD 绘制一个完整的建筑立面图。建筑立面图是建筑设计中的一个重要组成部分,通过本章的学习,应当对建筑立面图的设计过程和绘制方法有了大概了解,并能够运用前面项目中所述命令完成建筑立面图的绘制。

课后拓展

练习 1

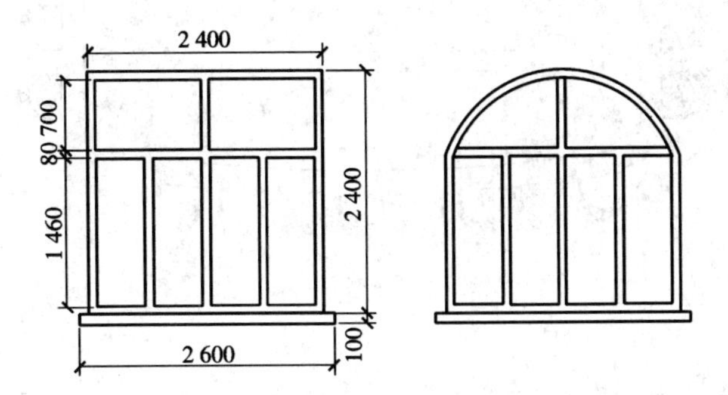

练习 2

练习 3

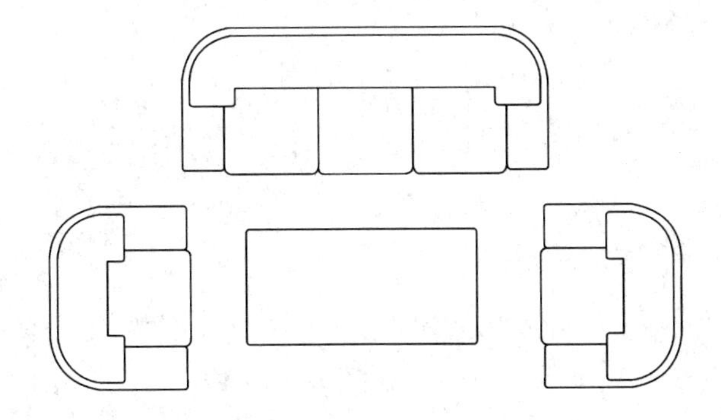

练习 4

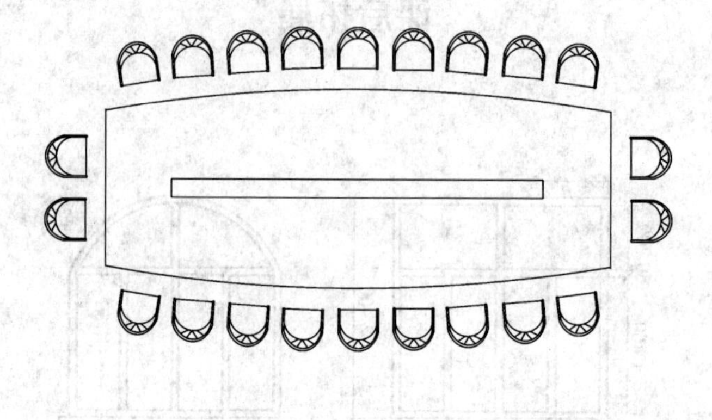

项目五　绘制建筑剖面图

建筑物的内部结构是通过建筑剖面图来表达的，建筑剖面图配合平面图，可以使读图者更加清楚地了解建筑物的总体结构特征。本项目将向大家介绍建筑剖面图的基础知识，例如建筑剖面图的识图和绘图步骤等，并结合实例讲解利用 AutoCAD 2008 绘制建筑剖面图的主要方法和步骤。建筑剖面图也是建筑设计中的一个重要组成部分，通过本项目的学习，可以了解建筑剖面图与建筑平面图、建筑立面图的区别，并能够独立完成建筑剖面图的绘制。

项目要点

如图 5-1 所示，为某住宅楼的剖面图。从剖面图中可以看出：这个剖面通过了门厅、墙体、楼顶、窗和阳台、封闭阳台等构件，还有未被剖切到的部分，但是在剖切面上可以看到的内容包括室内的窗、门、卫生间的间隔、可见的外墙轮廓等。

根据以上观察，发现该图规律性较强，图形不必一一绘制，楼层间隔高度为 2 800，只要在一层，绘制窗、门、阳台等内容后，利用阵列命令复制即可。同理，尺寸标注也可用同样办法实现。标高仍使用之前创建可旋转的“标高”图块。

任务一　识图与绘制流程

一、识图

1. 建筑剖面图的形成和作用

为表明房屋内部垂直方向的主要结构，假想用一个平行于正立投影面或侧立投影面的竖直剖切面将建筑物垂直剖开，移去处于观察者和剖切面之间的部分，把余下的部分向投影面投射所得投影图，称为建筑剖面图，简称剖面图。

建筑剖面图主要表示建筑物垂直方向的内部构造和结构形式，反映房屋的层次、层高、楼梯、结构形式、层面及内部空间关系等。在建筑施工图中，平面图、立面图、剖面图等是相互配合不可缺少的图样，各自有要表达的设计内容。为了更清楚地表达出复杂的建筑内部结构与构造形式、分层情况和各部位的联系、材料及其标高等信息，一般要利用建筑剖面图和建筑详图等图样，来表达建筑物实体的设计。

剖面图是用假想的铅锤切面将房屋剖开后所得的立面视图，主要表达垂直方向高程和高度设计内容。建筑剖面图还表达了建筑物在垂直方向上的各部分形状、组合关系以及在建筑物剖面位置的结构形式和构造方法。建筑剖面图、建筑平面图、建筑立面图是相互配套的，都是表达建筑物整体概况的基本图样之一。

为了清楚地反映建筑物的实际情况，建筑剖面图的剖切位置一般选择在建筑物内部构造复杂或者具有代表性的位置。一般来说，剖切平面应该平行于建筑物长度或者宽度方向，

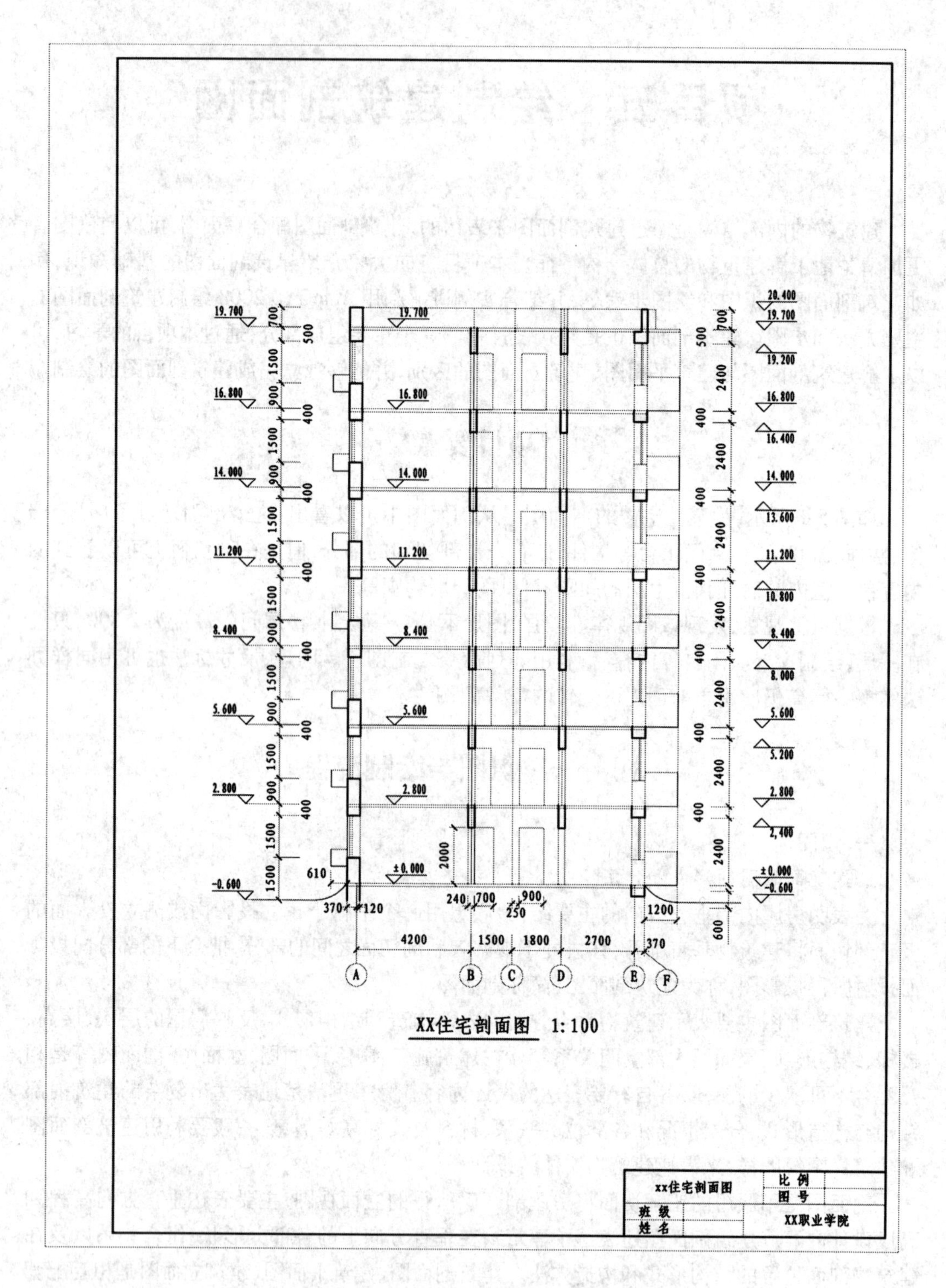

图 5-1 ××住宅剖面图

最好能通过门、窗等。一般投影方向是向左或者向上的。剖视图宜采用平行剖切面进行剖切,从而表达出建筑物不同位置的构造异同。

不同图形之间,剖切面数量也是不同的。结构简单的建筑物,可能绘制一两个剖切面就行了,但有的建筑物构造复杂,其内部结构又没有什么规律性,此时,需要绘制从多个角度剖切的剖切面才能满足要求。有的对称的建筑物,剖面图可以只绘制一半,有的建筑物在某一条轴线之间具有不同布置,也可以在同一个剖面图上绘出不同位置的剖面图,但是要给出说明,图的图名和投影方向应与底层平面图上的标注一致。

2. 建筑剖面图的识读

建筑剖面图的读图步骤如下。

(1)首先识读图名、比例、轴线符号。

(2)识读与建筑平面图的剖切标注相互对照,明确剖视图的剖切位置和投射方向。

(3)识读建筑物的分层情况、内部空间组合、结构构造形式、墙、柱、梁板之间的相互关系和建筑材料。

(4)识读建筑物投影方向上可见的构造。

(5)识读建筑物标高、构配件尺寸、建筑剖面图文字说明。

(6)识读详图索引符号。

3. 建筑剖面图的内容及要求

建筑剖面图主要反映了建筑内部的空间形式及高程,因此,剖面图应反映出剖切后所能表现到的墙、柱及其与定位轴线之间的关系,各细部构造的标高和构造形式,如楼梯的梯段尺寸及踏步尺寸,墙体内的门窗高度和梁、板、柱的图面示意。

本书将建筑剖面图的主要内容概括为以下部分。

(1)图名、比例。剖面图的比例与平面图、立面图一致,为了图示清楚,也可用较大的比例进行绘制。

(2)定位轴线和轴线编号。剖面图上定位轴线的数量比立面图中多,但一般也不需全部绘制,通常只绘制图中被剖切到的墙体的轴线,与建筑平面图相对照,方便阅读。

(3)线型。在建筑剖面图中,被剖切轮廓线应该采用粗实线表示,其余构、配件采用细实线表示,被剖切构、配件的内部材料也应该有所表示。例如,楼梯在剖面图中应该表现出其内部材料,如图5-2所示。

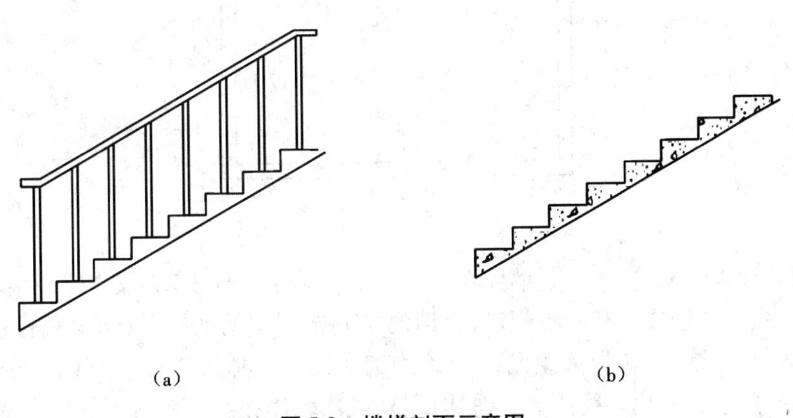

图5-2　楼梯剖面示意图

(a)未被剖切的楼梯;(b)被剖切的楼梯

(4)表示被剖切到的建筑物内部构造,如各楼层地面、内外墙、屋顶、楼梯、阳台等构造。

表示建筑物承重构件的位置及相互关系，如各层的梁、板、柱及墙体的连接关系等。没有被剖切到的但在剖切面中可以看到的建筑物构件，如室内的门窗、楼梯和扶手。

(5)屋顶的形式及排水坡度等。

(6)竖向尺寸的标注。建筑剖面图主要标注建筑物的标高，具体为室外地坪、窗台、门窗洞口、各层层高、房屋建筑物的总高度。

(7)详细的索引符号和必要的文字说明。一般建筑剖面图的细部做法，例如屋顶檐口、女儿墙、雨水口等构造均需要绘制详图，凡是需要绘制详图的地方都要标注详图符号。

二、绘图流程

(1)绘制建筑物的室内外地平线，定位轴线及各层的楼面、屋面，并根据轴线绘制所有被剖切到的墙体断面轮廓及未被剖切到的可见墙体轮廓。

(2)绘出剖面门窗洞口位置、楼梯平台、女儿墙、檐口以及其他可见轮廓线。

(3)绘出各种梁，如门窗洞口上面的过梁、可见的或被剖切的承重梁等的轮廓或断面。

(4)绘制楼梯、室内的固定设备、室外的台阶、花池及其他一切可以见到的细节。

(5)标注尺寸和文字说明。

(6)插入图框，完成全图。

任务二 剖面图中主要建筑构、配件的绘制

一、墙体、屋顶

1. 墙体

因为在剖面图中不用考虑墙体的具体材料，所以不必考虑填充的问题，墙体的绘制就是用一系列的平行线来实现的，如图 5-3 所示。

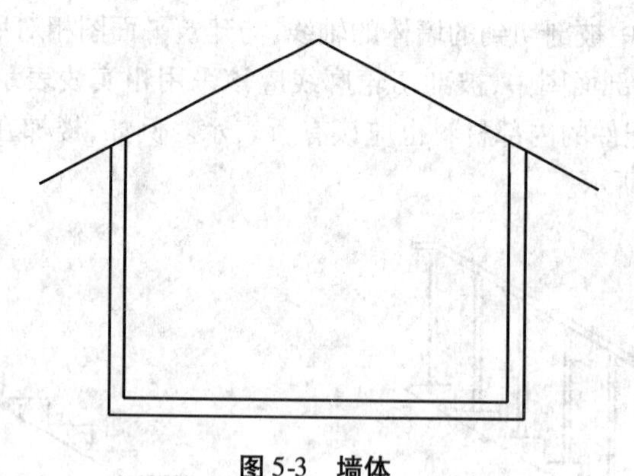

图 5-3 墙体

这幅图看起来十分简单，但是墙体在剖面图上大多是这种表现手法，就是用一系列的平行线，只是在线型的选择上有一点规定，土墙的绘制要用中粗实线，用于隔离性质的墙体结构，如板条抹灰、木制、石膏板等绘制时应该用细实线。墙体可以使用直线命令绘制，经偏移、修剪命令完成，也可用多线绘制。总体而言，虽然墙体在剖面图上占有很大部分，但是绘制起来却很简单。

2. 屋顶

对于一般的工业和民用建筑，屋顶的样式也十分简单，总体来说就是几条平行线，只是

由于排水的需要，多数的屋顶具有坡度，或是中间高，或是一侧高。当然对于一些艺术性很强的建筑物，它的绘制就另当别论了。如图 5-4 所示，为一栋普通建筑物的屋顶的剖面结构样式。

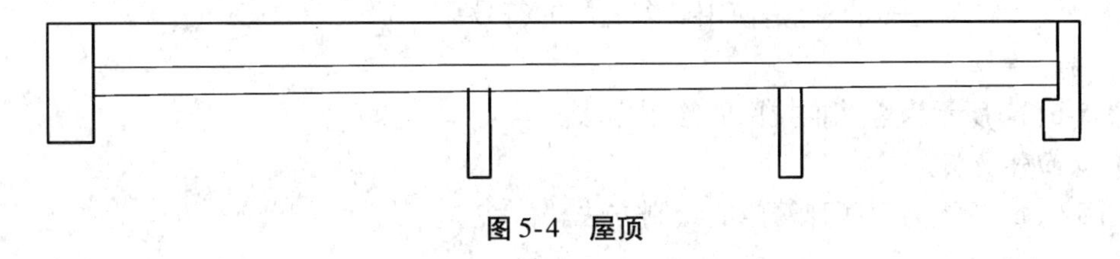

图 5-4　屋顶

这个屋顶是一侧高的，两侧与墙体相连，也是由平行线绘制。

二、窗

在平面图、立面图中都会接触到门和窗的绘制，由于门窗的种类各有不同，所以绘制起来也略有差异，前面在立面图的绘制中已经简单介绍了一些常见门窗的正面视图的绘制方法，这些方法在绘制剖面图的过程中依然可以采用，因为在剖面图中，会有一些房间内部没有被剖切到的门、窗，它们的绘制方法与立面图没有任何区别；对于那些被剖切到的、反映在剖面图上的是门窗的侧视图，它们的绘制方法与平面图的顶视图、立面图的前视图有所不同，也有一些标准的绘制方法，下面简单地举出几个例子。

1. 固定窗、平开窗

如图 5-5(a)所示，大多数的窗户可以用这种表示方法，具体的差异这里无法得到体现，可以参见平面图和立面图，在这些视图上，它们的绘制都有一定的不同之处。

2. 上推窗

图 5-5(b)所示为上推窗的绘制方法。

3. 悬窗

悬窗有上悬窗、下悬窗和中悬窗之分，如图 5-5(c)所示为中悬窗，其他的两种也只是虚线的位置略有不同而已。

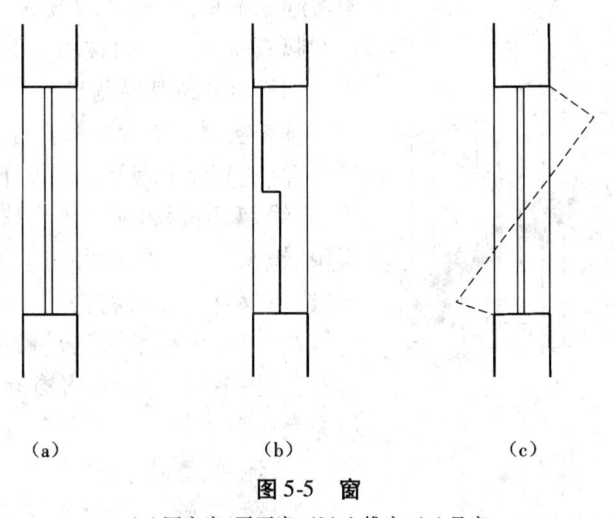

图 5-5　窗

(a)固定窗、平开窗；(b)上推窗；(c)悬窗

三、门

1. 平开门、墙内推拉门(单扇、双扇)

图 5-6(a)所示为平开门、墙内推拉门的绘制方法。

这是代表种类最多的、也是使用最多的门的符号。

2. 墙外推拉门

图 5-6(b)所示为墙外推拉门的绘制方法。

3. 双面弹簧门

图 5-6(c)所示为双面弹簧门的绘制方法。

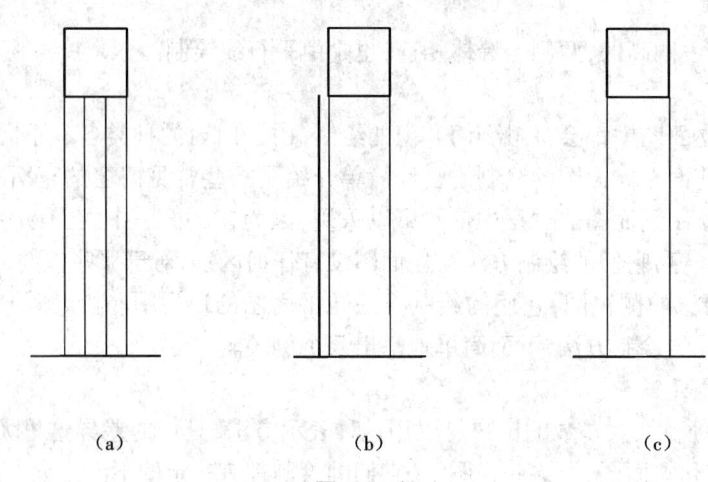

图 5-6 门

(a)平开门、墙内推拉门;(b)墙外推拉门;(c)双面弹簧门

四、楼梯

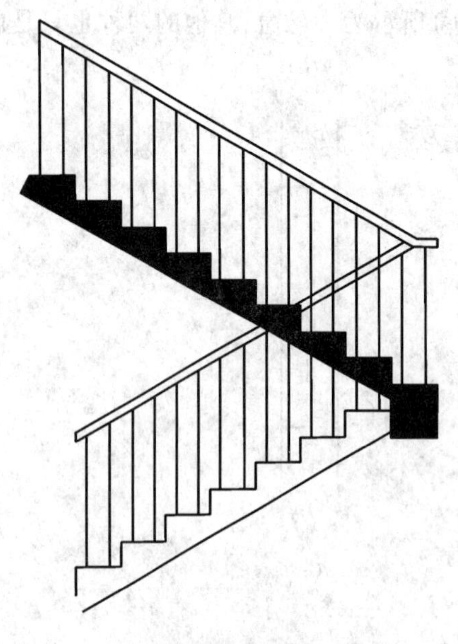

图 5-7 楼梯

楼梯是剖面图中的一个关键图形对象,多数有楼梯的部位都会有一幅相应的剖面图。楼梯的结构看起来不复杂,许多地方都是简单的重复,但是绘制起来需要一定的技巧。下面以图 5-7 所示楼梯为例简单介绍其绘制步骤。

首先绘制一个台阶和栏杆,如图 5-8(a)所示,然后选择【复制】命令捕捉左下角点进行复制,利用【直线】和【偏移】命令画出扶手,得到一跑楼梯,再用“镜像”工具得到另一跑楼梯,如图 5-8(b)所示,选择“移动”工具将两跑楼梯如图 5-8(c)所示连接在一起,再利用【修剪】命令将多余线剪掉,最后选择【图案填充】命令将楼板按照图 5-8(d)所示填充完成全图。

五、地坪、基础

地坪和基础用作绘图时的基准,所以需要最先绘制,绘制时要用粗实线,要反映出室内外地面的

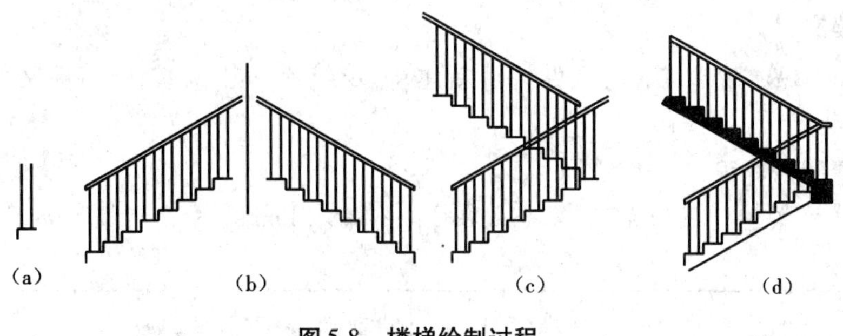

图5-8　楼梯绘制过程

水平特征,因为有时会有一些坡度,而且室内外的水平高度也会不同,如图5-9所示,除此之外,只需用【直线】命令即可绘制。

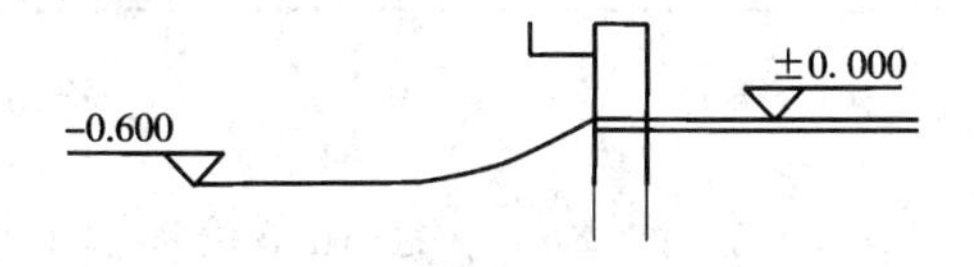

图5-9　室内外地坪示意图

六、阳台、台阶和雨篷

1. 阳台

阳台由一些元素组成,包括楼板、墙体、栏杆(有的可能看不出来)等,如图5-10(a)所示。

2. 台阶和雨篷

在剖面图上看,台阶和雨棚也仅仅起到示意的作用,所以不必精确地绘制,一般实际应用中也都是用矩形简单地表示一下即可,如图5-10(b)所示。

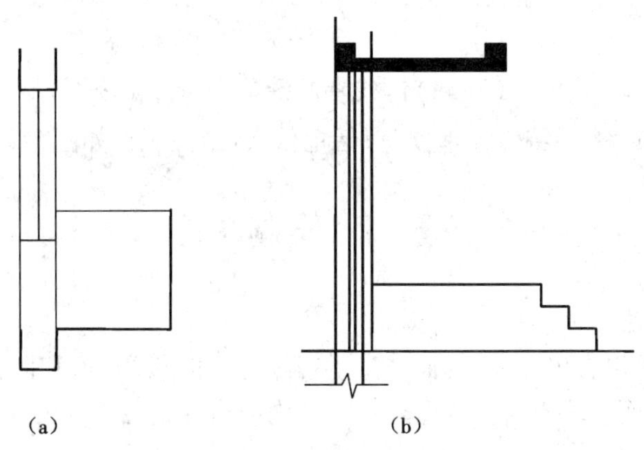

图5-10　阳台、台阶和雨篷

(a)阳台;(b)台阶和雨篷

任务三　建立绘图环境

在开始绘制建筑剖面图前,要先对绘图环境进行相应的设置,做好绘图前的准备。

一、新建文件

启动 AutoCAD 2008，执行【文件】→【新建】命令或者单击按钮，将新文件保存为“建筑剖面图”。

二、设置图形界限

1. 执行【格式】→【图形界限】命令或在命令行输入 limits，命令行提示如下。

命令：limits ↙ 重新设置模型空间界限：	启动“图形界限”设置工具
指定左下角点或［开(ON)/关(OFF)］<0.0000,0.0000>：	此处可输入 0,0，也可直接回车
指定右上角点 <420.0000,297.0000>：42000,29700 ↙	因建筑立面图的绘制比例为 1∶100，图形放在 A3 图幅内，所以将图形界限放大 100 倍，输入 42000,29700

2. 显示图纸大小

方法 1：在命令行输入“Z”，并按下〈Enter〉键，在系统提示下输入“A”，命令行提示如下：

命令：Z ↙	启动“缩放”工具
指定窗口的角点，输入比例因子（nX 或 nXP），或者［全部(A)/中心(C)/动态(D)/范围(E)/上一个(P)/比例(S)/窗口(W)/对象(O)］<实时>：A ↙	选择“全部”
正在重生成模型	

方法 2：单击【视图】→【缩放】→【全部】命令。

三、设置图层

在命令行输入“La”并按下〈Enter〉键或者左键单击，并按下〈Enter〉键，打开“图层特性管理器”对话框，在“图层特性管理器”对话框依次设置图层，如图 5-11 所示。

任务四　绘制图形

一、绘图主要思路

从本例剖面图可以看出：这个剖面通过了门厅、墙体、楼顶、窗和阳台等构件，还有没被剖切到、但是在剖切面上可以看到的内容包括室内的窗、门、卫生间的间隔、可见的外墙轮廓等。

根据对图形的观察，不难发现该图规律性较强，即每层的内容基本相同，所以此图形不必一一绘制，只要将首层内容绘制完整，其他层利用阵列命令复制即可，楼层间隔高度为 2 800。

二、首层绘制过程

1. 绘制辅助网格线

(1)绘制网格的基准线。

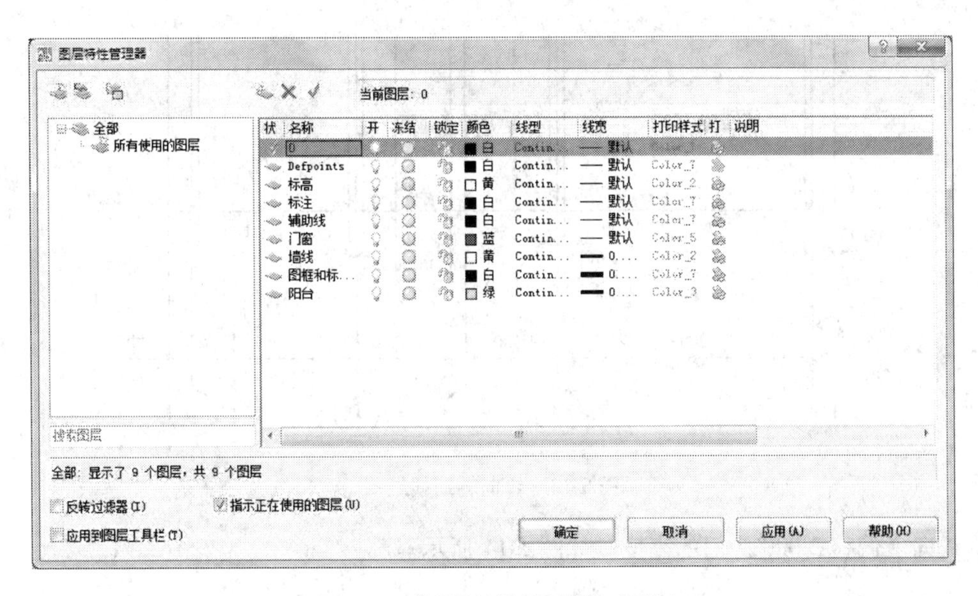

图 5-11　“图层特性管理器”对话框

如图 5-12 所示，以轴线 A 作为纵向的基准线，以标高为 ±0.000 的室内地平线作为横向基准线。

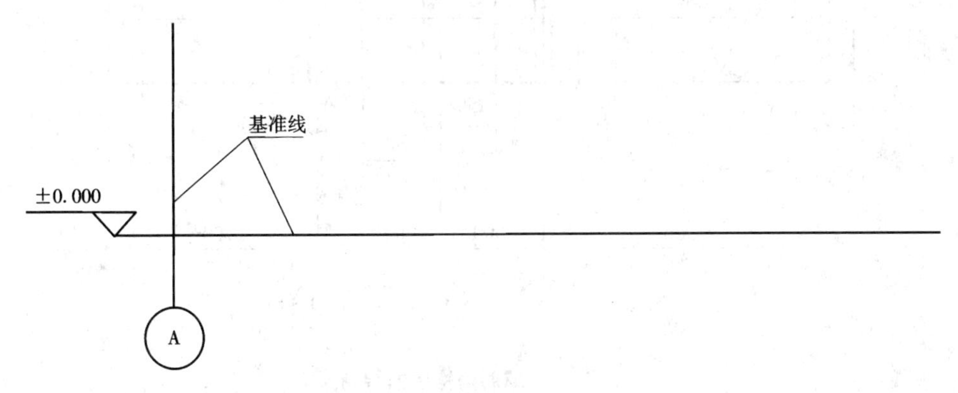

图 5-12　基准线

(2)使用【偏移】命令复制纵轴线。

使用【偏移】命令，首先以纵轴线 A 为基准，向其右侧偏移，偏移距离依次设置为 4 200、1 500、1 800、2 700、370，绘制出轴线 B、轴线 C、轴线 D、轴线 E、轴线 F；继续以轴线 A 为基准向左右各自偏移 370、120 绘制出外墙的内外墙线。然后以轴线 B 为基准，左右各偏移 120 绘制 240 的内墙墙线，向右侧偏移 700 绘制门线。以轴线 C 向右侧偏移 250 绘制 EF 轴之间的门线，再以此线作为基准继续向右侧偏移 900 绘制门的另一侧线。最后以 D 轴为基准左右各偏移 120 绘制出两侧墙线，以 E 轴为基准向左侧偏移 120 绘制内墙线。如图 5-13 所示。

(3)使用【偏移】命令复制横轴线。

横轴线的绘制主要是窗洞线和楼板线的绘制。以 ±0.000 的水平基准线(楼板线)为基准向上偏移 900 绘制窗台线，继续偏移 1 500 为窗的高度，再偏移 400 为楼板线。再以水平

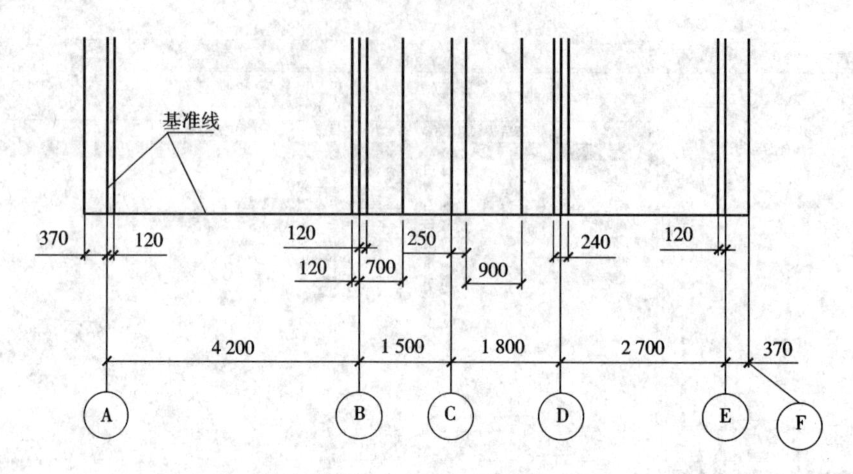

图 5-13 纵向辅助线绘制

基准线向上偏移 2 000 为门的高度。如图 5-14 所示。

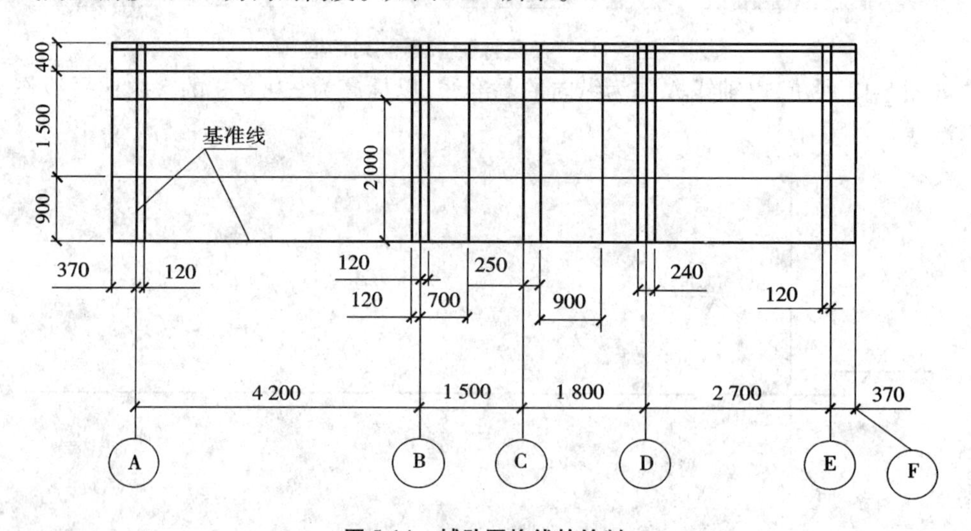

图 5-14 辅助网格线的绘制

2. 绘制门窗和阳台等

(1)置当前层为"墙线"层,线宽设置为 0.3,如图 5-15 所示。

图 5-15 "墙线"当前层

(2)选择【直线】命令,按照图 5-16 所示墙线位置绘制墙线。

(3)置当前层为"门窗"层,如图 5-17 所示。

用窗口缩放命令放大 A 轴线所画窗的部位,经【偏移】和【修剪】命令得到如图 5-18 所示的结果。

(4)置当前层为"阳台"层,如图 5-19 所示。

选择【直线】命令,按照如图 5-20 所示阳台尺寸位置绘制出阳台之后,仔细检查是否存

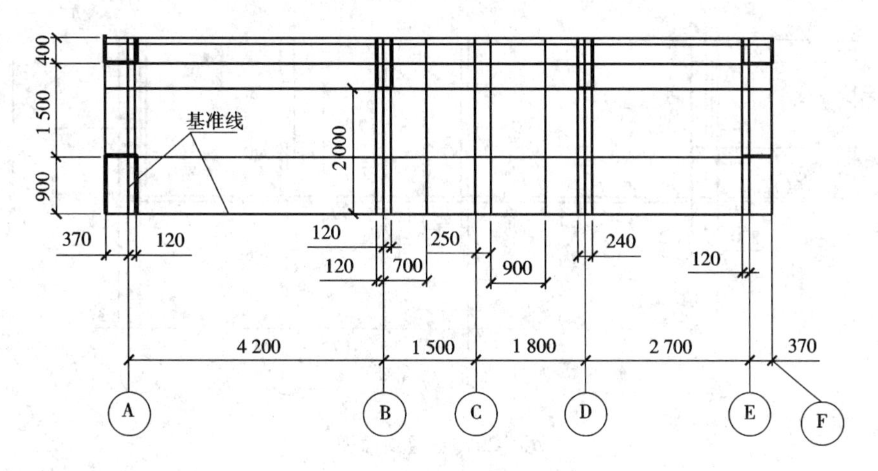

图 5-16　墙线绘制方法

图 5-17　“门窗当前层”

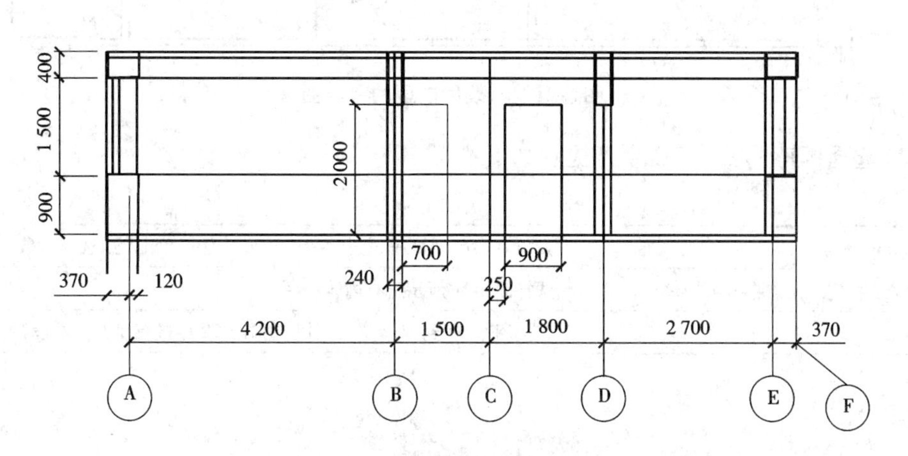

图 5-18　门窗的绘制方法

图 5-19　“阳台”当前层

在未绘全的线,尺寸是否正确,当确保无误后,将辅助线删除。

提示:在绘制过程中如果没有及时更换图层,可以在绘制图形后,利用标准工具栏上的特性匹配 将所绘制的图形移到所属图层上,这也是一种常用的方法。

三、完成整张图形绘制过程

1. 阵列完成其他层的复制

(1)将图整理为图 5-21 所示样式,准备矩形阵列。

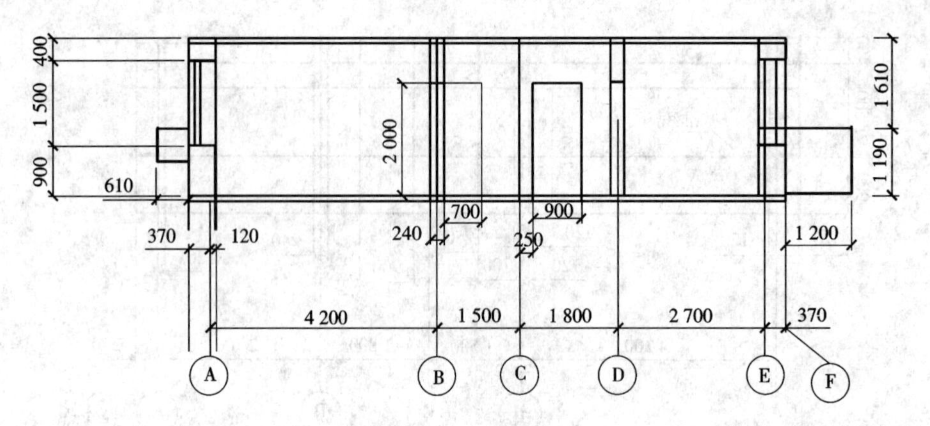

图 5-20　首层剖面图

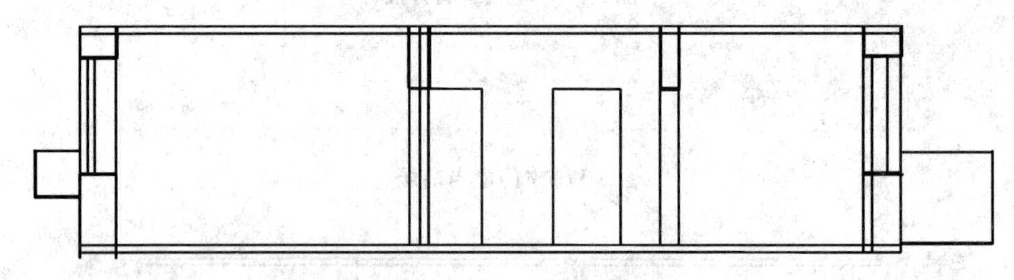

图 5-21　修改后成型的首层图

(2)选择【阵列】命令,命令行提示如下。

命令：array↙	弹出“阵列”对话框,选择“矩形阵列”,然后单击 选择对象
选择对象：指定对角点：找到 64 个	选择图 5-21 所示所有内容
选择对象：	直接回车,回到“阵列”对话框,在图 5-22 中进行所有参数设置

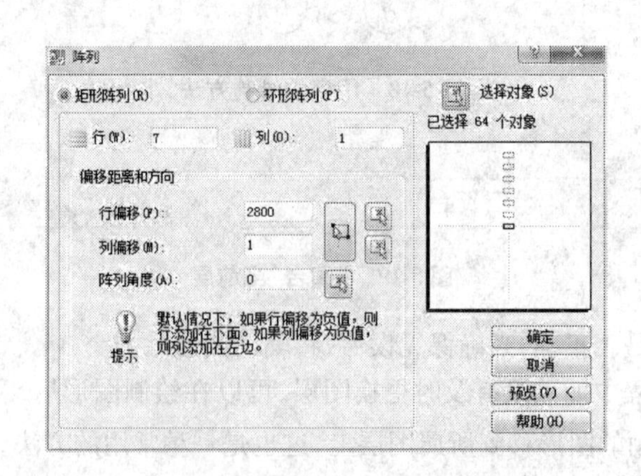

图 5-22　“阵列”对话框:矩形阵列

单击对话框上 预览(V) < 按钮,出现如图 5-23 所示的界面,如确定图形无误,单击

接受按钮即可,如图 5-24 所示。如图形有误可单击修改按钮重新设置。

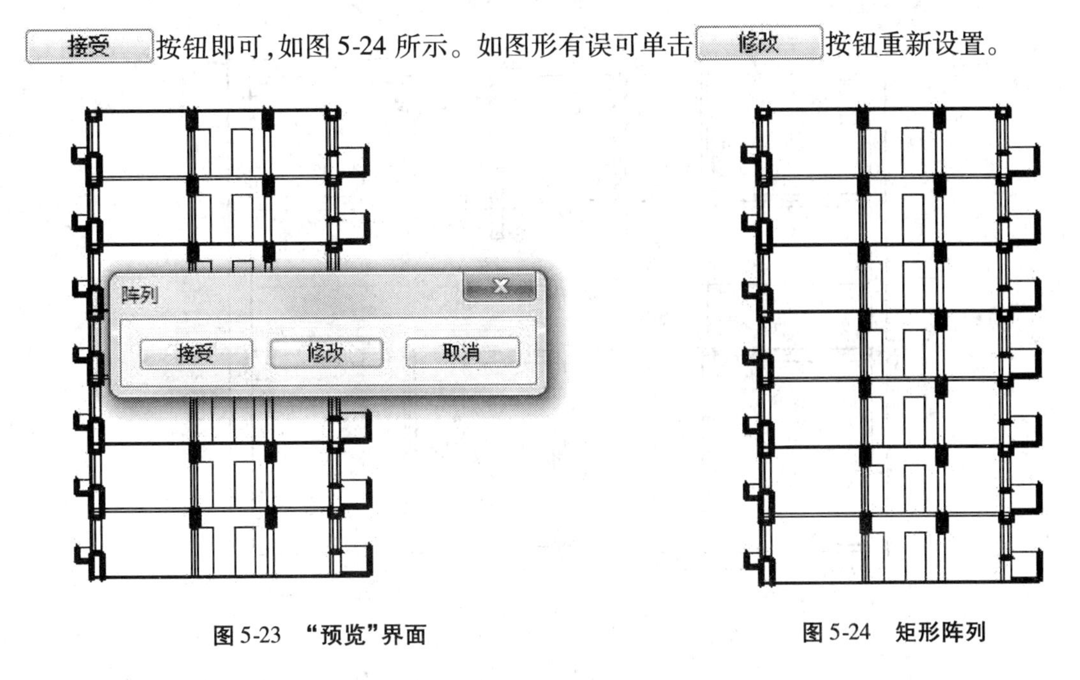

图 5-23　"预览"界面　　　　图 5-24　矩形阵列

2. 修改完善细节

(1)绘制楼顶:楼顶的绘制使用【偏移】命令,女儿墙的绘制使用【矩形】命令。如图 5-25 所示。

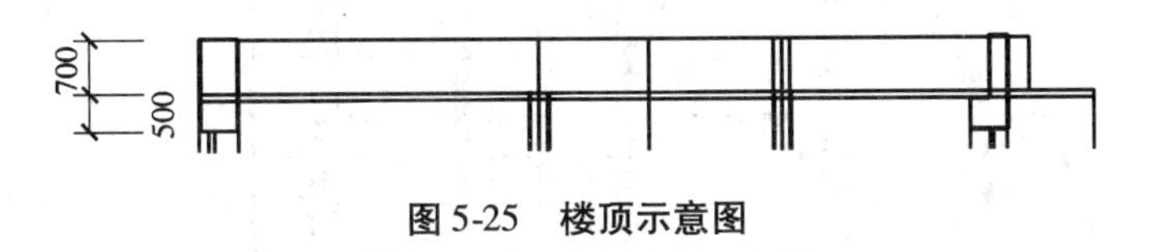

图 5-25　楼顶示意图

(2)绘制室外地平线:使用【多段线】命令绘制如图 5-26 所示的地平线。

(3)检查全图是否有多余或缺失的部分,完成全图。如图 5-27 所示。

任务五　尺寸标注与标高标注

在剖面图中,应该标出的尺寸包括:被剖切部分的必要尺寸,包括竖直方向剖切部位的尺寸和标高、外墙需要标注门窗洞的高度尺寸和层高、室内外的高度差和建筑物总的标高等。

除了标高之外,在建筑剖面图中还需要标注出轴线符号,以表明剖面图所在的范围,在本剖面图中,要标明 6 条轴线,分别是轴线 A、轴线 B、轴线 C、轴线 D、轴线 E、轴线 F。

一、尺寸标注

借鉴绘制图形思路,尺寸标注也可以用同样方法绘制。从图 5-1 中可以看出尺寸标注非常有规律,纵轴尺寸较少,用【线性标注】命令结合【连续】命令即可完成。横轴上主要分布:左侧为 1 500、400 和 900,有 6 组,右侧为 2 400 和 400,有 7 组。1 层和 7 层有不同之处,可个别修改。因为有规律,故不必全部标注,只要标注一组,其余使用阵列命令复制,这样既快又简捷。具体步骤如下。

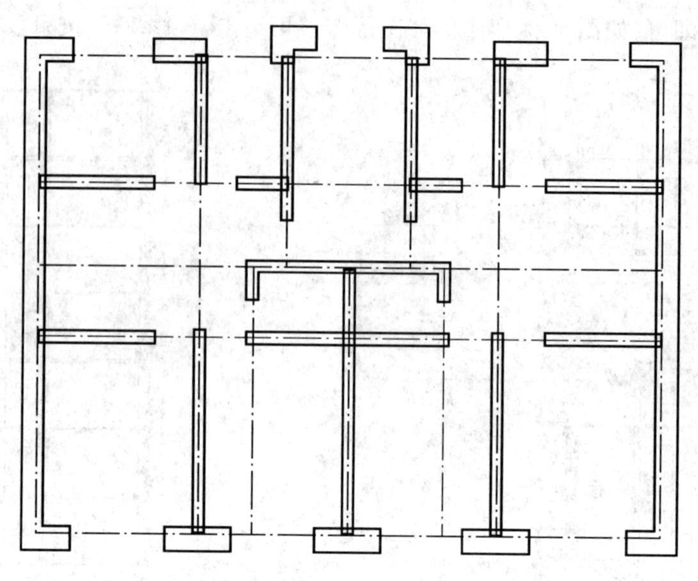

图 5-26 室外地平线

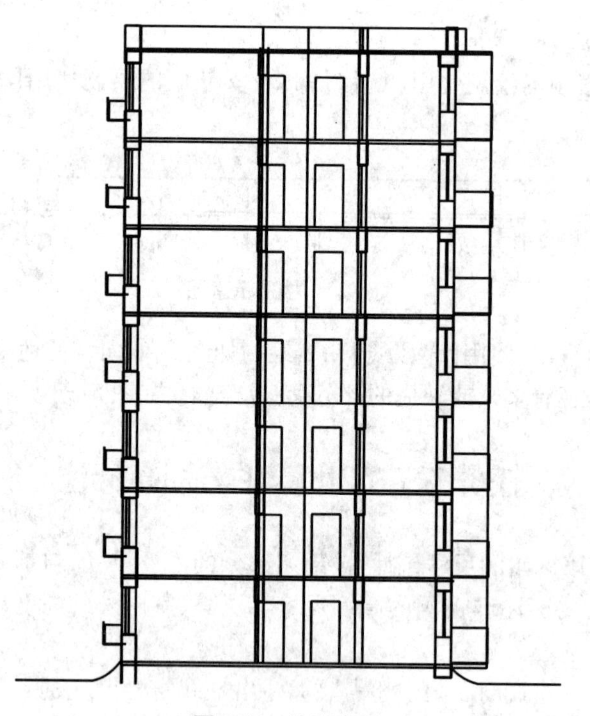

图 5-27 绘制成图

(1)切换到“标注”图层。如图 5-28 所示。

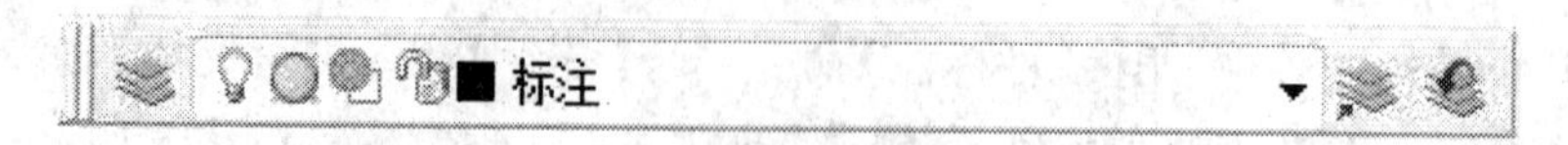

图 5-28 “标注”当前层

(2)标注样式参照项目三平面图中的样式设置,这里不再复述。

(3)绘制尺寸标注辅助线。

使用【偏移】命令左侧和右侧各复制 3 条,最外一条为标高符号的插入点准备。如图 5-29 所示。

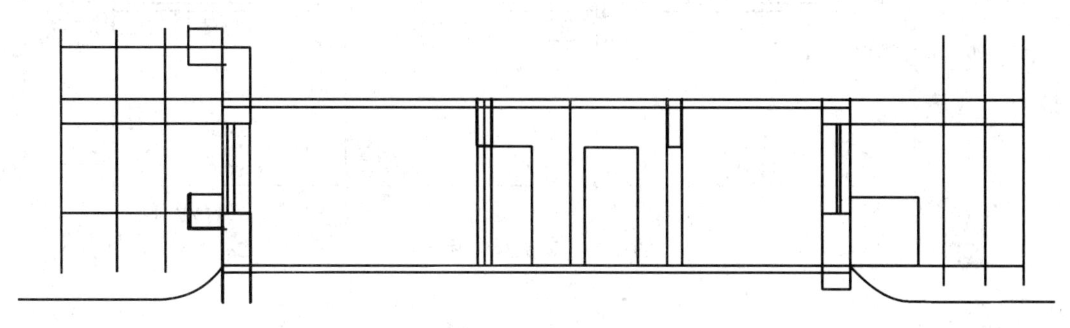

图 5-29　尺寸标注辅助线

(4)用【线性标注】命令配合对象捕捉标注如图 5-30 所示。

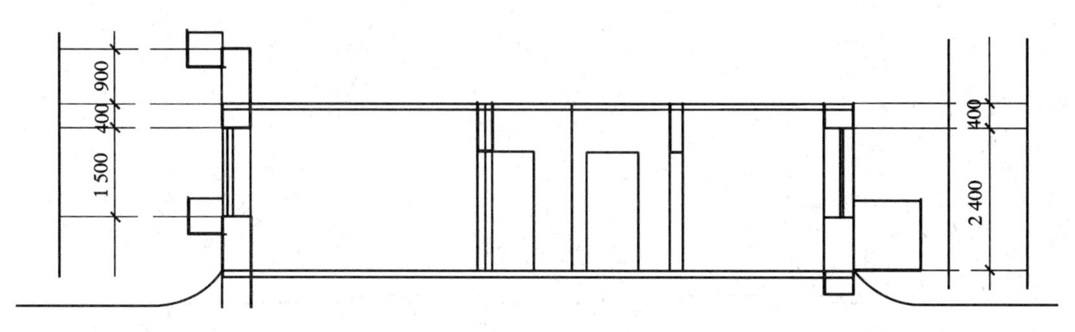

图 5-30　尺寸标注示意图

利用“阵列”工具,选择 矩形阵列(R),其中 选择对象(S) 为图 5-30 中所示的所有尺寸线(注意不要选择辅助线),行数为 7,列数为 1,行偏移为 2 800,完成整个图形的纵向尺寸标注,楼顶和地平线的尺寸标注进行个别修改。

提示:尺寸标注的阵列和前面楼层的的阵列设置基本一致,所以也可以考虑在绘制图形时连带尺寸标注一起阵列,一次完成整个图形的绘制。

(5)完成其他标注。用【线性标注】命令配合对象捕捉标注首层如图 5-31 所示的所有尺寸。

(6)轴线编号的绘制。

绘制半径 400 的圆,利用【单行文字】命令绘制文字高度为 400,旋转角度为 0 的字母 A,将 A 移动至圆的中心,如图 5-32 所示,然后复制此轴标至各个纵轴线的下端,复制基点,捕捉象限点,如图 5-33 所示,最后在相应轴标处双击字母 A,改成相应轴线编号 B、C、D、E、F。完成后效果如图 5-34 所示。

二、标高标注

标高可以利用之前立面图中所作的属性块插入完成,再利用图块的旋转功能完成图中所有标高的绘制。同时,此图的特点是标高左右对称,所以也可以只标注一边,另一边通过镜像实现。

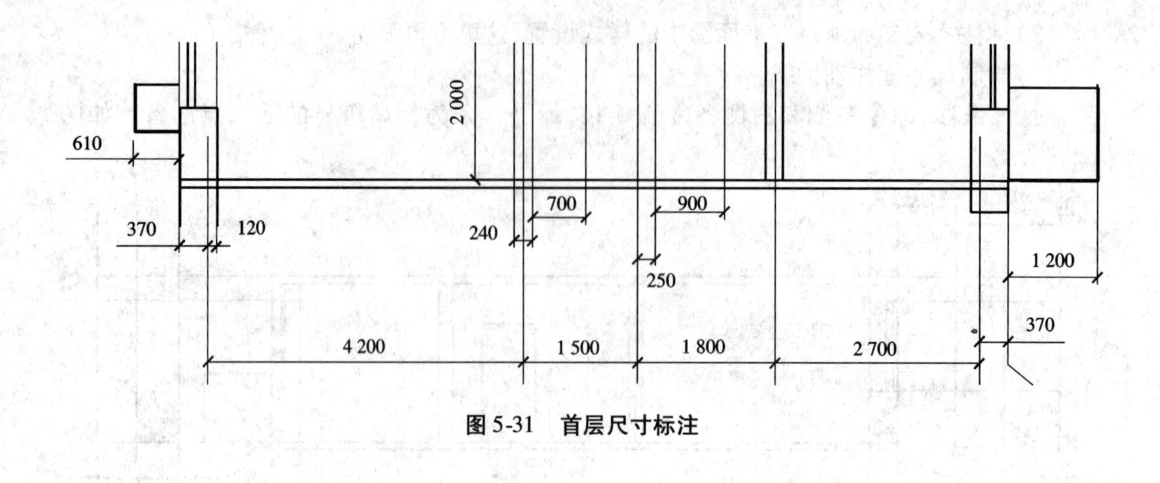

图 5-31　首层尺寸标注

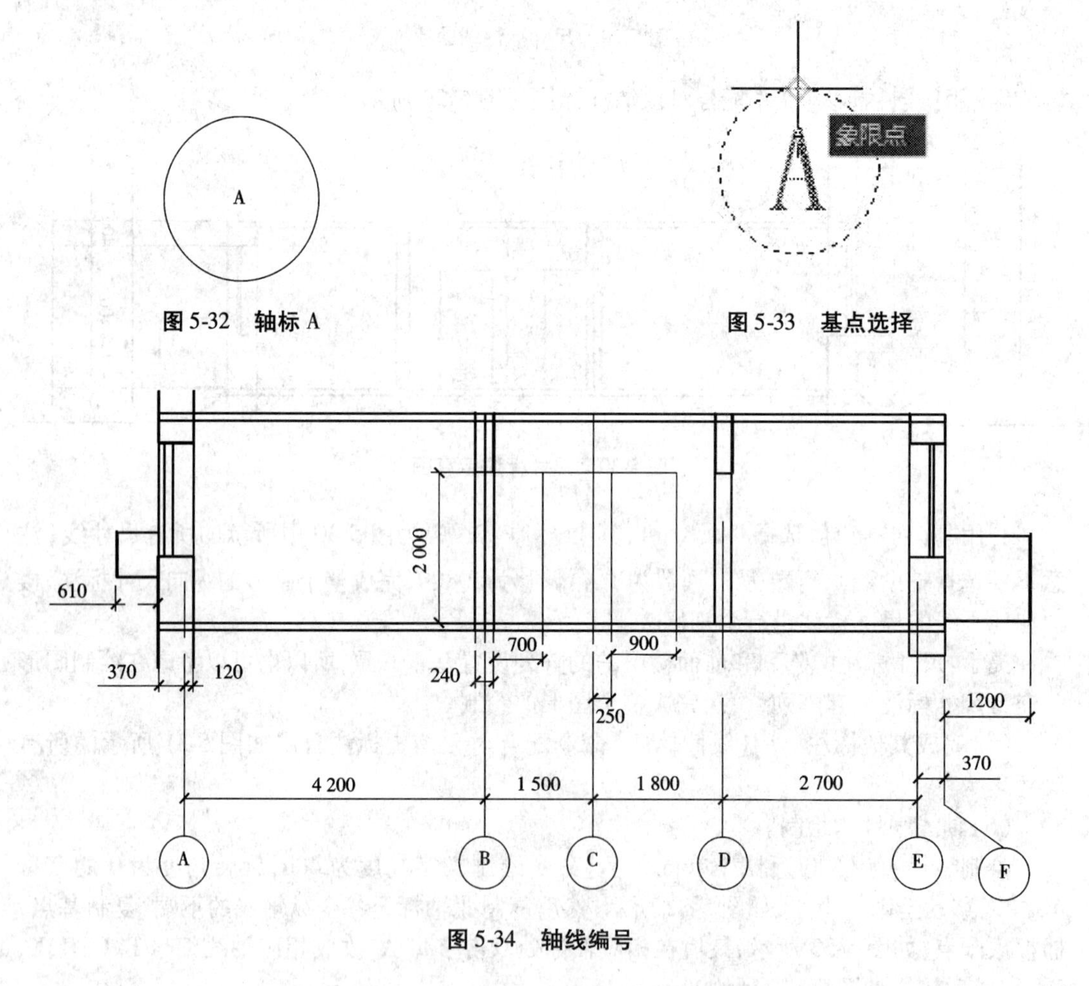

图 5-32　轴标 A

图 5-33　基点选择

图 5-34　轴线编号

任务六　插入图框和标题

使用前面建好的 A3 图框插入到本幅图中，具体操作如下。

选择【插入块】命令，弹出“插入”对话框，如图 5-35 所示。

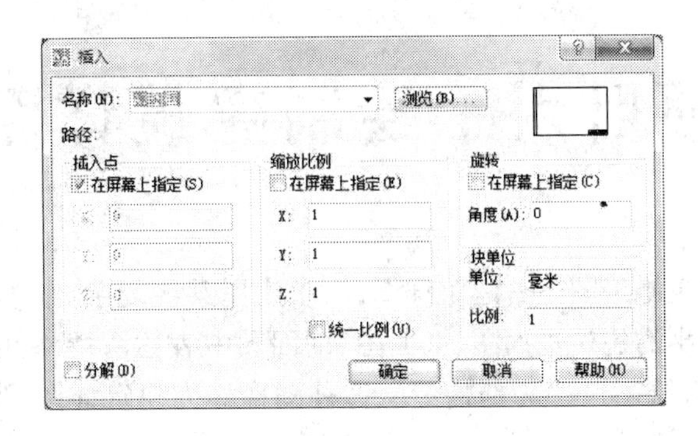

图 5-35　“插入”对话框

通过 浏览(B)... 按钮在相应位置找到“A3 图框”文件，以“在屏幕上指定”插入点的方式插入图框后，完成本项目图 5-1 所示的效果。

项目总结

前几个项目介绍了建筑总平面图、建筑平面图和建筑立面图的绘制方法，本项目接着前几个项目继续介绍建筑剖面图的基本知识和一般绘制方法。本项目通过一个住宅楼剖面图的实例介绍如何利用 AutoCAD 绘制一个完整的建筑剖面图，这样可以对建筑剖面图的设计过程和绘制方法有一个大概的了解。通过本项目的学习，能够熟练地完成建筑剖面图的绘制。

同时需注意，建筑剖面图应该与建筑平面图、建筑立面图相对应，这样可方便施工人员阅读图纸，这对于建筑设计来说是相当重要的。

课后拓展

练习绘制楼梯的剖面图。

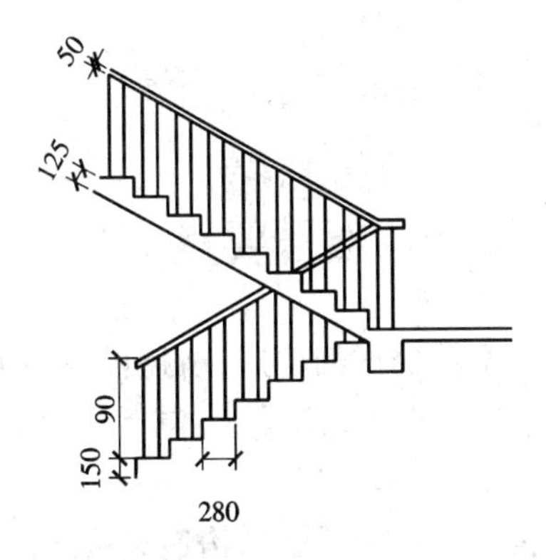

项目六　绘制建筑详图

本项目介绍了建筑施工图——建筑详图，由于房屋某些复杂、细小部位的处理、做法和材料等很难在比例较小的建筑平面图、立面图、剖面图中表达清楚，所以需要用较大的比例(1∶20、1∶10、1∶5等)来绘制这些局部构造。这种图样称为建筑详图，也称为节点详图。例如图6-1、图6-2所示。

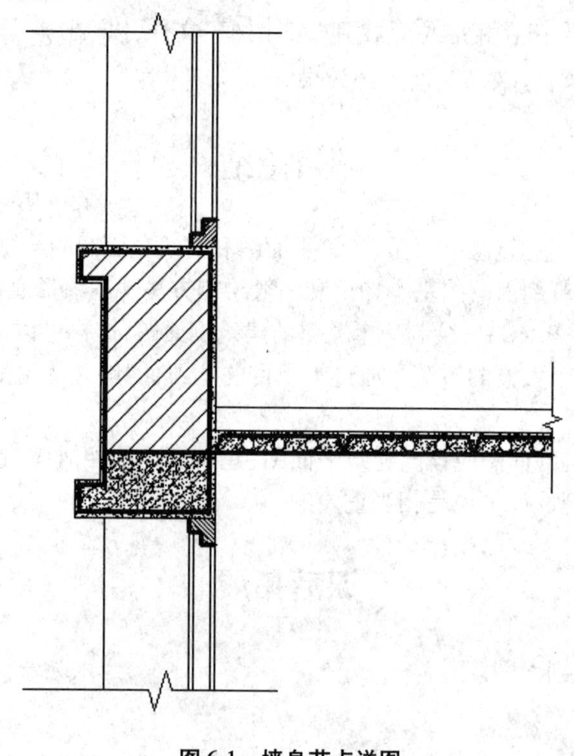

图6-1　墙身节点详图

项目要点

建筑详图一般应表达出构、配件的详细构造，所用的各种材料及其规格，各部分的连接方法和相对位置关系，各部位、各细部的详细尺寸，包括需要标注的标高和有关施工要求和做法的说明等。

建筑详图的表示方法：应视所绘的建筑细部构造和构配件的复杂程度，按清晰表达的要求确定，详见各任务的最终成图。

建筑详图的主要特点：① 用较大比例绘制节点或构、配件图样；② 尺寸标注齐全；③ 文

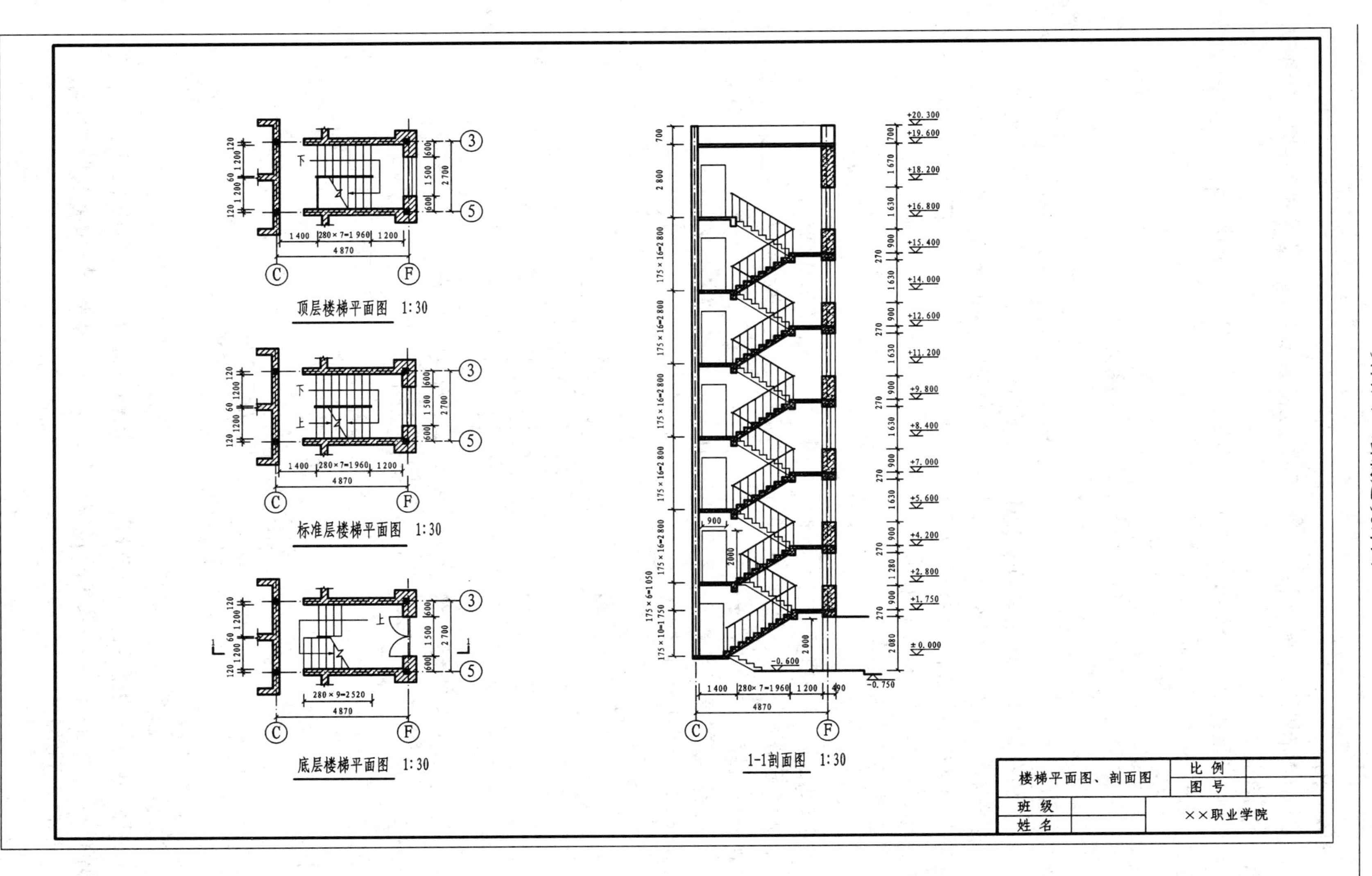
顶层楼梯平面图　1:30
标准层楼梯平面图　1:30
底层楼梯平面图　1:30
1-1剖面图　1:30
楼梯平面图、剖面图
比例
图号
班级
姓名
××职业学院

图6-2　楼梯详图

字说明详尽。

建筑详图的画法和绘制步骤与建筑平面图、立面图、剖面图的画法基本相同,仅是它们的一个局部而已。

本项目主要讲解了楼梯和墙身节点详图的绘制步骤,所运用到的新命令有【图案填充】、【缩放】等。

任务一 绘制楼梯详图

一、识图

楼梯的构造比较复杂,在建筑平面图中仅用图例画出。

楼梯详图表示楼梯的组成和结构形式,一般包括楼梯平面图和楼梯剖面图,必要时画出楼梯踏步和栏杆的详图。这些详图应尽量画在同一张图纸上,以便对照识图。下面以住宅楼中的楼梯为例,说明楼梯详图的画法。

二、建筑详图的图示内容

1. 楼梯平面图

图 6-3 所示的楼梯平面图实际是水平剖面图,水平剖切的位置通常在每一层的第一梯段中间。3 层或 3 层以上的楼房,当中间各层的楼梯完全相同时,可以只画出底层、中间层和顶层 3 个楼梯平面图即可。

楼梯平面图上要标注轴线编号,表明楼梯在房屋中所在位置,并标注轴线间尺寸、梯段尺寸以及楼地面、平台的标高等。

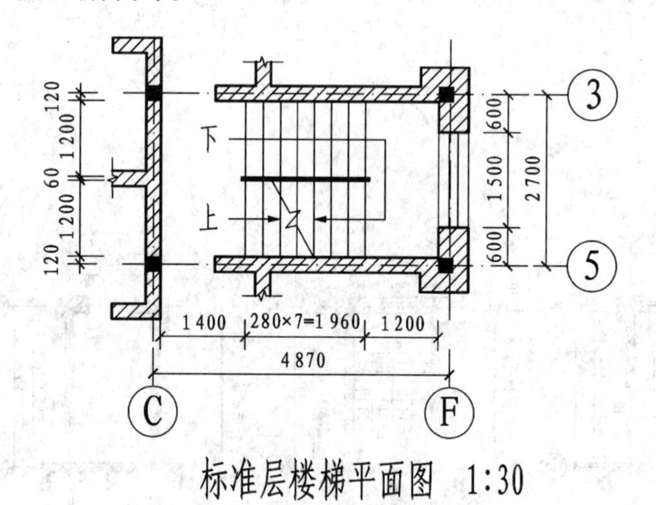

图 6-3 标准层楼梯平面图

2. 楼梯剖面图

图 6-4 所示为按楼梯底层平面图中的剖切位置和投射方向画出的楼梯剖面图,表明楼梯各梯段、平台、栏杆的构造及其相互联系,以及梯段数、踏步数、楼梯的结构形式等。

本例的楼梯每层只有两个梯段,称为双跑楼梯。

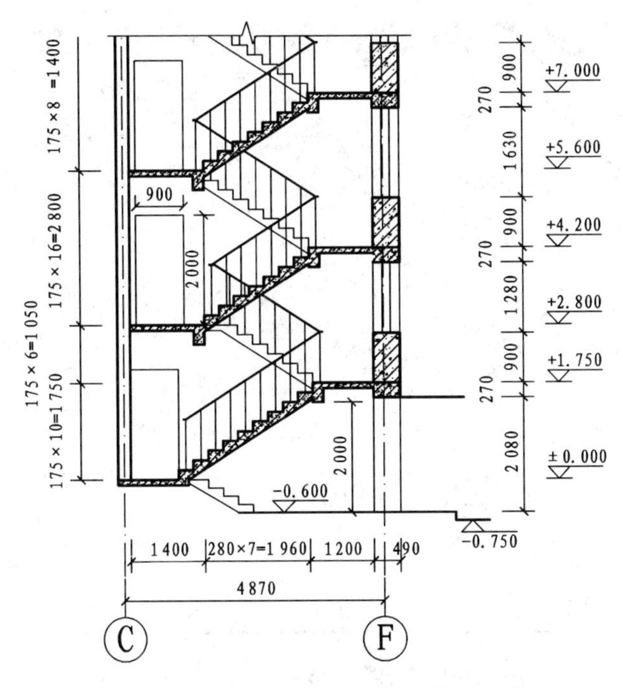

图 6-4　楼梯 1-1 剖面图

三、建筑剖面图的绘图流程

(1)设置绘图环境;

(2)绘制轴线及辅助线;

(3)绘制踏步;

(4)绘制其他轮廓线;

(5)修剪各轮廓线和辅助线;

(6)填充墙体材料图例;

(7)绘制门窗和栏杆扶手;

(8)标注尺寸、文本;

(9)插入图框,完成剖面图。

四、新知识点

【图案填充】调用方式:

①	菜单栏	"绘图"→"图案填充"
②	工具栏	"图案填充"→
③	命令行	HATCH(H)

在绘制建筑图形时,经常需要将某个图形填充某一种颜色或是材料。AutoCAD 提供了【图案填充】命令用于填充图形。

图 6-5 所示的为"图案填充和渐变色"对话框,可在该对话框的各选项卡中设置相应参数,给相应的图形创建图案填充。

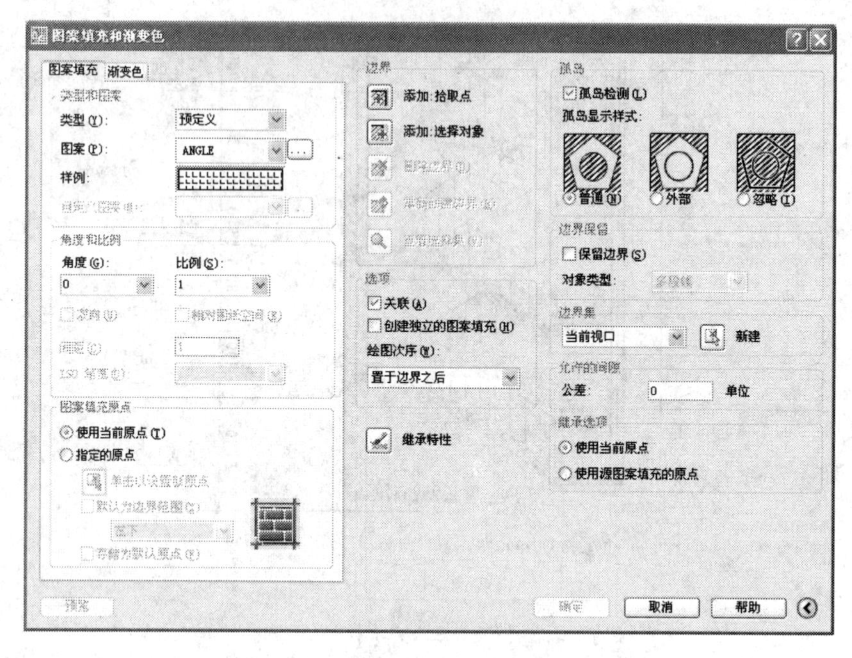

图 6-5 “图案填充和渐变色”对话框

其中“图案填充”选项卡共包括 10 个选项组,下面着重介绍常用的 5 个选项组中的参数含义,即类型和图案、角度和比例、边界、孤岛、图案填充原点。

1. 类型和图案

在“类型和图案”选项组中可以设置填充图案的类型,各参数的含义如下。

类型下拉列表框:包括“预定义”“用户定义”和“自定义”3 种图案类型。其中“预定义”类型是指 AutoCAD 存储在产品附带的 acad. pat 或 acadiso. pat 文件中的预先定义的图案,是制图中的常用类型。

图案下拉列表框:用于控制对填充图案的选择,下拉列表显示填充图案的名称,并且最近使用的 6 个用户预定义图案出现在列表顶部。单击[...]按钮,弹出“填充图案选项板”对话框,如图 6-6 所示,通过该对话框可选择合适的填充图案类型。

样例下拉列表框:用于预览选定图案。

自定义图案下拉列表框:在选择“自定义”图案类型时可用,其中列出了可用的自定义图案,6 个最近使用的自定义图案将出现在列表顶部。

2. 角度和比例

“角度和比例”选项组包含“角度”“比例”“间距”和“ISO 笔宽”4 部分内容,用于控制填充元素的疏密程度和倾斜程度。

角度下拉列表框:用于设置填充图案的角度,“双向”复选框用于设置当填充图案选择“用户定义”时采用的当前线型的线条布置是单向还是双向。

比例下拉列表框:用于设置填充图案的比例值。图 6-7 为选择 AR - BRSTD 填充图案进行不同角度和比例值填充的效果。

间距文本框:用于设置当用户选择“用户定义”填充图案类型时采用的当前线型的线条

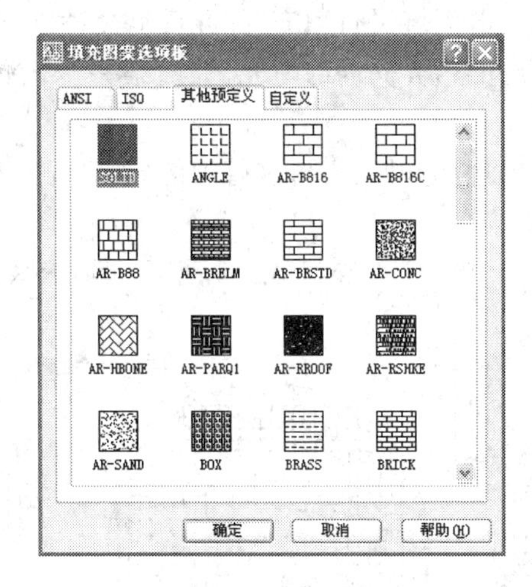

图 6-6　“填充图案选项板”对话框

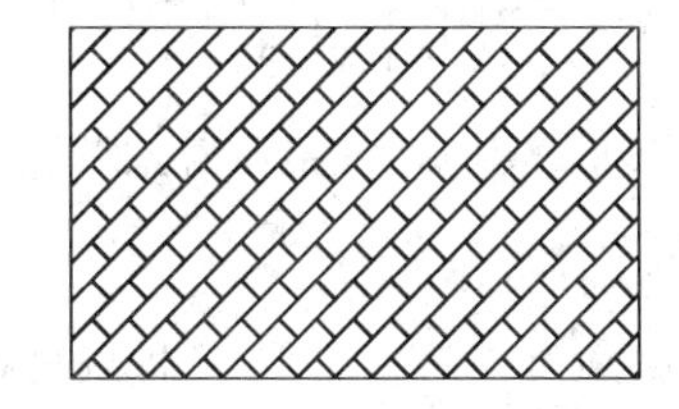
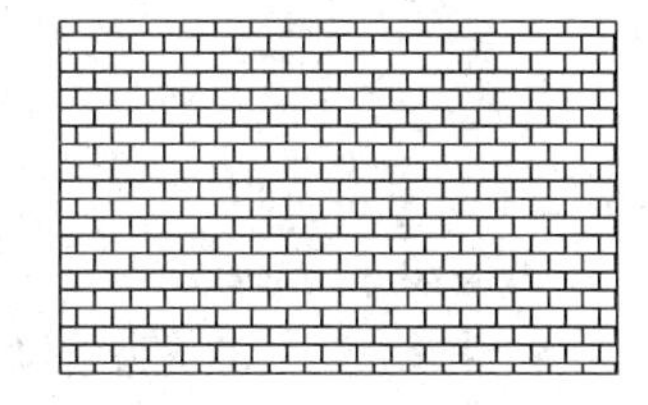

图 6-7　不同角度和比例的填充效果

间距。输入不同的间距值将得到不同的效果。

ISO 笔宽下拉列表框：主要针对用户选择“预定义”填充图案类型，同时选择了 ISO 预定义图案时，可以通过改变笔宽值来改变填充效果。

3. 边界

“边界”选项组用于指定图案填充的边界，可以通过指定对象封闭区域的点或者封闭区域的对象的方法来确定填充边界，通常使用的是“添加：拾取点”按钮和“添加：选择对象”按钮。

添加：拾取点按钮：根据围绕指定点构成封闭区域的现有对象确定边界。单击该按钮，此时对话框将暂时关闭，系统将会提示用户拾取一个点。命令行提示如下。

拾取内部点或[选择对象(S)/删除边界(B)]：

添加：选择对象按钮：根据构成封闭区域的选定对象确定边界。单击该按钮，对话框将暂时关闭，系统将会提示用户选择对象，命令行提示如下。

拾取内部点或[拾取内部点(K)/删除边界(B)]：

4. 孤岛

在使用“添加：拾取点”按钮确定边界时，不同的孤岛设置将产生不同的填充效果。在“孤岛”选项组里，选中“孤岛检测”复选框后，则在进行填充时，系统将根据选择的孤岛显示模式检测孤岛来填充图案，所谓“孤岛检测”是指最外层边界内的封闭区域对象将被检测为孤岛，系统提供了 3 种检测模式：普通孤岛检测、外部孤岛检测和忽略孤岛检测。

普通填充模式：从最外层边界向内部填充，对第一个内部岛形区域进行填充，间隔一个图形区域,转向下一个检测到的区域进行填充,如此反复交替进行。

外部填充模式:从最外层的边界向内部填充,只对第一个检测到的区域进行填充,填充后就终止该操作。

忽略填充模式:从最外层边界开始,不再进行内部边界检测,对整个区域进行填充,忽略其中存在的孤岛。

系统默认的检测模式是“普通”填充模式。3 种不同填充模式效果的对比如图 6-8 所示。

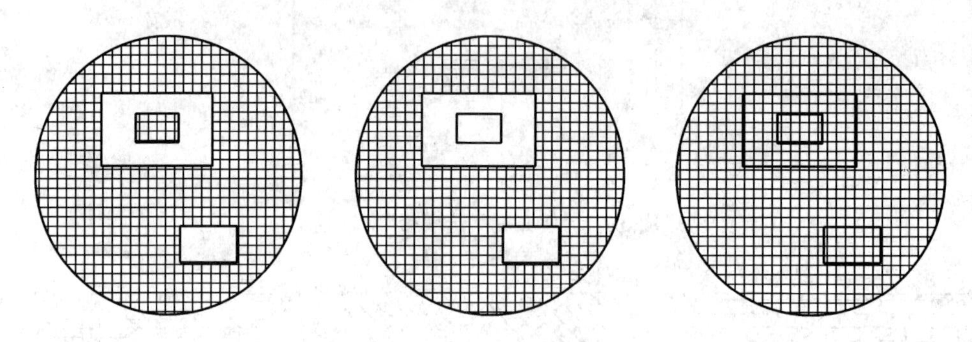

图 6-8　3 种不同孤岛检测模式效果

5. 图案填充原点

在默认情况下,填充图案始终相互对齐。但是有时用户可能需要移动图案填充的起点(称为原点),在这种情况下,需要在“图案填充原点”选项组中重新设置图案填充原点。选中“指定的原点”单选按钮后,用户单击按钮在绘图区用光标拾取新原点,或者选中“默认为边界范围”复选框,并在下拉菜单中选择所需点作为填充原点即可实现。

以砖形图案填充建筑立面图为例,希望在填充区域的左下角以完整的砖块开始填充图案,重新指定原点,设置如图 6-9 所示,使用默认填充原点和新的指定原点的对比效果如图 6-10 所示。

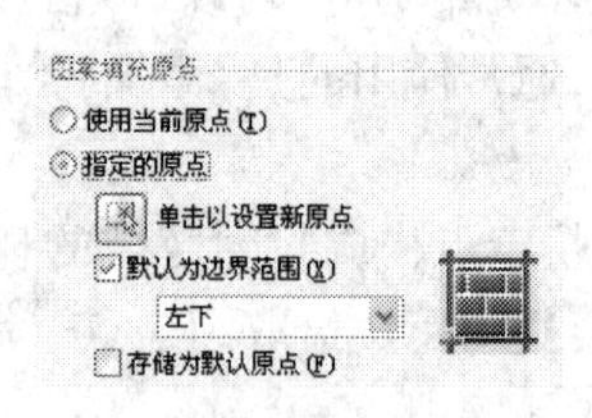

图 6-9　设置“图案填充原点”选项

五、建立绘图环境

在开始绘制建筑详图前,首先对绘图环境进行相应的设置,做好绘图前的准备。

1. 新建文件

启动 AutoCAD 2008,执行【文件】→【新建】或单击图标,创建新的图形文件。

2. 设置图形界限

(1)执行【格式】→【图形界限】命令或在命令行输入 limits, 命令行提示如下。

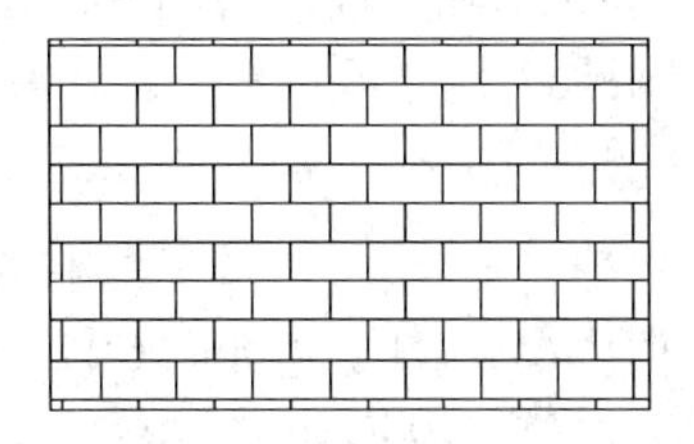

图 6-10　改变图案填充原点的对比结果

命令：limits ↙	启动“图形界限”设置工具
重新设置模型空间界限： 指定左下角点或［开（ON）/关（OFF）］ <0.0000,0.0000>：↙	此处可输入 0,0 或直接回车
指定右上角点 <420.0000,297.0000>：42000,29700 ↙	因建筑立面图的绘制比例为 1∶100，图形放在 A3 图幅内，所以将图形界限放大 100 倍，输入 42000,29700

（2）显示图纸大小。

方法 1：在命令行输入“Z”，并按下〈Enter〉键，在系统提示下输入“A”。

命令：Z ↙	启动“缩放”工具
指定窗口的角点，输入比例因子（nX 或 nXP），或者［全部（A）/中心（C）/动态（D）/范围（E）/上一个（P）/比例（S）/窗口（W）/对象（O）］<实时>：A ↙	选择“全部”显示
正在重生成模型	

方法 2：单击【视图】→【缩放】→【全部】命令，如图 6-11 所示。

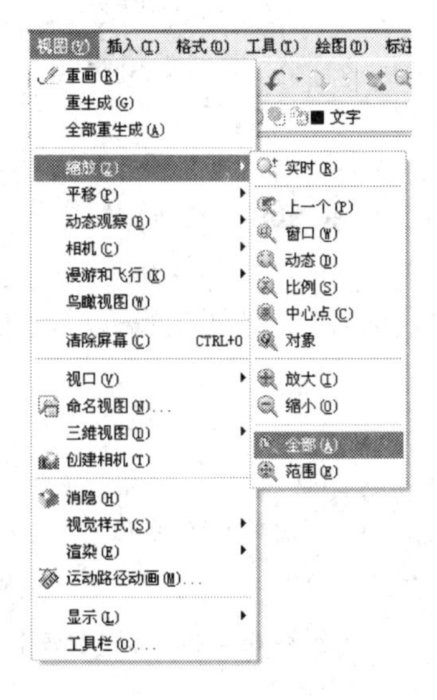

图 6-11　视图菜单

提示:此操作目的是让所设置的图形界限全部显示在当前的绘图区内。大家一定不要忽视这个步骤,这样才可以使自己设置的图形界限最大地显示在整个窗口中。

3. 设置图层

在命令行输入“La”并按下〈Enter〉键或者左键单击，打开“图层特性管理器”对话框,绘制建筑立面图,在“图层特性管理器”对话框依次设置图层,如图 6-12 所示。其中的所有特性都可以点击相应的图标设置数值和形式,如果想要添加其他类型的线型可以选择“加载”,然后再选定相应的线型。

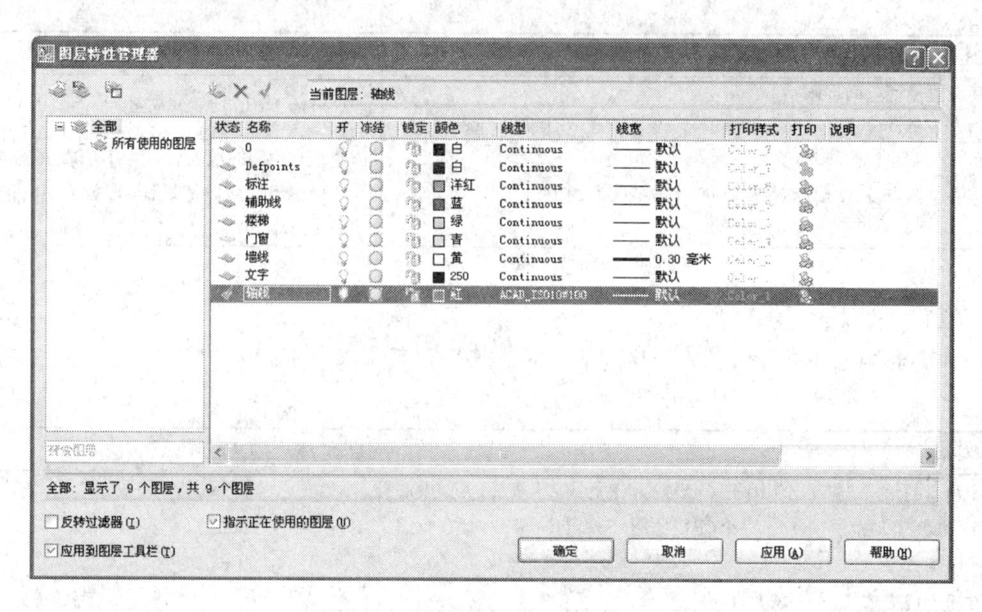

图 6-12 “图层特性管理器”对话框

提示:图层的设置要根据所绘制图的特点设置,可以在绘图之前全部设置好,也可以在绘图过程中逐步设置,但建议在绘图之前设置,这样做就会对所绘制的图有所认识与了解,对绘图的过程也会有个大致的思路,有利于提高绘图速度。

六、绘制图形

我们在学习项目三的时候已经讲过楼梯平面图,在这里只需要加上详细的轴线编号和标注就可以了,注意楼梯的梯段标注要清晰。下面我们主要介绍楼梯剖面图的绘制步骤。

1. 绘制定位轴线

绘制 1 ~3 层的定位轴线,以及每层的楼地层线,以“辅助线”命名,C 轴线、F 轴线间尺寸为 4 870 mm,如图 6-13 所示。

2. 绘制辅助线

绘制好基本定位轴线后,继续增加辅助线的绘制,以有助于后续图形元素的定位,将 3 层的楼地层辅助线分别向下偏移 100 个和 350 个单位,确定梁板的位置,将 C 轴线向左右两边各偏移 120 个单位,F 轴线向左偏移 190 个单位、向右偏移 300 个单位,确定两侧墙体的位置,然后以 C 轴线、F 轴线的内墙线再各向内偏移 1 400 和 1 200 个单位,来定位标准层的楼梯梯段两侧位置,如图 6-14 所示。

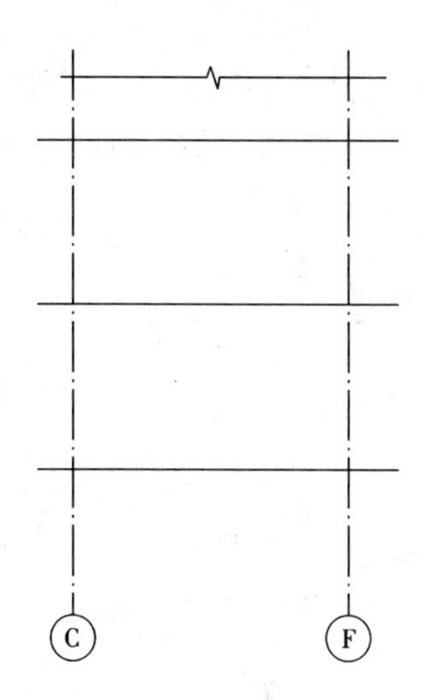

图 6-13　楼梯剖面图轴线

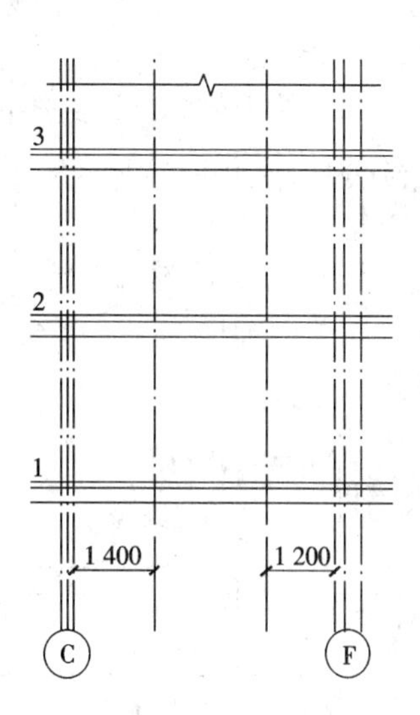

图 6-14　楼梯剖面图辅助线

3. 绘制踏步

绘制好辅助线后,下面来绘制梯段的踏步,建议用多段线命令绘制以保持整体性,注意每个图层的线型切换。外墙墙体被剖切的尺寸高为 900 mm,下梁的尺寸为 270 mm。根据计算的数值,标准层为每层 16 个踏步,所以每个梯段的踏步数为 8 个,每个踏步的尺寸为 280 mm × 175 mm。首层因为考虑到平台入口的高度限制,在设计数值时和标准层不同,所以不仅要调整 1、2 层间的踏步分配,还要借用室内外高差来解决,具体数值如图 6-15 所示。

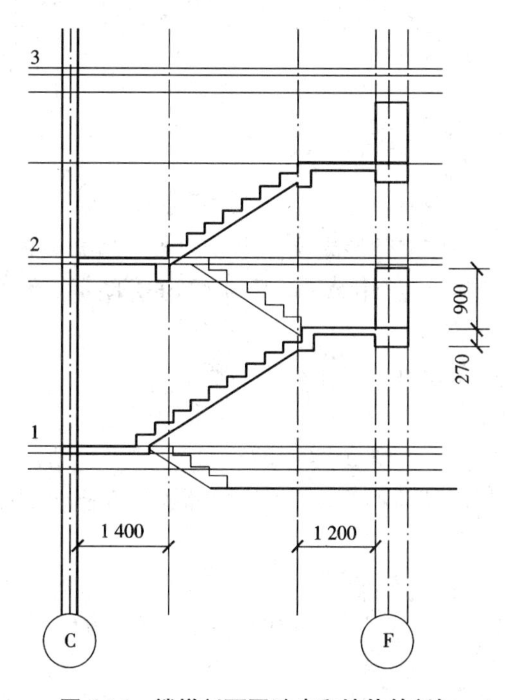

图 6-15　楼梯剖面图踏步和墙体的剖切

4. 绘制其他轮廓线

基本的楼梯元素已经绘制好后，把余下的相关辅助线填补齐全，由于各标准层的内容是一样的，所以我们只需要绘制出3层以下的楼梯剖面就可以了，其余的可以复制完成，如图6-16所示。

5. 修剪各轮廓线和辅助线

相关的辅助线和轮廓线也都绘制完成，然后整理和修剪各多余线段，完成后如图6-17所示。

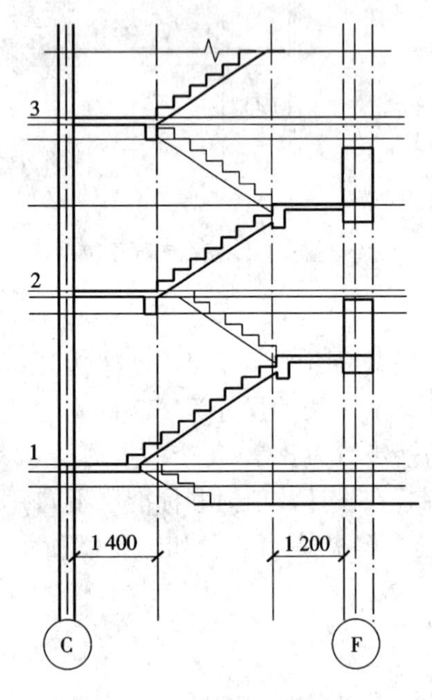

图6-16 绘制其他轮廓线

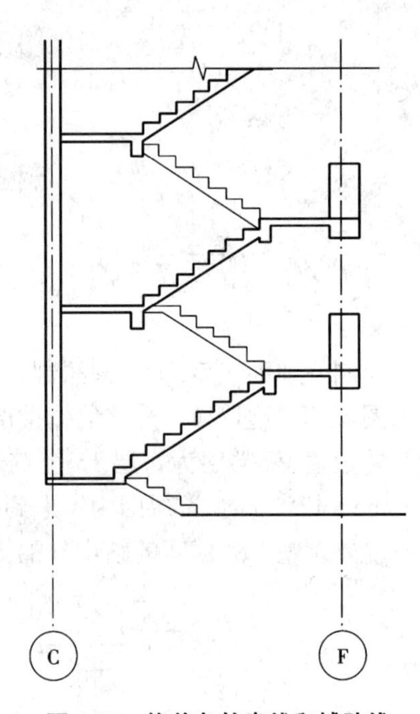

图6-17 修剪各轮廓线和辅助线

6. 填充墙体材料图例

基本轮廓修剪好后，对墙体进行混凝土和钢筋的图示填充。钢筋的图示，选择【图案填充】的"图案"→"图案填充选项板"中ANSI下的ANSI31图示。混凝土的图示，选择【图案填充】的"图案"→"图案填充选项板"中"其他预定义"下的AR－CONC图示。填充的比例视实际情况来自行设置，具体如图6-18、图6-19所示。

7. 绘制门窗和栏杆扶手

接下来完善其他的图示，门、窗和楼梯的栏杆扶手等。门尺寸高为2 000 mm，宽为900 mm，窗的尺寸根据剖切的墙体的高度来定，楼梯的栏杆高为900 mm，具体如图6-20所示。

8. 标注尺寸、文本

最终标注尺寸和各部分的文字说明，完成全图。如图6-21所示。

9. 插入图框标题栏，完成剖面图

本图仍然沿用A3标准图纸的样式，将详图放入到图框相应的位置中，完成全图。

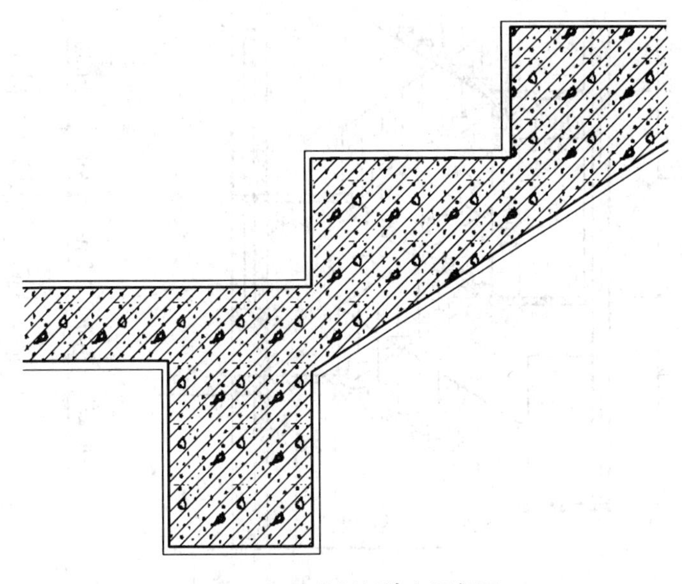

图 6-18　墙体材料填充局部图

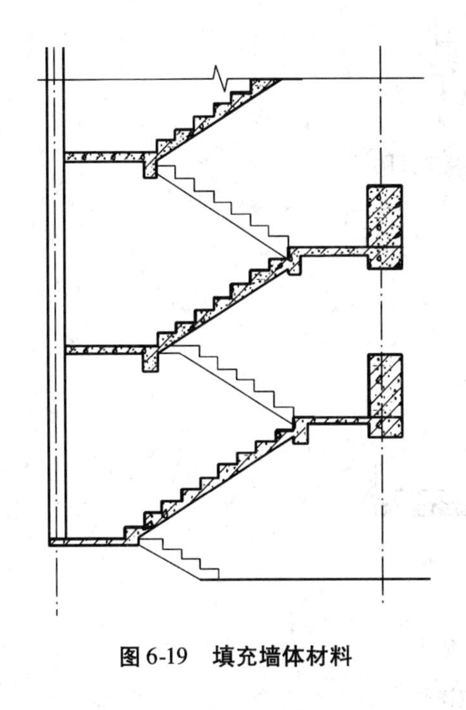

图 6-19　填充墙体材料

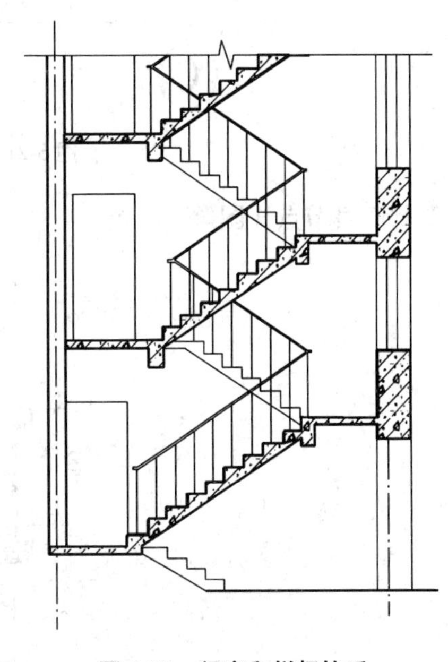

图 6-20　门窗和栏杆扶手

任务二　绘图墙身节点详图

一、识图

墙身节点详图是建筑施工图中的一个重要组成部分，是对某些复杂的剖面图不易表达清楚的部位的放大表达。由于其比例较大，相应各部位细节必须表达清楚。AutoCAD 利用绘制辅助线，使复杂的墙身节点详图的绘制过程变得简单而快捷。下面将以图 6-22 为例学

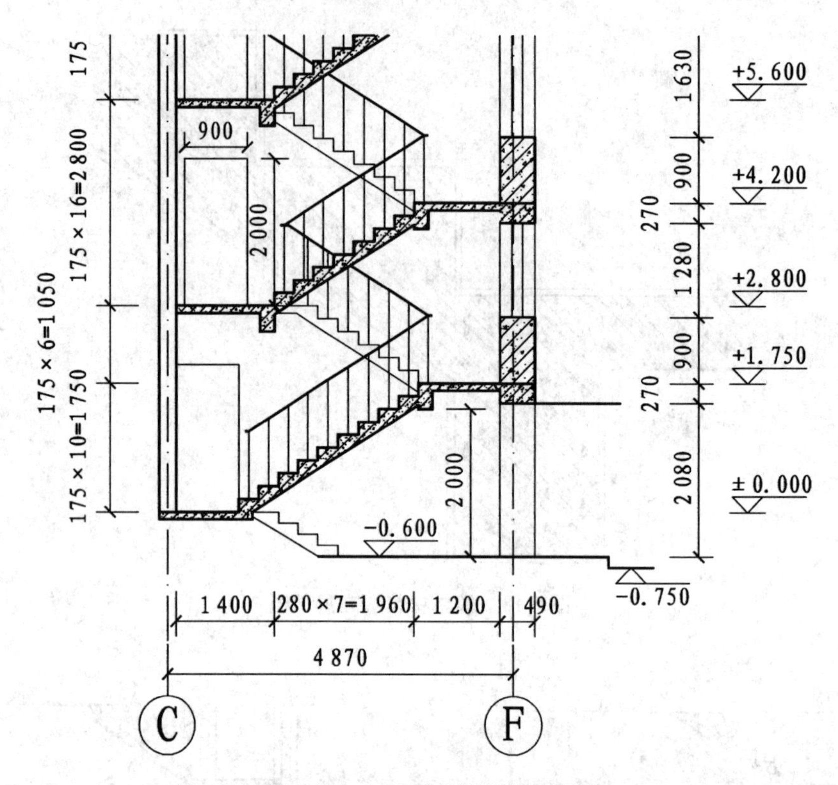

图 6-21 1 ~3 层的楼梯剖面图

习绘制墙身节点详图。

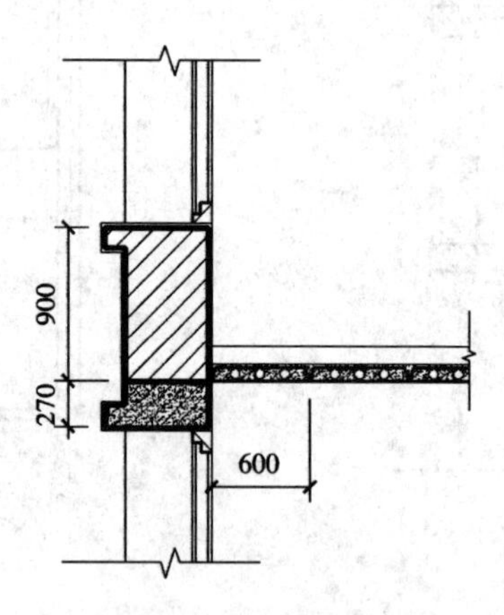

图 6-22 墙身节点详图

二、墙身详图的图示内容

图 6-22 所示的墙身详图表达了墙身的侧面剖切的墙、过梁和楼板的连接处,其中显示了墙体、过梁和楼板的尺寸以及材料的填充内容。

三、建立绘图环境

此项同楼梯剖面图的设置。

四、新知识点

【缩放】调用方式:

①	菜单栏	“修改”→“缩放”
②	工具栏	“修改”→
③	命令行	SCALE(SC)

缩放命令用于将选择的图形对象按照指定的比例因子或参考值进行放大或缩小，使用此命令可以创建形状相同、大小不同的图形结构。也可以为对象指定当前长度和新长度。大于 1 的比例因子使对象放大，介于 0 ~ 1 的比例因子使对象缩小。

命令：scale ↙	启动“缩放”工具
选择对象：	选择要缩放的对象，回车确认
指定基点：	选择基点，也就是不动点
指定比例因子或［复制(C)/参照(R)］ <1.0000>：	选择缩放的倍数，回车确认
	C 表示缩放的图形将以复制形式体现
	R 表示可选择参照缩放
指定参照长度：	可以输入数值或是选择基础边
指定参照长度 <410.1238>： 指定第二点：	选择基础边作出新的长度
指定新的长度或［点(P)］ <2000.0000>：	结束命令

此命令在本例中用来缩放折断线，首先按折断线的标准尺寸绘制出来，建议用多段线绘制以保持该图形的完整性。选取一点绘制出一条水平线，然后输入(@100,300)确定折断线挑出的上点，再输入(@200，-600)确定折断线挑出的下点，再次输入(@100,300)回到水平线上，然后向右继续绘制出一段水平线，完成绘制。如图 6-23 所示。

图 6-23　缩放折断线

此图在绘制楼梯或其他图形的时候通用，但是应用到节点详图的时候尺寸过大，通常绘制出一个通用图例后就不再重新绘制，所以就运用到了“缩放”工具，在不改变整体形状的情况下改变比例，步骤如下。

(1)将原始图形放置到要折断的部位，如图 6-24 所示。启动“缩放”工具，选择整个折断线，按回车键确认。

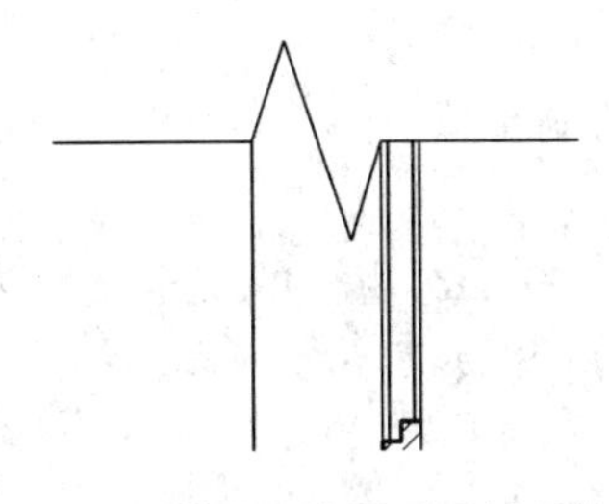

图 6-24　原始图形放置到要折断的部位

(2)指定基点,进行确认,如图 6-25 所示。

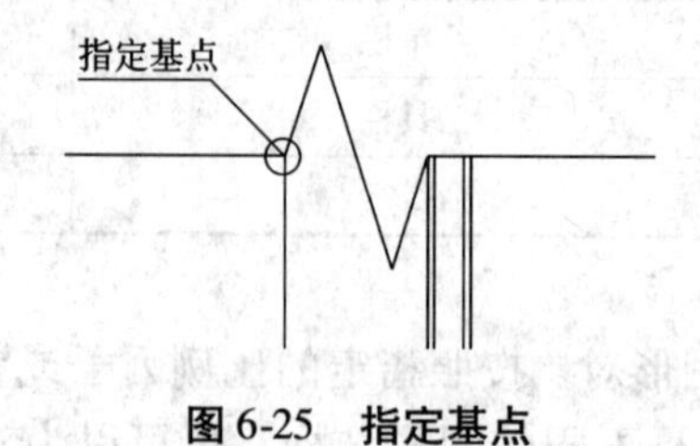

图 6-25　指定基点

(3)选择“参照(R)”,指定参照长度、起点和端点,如图 6-26 所示。

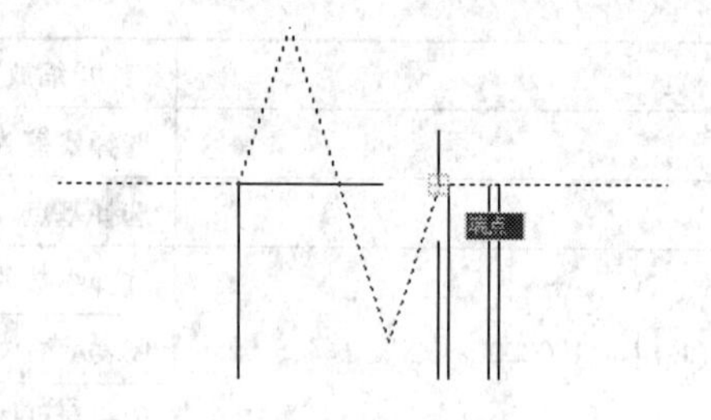

图 6-26　指定参照长度、起点和端点

(4)根据需要或是指定长度,定位出新的长度,如图 6-27、图 6-28 所示。

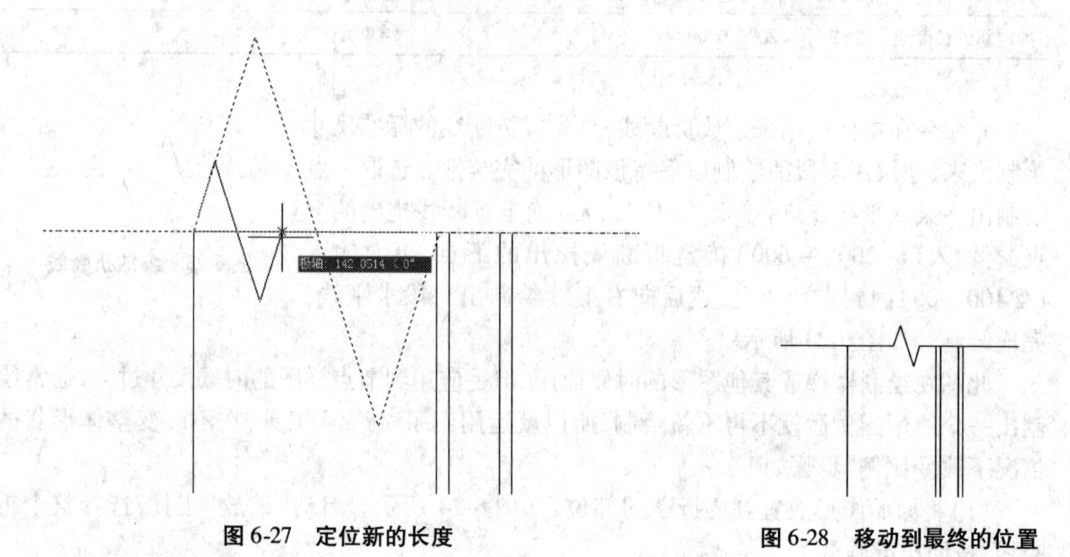

图 6-27　定位新的长度　　图 6-28　移动到最终的位置

五、绘制图形

下面主要介绍墙身详图的绘制步骤。

1. 绘制辅助线

将墙体的尺寸先定位,墙厚 490 mm,窗台的挑出宽度为 120 mm,用辅助线把墙体的整体位置定好,圆圈为墙体的定位角点,如图 6-29 所示。

2. 绘制墙体轮廓线

连接定位点,把墙体轮廓线画出来,连接中间的过梁上线,过梁上部墙体部分高 900 mm,墙体和过梁用粗实线表示,然后将整体轮廓线向外偏移 25 个单位,形成抹灰线,抹

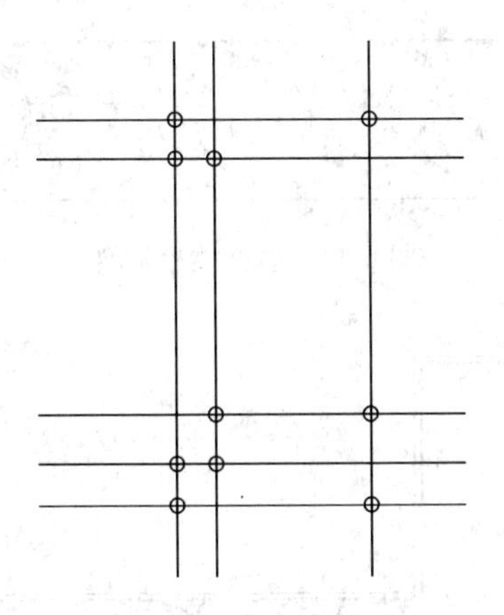

图 6-29　绘制辅助线

灰线用细实线表示,如图 6-30、图 6-31 所示。

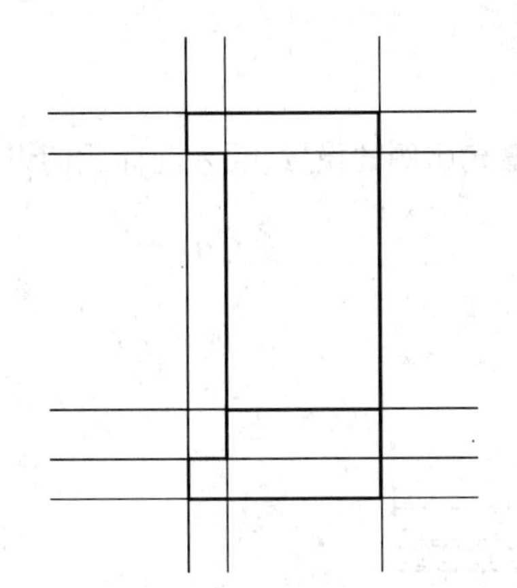

图 6-30　绘制墙体轮廓线(一)

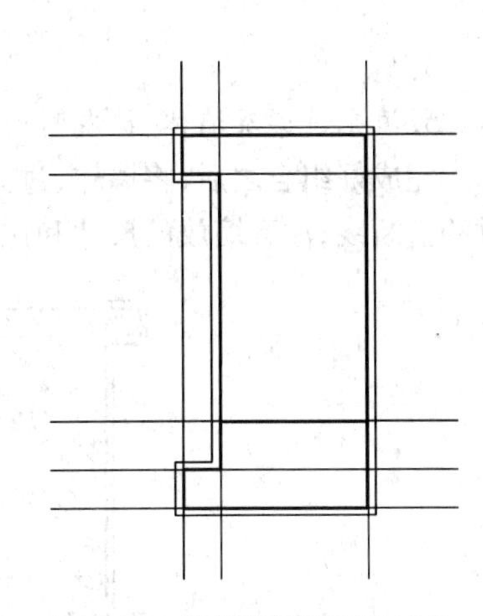

图 6-31　绘制墙体轮廓线(二)

3. 绘制预制空心板

绘制好墙体后,我们来看下楼板的绘制,本例中我们给大家介绍预制空心板的绘制,空心板长 600 mm,厚 80 mm,板内外空心圆直径为 60 mm,内空心圆直径为 56 mm,如图 6-32 所示。

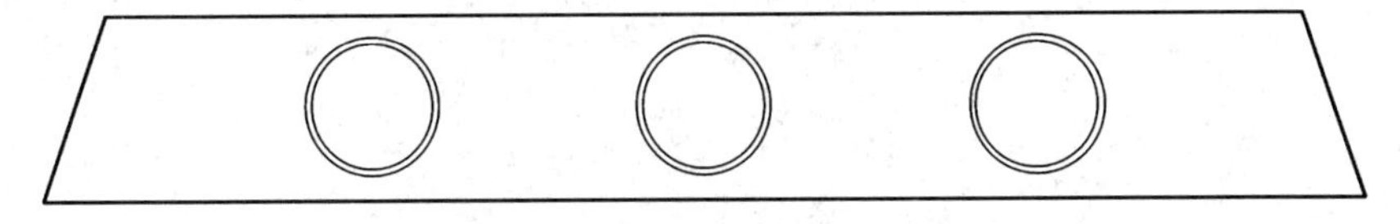

图 6-32　绘制预制空心板

完成外轮廓后填充楼板材料,如图 6-33 所示。

4. 插入预制板

绘制好预制空心板后,将墙体和楼板结合起来,由于楼板数量比较多,所以建议将其创建为块,再插入墙体,如图 6-34 所示。

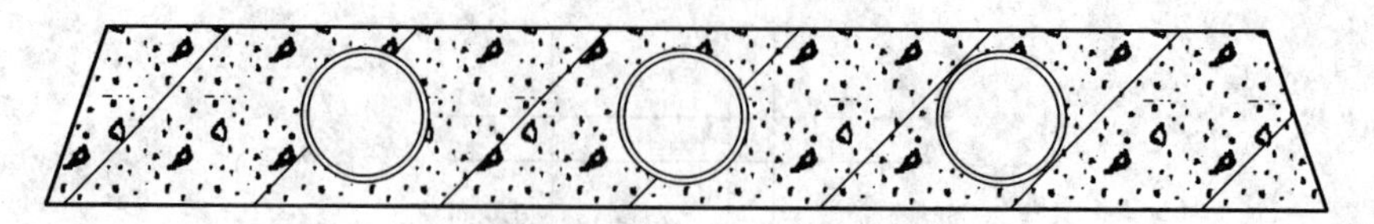

图 6-33　填充楼板材料

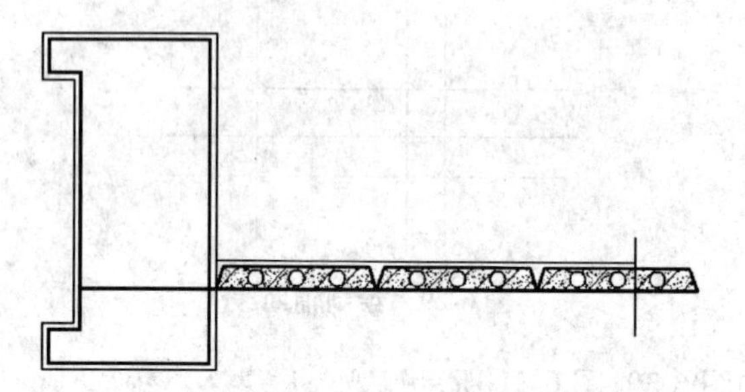

图 6-34　插入预制板

5. 填充过梁及墙体、抹灰材料

完成好组合之后，将墙体、过梁和抹灰填充材质，注意填充比例的设置，插入前面我们讲过的折断线，注意缩放的尺寸和比例，如图 6-35 所示。

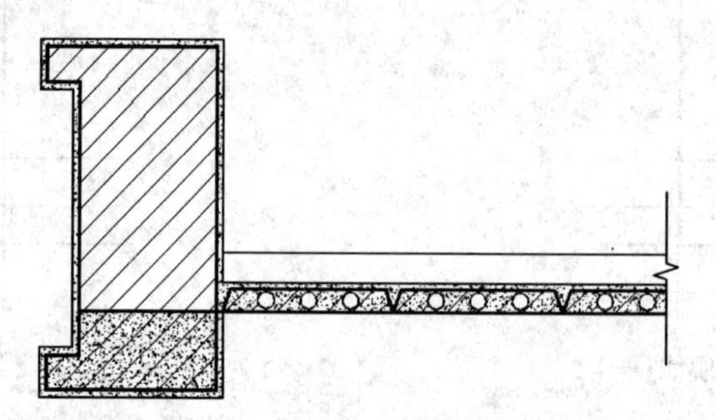

图 6-35　填充过梁及墙体、抹灰材料

6. 完成其他细节的绘制

最终把细节绘制好，完成全图。如图 6-36 所示。

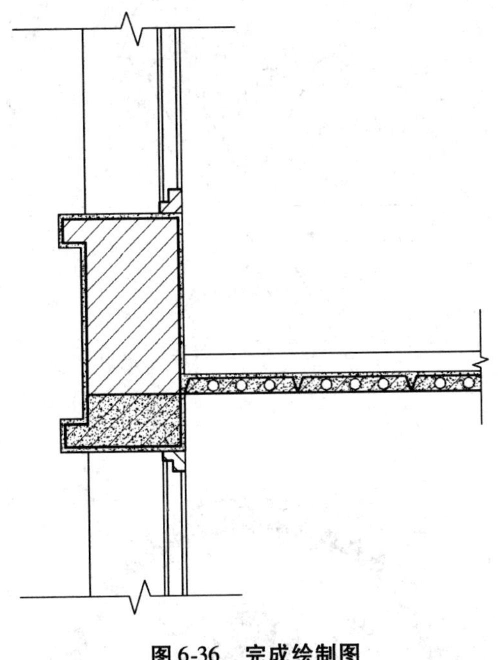

图 6-36　完成绘制图

项目总结

本项目通过实例,向读者介绍了楼梯间详图、楼梯剖面详图和墙身节点详图的绘制过程,使大家更进一步了解建筑详图的特点和类型,帮助大家理解建筑施工图的内容,以便更好地识图绘图。

课后拓展

练习 1

练习 2

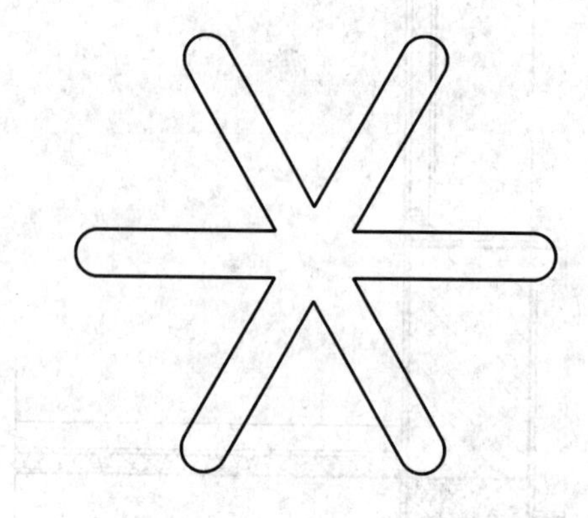

练习 3

项目七　编制建筑施工总说明

本项目主要讲解建筑制图中一个很重要的组成部分——建筑施工总说明。在建筑图纸中,建筑施工总说明一般在图纸的第一页,主要内容包括图纸目录、设计说明、工程做法和门窗表。本项目就通过对建筑施工总说明所包含的内容,为读者讲解各种涉及文字内容的图形对象的创建方法。

项目要点

如图 7-1 所示,建筑施工总说明包含各种说明文字和表格,所以在建筑施工总说明的创建过程中,一般会使用到新的知识点:【文字样式】、【单行文字】、【多行文字】、【表格】等命令,在绘制的同时,有时候需要借助之前用过的二维制图中的【构造线】、【分解】等命令,并要灵活地运用【对象捕捉】和【夹点编辑】功能。

任务一　确定施工总说明内容

一、图纸目录及门窗表

图纸目录说明工程由哪几类专业图纸组成,记录着各专业图纸的名称、张数和图纸顺序,便于查阅图纸,它是了解整个建筑设计整体情况的目录,从中可以了解图纸数量、出图大小、工程号、建筑单位及整个建筑物的主要功能。如果图纸目录与实际图纸有出入,必须要仔细核对情况。门窗表就是门窗编号以及门窗尺寸和做法,这在结构中计算荷载是必不可少的。

门窗表是对建筑物上所有不同类型的门窗统计后列成的表格,以备施工、预算需要。

二、建筑施工总说明

施工说明是对图样中无法表达清楚的内容用文字加以详细的说明,其主要内容有:建设工程概况、建筑设计依据、所选用的标准图集的代号、建筑装修、构造的要求以及设计人员对施工单位的要求。

建筑施工总说明对结构设计是非常重要的,因为建筑施工总说明中会提到很多做法及许多结构设计中要使用的数据,比如建筑物所处位置(结构中用以确定设防裂度及风载雪载),黄海标高(用以计算基础大小及埋深、桩顶标高等,没有黄海标高,就根本无法施工),墙体做法、地面做法、楼面做法等(用以确定各部分荷载)。总之,看建筑设计说明时不能草率,这是关系到结构设计正确与否的关键环节。

某住宅建筑施工总说明

一、工程说明

1. 设计依据

(1) 建设单位及有关领导部门审批文件

(2) 城建局、规划局、土地局、电管局、市政工程等有关部门审批文件

(3) 国家现行有关建筑设计规范及施工规范

2. 工程概况

(1) 此建筑为城市型住宅，位于城市居住小区。建筑总层数：7层。层高：2 800mm。总高度：20.40m。

(2) 建筑分类和耐火等级：多层民用建筑二级耐火等级。建筑耐久年限：50年。

(3) 建筑结构类型：砖混结构。抗震设防烈度：6度。

(4) 屋面防水等级：2级。

(5) 标高：本建筑室内±0.000标高相当于绝对标高262.800。

二、材料

1. 结构材料：按结施图采用。

2. 砌体材料：实心岩页岩、砂浆详结施，墙身防潮层采用防水砂浆防潮。未注明的墙体厚度为240mm，未注明的门垛为60mm。

3. 装修材料：详见装修说明。

4. 其余材料：详见有关图纸。

5. 排水、防水。

a. 卫生间地面采用二布六涂氯丁胶乳沥青防水涂料。

b. 装修材料详见装修工程说明。

C. 其余材料详见有关图纸。

三、标注

1. 标注单位：总图及标高为“m”，其余均为“mm”。

2. 墙深尺寸图中未标注墙厚为240mm，门垛为60mm。

3. 图纸中与结构有关尺寸均见结施图。

四、其他

1. 未尽事宜按国家有关规范及标准执行。

2. 如有变动应由建设及设计单位协商解决。

3. 外墙材料的材质、色彩及贴面方式由设计方决定。

4. 本图应与其他工程施工图配合使用。

工程做法

项目	做法名称	适用范围	备注
地面	水泥砂浆地面	室外地面	
楼面	水泥石屑地面	所有房间	
	水泥砂浆楼面	卫生间、厨房	防水层为二布六涂氯丁乳胶沥青防水材料
	水泥豆石楼面	楼梯间	
	水泥砂浆踢脚	厨房卫生间	
踢脚板	水泥砂浆踢脚	所有房间、楼梯间	
	水泥砂浆刷乳胶漆墙面	所有房间	
内墙面	混合砂浆刷乳胶漆墙面	楼梯间	中级抹灰刷内墙涂料
	混合砂浆刷乳胶漆	所有房间	中级抹灰刷内墙涂料
天棚	水泥砂浆刷乳胶漆	阳台、楼梯间	
	面砖饰面	具体详见各立面图	白色乳胶漆罩面
踢脚板	乳白色油性调和漆	所有木门	
油漆	黑色醇酸磁漆	楼梯栏杆扶手、房间防护栏杆	
	晒衣架	阳台晒衣架	
其他	防盗网	底层窗洞及阳台	甲方自理

门窗表

类型	设计编号	洞口尺寸(mm)	数量							
			1层	2层	3层	4层	5层	6层	7层	合计
门	M-1	1500×2200	3							3
	M-2	900×2000	12	12	12	12	12	12	12	84
	M-3	900×2000	12	12	12	12	12	12	12	84
	M-4	700×2000		2	2	2	2			8
窗	C-1	2100×1500	6	6	6	6	6	6	6	42
	C-2	1800×1500	12	12	12	12	12	12	12	84
	C-3	1500×1500		3	3	3	3	3	3	18

xx住宅施工设计总说明		比例	
		图号	
班级		XX职业学院	
姓名			

图7-1 建筑施工总说明

任务二　创建建筑施工总说明

一、新知识点

1. 设置文字样式

(1)文字标准规定。

《房屋建筑制图统一标准》(GB—T 50001—2001)中要求图纸上所需书写的文字、数字或符号等均应笔画清晰、字体端正、排列整齐,标点符号应清楚正确。文字的字高应从如下高度中选用:3.5、5、7、10、14、20 mm。如需书写更大的字,其高度应按 $\sqrt{2}$ 的比值递增。图样及说明中的汉字宜采用长仿宋体,宽度与高度的关系应符合表 7-1 的规定。大标题、图册封面、地形图等里的汉字也可书写成其他字体,但应易于辨认。

表 7-1　长仿宋体字高和字宽的关系(mm)

字高	20	14	10	7	5	3.5
字宽	14	10	7	5	3.5	2.5

分数、百分数和比例数的注写,应采用阿拉伯数字和数学符号,例如四分之三、百分之二十五和一比二十应分别写成3/4、25% 和1:20。当注写的数字小于1 时,必须写出个位的0,小数点采用圆点、齐基准线书写,例如0.01。

在 AutoCAD 中,所有文字都有与之相关联的文字样式。在创建文字注释和尺寸标注时,AutoCAD 通常使用当前的文字样式。也可以根据具体要求重新设置文字样式或创建新的样式。文字样式包括文字"字体"、"字型"、"高度"、"宽度系数"、"倾斜角"、"反向"、"倒置"以及"垂直"等参数。

(2)【文字样式】调用方式。

①	菜单栏	"格式"→"文字样式"
②	命令行	STYLE(ST)

调用命令后弹出对话框如图 7-2 所示。

在"文字样式"对话框中,可以显示文字样式的名称、创建新的文字样式、为已有的文字样式重命名以及删除文字样式。

"文字样式"对话框的"字体"选项区用于设置文字样式使用的字体属性。

字体名下拉列表框:用于选择字体,如宋体、仿宋等;

字体样式下拉列表框:用于选择字体格式,如斜体、粗体和常规字体等。

使用大字体复选框:"字体样式"下拉列表框变为"大字体"下拉列表框,用于选择大字体文件。

效果项目组:可以设置文字的显示效果。如图 7-3 所示。

在"文字样式"对话框的"预览"选项区域中,可以预览所选择或所设置的文字样式效果。设置完文字样式后,单击"应用"按钮即可应用文字样式。然后单击"关闭"按钮,关闭

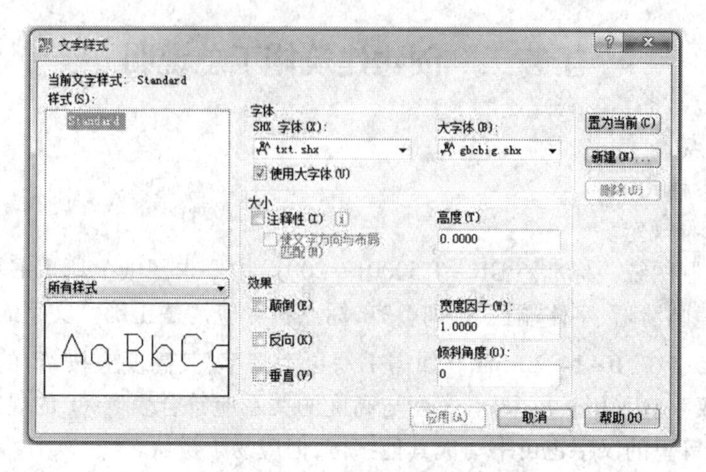

图 7-2 “文字样式”对话框

图 7-3 文字显示效果

“文字样式”对话框。

2. 单行文字

【单行文字】调用方式：

①	菜单栏	“绘图”→“文字”→“单行文字”
②	命令行	DTEXT

命令行提示如下。

命令：dtext↙	启动“单行文字”工具
当前文字样式：Standard 当前文字高度：0.0000	默认设置
指定文字的起点或[对正(J)/样式(S)]：	指定文字的起点
指定高度 <2.5000>：	输入文字的高度
指定文字的旋转角度 <0>：	输入文字的旋转角度

在命令行提示下，设置文字高度和旋转角度后，在绘图区将出现单行文字动态输入框，其中包含一个高度为文字高度的边框，该边框将随用户的输入而展开。

命令行提示包括“指定文字的起点”、“对正”和“样式”3 个选项。其中“指定文字的起点”为默认项,用来确定文字行基线的起点位置;“对正(J)”选项用来确定标注文字的排列方式及排列方向;“样式(S)”选项用来选择文字样式。

3. 多行文字

【多行文字】调用方式:

①	菜单栏	“绘图”→“文字”→“多行文字”
②	工具栏	“绘图”→ A
③	命令行	MTEXT

命令行提示如下。

命令: mtext ↙	启动“多行文字”工具
当前文字样式:“Standard”　当前文字高度:0.000	默认设置
指定第一角点:	指定多行文字输入区的第一个角点
指定对角点或[高度(H)/对正(J)/行距(L)/旋转(R)/样式(S)/宽度(W)]:	系统给出 6 个选项

在命令行提示中有 6 个选项,分别为“高度”、“对正”、“行距”、“旋转”、“样式”、“宽度”,其中“高度(H)”选项用于设置文字框的高度;“对正(J)”选项用来确定文字排列的方式,与单行文字类似;“行距(L)”选项用来为多行文字对象制定行与行之间的距离;“旋转(R)”选项用来确定文字的倾斜角度;“样式(S)”选项用来确定多行文字采用的字体样式;“宽度(W)”选项用来确定标注文字框的宽度。

当设置好以上选项后,系统提示“指定对角点:”此选项用来确定标注文字框的另一个对角点,AutoCAD 将在这另一个对角点形成的矩形区域内进行文字标注,矩形区域的宽度就是所标注文字的宽度。

当指定了对角点之后,弹出如图 7-4 所示的多行文字编辑器,也叫在位文字编辑器,用户可以在编辑框中输入需要插入的文字。

多行文字编辑器由多行文字编辑框和“文字格式”工具栏组成,多行文字编辑器中包含了制表位和缩进,因此可以轻松地创建段落,并可以轻松地对文字元素边框进行文字缩进。制表位、缩进的运用与 Microsoft Word 相似。如图 7-5 所示,标尺左端上面的小三角为“首行缩进”标记,该标记用于控制首行的起始位置。标尺左端下面的小三角为“段落缩进”标记,该标记用于控制该自然段左端的边界。标尺右端的两个小三角为设置多行对象的宽度标记。单击该标记然后按住鼠标左键拖动便可以调整文字宽度。标尺下端的两个小三角用于设置多行文字对象的长度。另外用鼠标单击标尺还能够生成用户设置的制表位。

除了多行文字编辑区,在位文字编辑器还包含“文字格式”工具栏、“段落”对话框、“栏”菜单和“显示选项”菜单,如图 7-6 所示。在多行文字编辑框中,可以选择文字,在“文字格式”工具栏中可以修改文字大小、字体、颜色等格式,即可完成在一般文字编辑中常用的一些操作。

图 7-4 多行文字编辑器

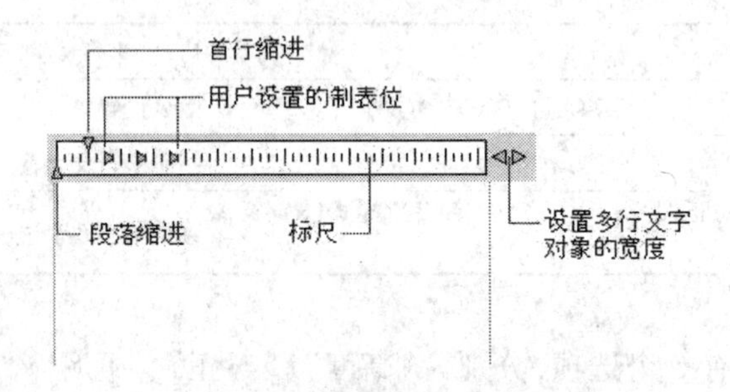

图 7-5 多行文字编辑框的标尺功能

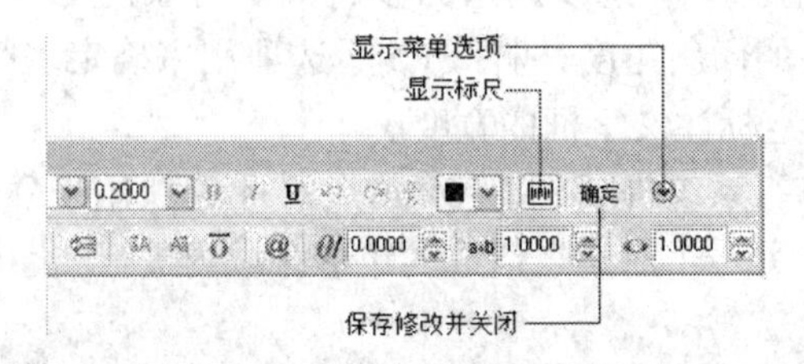

图 7-6 “文字格式”工具栏

二、创建建筑施工总说明

图 7-7 中的文字为本例“施工图设计总说明”的一部分。其中文字“一、工程说明”字高“700”,其余文字高 350,所有文字采用“仿宋”,宽高比例为“0.7”。

2. 操作步骤

(1)选择【格式】→【文字样式】,弹出“文字样式”对话框,新建样式名为“施工说明文字”,字体名为“仿宋”,宽高比例为“0.7”,如图 7-8 所示设置。

然后单击 应用(A) → 关闭(C) ,完成“施工说明文字”样式的创建。

(2)选择【文字】→【多行文字】或单击工具栏【绘图】→ A ,命令行提示指定第一个角点和对角点,在绘图区拾取第一个角点和对角点,弹出在位文字编辑器,在“文字样式”下拉列表框中选择文字样式“施工说明文字”,输入“一、工程说明”,效果如图 7-9 所示。

(3)输入文字“一、工程说明”后,按回车键,输入其他分项文字,效果如图 7-10 所示。

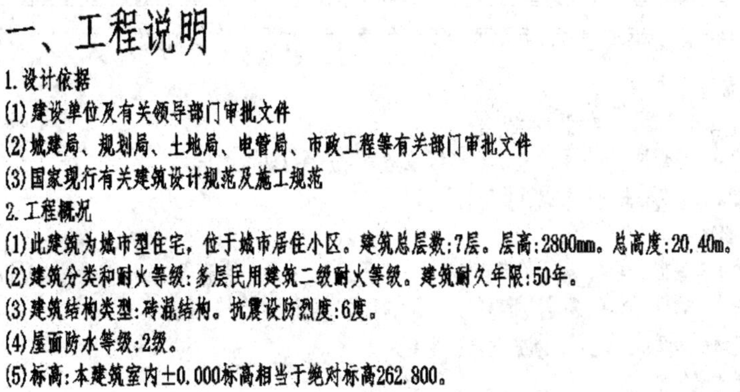

一、工程说明
1.设计依据
(1)建设单位及有关领导部门审批文件
(2)城建局、规划局、土地局、电管局、市政工程等有关部门审批文件
(3)国家现行有关建筑设计规范及施工规范
2.工程概况
(1)此建筑为城市型住宅，位于城市居住小区。建筑总层数:7层。层高:2800mm。总高度:20.40m。
(2)建筑分类和耐火等级:多层民用建筑二级耐火等级。建筑耐久年限:50年。
(3)建筑结构类型:砖混结构。抗震设防烈度:6度。
(4)屋面防水等级:2级。
(5)标高:本建筑室内±0.000标高相当于绝对标高262.800。

图 7-7　部分施工设计说明文字效果

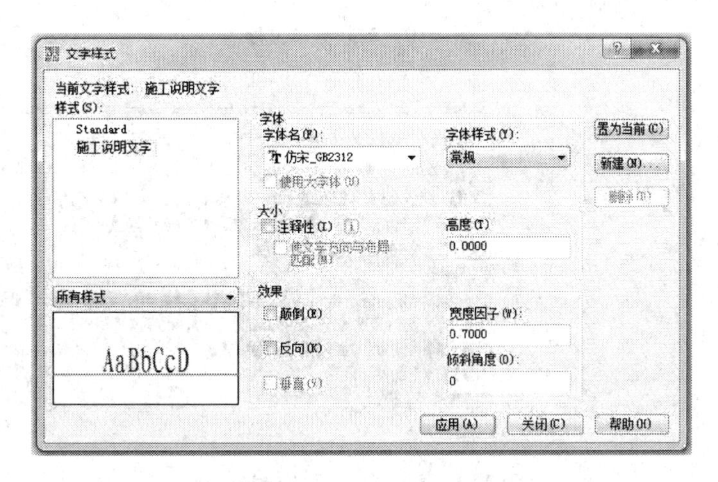

文字样式
当前文字样式：施工说明文字
样式(S):
Standard
施工说明文字
字体
字体名(F):
仿宋_GB2312
字体样式(Y):
常规
使用大字体(U)
置为当前(C)
新建(N)...
删除(D)
大小
注释性(I)
使文字方向与布局匹配(M)
高度(T)
0.0000
所有样式
效果
颠倒(E)
反向(K)
垂直(V)
宽度因子(W):
0.7000
倾斜角度(O):
0
AaBbCcD
应用(A)
关闭(C)
帮助(H)

图 7-8　“文字样式”对话框

文字格式
施工说明文字
仿宋
350
确定
0.0000
1.0000
0.7000
一、工程说明

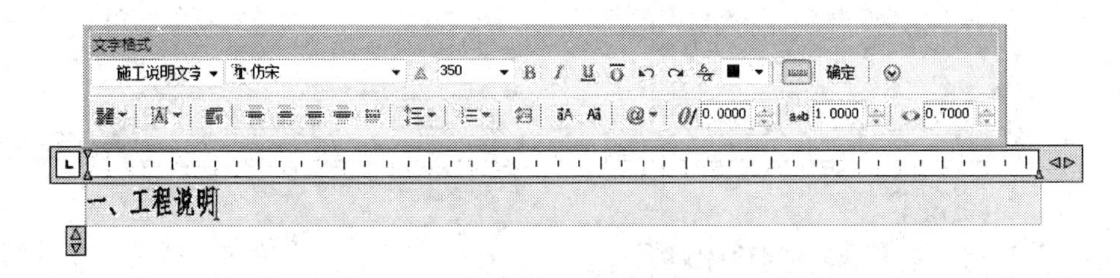

图 7-9　输入标题文字

(4)单击“符号”按钮 @ ,如图 7-11 所示,在弹出的下拉列表中选择【正/负】命令,插入“ ± ”号。然后继续完成其他分项文字,效果如图 7-12 所示。

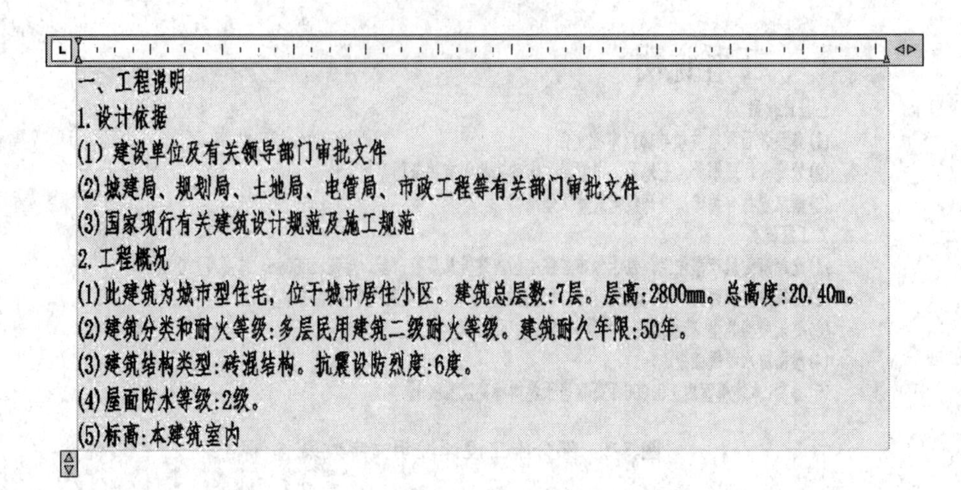

图 7-10　输入分项文字

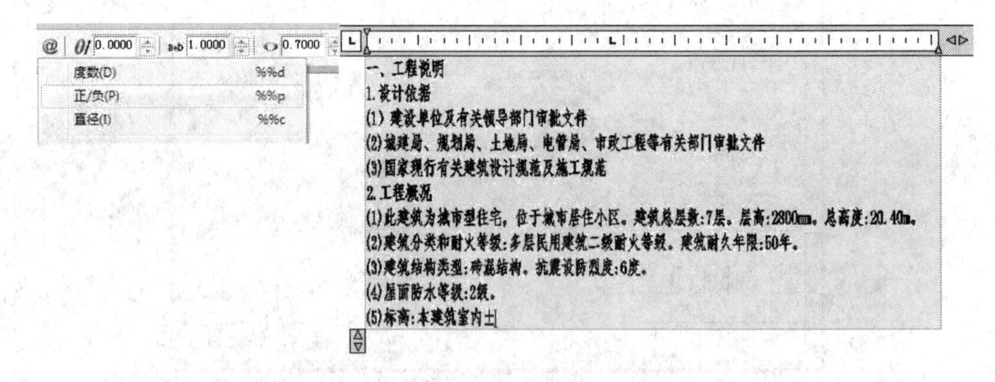

图 7-11　插入“±”号方法与效果

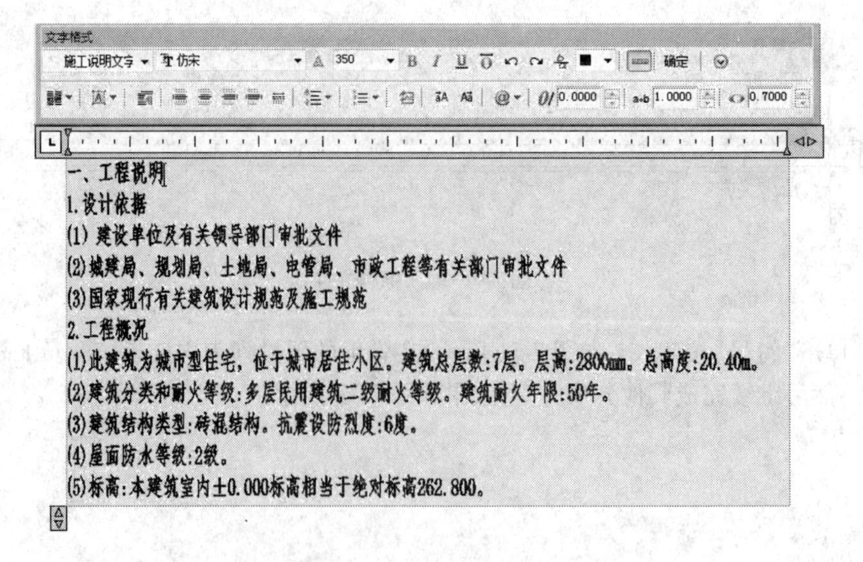

图 7-12　文字输入效果

(5)选择文字“一、工程说明”,在“文字样式”文本框中输入700,如图7-13所示。

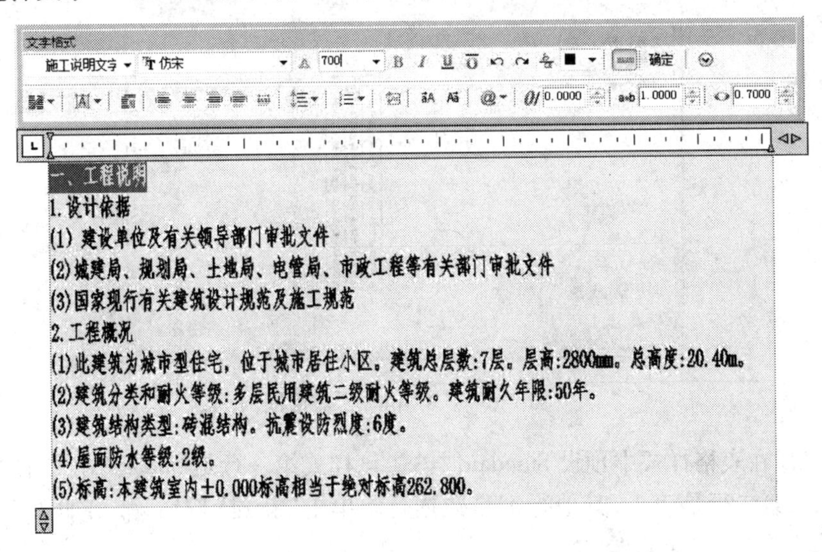

图7-13　设置标题文字大小

(6)单击“确定”按钮,标题文字调整后得如图7-7所示效果。

任务三　创建门窗表

一、新知识点

表格功能是AutoCAD在2006版本才开始推出的,在2005版本以及更低版本中,是没有表格功能的,表格功能的出现很好地满足了实际工程的需要,在实际工程制图中,例如建筑制图中的门窗表,都需要表格功能来完成。如果没有表格功能,使用单行文字和直线来绘制表格是很烦琐的,在2008版本中,表格功能得到了空前的加强和完善,表格的一些操作都可以通过控制台上的“表格”面板来实现,如图7-14所示,下面介绍其具体的使用方法。

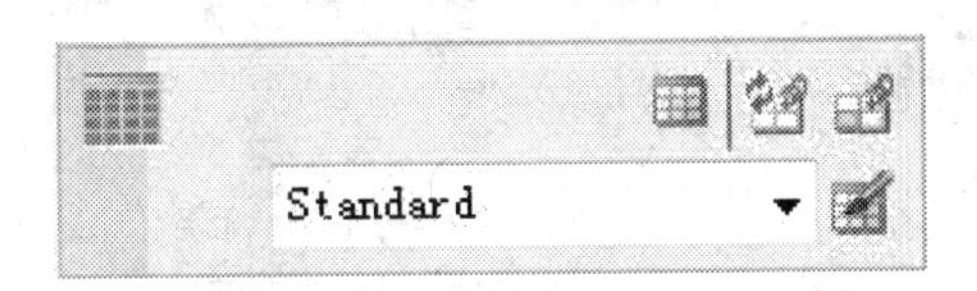

图7-14　“表格”面板

1. 创建表格样式

表格样式控制一个表格的外观,用于保证标准的字体、颜色、文本、高度和行距。可以使用默认的表格样式,也可以根据需要自定义表格样式。

【表格样式】调用方式:

①	菜单栏	“格式”→“表格样式”
②	工具栏	“样式”→
③	命令行	TABLESTYLE

弹出如图7-15所示“表格样式”对话框,“样式”列表中显示了已创建的表格样式。

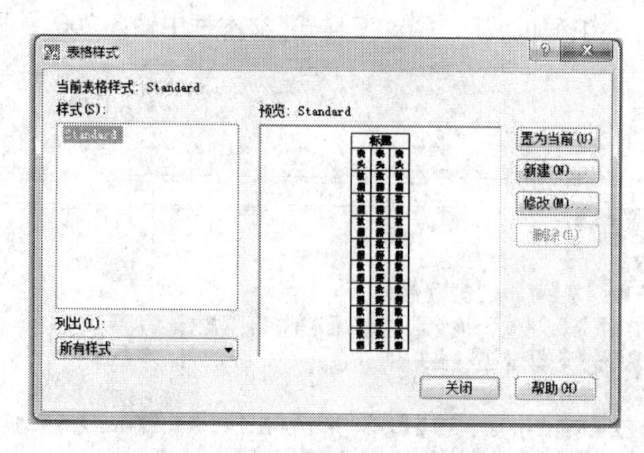

图 7-15 “表格样式”对话框

AutoCAD 在表格样式中预设 Standard 样式,该样式第一行是标题行,由文字居中的合并单元行组成,第二行是表头,其他行都是数据行。单击“新建”按钮,弹出如图 7-16 所示的“创建新的表格样式”对话框。

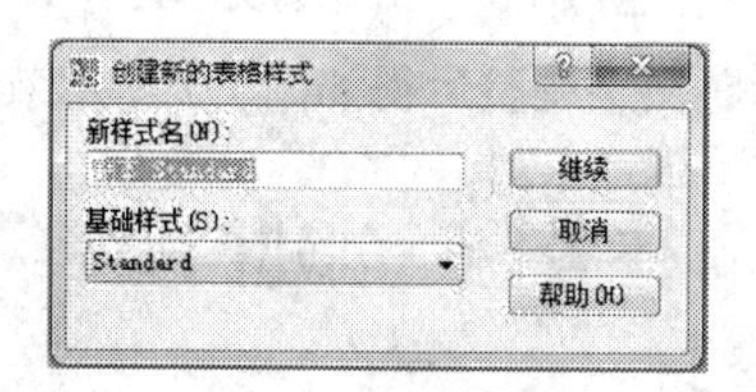

图 7-16 “创建新的表格样式”对话框

在“新样式名”文本框中可以输入表格样式名称,在“基础样式”下拉列表框中选择一个表格样式为新的表格样式的默认设置,单击“继续”按钮,弹出如图 7-17 所示的“新建表格样式”对话框,在该对话框中可以对样式进行具体设置。

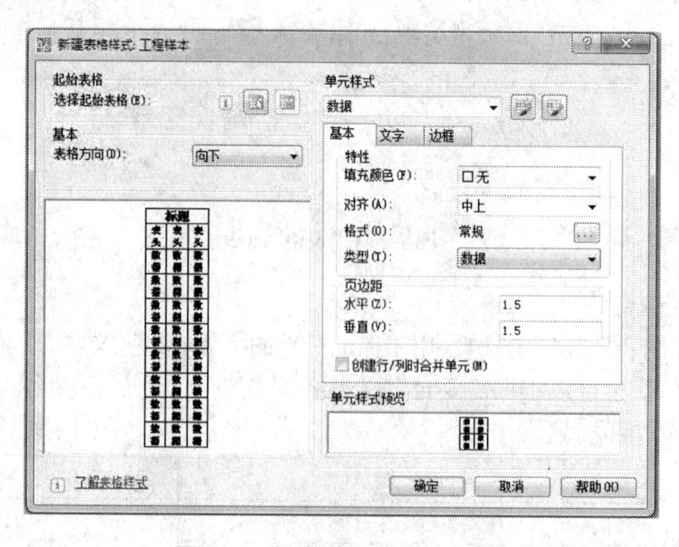

图 7-17 “新建表格样式”对话框

“新建表格样式”对话框由“起始表格”、“基本”、“单元样式”和“单元样式预览”4 个选项组组成，“起始表格”选项组允许在图形中指定一个表格用作样例来设置此表格样式的格式；“基本”选项组用于更改表格方向。

单元样式选项组：用于定义新的单元样式或修改现有单元样式，可以创建任意数量的单元样式，如图 7-18 所示单元样式选项组，选项组中提供“基本”、“文字”和“边框”选项卡，用于设置创建单元样式的单元、单元文字和单元边界的外观。

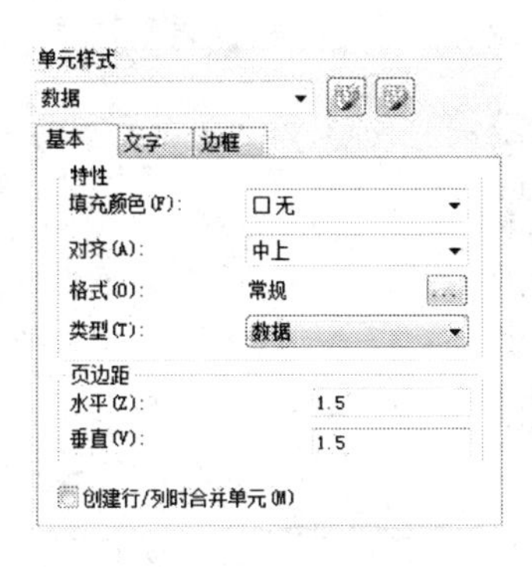

图 7-18　单元样式中的“基本”选项卡

文字选项卡：对文字的样式、高度、颜色、角度等进行修改，如图 7-19 所示。

边框选项卡：如图 7-20 所示，对边框的线宽、线型、颜色、是否双线等进行设置，并通过底部按钮对单元格每条线进行单独设置。

图 7-19　单元样式中的“文字”选项卡

图 7-20　单元样式中的“边框”选项卡

2. 创建表格

【表格】调用方式

①	菜单栏	“绘图”→“表格”
②	工具栏	“绘图”→
③	命令行	TABLE

弹出如图 7-21 所示的“插入表格”对话框。

“插入选项”选项组：提供了 3 种插入表格的方式。

从空白表格开始单选按钮：表示创建可以手动填充数据的空白表格。

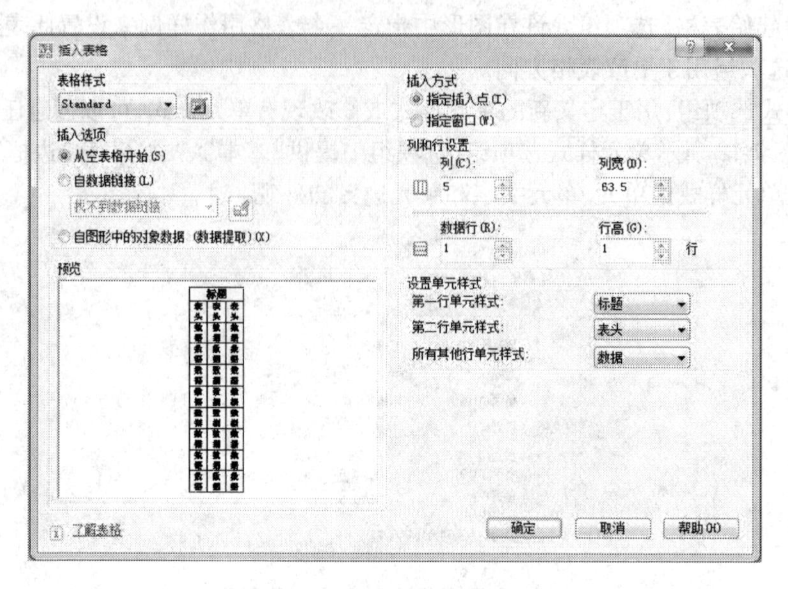

图 7-21 “插入表格”对话框

自数据连接单选按钮:表示从外部电子表格中的数据创建表格。

自图形中的对象数据单选按钮:表示启动“数据提取”向导来创建表格。

当选中“从空表格开始”单选按钮时,“插入表格”对话框如图 7-21 所示,可以设置表格的各种参数,该对话框中各选项含义如下。

表格样式下拉列表框:用于设置表格采用的样式,默认样式为 Standard。

预览窗口:显示当前选中表格样式的预览形状。

插入方式选项组:用于设置表格插入的具体方式,选中“指定插入点”单选按钮时,需指定表左上角的位置。如果表样式将表的方向设置为由下而上读取,则插入点位于表的左下角。选中“指定窗口”单选按钮时,需指定表的大小和位置,行数、列数、列宽和行高取决于窗口的大小以及列和行的设置。

列和行设置选项组:设置列和行的数目和大小。

设置单元样式选项组:用于对那些不包含起始表格的表格样式,指定新表格中行的单元格式。

设置完参数后,单击“确定”按钮,可以在绘图区插入表格,效果如图 7-22 所示。

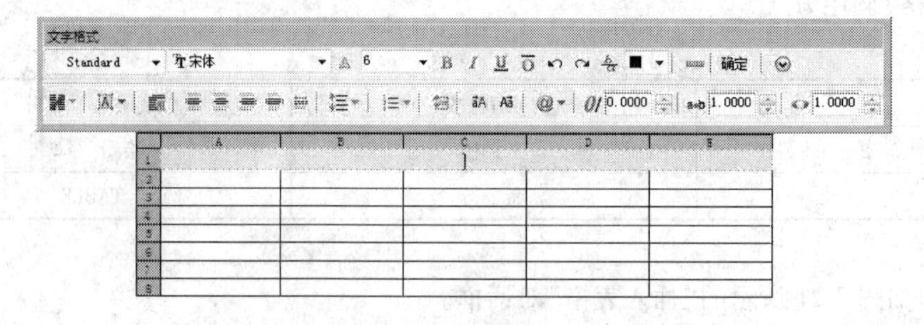

图 7-22 空表格内容输入状态

当选中"自数据链接"单选按钮时,"插入表格"对话框仅"指定插入点"可选,效果如图7-23所示。

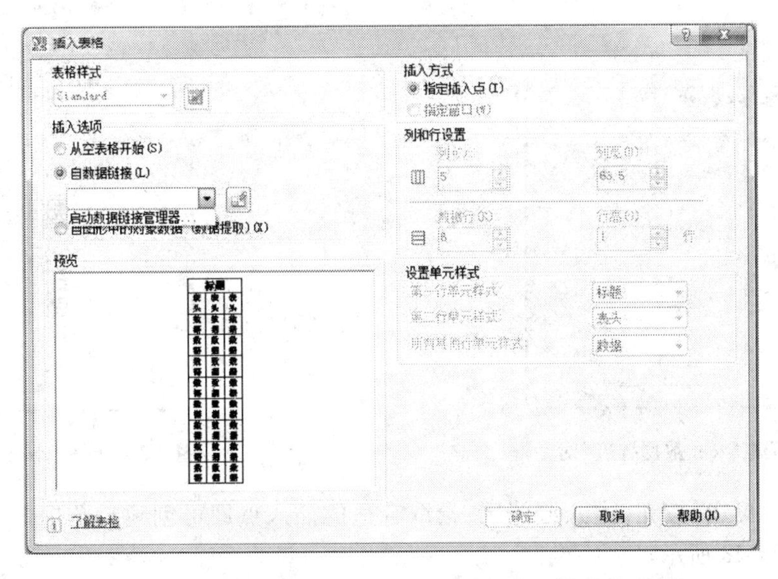

图7-23　选中"自数字链接"单选按钮的"插入表格"对话框

单击"启动数据链接管理器"按钮或者单击"表格"面板的"数据链接管理器"按钮,均可打开"数据链接管理器"对话框,效果如图7-24所示。

单击"创建新的Excel数据链接",弹出如图7-25所示的"输入数据链接名称"对话框。

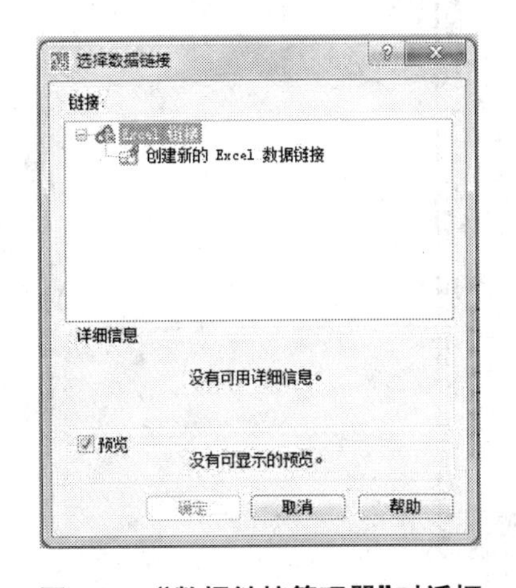

图7-24　"数据链接管理器"对话框

图7-25　"输入数据链接名称"对话框

在"名称"文本框中输入数据链接名称,单击"确定"按钮,弹出如图7-26所示的"新建Excel数据链接"对话框。

单击⋯按钮,在弹出的"另存为"对话框中选择需要作为数据链接文件的Excel文件,单击"确定"按钮,回到"新建Excel数据链接"对话框,效果如图7-27所示。

单击"确定"按钮,回到"数据链接管理器"对话框,可以看到创建完成的数据链接,单击"确定"按钮回到"插入表格"对话框,在"自数据链接"下拉列表中可以选择刚才创建的数

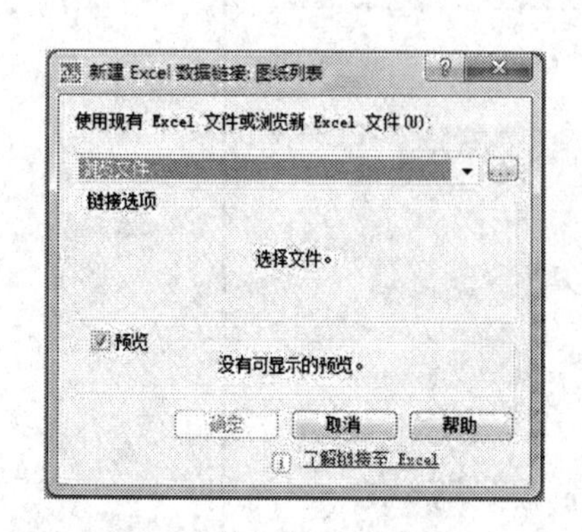

图 7-26 “新建 Excel 数据链接”对话框

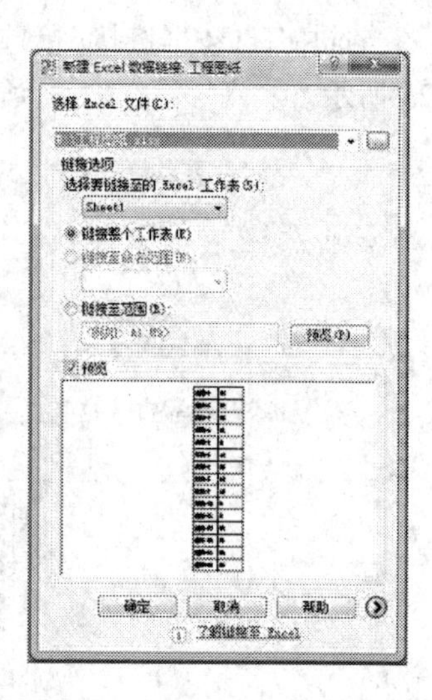

图 7-27 创建 Excel 数据链接

据链接,单击“确定”按钮,进入绘图区,拾取合适的插入点即可创建与数据链接相关的表格,效果如图 7-28 所示。

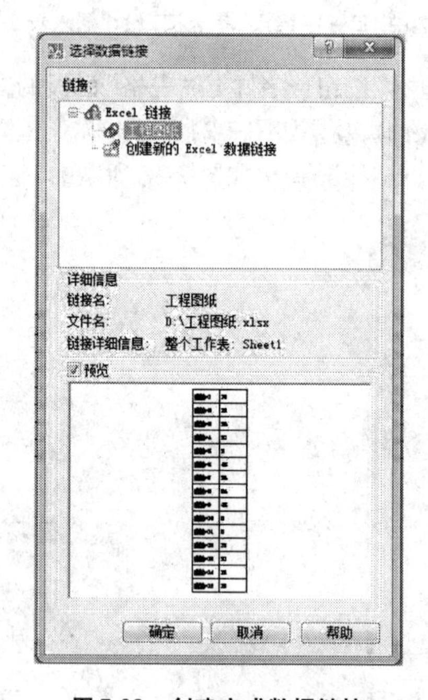

图 7-28 创建完成数据链接

3. 编辑表格

表格创建完成后,用户可以单击该表格上的任意网格线以选中该表格,然后通过使用“特性”选项板或夹点来修改该表格。单击网格的边框线来选中该表格,将显示如图 7-29 所示的夹点模式。

各个夹点的功能如下。

◆ 左上夹点:移动表格。

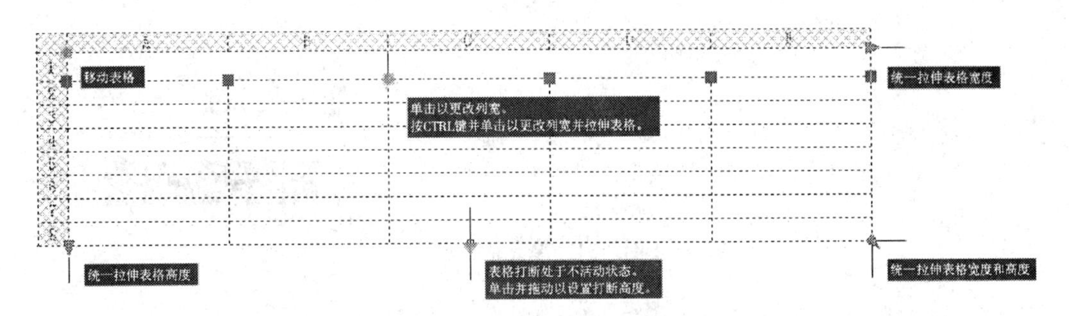

图 7-29　夹点模式

◆ 右上夹点:修改表宽并按比例修改所有列。

◆ 左下夹点:修改表高并按比例修改所有行。

◆ 右下夹点:修改表高和表宽并按比例修改所有行和列。

◆ 列夹点:在表头行的顶部,将列的宽度修改到夹点的左侧,并加宽或缩小表格以适应此修改。

更改表格的高度或宽度时,只有与所选夹点相邻的行或列将会更改。表格的高度或宽度将保持不变。如果需要根据正在编辑的行或列的大小按比例更改表格的大小,在使用列夹点时按住〈Ctrl〉键即可。在 2008 版本中,新增加了“表格打断”夹点,该夹点可以将包含大量数据的表格打断成主要和次要的表格片段,使用表格底部的表格打断夹点,可以使表格覆盖图形中的多列或操作已创建的不同表格部分。

在 2008 版本中,当用户选择表格中的单元格时,表格状态如图 7-30 所示,此时可以对表格中的单元格进行编辑处理,在表格上方的“表格”工具栏中提供了各种各样的对单元格进行编辑的工具。

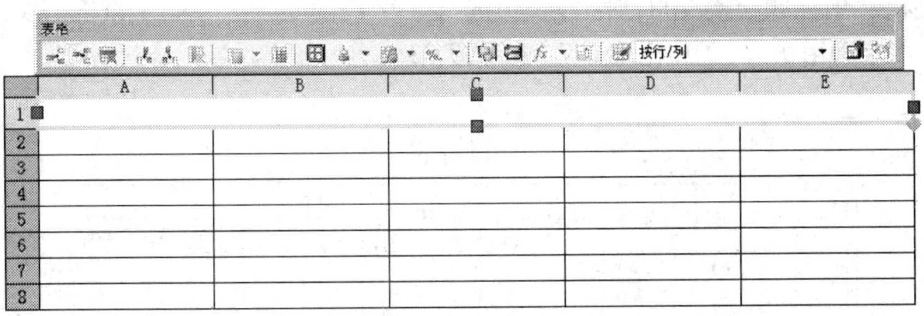

图 7-30　单元格选中状态

当选中表格中的单元格后,单元边框的中央显示夹点,效果如图 7-31 单元格夹点所示。在另一个单元内单击,可以将选中的内容移到该单元,拖动单元上的夹点可以使单元及其列或行变宽或变小。

在快捷菜单中选择【特性】命令,弹出如图 7-32 所示的“特性”选项板,可以设置单元宽度、单元高度、对齐方式等内容。

图 7-31 单元格夹点

图 7-32 “特性”选项板

二、创建门窗表

1. 创建门窗表

“门窗表”中标题字高 700，居中，表头的文字字高 500，居中，单元格内容文字字高为 350，所有文字采用仿宋，宽高比为 0.7。如图 7-33 所示

门窗表										
类型	设计编号	洞口尺寸(mm)	数量							
			1层	2层	3层	4层	5层	6层	7层	合计
门	M-1	1500×2200	3							3
	M-2	900×2000	12	12	12	12	12	12	12	84
	M-3	900×2000	12	12	12	12	12	12	12	84
	M-4	700×2000		2	2	2	2			8
窗	C-1	2100×1500	6	6	6	6	6	6	6	42
	C-2	1800×1500	12	12	12	12	12	12	12	84
	C-3	1500×1500		3	3	3	3	3	3	18

图 7-33 门窗表效果

2. 具体创建步骤

(1)选择【格式】→【表格样式】命令，弹出“表格样式”对话框，单击 新建(N)... 按钮，弹出如图 7-34 所示的“创建新的表格样式”对话框，在“新样式名”文本框中输入表格样式名“门窗表”。

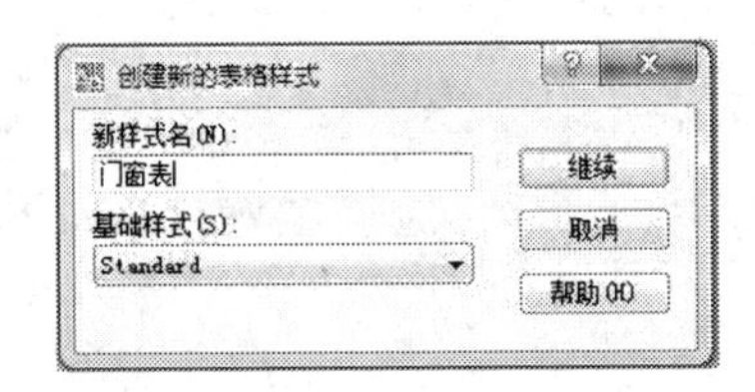

图 7-34　“创建新的表格样式”对话框

(2)单击 继续 按钮，弹出“新建表格样式”对话框，在“单元样式”下拉列表框中选择“标题”选项，设置标题参数，“基本”选项卡的设置如图 7-35 所示，“文字”选项卡的设置如图 7-36 所示。

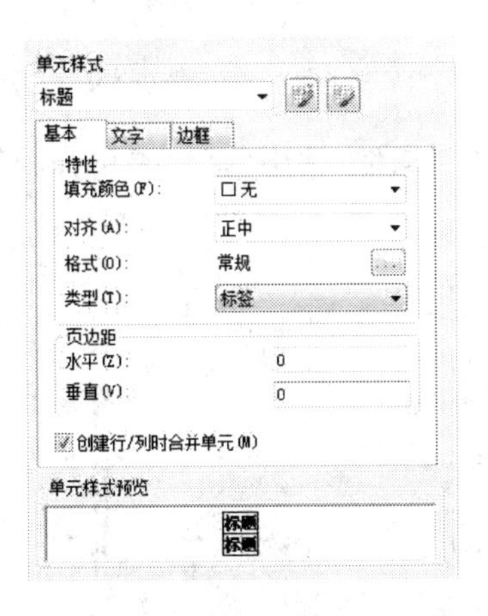

图 7-35　标题“基本”参数

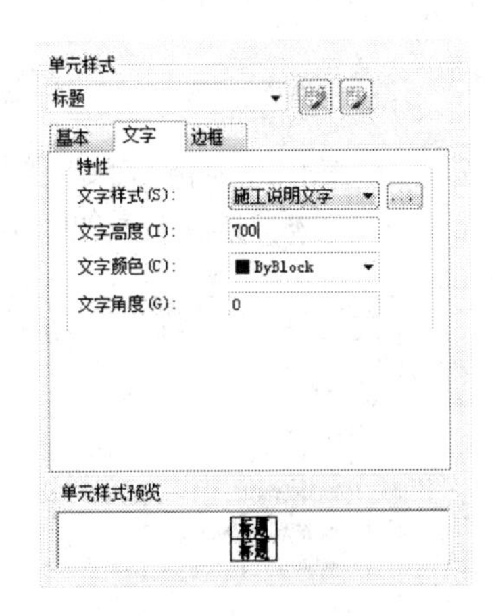

图 7-36　标题“文字”参数

(3)在“单元样式”下拉列表框中选择“表头”选项，设置表头的参数，“基本”选项卡的设置如图 7-37 所示，“文字”选项卡的设置如图 7-38 所示。

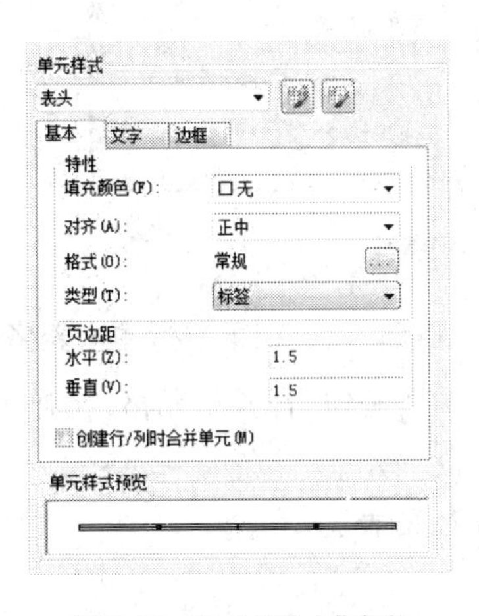

图 7-37　表头“基本”参数

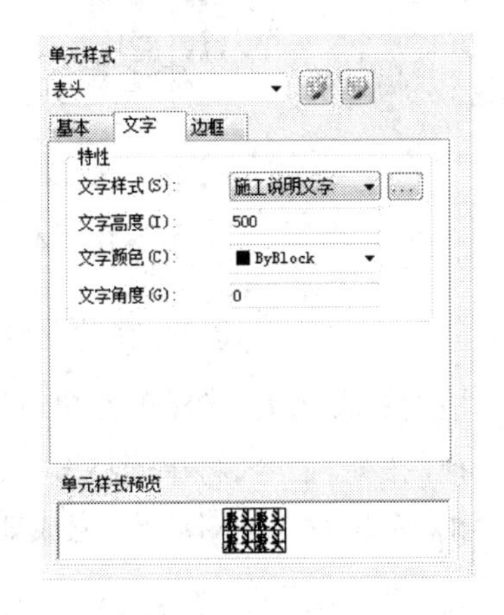

图 7-38　表头“文字”参数

(4)在“单元样式”下拉列表框中选择“数据”选项，设置表头的参数，“基本”选项卡的设置如图 7-39 所示，“文字”选项卡的设置如图 7-40 所示。

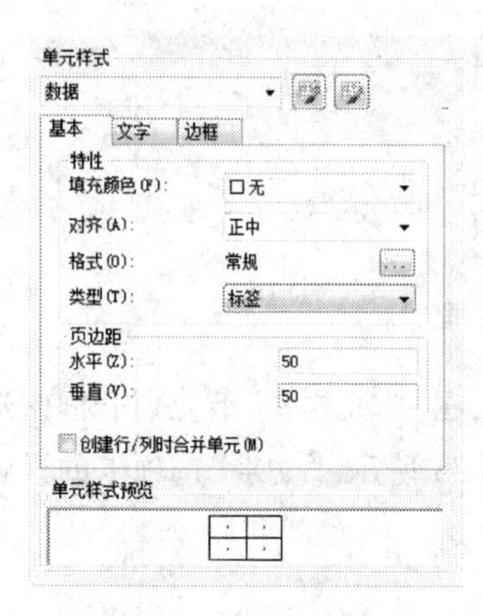

图 7-39 数据“基本”参数

图 7-40 数据“文字”参数

(5)选择【绘图】→【表格】命令,弹出“插入表格”对话框,选中“从空表格开始”单选按钮,设置列和行的参数,参数设置如图 7-41 所示。

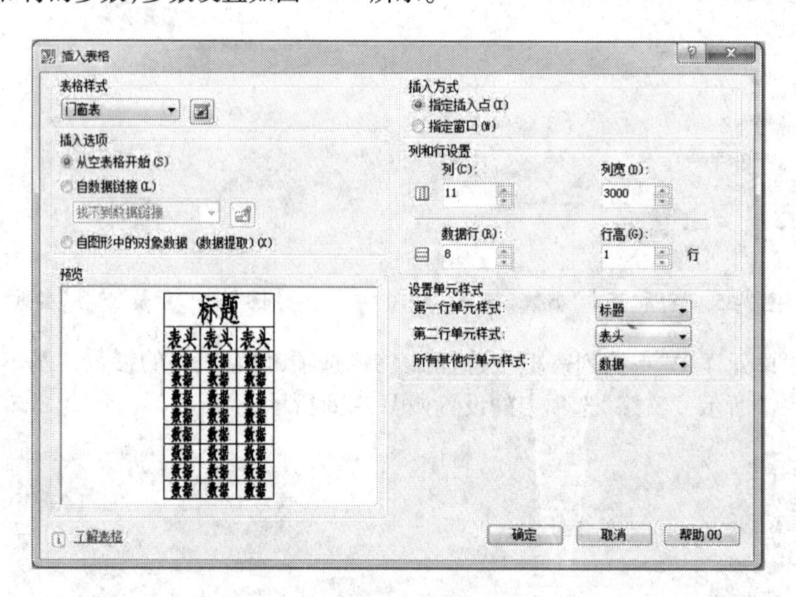

图 7-41 设置“插入表格”参数

(6)单击 确定 按钮,在绘图区拾取一点为表格插入点,在第一行输入表格的标题,并输入表格的标头文字,选择单元格 A2 和 A3,单击 按钮,合并单元格,在弹出的下拉菜单中选择【按列】命令,将单元格合并,效果如图 7-42 所示。

(7)输入数据及单元格内容,完成如图 7-43 所示门窗表。

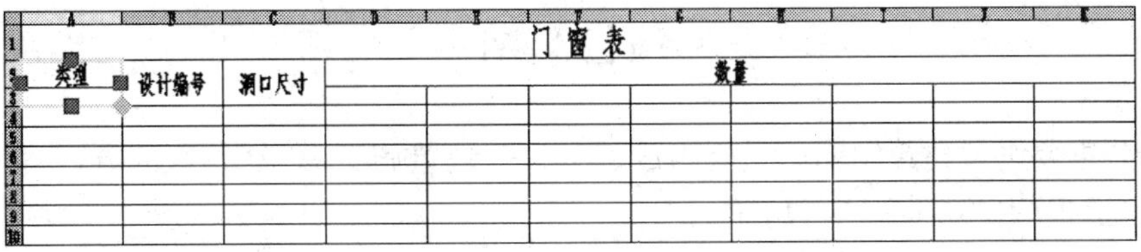

门窗表										
类型	设计编号	洞口尺寸	数量							

图 7-42　输入标题和表头文字、合并单元格示意图

门窗表										
类型	设计编号	洞口尺寸	数量							
			1层	2层	3层	4层	5层	6层	7层	合计
门	M-1	1500×2200	3							3
	M-2	900×2000	12	12	12	12	12	12	12	84
	M-3	900×2000	12	12	12	12	12	12	12	84
	M-4	700×2000		2	2	2	2			
窗	C-1	2100×1500	6	6	6	6	6	6	6	42
	C-2	1800×1500	12	12	12	12	12	12	12	84
	C-3	1500×1500		3	3	3	3	3	3	18

图 7-43　完成的门窗表绘制

任务四　插入图框

使用前面建好的 A3 图框插入到本幅图中，具体操作如下。

选择【插入块】命令，弹出“插入”对话框，如图 7-44 所示。

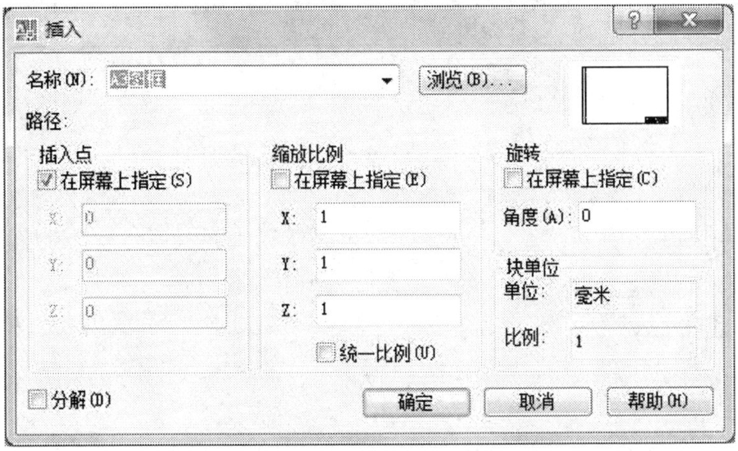

图 7-44　“插入‘A3 图框’”对话框

通过 浏览(B)... 按钮在相应位置找到“A3 图框”文件，以“在屏幕上指定”插入点的方式插入图框后，完成本项目所要求的图 7-1 所示的效果。

项目总结

本部分主要讲解建筑制图的重要组成部分——建筑施工总说明,这部分内容需要灵活运用“对象捕捉”和“夹点编辑”功能。

课后拓展

练习图纸目录的绘制。

图纸目录

序 号	图 号	图 纸 目 录	图 号
01	建施-01	图纸目录,门窗表	A2
02	建施-02	施工总说明	A2
03	建施-03	一层/二层(±0.000/4.200)平面	A1
04	建施-04	三-六层(7.500-16.200)平面	A1
05	建施-05	阁楼(19.000)/屋顶平面	A1
06	建施-06	①-⑭展开北立面	A2
07	建施-07	⑭-①南立面	A2
08	建施-08	西立面/1-1剖面/2-2剖面	A1
09	建施-09	楼梯图	A2

项目八　建筑施工图的打印与输出

图形输出是绘图工作的重要组成部分。使用 AutoCAD 2008 能够绘制任意复杂的二维和三维图形,以此来表达设计思想。但是一张设计好的图纸是用来加工制造的,通常在图形绘制完成后,需要将其打印于图纸上,这样方便土建工程师、室内设计师和施工工人参照,用来与其他设计人员进行交流,所以打印图形在实际应用中具有重要意义。

项目要点

将之前的项目二至项目七所绘制的某住宅建筑施工图(包括总平面图、标准层平面图、立面图、剖面图、详图、施工说明)用 A4 纸打印输出。本部分内容详细讲解图形打印的方法以及将绘制完成的图形输出为其他格式文件的方法。通过本部分的学习,要求掌握 AutoCAD 的图形打印输出的方法与技巧。

任务一　掌握打印图形的操作过程

一、打印与输出概述

1. 纸张大小和方向

根据输出设备的不同,纸张的来源、大小、规格也不同,通常情况下使用标准规格的图纸,如 A1 纸的大小为 841 mm × 594 mm,也可以根据图形情况自定义输出纸张的大小。但定义的纸张大小受输出设备的最大打印纸张的限制,不能超过输出设备打印的最大宽度,但长度可以增加。纸张设置完成后,纸张纵向和横向放置,应考虑与图形输出的方向相对应。

2. 输出图形的范围和比例

图形绘制完成后,要将图形输出到图纸上,需要选定输出图形的范围,通常有图形界限、范围、显示和窗口等方式。范围选好之后,涉及输出到多大的图纸上,就要设定绘图比例。绘图比例是指出图时图纸上的单位尺寸与实际绘图尺寸之间的比例。

例如绘图比例 1∶1,出图比例 1∶100,则图纸上的 1 个单位长度代表 100 个实际单位长度。计算机提供了按图纸空间自动比例缩放、选择一个设定的比例和自定义比例等方式。

注意:首先可以使用自动比例,然后选用接近它的整数比例。

3. 标题栏和图框设置

图纸大小确定后,可按图纸的大小绘制边框和标题栏,并作为图块写出,使其成为一个独立的文件。根据出图比例大小,将保存有边框和标题栏的文件插入到当前图形文件中,如果图形输出时比例缩小 10 倍,插入到当前文件的图块就放大 10 倍,并修改使所有输出的图形都包括在图框之内;如果图形输出时比例放大 10 倍,插入到当前文件的图块就缩小 10 倍,并修改使所有输出的图形都包括在图框之内。这样输出到图纸上的图框正好等于设置的图纸规格的图框大小。也可以采用另外一种方法,按照输出的图纸大小规格绘制的边框、标题栏做成图块写成一个独立的文件后,按 1:1比例插入到当前图形文件中,将当前图形文件中的图形用【比例缩放】命令缩放,使之能够正好放在刚才插入的图框之内。这样出图时绘图采用 1:1的比例,但图形上标注的尺寸数值会变化,需要调整。

注意:可以根据常用的图纸大小,分别绘制好标题栏、图框,保存为一个独立的文件,用到时可随时可以调用。

二、打印过程

利用“打印”对话框可以很容易地创建一个比例打印,当进入对话框时,屏幕上将提示指定打印参数。打印步骤如下。

(1)如果一个命名的页面设置先前曾被定义并保存过,可从“页面设置名称”列表中选取。

(2)核实所需绘图仪是否为当前绘图仪。

(3)利用“打印设置”选项卡设置打印参数。设置包括图纸尺寸、打印区域、图纸定位、打印比例、打印偏移及打印选项。

(4)单击“预览”按钮,对打印图形进行预览。

(5)如果预览效果不理想,重新设定每个选项卡上的打印参数,重新预览。

(6)如果预览效果符合期望,单击“确定”按钮。

任务二 配置打印机

在输出图形时,要根据对象类型的不同,配置好打印机,并为其指定不同的打印样式,以满足图形输出的需要。配置打印机的步骤如下。

(1)选择【文件】→【绘图仪管理器】,弹出如图 8-1 所示的界面。

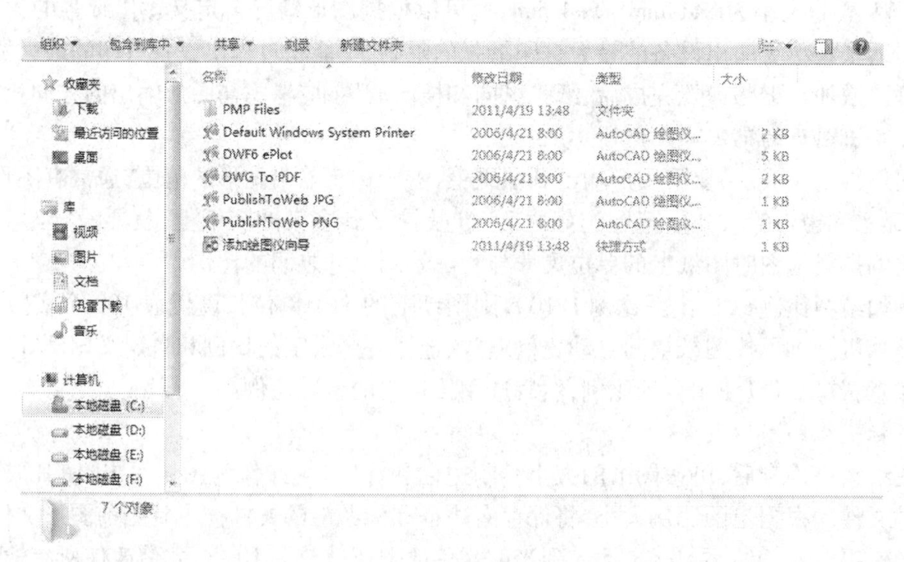

图 8-1 “绘图仪管理器”窗口

(2)双击“添加绘图仪向导”图标,将进入“添加绘图仪—简介”对话框,如图 8-2 所示。

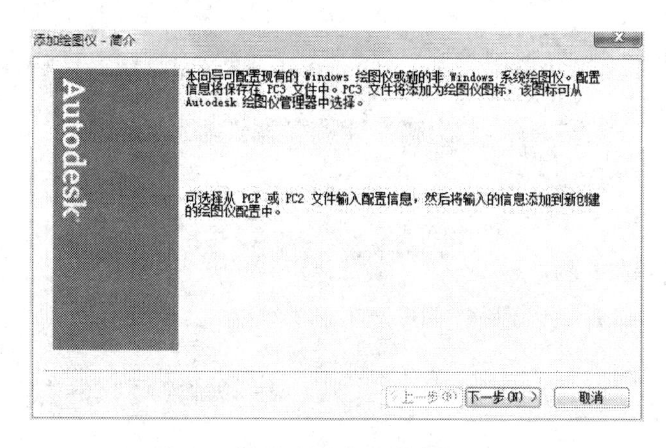

图 8-2　**"添加绘图仪—简介"对话框**

(3)在"添加绘图仪—简介"对话框中,单击 下一步(N) > 按钮,调出"添加绘图仪—开始"对话框。在其中选择"我的电脑"单选按钮后,单击 下一步(N) > 按钮,如图 8-3 所示。

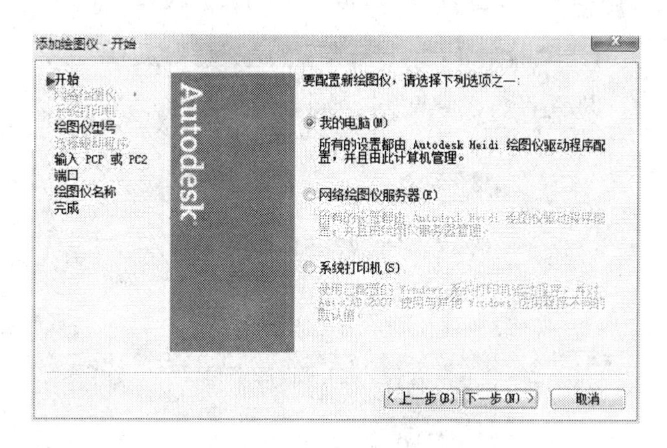

图 8-3　**"添加绘图仪—开始"对话框**

(4)在调出"添加绘图仪—绘图仪型号"对话框中,生产商选择"HP",型号选择合适的型号,如图 8-4 所示,然后单击 下一步(N) > 按钮,调出"驱动程序信息"对话框,如图 8-5 所示,单击 继续(O) 按钮,调出"添加绘图仪—输入 PCP 或 PC2"对话框。如图 8-6 所示。

(5)在"添加绘图仪—输入 PCP 或 PC2"对话框上单击 下一步(N) > 按钮,调出"添加绘图仪—端口"对话框,如图 8-7 所示。

(6)在"添加绘图仪—端口"对话框中,选中"打印到端口"项,再选中 COM1 端口,如图 8-7 所示。单击 下一步(N) > 按钮,调出"添加绘图仪—绘图仪名称"对话框,如图 8-8 所示。

(7)在"添加绘图仪—绘图仪名称"对话框中,设置当前绘图仪的名称,然后单击 下一步(N) > 按钮,调出"添加绘图仪—完成"对话框。

(8)在如图 8-9 所示的"添加绘图仪—完成"对话框中,单击 完成(F) 按钮,完成绘图

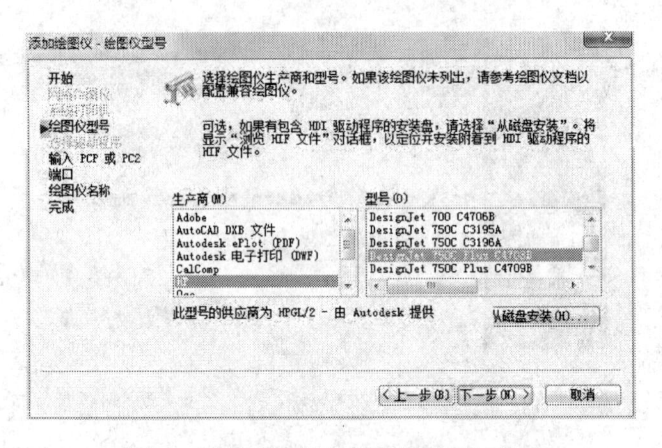

图 8-4 “添加绘图仪—绘图仪型号”对话框

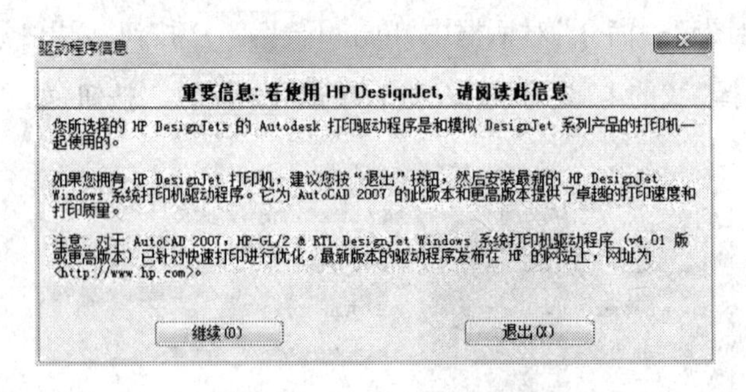

图 8-5 “驱动程序信息”对话框

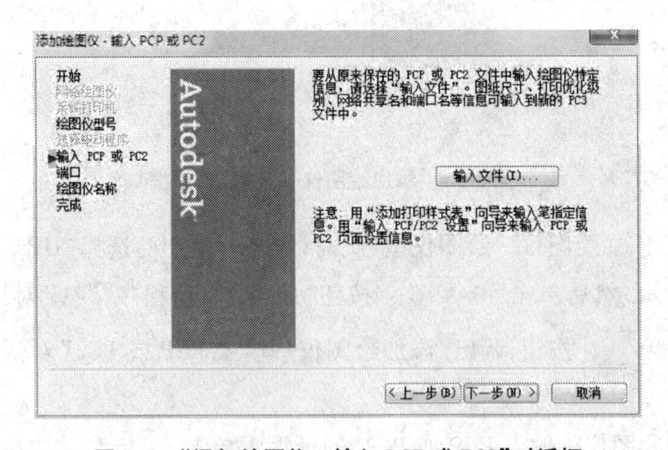

图 8-6 “添加绘图仪—输入 PCP 或 PC2”对话框

仪的添加。如果需要校准新配置的绘图仪，可单击 校准绘图仪(C)... 按钮，调出如图 8-10 所示的“校准绘图仪—开始”对话框，按照系统提示校准和测试当前的绘图仪效果。

通过 AutoCAD 这样一步一步地引导设置并安装打印机之后就可以打印图形了。

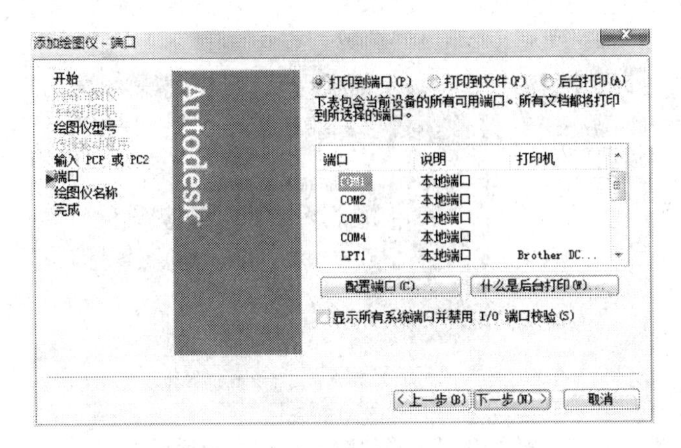

图 8-7　“添加绘图仪—端口”对话框

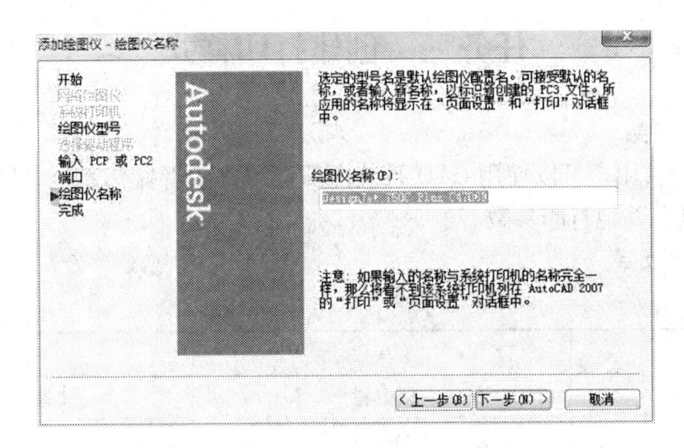

图 8-8　“添加绘图仪—绘图仪名称”对话框

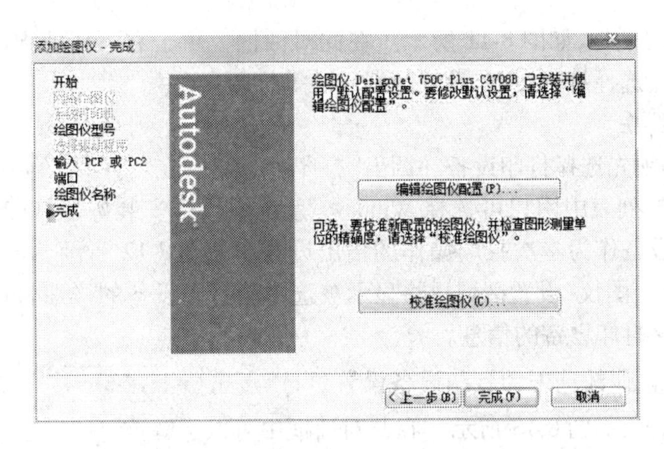

图 8-9　“添加绘图仪—完成”对话框

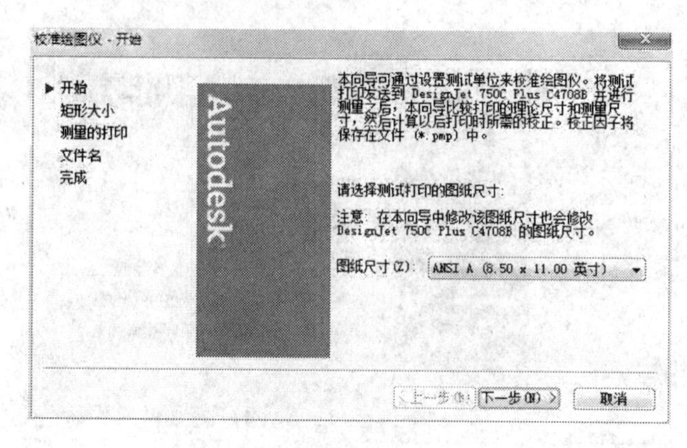

图 8-10 “校准绘图仪—开始”对话框

任务三　创建打印样式

一、设置打印参数

在 AutoCAD 里,用户可以使用 CAD 系统内部打印机或者操作系统打印机输出图形,并设置、修改打印机及其他打印参数。

1.【打印】调用方式

①	菜单栏	“文件”→“打印”
②	工具栏	“标准”→
③	命令行	PLOT

弹出“打印”对话框,如图 8-11 所示。在此对话框上单击右下角的可以打开更多选项,进行页面设置、选择打印设备、设置图纸尺寸等打印参数。

2. 选择打印设备

在打印前,必须先选择打印设备。调出“打印”对话框,在“打印机/绘图仪”设置区域中的“名称(M)”下拉列表中用户可选择 Windows 系统中已经安装好的打印设备和 AutoCAD 内部自带的打印设备作为本次打印操作的输出设备。如图 8-12 所示。当选择某种打印设备后,在“打印机/绘图仪”设置区域里将显示被选中的打印设备的详细名称、安装连接的端口以及其他有关该打印设备的信息。

当用户想了解、修改选中的打印设备设置,可以点击 特性(R)... 按钮进入“绘图仪配制编辑器”对话框,如图 8-13 所示。在此对话框中可以了解该打印设备更详细的信息,也可以重新设定打印机端口及其他的输出参数设置。

3. 选择图纸幅面

在“打印”对话框的“图纸尺寸”下拉列表中设置图纸的尺寸,“图纸尺寸”下拉列表中包含了已选打印设备可使用的标准图纸尺寸。当用户选择某种幅面的图纸后,该列表右上角将出现所选图纸及实际打印范围的预览图像。把光标移动到预览图像时,系统将在光标

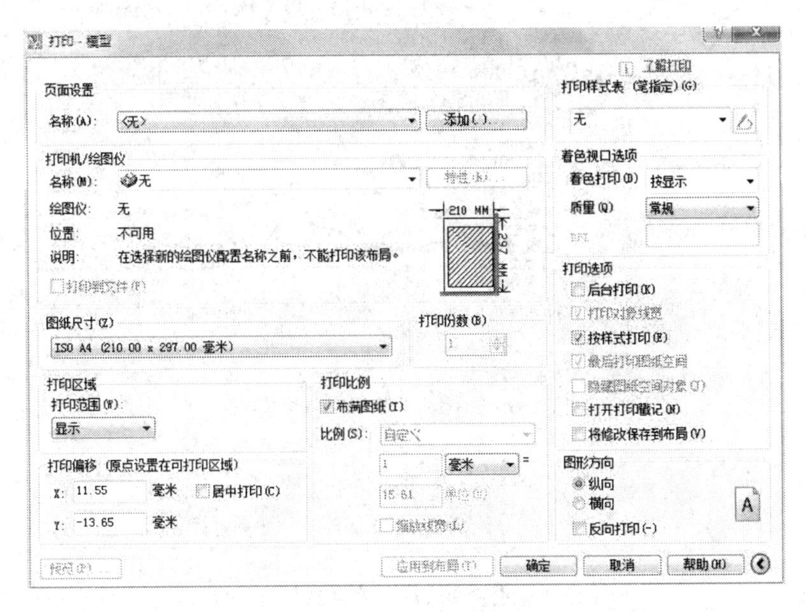

图 8-11　“打印”对话框

图 8-12　“打印机/绘图仪”选项组

位置处显示出精确的图纸尺寸及图纸上可以打印区域的尺寸，如图 8-14 所示。

4. 设定打印区域

用户可以在“打印区域”的“打印范围”下拉列表中设置需要输出的图形范围，在该下拉列表中共包含 4 种打印范围，如图 8-15 所示，其功能如下。

窗口：打印用户设定的打印区域。选择此选项后，CAD 系统将提示用户设置需要打印区域的 2 个对角点。用户可以通过“打印范围”右边的“窗口”按钮重新设定打印区域。

范围：打印当前图样中所有已经绘制的图形对象。

图形界限：打印之前使用【图形界限】(LIMITS)命令设定的图形界限范围。

显示：打印当前窗口显示的图形。

5. 设定打印比例

AutoCAD 提供了一系列标准的缩放比例值，在“打印比例”区域中的“比例”下拉列表可以设置打印图纸的比例，如图 8-16 所示。绘图时为了方便一般根据实物按 1:1的比例绘图，故要打印图纸时需要根据图纸尺寸确定打印比例，该比例是图纸尺寸单位与图形单位的比

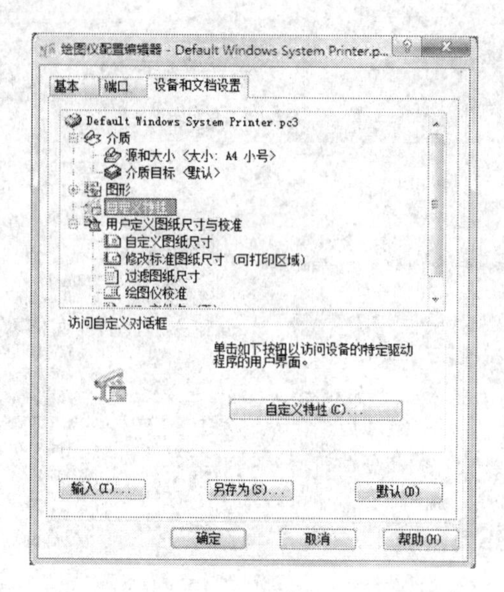

图 8-13 “绘图仪配制编辑器”对话框

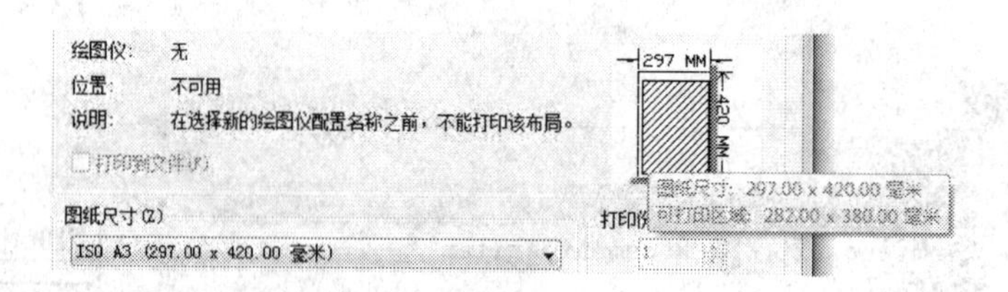

图 8-14 “图纸尺寸”设置

图 8-15 “打印区域”设置

值。例如，当图纸尺寸单位是毫米时，用户把打印比例设置为1∶4后，则图纸上的1 mm代表4个图形单位。还可以通过选择 ☑ 布满图纸(I) 选项使AutoCAD自动缩放图形以充满所选定的图纸。

6. 设置图形打印方向及位置

用户可以通过“图形方向”设置图形在图纸上的打印方向，如图8-17所示。

7. 打印样式表

此选项组主要用来设置、编辑和创建打印样式表。所谓打印样式表，就是为绘图仪的各支绘图笔设置参数表，包括绘图笔的颜色、线型、线条宽度、笔速等，以便AutoCAD能正确使用所选的绘图仪。如果使用的是激光或者喷墨打印机、绘图仪，则不能设置打印样式表。

在“名称”下拉列表框中选择了一种打印样式表后，可以单击此列表框后面的“编辑”按钮，以便对此打印样式进行修改。单击此按钮后弹出“打印样式表编辑器”对话框，如

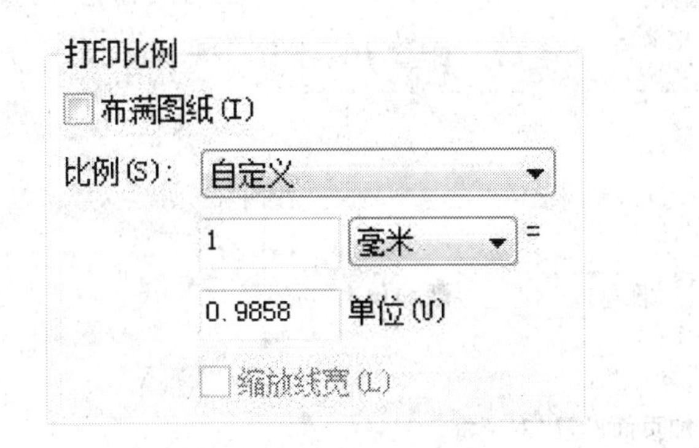

图 8-16　“打印比例”选项卡

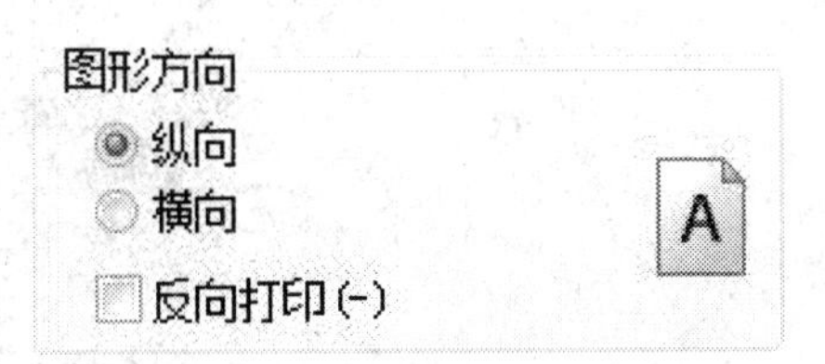

图 8-17　设置图形打印方向

图 8-18 所示，在此对话框中，可以修改打印样式的有关参数。

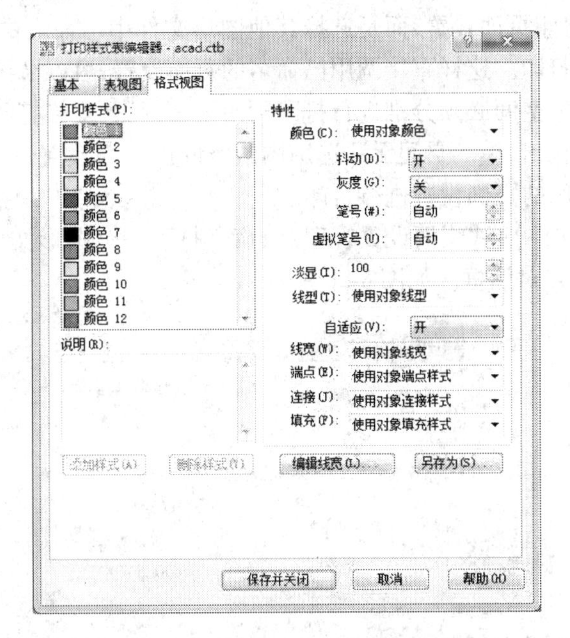

图 8-18　“打印样式表编辑器”对话框

8. 打印预览

用户设置完相关的打印参数后，可以在“打印”对话框中选择 预览(P)... 按钮，通过打印预览观察图形的打印效果，观察设置的打印参数是否适当。用户如若对预览的效果不满意，可以返回“打印”对话框重新设置对应的参数，直到满意为止。

9. 保存打印设置

当用户需要对所设置的打印参数进行保存、记录以备以后使用时，可以通过“页面设置”区域的 添加(.)... 按钮保存当前页面设置。如图 8-19 所示。

单击 确定(O) 按钮即可保存“设置 1”的打印模式，也可在不同的图中保存多种页面设置，下面详细介绍“页面设置”的方法。

二、页面设置

页面设置就是打印设备和其他影响最终输出外观以及格式的所有设置集合。可以使用

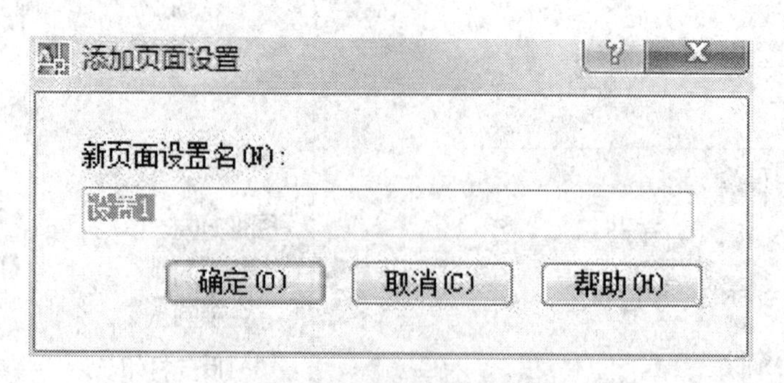

图 8-19 “添加页面设置”对话框

页面设置管理器将一个页面设置后取一个名称保存，这样就可以在以后随时调用，或者将这个命名的页面设置应用到多个布局中，也可以应用到其他的图形文件中。例如，在打印图形文件时，可以不进行打印页面设置，而是选择其他图形文件中已命名的页面设置，并将其应用到当前图形中进行打印。这样直接调用已命名的页面设置，可以节约一些操作时间。

在模型空间和图纸空间必须分别进行打印页面设置，而且最终打印时，也只能使用自身的页面设置进行打印输出，模型空间无法选用图纸空间的页面设置进行打印，同样，图纸空间也无法选用模型空间的页面设置进行打印。

单击【菜单】→【文件】→【页面设置管理器】命令打开一个图形文件，处于模型空间时，打开“页面设置管理器”对话框。如图 8-20 所示。

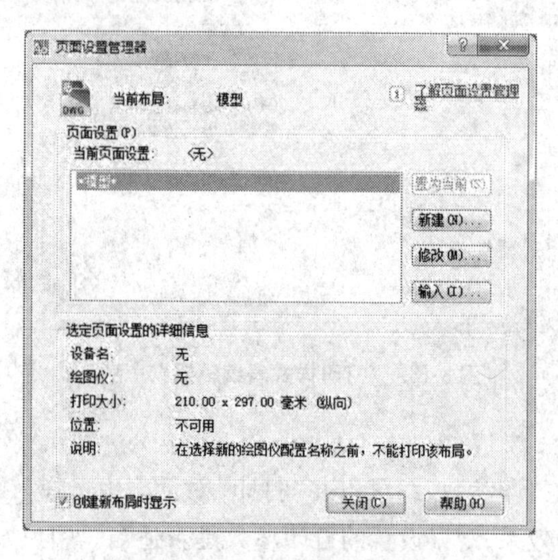

图 8-20 “页面设置管理器”对话框

单击 新建(N)... 按钮，打开“新建页面设置”对话框。如图 8-21 所示。

页面设置完成，单击 确定(O) 按钮，弹出如图 8-22 所示的“页面设置管理器”对话框，在对话框中，刚才新建的“设置 1”页面设置名称显示在列表中，单击它，再单击 置为当前(S) 按钮，应用“设置 1”，单击“关闭”按钮，结束新建页面设置工作。

三、一张图纸上打印多个图形

通常在一张图纸上需要打印多个图形，以便节省图纸，具体的操作步骤如下。

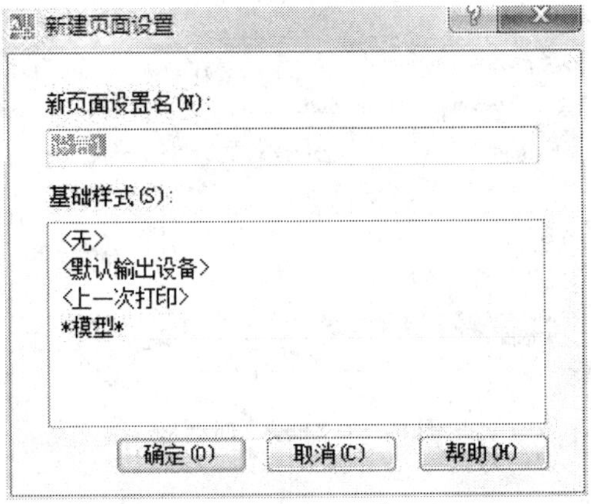

图 8-21　“新建页面设置”对话框

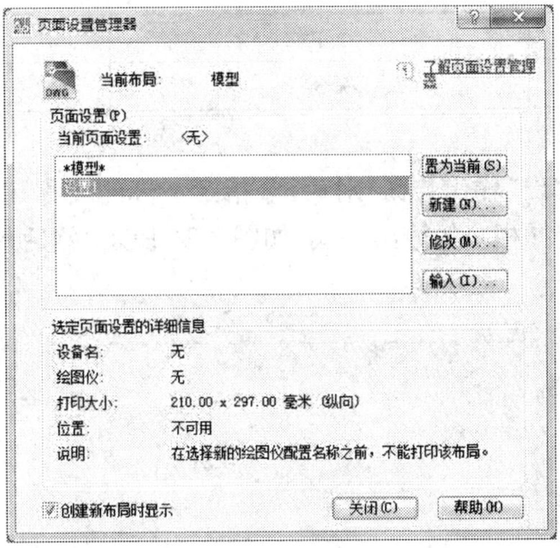

图 8-22　“页面设置管理器”对话框

（1）选择【文件】→【新建】菜单命令，创建新的图形文件。

（2）选择【插入】→【块】，弹出“插入”对话框，单击 浏览(B)... 按钮，弹出“选择图形文件”对话框，从中选择要插入的图形文件，单击“打开”按钮，此时在“插入”对话框的“名称”文本框内将显示所选文件的名称，如图 8-23 所示。

单击 确定 按钮，将图形插入到指定的位置。

注意：如果插入文件的文字样式与当前图形中的文字样式名称相同，则插入的图形文件中的文字将使用当前图形文件中的文字样式。

（3）使用相同的方法插入其他需要的图形，使用“缩放”工具将图形进行缩放，其缩放的比例与打印比例相同，适当组成一张图纸幅面。

（4）选择【文件】→【打印】命令，弹出“打印”对话框，设置为 1∶1的比例打印图形即可。

四、输出为其他格式文件

在 AutoCAD 中，使用【输出】命令可以将绘制的图形输出为 bmp、3ds 等格式的文件，并

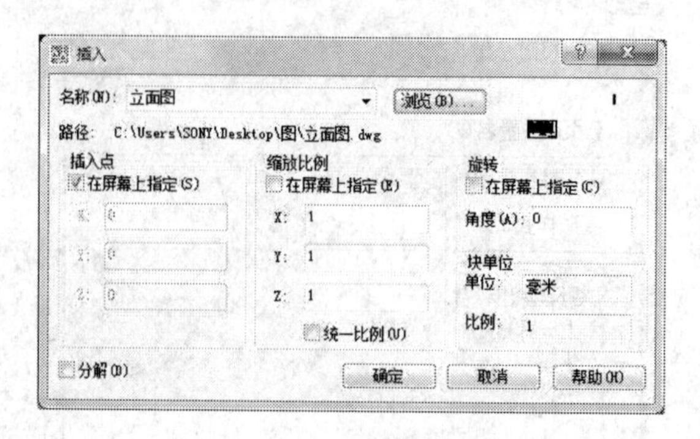

图 8-23 “插入”对话框

可在其他应用程序中进行使用。

1.【输出】调用方式

①	菜单栏	“文件”→“输出”
②	命令行	EXPORT(EXP)

启用【输出】命令,弹出“输出数据”对话框,指定文件的名称和保存路径,并在【文件类型】选项的下拉列表中选择相应的输出格式,如图 8-24 所示,然后单击“保存”按钮,将图形输出为所选格式的文件。

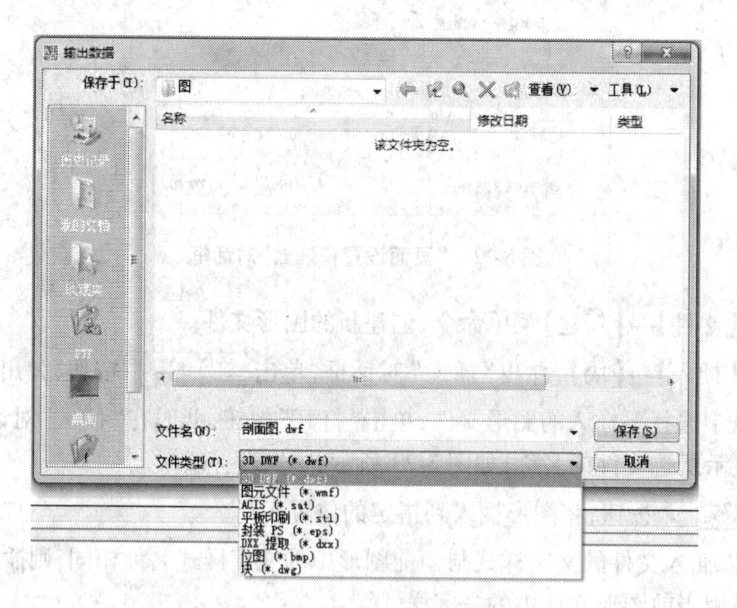

图 8-24 “输出数据”对话框

2. 文件类型

在 AutoCAD 中,可以将图形输出为以下几种格式的文件。

图元文件:此格式以“.wmf”为扩展名,将图形输出为图元文件,以供不同的 Windows 软件调用,图形在其他的软件中图元的特性不变。

ACIS:此格式以“. sat”为扩展名,将图形输出为实体对象文件。

平版印刷:此格式以“. sd”为扩展名,输出图形为实体对象立体画文件。

封装 Ps:此格式以“. eps”为扩展名,输出为 PostScnp 文件。

DXX 提取:此格式以“. dxx”为扩展名,输出为属性抽取文件。

位图:此格式以“. bmp”为扩展名,输出为与设备无关的位图文件,可供图像处理软件调用。

3D Studio:此格式以“. 3ds”为扩展名,输出为 3D Studia(MAX)软件可接受的格式文件。

块:此格式以“. dwg”为扩展名,输出为图形块文件,可供不同版本 CAD 软件调用。

任务四　建筑施工图打印输出

一、A4 纸打印各张图纸

1. 建筑总平面图

(1)打印设置。

选择【文件】→【打印】,弹出“打印设置”对话框,按图 8-25 所示设置打印参数。

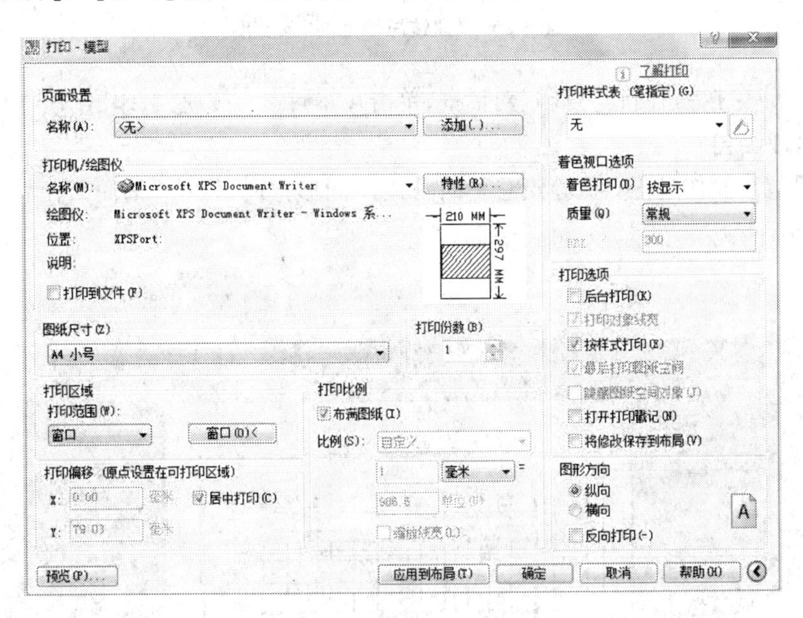

图 8-25　“建筑总平面图”打印设置

图纸尺寸:“A4”;

打印区域:利用“窗口”模式选择打印范围;

打印偏移:选择“居中打印”;

打印比例:选择“布满图纸”;

图形方向:选择“纵向”。

(2)图形预览。

单击［预览(P)...］按钮,得到如图 8-26 所示“建筑总平面图”预览图。

(3)打印输出。

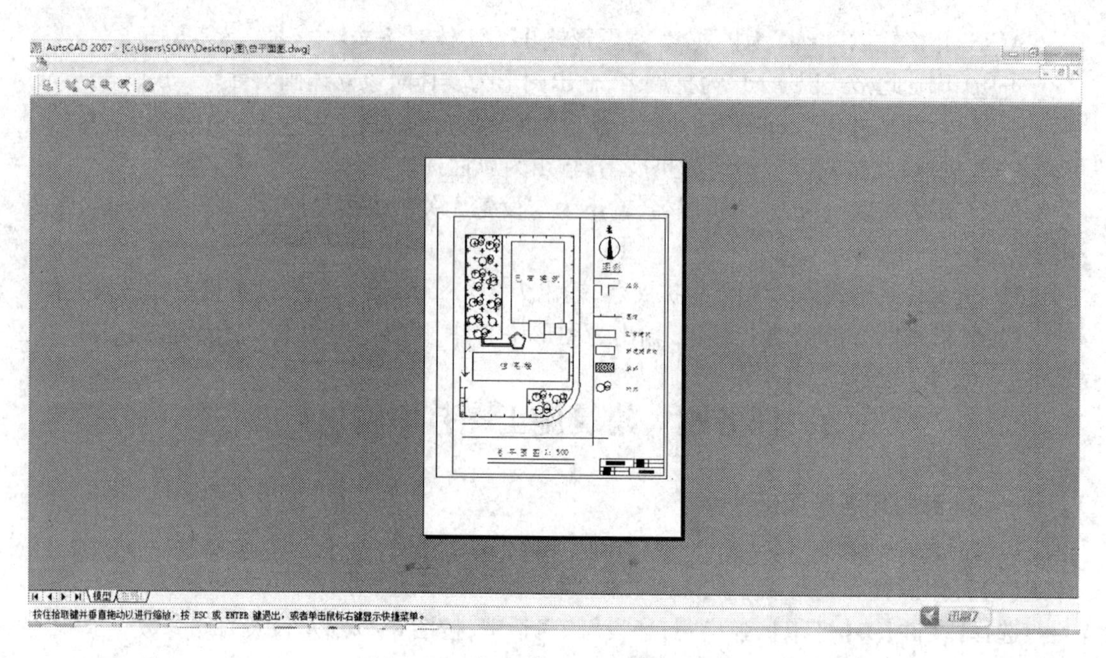

图 8-26 “建筑总平面图”预览图

单击关闭按钮,回到“打印”对话框,单击 确定 按钮,打印出图。

2. 建筑平面图

打印设置与操作过程参见建筑总平面图,将“图形方向”改为“横向”即可,打印预览如图 8-27 所示。

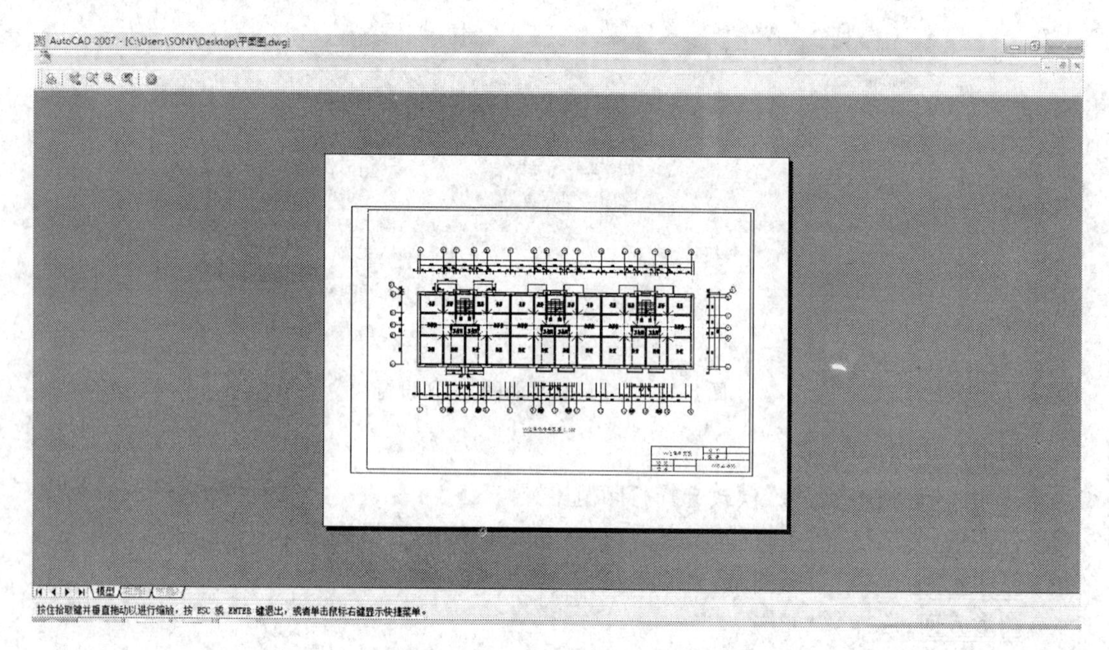

图 8-27 “建筑平面图”预览图

3. 建筑立面图

打印设置与操作过程参见建筑总平面图，将“图形方向”改为“横向”即可，打印预览如图 8-28 所示。

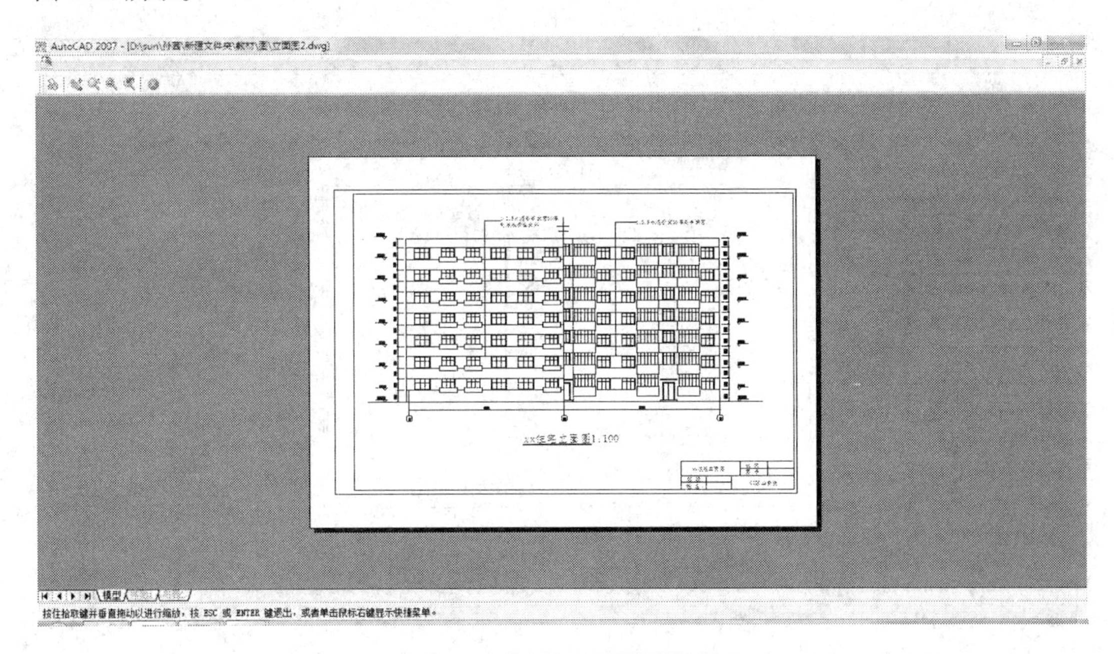

图 8-28　“建筑立面图”预览图

4. 建筑剖面图

打印设置与操作过程参见建筑总平面图，将“图形方向”改为“横向”即可，打印预览如图 8-29 所示。

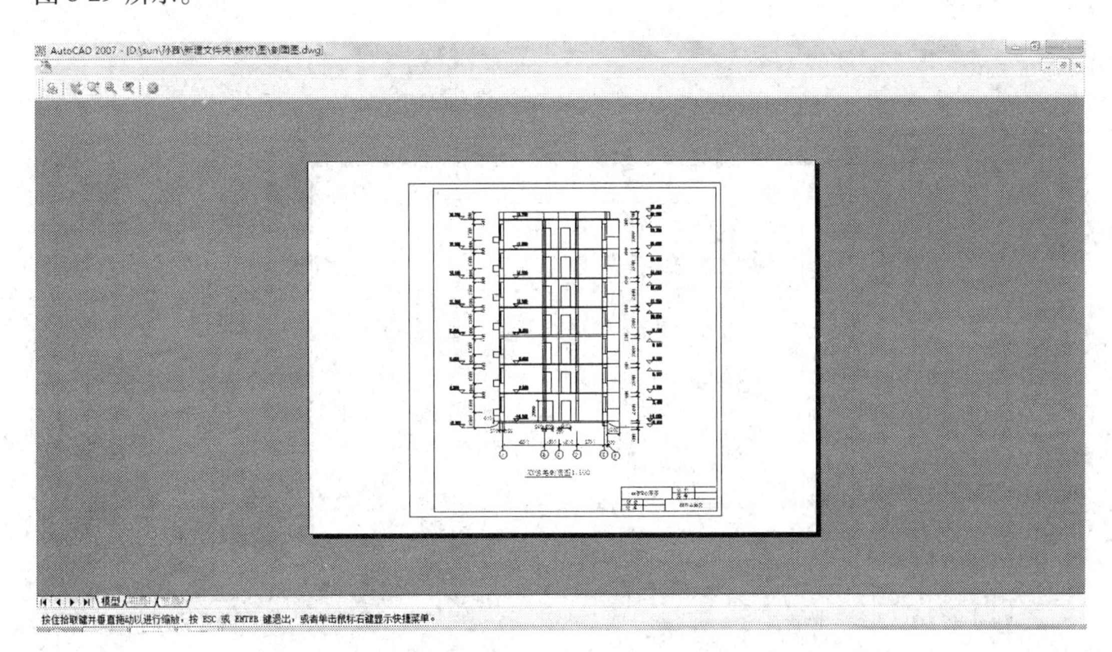

图 8-29　“建筑剖面图”预览图

5. 建筑详图

打印设置与操作过程参见建筑总平面图,将“图形方向”改为“横向”即可,打印预览如图 8-30 所示。

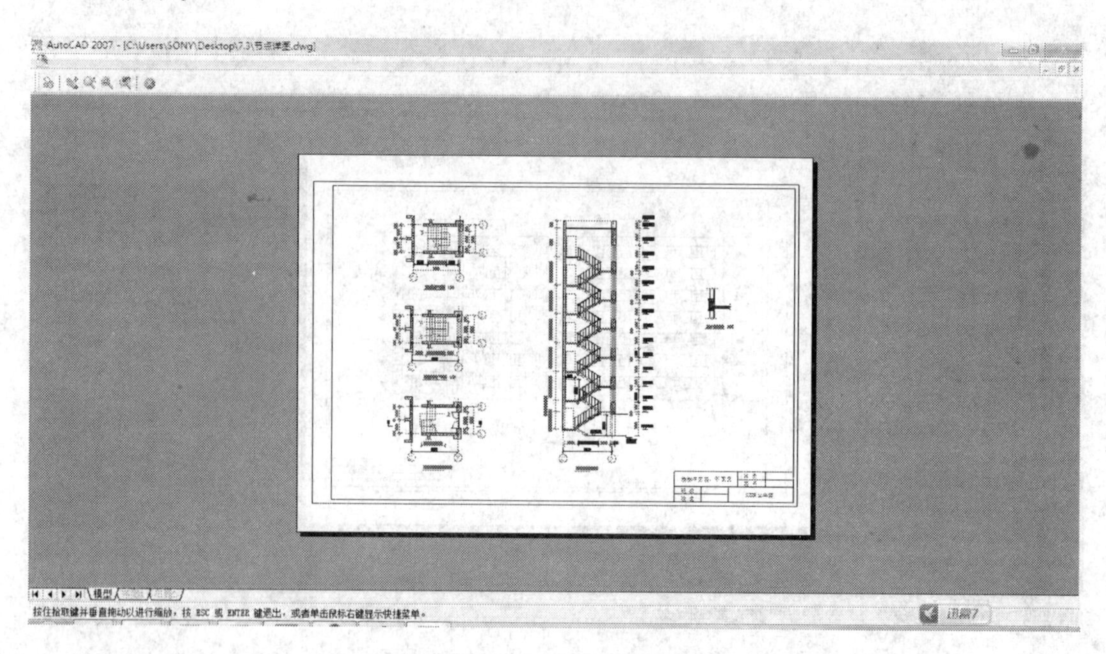

图 8-30 “建筑详图”预览图

6. 施工总说明

打印设置与操作过程参见建筑总平面图,将“图形方向”改为“横向”即可,打印预览如图 8-31 所示。

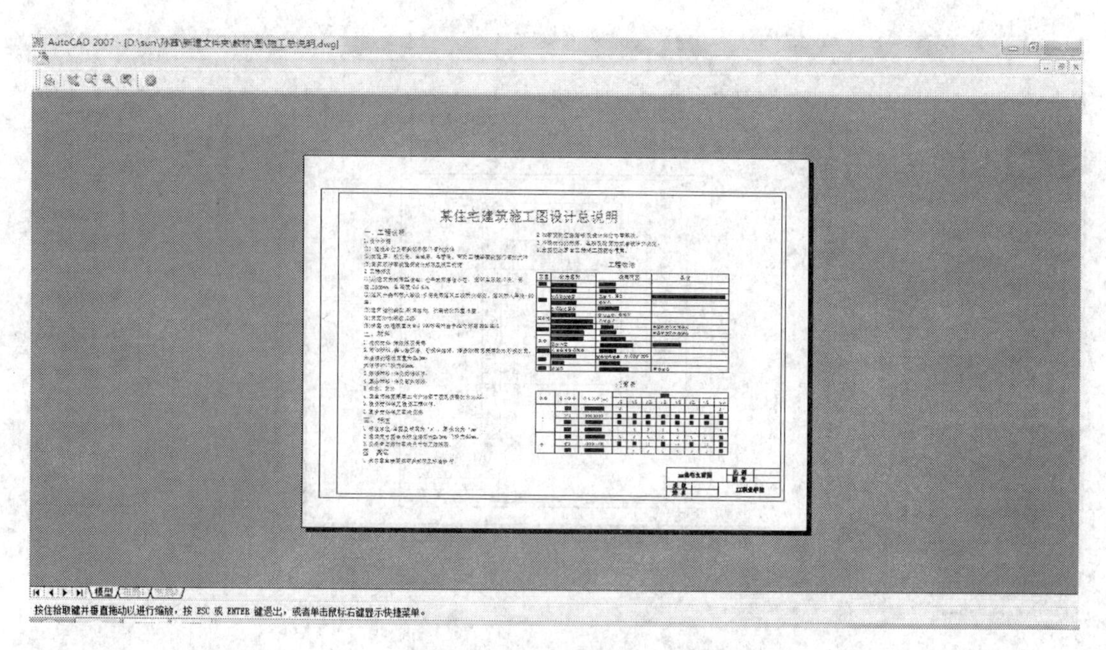

图 8-31 “施工总说明”预览图

二、一张 A4 纸打印全图

1. 操作过程

(1)选择【文件】→【新建】菜单命令,创建新的图形文件。

(2)选择【插入】→【块】,弹出“插入”对话框,单击 浏览(B)... 按钮,弹出“选择图形文件”对话框,从中依次选择要插入的图形文件,单击“打开”按钮,此时在“插入”对话框的“名称”文本框内将显示所选文件的名称,如图 8-32 所示。

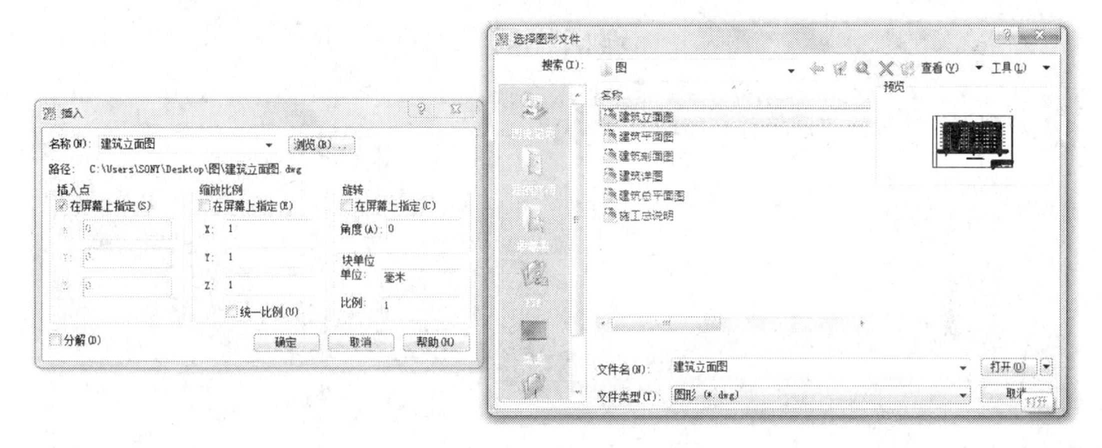

图 8-32　插入块操作

(3)使用相同的方法插入所有图形后,使用“缩放”工具将图形进行缩放,其缩放的比例与打印比例相同,适当组成一张 A4 纸幅面。

(4)选择【文件】→【打印】命令,弹出“打印”对话框,设置为 1∶1的比例打印图形即可。效果如图 8-33 所示。

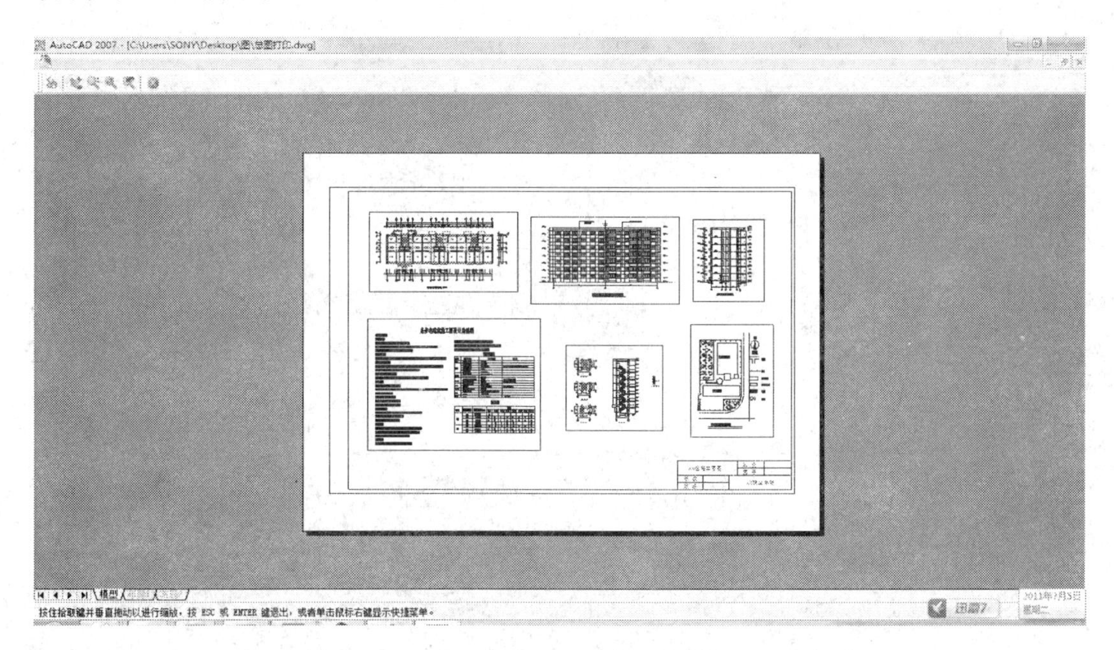

图 8-33　打印全图效果

项目总结

图形输出是绘制图形的最后一步工序。正确地对图形进行打印设置,有利于顺利地输出图纸。本实例的目的是要掌握打印预览的方法。用户应该注意,模型空间和图纸空间是两个不同的制图环境,在同一个图形中是无法同时在这两个环境中工作的。

课后拓展

绘制书后建筑施工图集并打印输出。

项目九　绘制某住宅楼三维建筑效果图

AutoCAD 的二维绘图功能基本上能满足用户绘图的需要，但是设计人员在绘出各种实物之前，常常是以三维立体的形式去想象所绘制的对象，为此，AutoCAD 2008 提供了强大的三维绘图功能，满足用户直接以三维方式来绘制图形的需求。本项目我们将完成一座住宅楼的三维建模效果图，如图 9-1 所示。

项目要点

观察此模型的平面图及立面图，可见此平面图由大致相同的 3 部分组成，可以绘制其中一部分后利用【镜像】、【复制】和【并集】命令得到各层全部图形；此立面图由标准层（2～7 层）与底层组成，需要分别绘制，各标准层完全相同，可以绘制一层后再利用【阵列】和【并集】命令得到全部标准层。本项目通过以下几个任务逐步完成此三维建模效果图。

任务一　绘图前的准备

一、建立三维工作空间

AutoCAD 的传统工作界面我们已经很熟悉，AutoCAD 2008 专门提供了三维绘图的三维建模空间。我们可以通过如下方式从传统工作界面切换到三维建模工作空间。

菜单：单击【工具】→【工作空间】→【三维建模】。

工具栏：在【工作空间】工具栏对应的下拉菜单选择“三维建模”选项，如图 9-2 所示。

二、了解三维坐标系

AutoCAD 提供世界坐标系和用户坐标系，世界坐标系简称为 WCS，为绝对坐标系；用户坐标系简称为 UCS，用户可以根据需要自由设置。在屏幕绘图区左下角的图标可以反映当前的坐标系。如图 9-3 所示，左侧为 WCS 坐标系，右侧为 UCS 坐标系。

世界坐标系（WCS）是一种固定的坐标系，在二维坐标的基础上增加第三维坐标——Z 轴。世界坐标系又包括直角坐标、球面坐标和柱面坐标。

1. 直角坐标

在空间定点 O 作 3 条互相垂直的坐标轴，它们都以 O 为原点，具有相同的单位长度。这 3 条数轴分别称为 X 轴（横轴）、Y 轴（纵轴）、Z 轴（竖轴），统称为坐标轴。

各轴之间的顺序要求符合右手法则，即以右手握住 Z 轴，让右手的四指从 X 轴的正向以 90 度的直角转向 Y 轴的正向，这时大拇指所指的方向就是 Z 轴的正向，这样的 3 个坐标轴构成的坐标系称为右手空间直角坐标系，与之相对应的是左手空间直角坐标系。一般常用的是右手空间直角坐标系。3 条坐标轴中的任意两条都可以确定一个平面，称为坐标面。

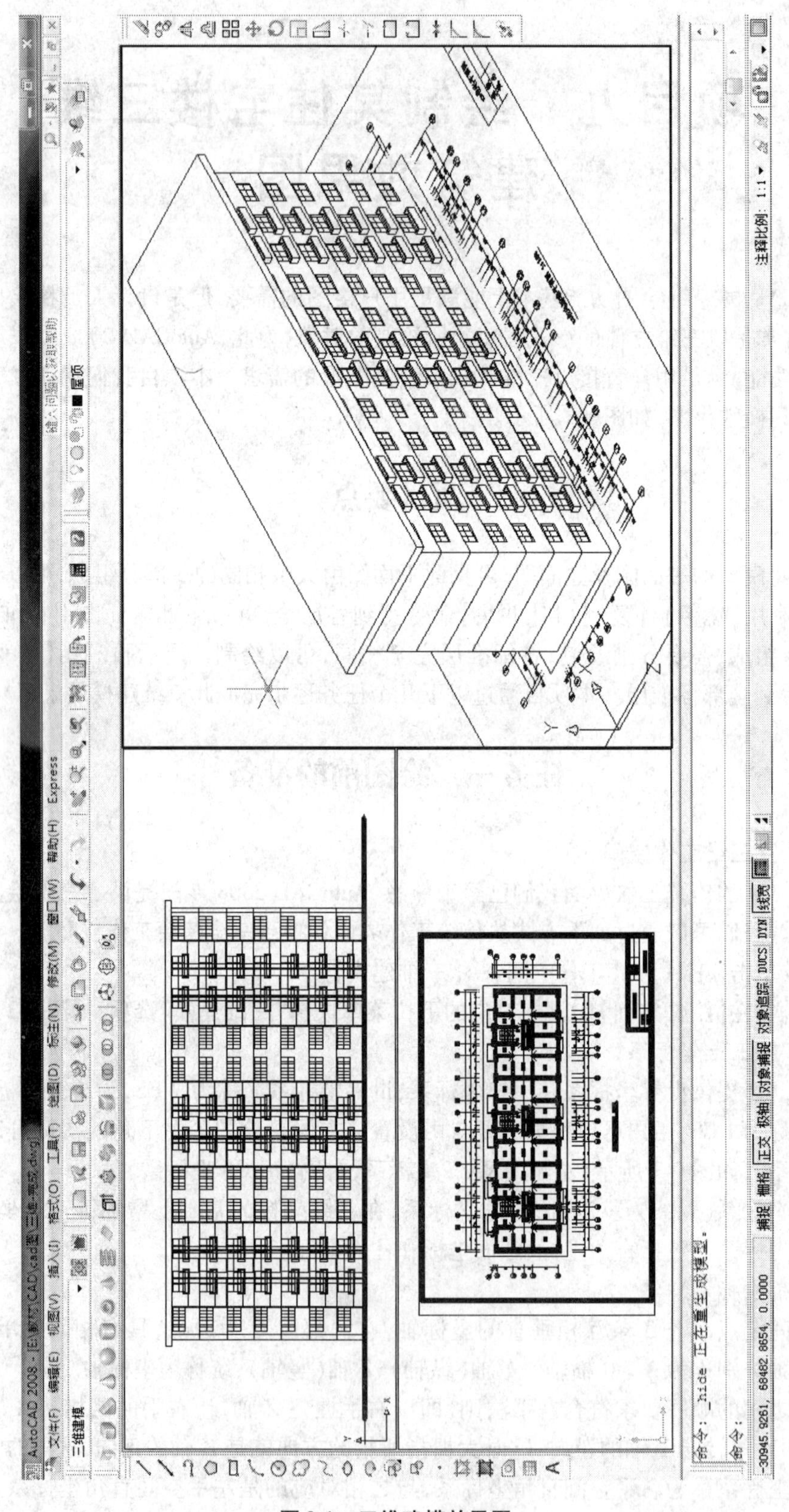

图 9-1　三维建模效果图

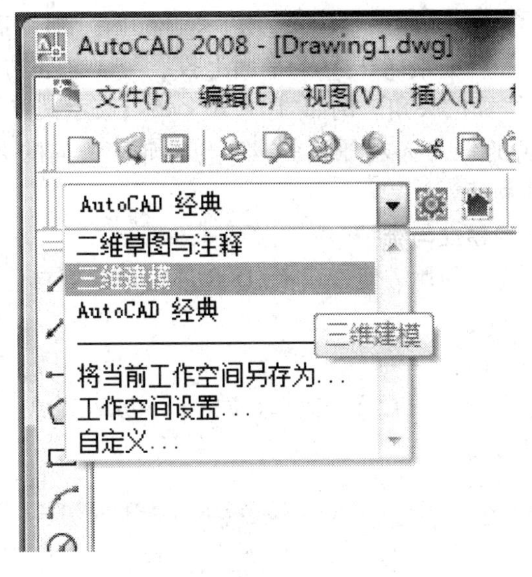

图 9-2　设置三维建模工作界面

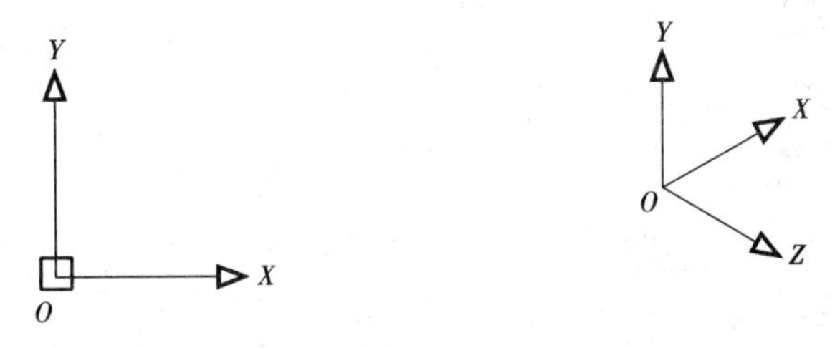

图 9-3　世界坐标系(WCS)和用户坐标系(UCS)

在 AutoCAD 三维直角坐标系中,通常 X 轴和 Y 轴的正方向分别指向右方和上方,而 Z 轴的正方向指向用户,当采用不同的视图角度,X、Y 轴的正方向可能有所改变。在该坐标系中,指定三维坐标有如下方式。

(1)绝对坐标值表示。如输入(10,5,20),表示该点距离 X 轴为 10,距离 Y 轴为 5,距离 Z 轴为 20。

(2)相对坐标值表示。如输入(@10,5,20),表示该点相对于上一点的 X 方向距离为 10,Y 方向距离为 5,Z 方向距离为 20。例如上一点为(2,3,4),则该点为(12,8,24)。

2. 柱面坐标

柱面坐标通常用来定位三维坐标,它与二维空间的极坐标相似,但增加了该点距 XOY 平面的垂直距离。柱面坐标由以下 3 项来定位点的位置:空间某一点在 XOY 平面的投影与当前坐标系原点的距离、该点和原点的连线在 XOY 平面上的投影与 X 轴正方向的夹角、垂直于 XOY 平面的 Z 轴高度,即距离、角度、Z 坐标值,距离和夹角之间用"<"隔开,角度值和 Z 坐标值之间用","(逗号)分开。例如,某点在 XOY 平面内的投影距离坐标系原点的距离为 10 个单位,与 X 轴正方向的夹角为 45°,且沿 Z 轴正方向为 20 个单位,则该点的柱面坐标的输入格式为(10<45,20)。

3. 球面坐标

三维球面坐标由距离、角度、角度来决定,用“ < ”隔开,分别是空间某一点距离当前坐标系原点的距离、该点和原点的连线在 *XOY* 平面上投影与 *X* 轴正方向的夹角,以及该点和坐标原点的连线与 *XOY* 平面的夹角。例如“10 <30 <45”,表示某点与当前坐标原点的距离为 10 个单位,该点和原点连线与 *XOY* 平面的投影与 *X* 轴正方向的夹角为 30°,该点和原点连线与 *XOY* 平面的夹角为 45°。

三、三维用户坐标系的建立与维护

在三维工作环境下,为了使用方便,AutoCAD 允许用户建立自己专用的坐标系,即用户坐标系(UCS)。

1. 建立三维用户坐标系

从【工具】菜单中选择【新建 UCS】子菜单,拉出下一级子菜单,如图 9-4 所示。或在命令行输入 UCS,命令行提示如下。

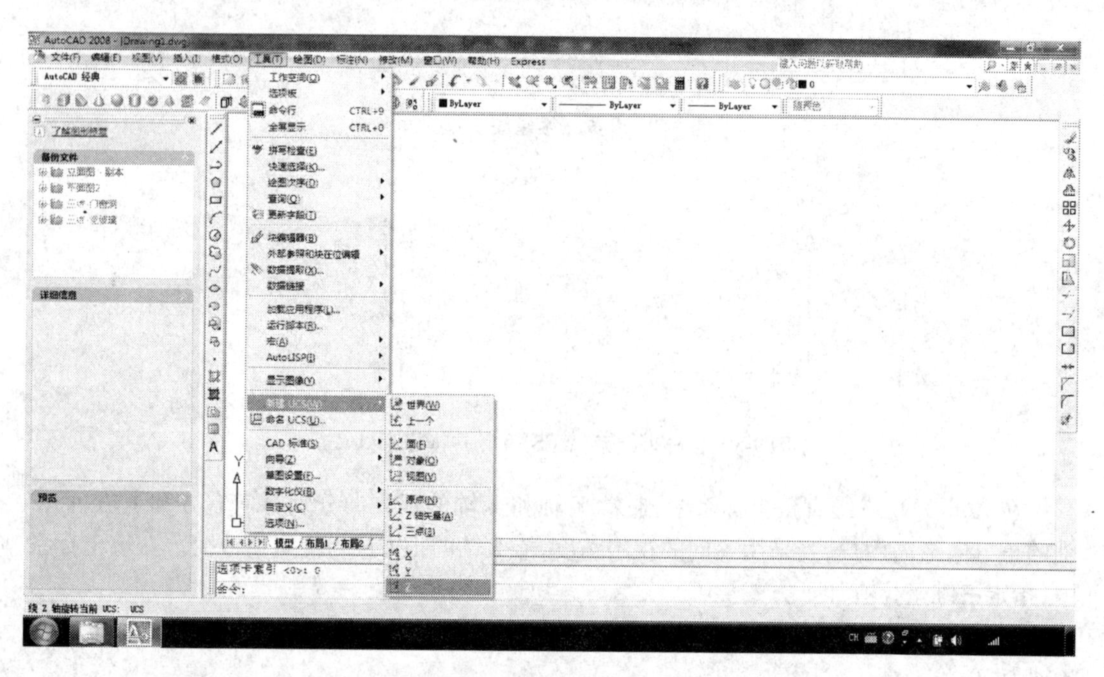

图 9-4　新建 UCS 菜单

命令:UCS↙ 当前 UCS 名称:* 世界 *	
指定 UCS 的原点或[面(F)/命名(NA)/对象(OB)/上一个(P)/视图(V)/世界(W)/X/Y/Z/Z 轴(ZA)]<世界>:	输入 N
指定新 UCS 的原点或[Z 轴(ZA)/三点(3)/对象(OB)/面(F)/视图(V)/X/Y/Z]<0,0,0>:	此时直接回车或输入数值

完成上述操作后,即可随时定义用户坐标系。注意以下几点。

(1)“面(F)”:通过指定一个三维表面和 *X* 轴、*Y* 轴正方向来定义一个新的坐标系。

(2)“对象(OB)”:通过指定一个对象来定义一个新的坐标系。

(3)“视图(V)”:选择该选项,AutoCAD 将 UCS 的 *XOY* 平面设置在与当前视图平行的平面上，且原点为当前UCS的原点。

(4)"X/Y/Z"：绕 X 轴、Y 轴、Z 轴按给定的角度旋转当前的坐标系，从而得到一个新的UCS。

(5)"Z轴矢量(ZA)"：通过指定一个新坐标原点和 Z 轴正方向上的一点，在不改变 X 轴和 Y 轴正方向的条件下，将UCS设置到指定位置。

(6)"三点(3)"：通过3个点来定义新UCS。这3点分别是新UCS的原点、X 轴正方向上的一点和坐标值为正的 XOY 平面上的一点。

2. 用户坐标系的管理

(1)保存UCS。

点击菜单【工具】→【命名UCS】，弹出如图9-5所示对话框。选择"未命名"的UCS，单击鼠标右键，选择"重新命名"，输入一个新名称，然后在对话框中的其他区域单击鼠标左键退出重命名状态，单击"确定"按钮退出。

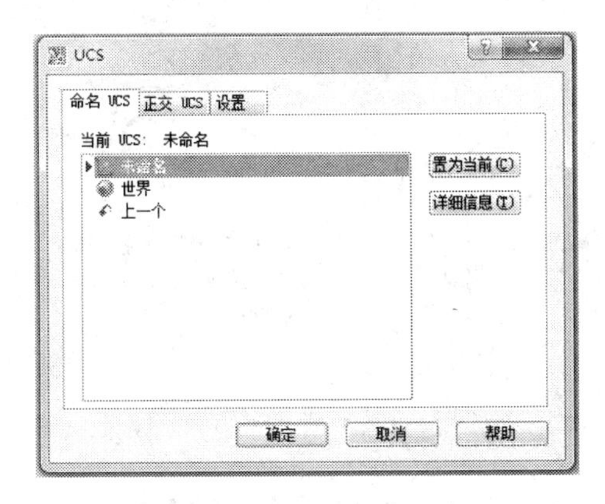

图9-5　"UCS"对话框

(2)切换UCS。

坐标系之间可以随时切换和恢复。定义保存多个UCS，在绘图过程中，单击菜单【工具】→【命名UCS】打开对话框，在"命名UCS"选项卡中的列表中选择所需UCS，单击"设置为当前"按钮，确定退出，即可将当前选定的UCS设置为用户坐标系。

3. 恢复世界坐标系

若当前坐标系为UCS，要想恢复为WCS，其方法如下。

(1)菜单选择【工具】→【命名】，弹出如图9-5所示的对话框。

(2)在"命名UCS"选项卡中，选择"世界"选项，再单击"置为当前"按钮，可以将当前坐标系恢复为世界坐标系(WCS)。或从菜单选择【工具】→【新建UCS】，如图9-4所示，然后再选择【世界】子菜单选项，亦可把UCS恢复为世界坐标系(WCS)。

四、三维视图

视图是指从不同角度观看形体所得到的投影。

系统提供的预置三维视图，包括："仰视"、"俯视"、"左视"、"右视"、"主视"和"后视"，此外，还提供了4种等轴测视图，包括："西南等轴测"、"东南等轴测"、"东北等轴测"和"西北等轴测"。

选择【视图】→【三维视图】命令，在弹出的下拉菜单中选择合适的命令进行视图切换。如图9-6所示为三维视图子菜单。

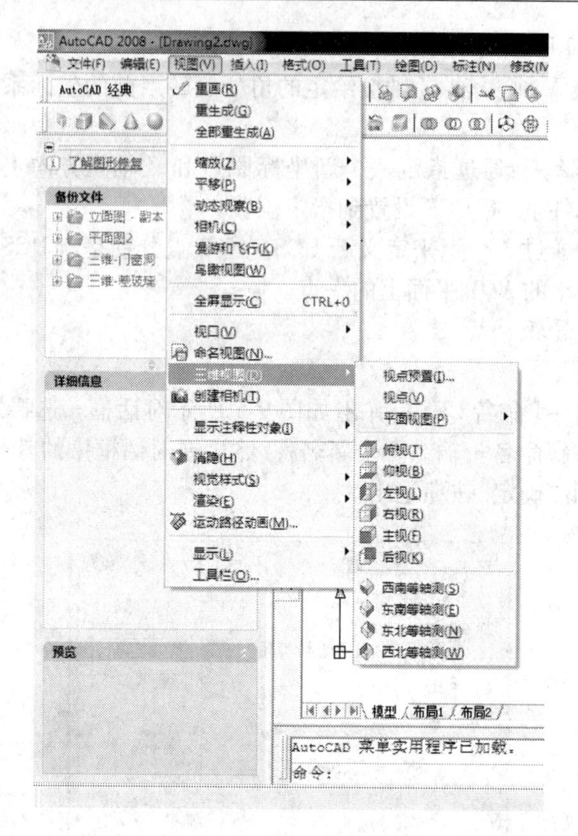

图 9-6 三维视图子菜单

任务二 墙体的绘制

一、新知识点

1. 设置视口

【设置视口】调用方式：

①	菜单栏	【视图】→【视口】
②	命令行	VPORTS

2. 改变视点

【改变视点】调用方式：

①	菜单栏	【视图】→【视口】
②	命令行	VPOINT

3. 拉伸

使用【拉伸】命令可以将一些二维对象拉伸成三维实体。拉伸过程中不但可以指定高度，还可以使对象截面沿着拉伸方向变化。

【拉伸】命令可以拉伸闭合的对象，例如多段线、多边形、矩形、圆、椭圆、闭合的样条曲线、圆环和面域。但不能拉伸三维对象、包含在块中的对象、有交叉或横断部分的多段线或非闭合多段线。【拉伸】命令可以沿路径拉伸对象，也可以指定高度值和斜角。

【拉伸】调用方式：

①	菜单栏	【绘图】→【建模】→【拉伸】
②	工具栏	【建模】→
③	命令行	EXTRUDE

二、绘制底层外墙轮廓线

1. 新建“外墙”图层

打开“建筑平面图”文件，另存为“三维图形”文件，冻结墙体轴线层、墙线以外的所有图层，如图 9-7 所示。新建一个名为“外墙”的图层。

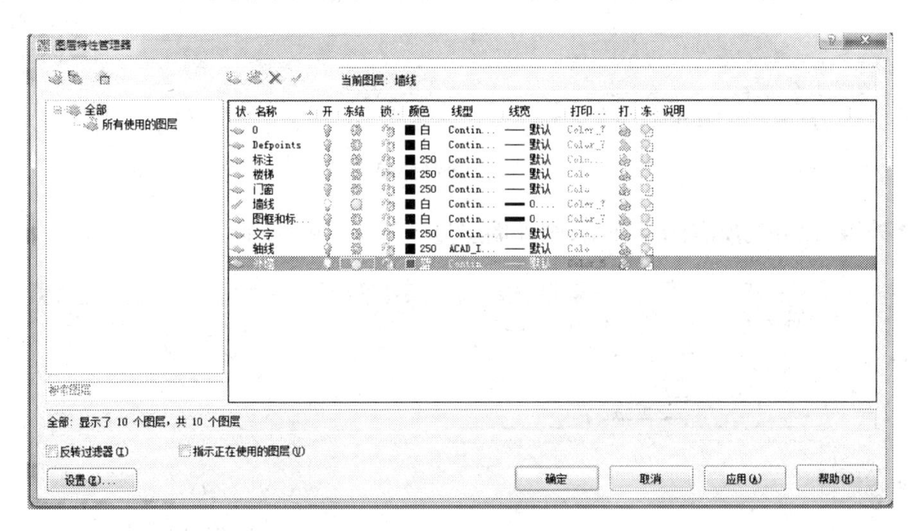

图 9-7　新建图层

2. 绘制外墙线

将“外墙”图层设为当前层，设置隐含的交点捕捉。绘制外墙线的步骤如下。

打开绘图工具栏，选择多段线【PLINE】命令，调用多段线来沿着外墙绘制出墙体多段线，命令行提示如下。

命令：pline↙	
指定起点：	单击端点
当前线宽为 0.0000 指定下一个点或［圆弧(A)/半宽(H)/长度(L)/放弃(U)/宽度(W)］：　<正交开>	单击端点
指定下一点或［圆弧(A)/闭合(C)/半宽(H)/长度(L)/放弃(U)/宽度(W)］：	单击端点
指定下一点或［圆弧(A)/闭合(C)/半宽(H)/长度(L)/放弃(U)/宽度(W)］：	单击端点
指定下一点或［圆弧(A)/闭合(C)/半宽(H)/长度(L)/放弃(U)/宽度(W)］：c↙	选择“C”，闭合多段线

得到图形如图 9-8 所示。

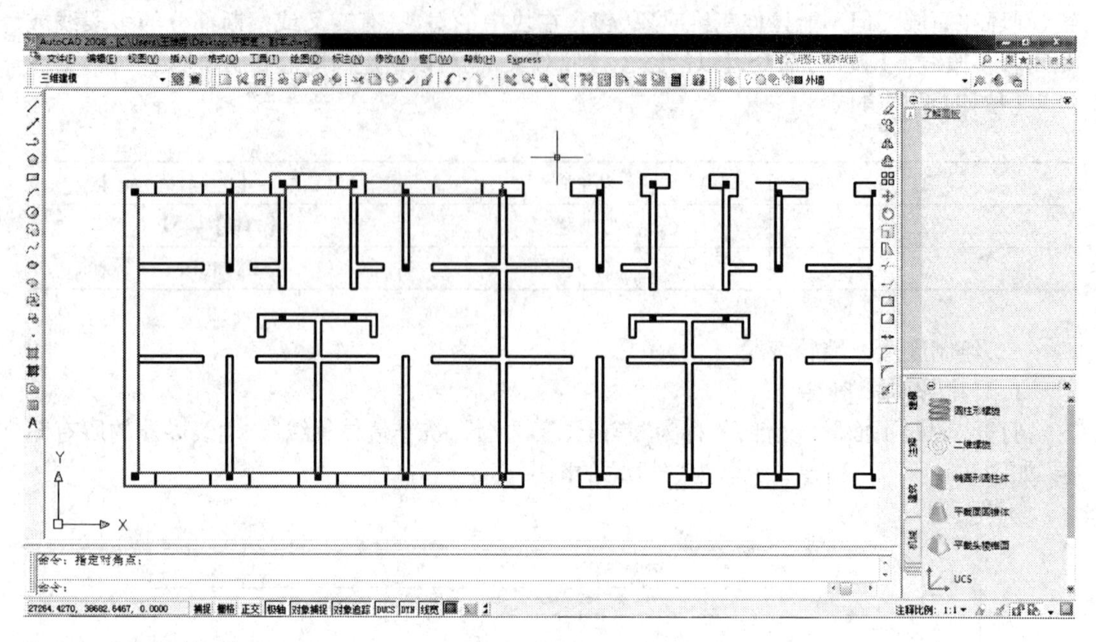

图 9-8　绘制外墙

将“外墙”以外的所有图层冻结，则外墙层显示如图 9-9 所示。

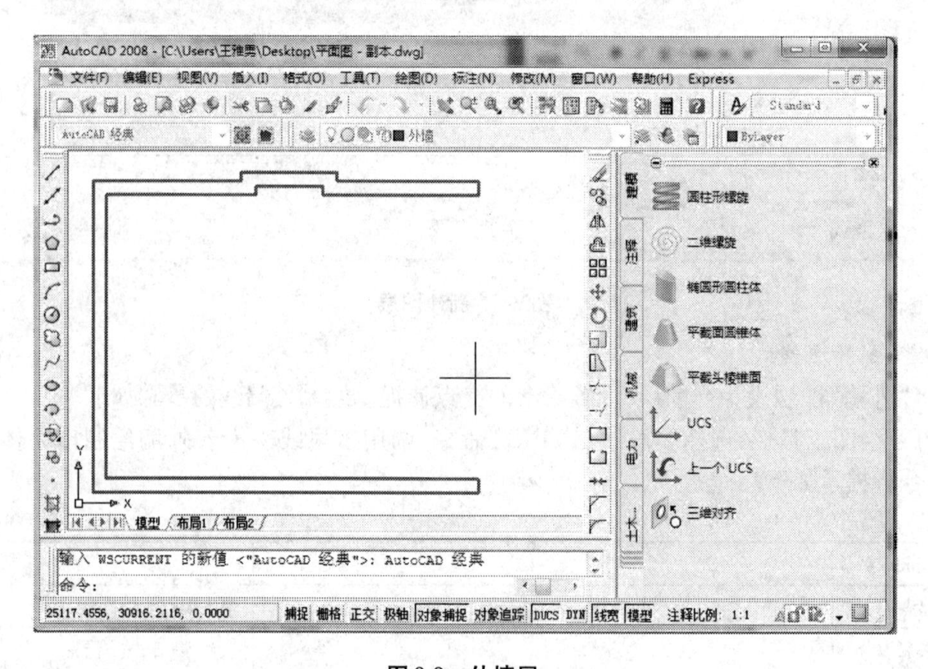

图 9-9　外墙层

3. 设置视口

(1)增加视口。

菜单:【视图】→【视口】→【三个视口】

命令:VPORTS

命令:vports ↙	
输入选项［保存(S)/恢复(R)/删除(D)/合并(J)/单一(SI)/？/2/3/4］<3>:	
输入配置选项［水平(H)/垂直(V)/上(A)/下(B)/左(L)/右(R)］<右(R)>:	
正在重生成模型	

(2)改变视口中的视点。

鼠标单击左上角的视口,点击菜单【视图】→【三维视图】→【主视】。鼠标单击右面的视口,点击菜单【视图】→【三维视图】→【西南等轴测】。便得到外墙的三维视图,如图 9-10 所示。

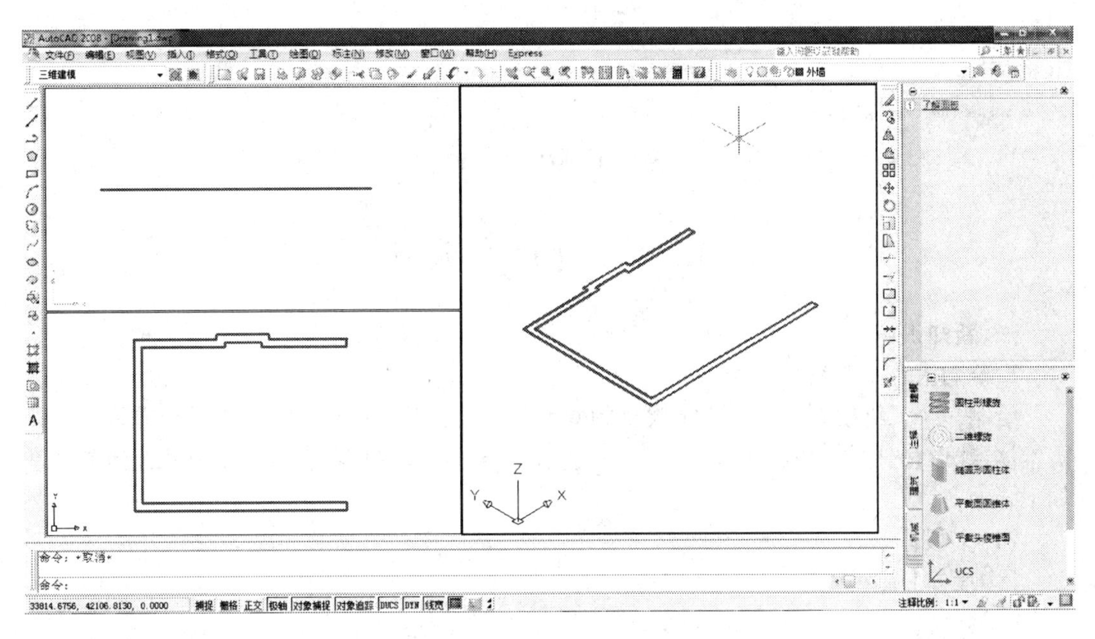

图 9-10　外墙三维视图

4. 拉伸

点击建模工具栏中按钮或调用下拉菜单命令【绘图】→【建模】→【拉伸】。选择刚才绘制的多段线作为拉伸的对象,并单击鼠标右键确认,输入拉伸长度为“3000”,旋转角度为默认的 0,这样就得到墙体的三维模型,如图 9-11 所示。

其命令行提示如下。

命令: extrude ↙ 当前线框密度:　ISOLINES = 4	
选择要拉伸的对象: 找到 1 个 选择要拉伸的对象:	点选外墙图形
指定拉伸的高度或［方向(D)/路径(P)/倾斜角(T)］:3000 ↙	拉伸的高度为 3 000

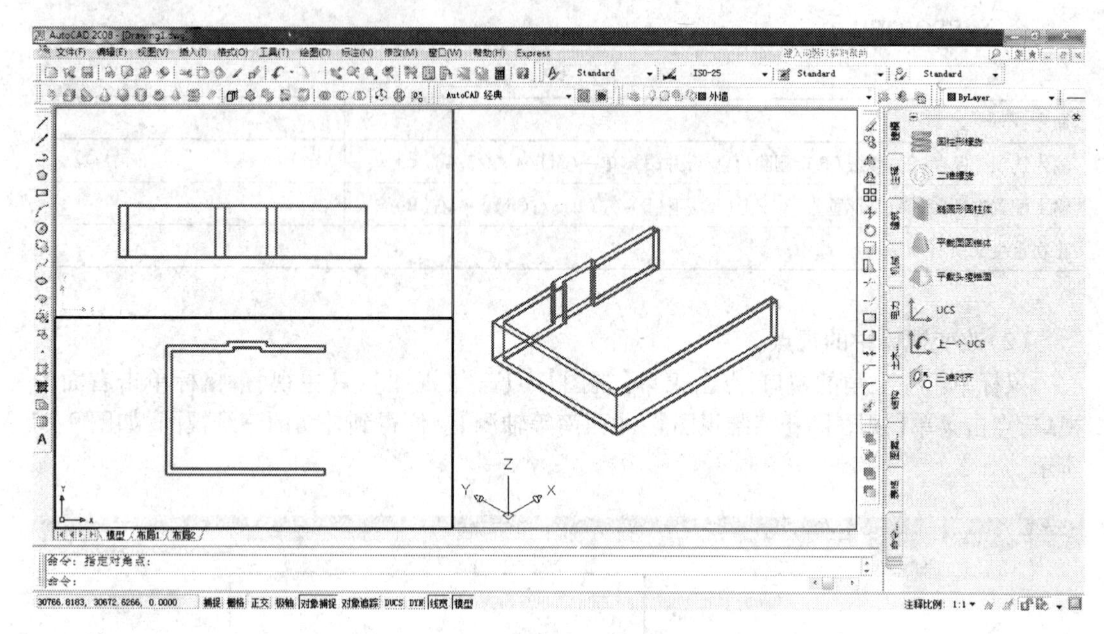

图 9-11　墙体三维模型

任务三　门窗的绘制

一、新知识点

1. 绘制基本三维模型

绘制一个三维模型离不开基本模型的变换和拼接，AutoCAD 2008 提供了长方体、楔体、圆锥体、球形、圆柱体、圆环体、棱锥面 7 种基本三维形状。它们各自的调用方式及绘制方法如下。

(1)多段体。

【多段体】调用方式：

①	菜单栏	“绘图”→“建模”→“多段体”
②	工具栏	【建模】→
③	命令行	POLYSOLID

执行“多段体”命令后，命令行提示如下。

命令：polysolid↙	
指定起点或[对象(O)/高度(H)/宽度(W)/对正(J)]<对象>：h↙	输入 H，设置多段体高度
指定高度<4.0000>：100↙	输入高度数值，例如 100
指定起点或[对象(O)/高度(H)/宽度(W)/对正(J)]<对象>：w↙	输入 W，设置多段体宽度
指定宽度<0.2500>：10↙	输入宽度数值，例如 10
指定起点或[对象(O)/高度(H)/宽度(W)/对正(J)]<对象>：j↙	输入 J，设置多段体对正样式

续表

输入对正方式[左对正(L)/居中 <C)/右对正(R)] <居中>:c↙	输入 C,居中对正
指定起点或[对象(O)/高度(H)/宽度(W)/对正(J)] <对象>:o↙	输入 O,或直接回车,采用指定对象生成多段体

在命令行中,提供了“对象”、“高度”、“宽度”和“对正”4 个选项以供选择,各含义如下:

“对象”选项用于指定要转换为实体的对象。

“高度”选项用于指定实体的高度。

“宽度”选项用于指定实体的宽度。

“对正”选项用于设置使用命令定义轮廓时,将实体的宽度和高度设置为左对正、右对正或者居中,对正方式由轮廓的第一条线段的起始方向决定。

(2)长方体。

【长方体】调用方式:

①	菜单栏	【绘图】→【建模】→【长方体】
②	工具栏	【建模】→
③	命令行	BOX

执行【长方体】命令后,系统提供了 4 种方法来创建长方体。

①角点和角点方式,命令行提示如下。

命令: box↙	
指定第一个角点或[中心(C)]:	点选长方体的第一个角点
指定其他角点或【立方体(c)/长度(L)]:	点选长方体的中心对称角点

②角点、角点和高度方式,命令行提示如下。

命令: box↙	
指定第一个角点或[中心(C)]:	点选长方体的第一个角点
指定其他角点或【立方体(c)/长度(L)]:	点选长方体在 *XY* 平面的对角角点
指定高度或[两点(2P)]:	输入长方体高度

③角点和长度方式,命令行提示如下。

命令: box↙	
指定第一个角点或[中心(C)]:	点选长方体的第一个角点
指定其他角点或【立方体(c)/长度(L)]:l↙	选择“长度(L)”
指定长度:	输入长方体长度
指定宽度:	输入长方体宽度
指定高度或[两点(2P)]:	输入长方体高度

④中心点法,命令行提示如下。

命令： box↙	
指定第一个角点或[中心(C)]:c↙	选择“中心(C)”
指定中心:	点选长方体的中心
指定其他角点或【立方体(c)/长度(L)]:	点选长方体的一个角点
指定高度或[两点(2P)]:	输入长方体高度

(3)楔体。

【楔体】调用方式:

①	菜单栏	“绘图”→“建模”→“楔体”
②	工具栏	【建模】→
③	命令行	WEDGE

楔体可以理解为长方体的一半,它的命令行提示与长方体几乎一致。例如角点、角点和高度法,命令行提示如下。

命令:wedge↙	
指定第一个角点或[中心(C)]:	点选楔体的第一个角点
指定其他角点或【立方体(c)/长度(L)]:	点选楔体在 *XY* 平面的对角角点
指定高度或[两点(2P)]:	输入长方体高度

读者可参考长方体参数的设定,学习楔体参数的设定。

(4)圆锥体。

【圆锥体】调用方式:

①	菜单栏	“绘图”→“建模”→“圆锥体”
②	工具栏	【建模】→
③	命令行	CONE

执行【圆锥体】命令后,命令行提示如下。

命令:cone↙	
指定底面的中心点或[三点(3P)/两点(2P)/相切、相切、半径(T)/椭圆(E)]:	在绘图区拾取点
指定底面半径或[直径(D)]:	输入半径数值
指定高度或[两点(2P)/轴端点(A)/顶面半径(T)] <312.3089>:	输入圆锥体高度

(5)球体。

【球体】调用方式：

①	菜单栏	"绘图"→"建模"→"球体"
②	工具栏	【建模】→
③	命令行	SPHERE

执行【球体】命令后，命令行提示如下。

命令：sphere ↙	
指定中心点或［三点(3P)/两点(2P)/相切、相切、半径(T)］:	在绘图区拾取点
指定半径或［直径(D)］	输入半径，或点选半径端点

(6)圆柱体。

【圆柱体】调用方式：

①	菜单栏	"绘图"→"建模"→"圆柱体"
②	工具栏	【建模】→
③	命令行	CYLINDER

执行【圆柱体】命令后，命令行提示如下。

命令： cylinder ↙	
指定底面的中心点或［三点(3P)/两点(2P)/相切、相切、半径(T)/椭圆(E)］:	在绘图区拾取点
指定底面半径或［直径(D)］:	输入半径数值
指定高度或［两点(2P)/轴端点(A)］:	输入圆锥体高度

(7)圆环体。

【圆环体】调用方式：

①	菜单栏	"绘图"→"建模"→"圆环体"
②	工具栏	【建模】→
③	命令行：	TORUS

执行【圆环】命令后，命令行提示如下。

命令： torus ↙	
指定中心点或［三点(3P)/两点(2P)/相切、相切、半径(T)］:	在绘图区拾取点
指定底面半径或［直径(D)］:	输入半径数值
指定圆管半径或［两点(2P)/直径(D)］:	输入圆管半径数值

(8)棱锥面。

【棱锥面】调用方式:

①	菜单栏	"绘图"→"建模"→"棱锥面"
②	工具栏	【建模】→
③	命令行	PYRAMID

执行【棱锥面】命令后,命令行提示如下。

命令: pyramid ↙ 4 个侧面　外切	
指定底面的中心点或[边(E)/侧面(S)]:	在绘图区拾取点
指定底面半径或[内接(I)]:	输入半径数值
指定高度或[两点(2P)/轴端点(A)/顶面半径(T)]:	输入棱锥面高度

2. 用布尔运算编辑基本三维模型

布尔运算是指通过两个(或多个)单个实体(或者面域)创建复合实体或者面域。所谓面域,是指由封闭的边界构成的二维闭合区域,在其内部可以含有孔等具有边界的平面。在进行布尔运算时,二维面域与三维实体同样对待。AutoCAD 2008 提供了并集、差集、交集 3 种基本三维编辑工具。它们各自的调用方式法如下。

(1)并集。

并集运算将建立一个合成实心体与合成域。合成实心体通过计算两个或者更多现有的实心体的总体积来建立,合成域通过计算两个或者更多现有域的总面积来建立。

【并集】调用方式:

①	菜单栏	"修改"→"实体编辑"→"并集"
②	工具栏	【建模】→
③	命令行	UNION

执行【并集】命令后,命令行提示如下。

命令:union ↙	
选择对象:	在绘图区拾取对象
选择对象: 找到 1 个	在绘图区拾取对象
选择对象: 找到 1 个,总计 2 个	单击鼠标右键,确认完成

(2)差集。

差集运算所建立的实心体与域将基于一个域集或者二维物体的面积与另一个集合体的

差来确定,实心体由一个实心体集的体积与另一个实心体集的体积的差来确定。

【差集】调用方式:

①	菜单栏	“修改”→“实体编辑”→“差集”
②	工具栏	【建模】→
③	命令行	SUBTRACT

执行【差集】命令后,命令行提示如下。

命令: subtract ↙	
选择对象:	在绘图区拾取对象
选择对象: 找到 1 个	在绘图区拾取对象
选择对象: 找到 1 个,总计 2 个	单击鼠标右键,确认完成

(3)交集。

交集运算可以从两个或者多个相交的实心体中建立一个合成实心体以及域,所建立的域将基于两个或者多个相互覆盖的域而计算出来,实心体将由两个或者多个相交实心体的共同值计算产生,即使用相交的部分建立一个新的实心体或者域。

【交集】调用方式:

①	菜单栏	“修改”→“实体编辑”→“交集”
②	工具栏	【建模】→
③	命令行	INTERSECT

执行【交集】命令后,命令行提示如下。

命令: intersect ↙	
选择对象:	在绘图区拾取对象
选择对象: 找到 1 个	在绘图区拾取对象
选择对象: 找到 1 个,总计 2 个	单击鼠标右键完成

二、在外墙上开门窗洞口

1. 绘制外墙窗洞模型

(1)长方体调用。

点击工具栏图标,或鼠标选定菜单【绘图】→【建模】→【长方体】,或在命令行输入“BOX”,则命令行提示如下。

命令:box↙	
指定长方体的角点或[中心点(C)]<0,0,0>:	在俯视图中捕捉窗洞的一个角点
指定角点或[立方体(C)/长度(L)]:	捕捉窗洞的另一个角点

便可得到如图 9-12 所示的长方形模型。

长方体亦可输入相对坐标绘制,本三维图形中窗口尺寸为 1932 ×490 ×1332,那么在命令行中做如下输入。

命令:box↙	
指定长方体的角点或[中心点(C)]<0,0,0>:	
指定角点或[立方体(C)/长度(L)]:	@1932,490,1332 拾取窗洞后个角点

也可得到如图 9-12 所示窗洞。

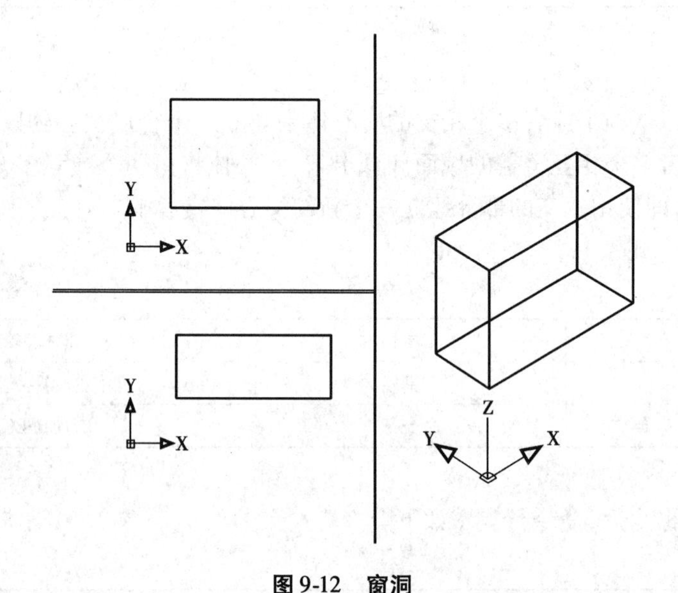

图 9-12 窗洞

(2)复制。

打开修改工具栏,选择【复制】命令,选择刚刚绘制的窗洞模型作为复制对象,选择任意一点作为基点,然后分别将这些实体复制到捕捉到的对应位置,即可得到如图 9-13 所示门窗洞的示意图。

(3)差集。

调用下拉菜单【修改】→【实体编辑】→【差集】命令,然后根据命令提示选择墙体实体作为母体并单击鼠标右键确定,然后根据命令提示选择全部的窗洞模型实体和门洞模型实体作为要减去的子体即可。这样底层的全部门、窗户就在墙体的相应位置上开出了门、窗洞,如图 9-14 所示。

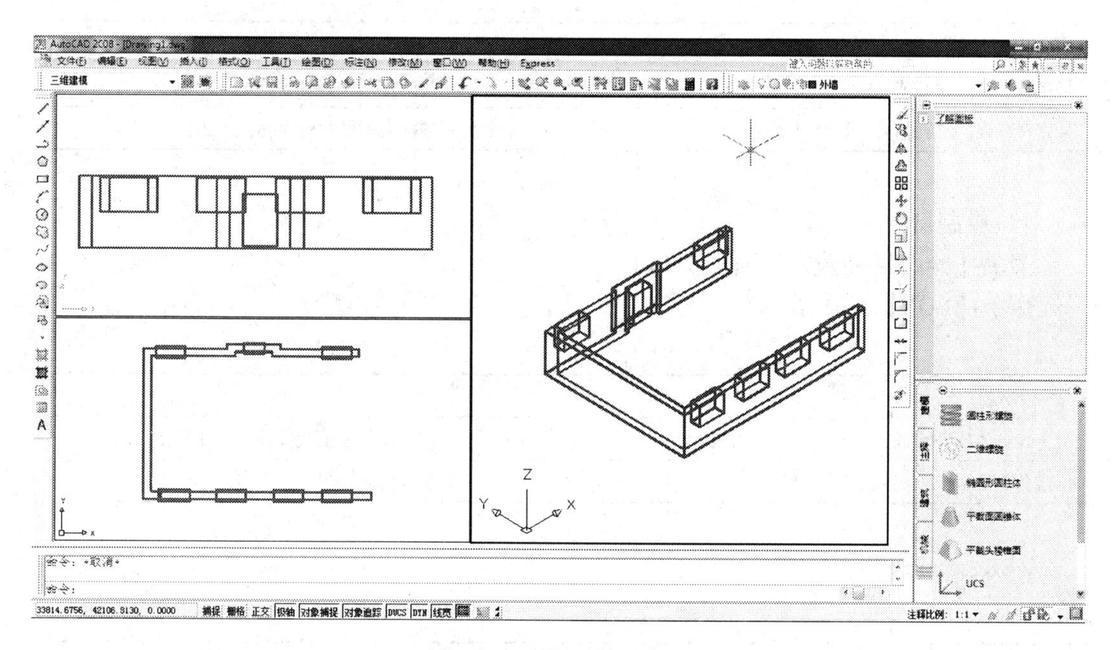

图 9-13　复制后的门窗洞

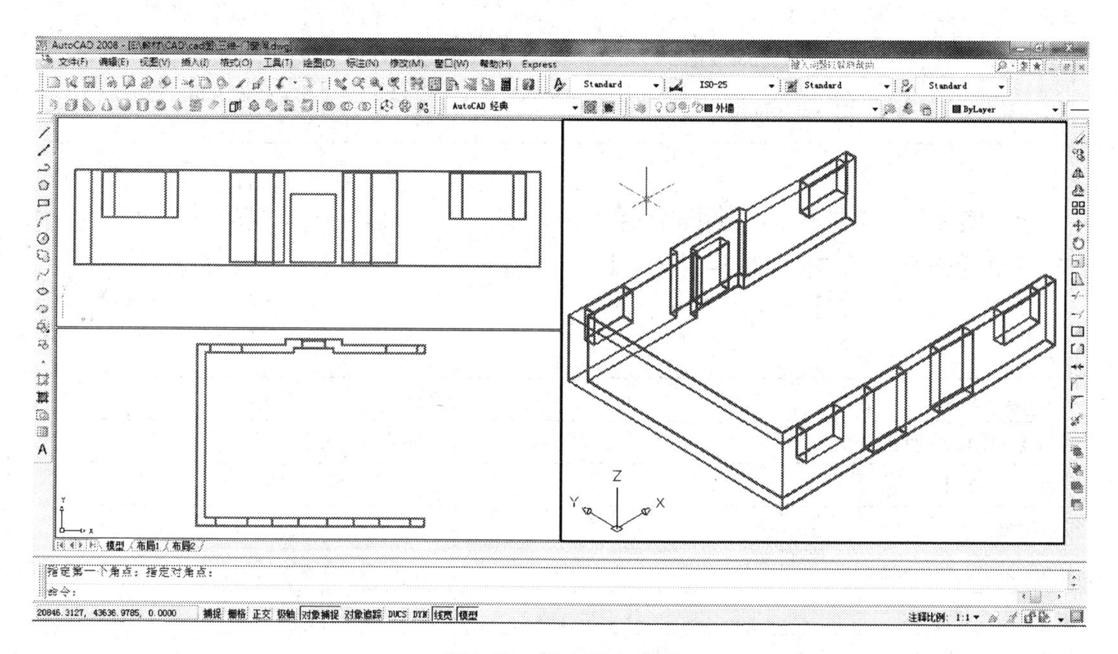

图 9-14　门窗洞完成图

2. 绘制门窗

(1)绘制窗框。

菜单:【绘图】→【建模】→【长方体】

命令:【BOX】

命令:box↙	
指定长方体的角点或[中心点(C)]<0,0,0>:	在俯视图中捕捉窗洞的一个角点
指定角点或[立方体(C)/长度(L)]:	捕捉窗洞的另一个角点

(2)绘制窗洞。

菜单:【绘图】→【建模】→【长方体】

命令:【BOX】

命令:box↙	
指定长方体的角点或[中心点(C)]<0,0,0>:	在俯视图中捕捉窗洞的一个角点
指定角点或[立方体(C)/长度(L)]:	捕捉窗洞的另一个角点

命令:【COPY】

命令:copy↙	
选择对象:找到一个	选择刚刚绘制的长方体
选择对象:指定基点或位移,或[重复(M)]:	用鼠标指定一个点作为基点
指定位移的第二点或<用第一点作位移>:	用鼠标选定位移点或输入相对前面基点的坐标

单击实体编辑工具栏上的按钮,用大长方体减去两个小长方体,具体操作如下。

菜单:【修改】→【实体编辑】→【差集】

命令:【SUBTRACT】

命令: subtract↙	
选择要从中减去的实体或面域:	选择窗框大长方体
选择对象:找到 1 个	
选择对象:	
选择要减去的实体或面域:	用鼠标选取上面绘制的一个小长方体
选择对象:找到 1 个	用鼠标选取另一个小长方体
选择对象:找到 1 个,总计 2 个	
选择对象:	

(3)绘制玻璃。

命令:【USC】

命令:ucs ↙ 当前 UCS 名称:*世界*	
指定 UCS 的原点或[面(F)/命名(NA)/对象(OB)/上一个(P)/视图(V)/世界(W)/X/Y/Z/Z 轴(ZA)]<世界>:n ↙	输入 N
指定新 UCS 的原点或[Z 轴(ZA)/三点(3)/对象(OB)/面(F)/视图(V)/X/Y/Z]<0,0,0>:↙	此时直接回车或输入数值

菜单:【绘图】→【建模】→【长方体】
命令:【BOX】

命令:box ↙	
指定长方体的角点或[中心点(C)]<0,0,0>:	在俯视图中捕捉窗洞的一个角点
指定角点或[立方体(C)/长度(L)]:	捕捉窗洞的另一个角点

命令:【COPY】

命令:copy ↙	
选择对象:找到 1 个	选择刚刚绘制的长方体
选择对象:指定基点或位移,或[重复(M)]:	用鼠标指定一个点作为基点
指定位移的第二点或<用第一点作位移>:	用鼠标选定位移点或输入相对前面基点的坐标

即可得到如图 9-15 所示玻璃。

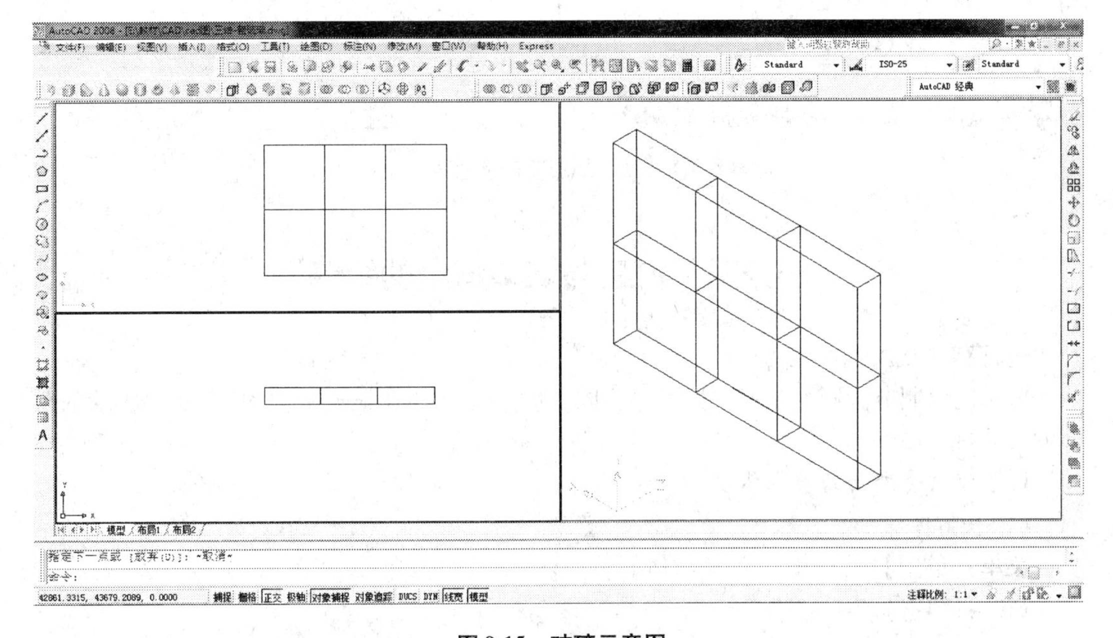

图 9-15　玻璃示意图

命令:【MOVE】

命令:move ↙	
选择对象:	选择被移动对象
选择对象:找到1个	回车完成选择
选择对象:	
指定基点或[位移(D)]<位移>:	用鼠标指定一个基点
指定位移的第二点或<用第一点作位移>:	选定位移点或输入相对前面基点的坐标

安装上玻璃后的窗户如图9-16所示。

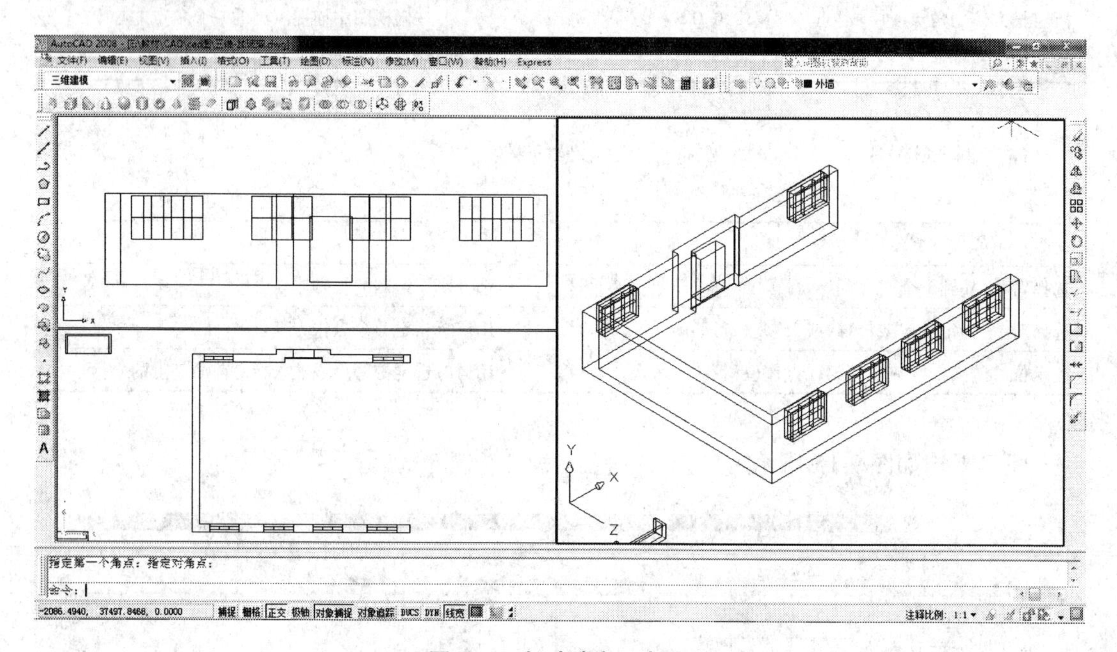

图9-16 加玻璃窗示意图

任务四 窗套与装饰窗台的绘制

一、窗套的绘制

窗套的绘制方法同绘制窗户框大体相同,具体步骤如下(根据平面图、立面图所示的窗体的尺寸进行操作)。

1. 绘制窗套外面的长方体

(1)长方体命令。

菜单:【绘图】→【建模】→【长方体】

命令:【BOX】

命令:box↙	
指定长方体的角点或[中心点(C)]<0,0,0>:	在俯视图中捕捉窗洞的一个角点
指定角点或[立方体(C)/长度(L)]:	捕捉窗洞的另一个角点

(2)建立用户坐标系。

命令:【UCS】

命令:ucs↙ 当前 UCS 名称:＊世界＊	
指定 UCS 的原点或[面(F)/命名(NA)/对象(OB)/上一个(P)/视图(V)/世界(W)/X/Y/Z/Z 轴(ZA)]<世界>:n↙	输入 N
指定新 UCS 的原点或[Z 轴(ZA)/三点(3)/对象(OB)/面(F)/视图(V)/X/Y/Z]<0,0,0>:↙	此时直接回车或输入数值

2. 绘制窗套里面的长方体

菜单:【绘图】→【建模】→【长方体】

命令:【BOX】

命令:box↙	
指定长方体的角点或[中心点(C)]<0,0,0>:	在俯视图中捕捉窗洞的一个角点
指定角点或[立方体(C)/长度(L)]:	捕捉窗洞的另一个角点

3. 绘制窗套

菜单:【修改】→【实体编辑】→【差集】

单击“实体编辑”工具栏上的差集按钮,用外面长方体减里面长方体。如图 9-17 所示。

4. 将窗套安到窗洞上

菜单:【修改】→【复制】

命令:【COPY】

命令:copy↙	
选择对象:找到 1 个	选择刚刚绘制的长方体
选择对象:指定基点或位移,或[重复(M)]:	用鼠标指定一个点作为基点
指定位移的第二点或<用第一点作位移>:	用鼠标选定位移点或输入相对前面基点的坐标

用基点复制命令将前面绘制好的窗套复制到相应的窗洞上。

二、绘制装饰窗台

1. 设置 3 个视图

(1)单击菜单【视图】→【视口】→【三个视口】。

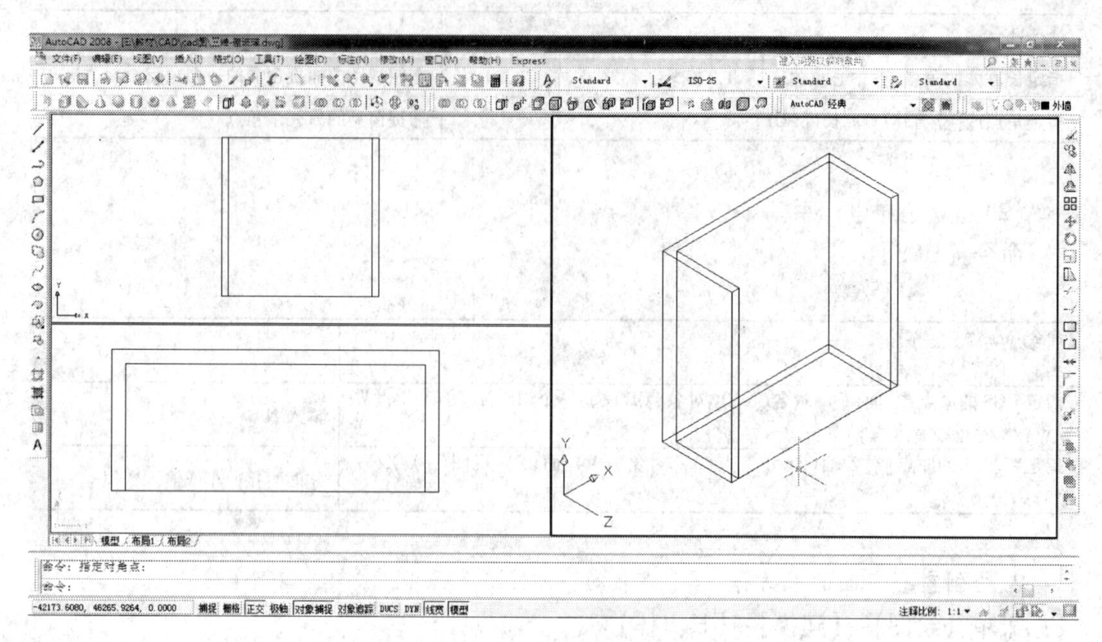

图 9-17 窗套

此时屏幕上的 3 个视口中的图形相同，都是默认的俯视图。

(2)改变视口中的视点，其步骤如下。

鼠标单击左上角的视口，单击菜单【视图】→【三维视图】→【主视】。

鼠标单击右面的视口，单击菜单【视图】→【三维视图】→【西南等轴测】。

此时屏幕上的 3 个视口图形分别是：左上角为主视图，左下角为俯视图，右边为西南方向的等轴测图。

2. 绘制装饰窗台墙外轮廓线

用鼠标单击左下角的视口，即为当前视口。用【PLINE】命令绘制装饰窗台墙外轮廓线的水平投影图，绘制结果如图 9-18 所示。

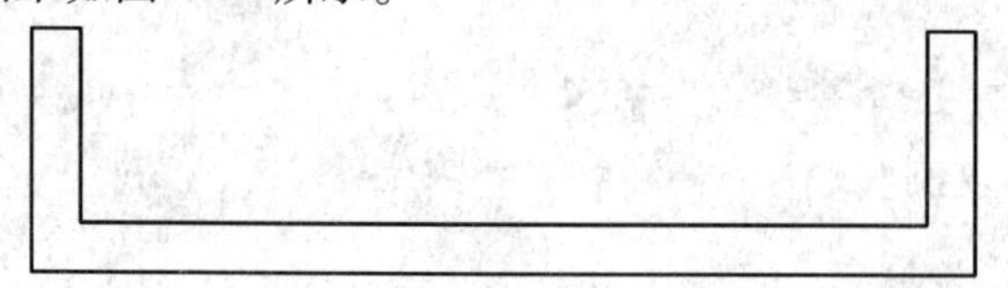

图 9-18 装饰窗台外轮廓线

3. 拉伸形成装饰窗台墙

拉伸形成装饰窗台墙的步骤如下。

命令：extrude↙	
当前线框密度： ISOLINES = 4 选择要拉伸的对象：* 取消 *	输入 N
选择要拉伸的对象：找到 1 个	
指定拉伸高度或[路径(P)]：	600
指定拉伸角度 <0>：	

拉伸结果如图 9-19 所示。

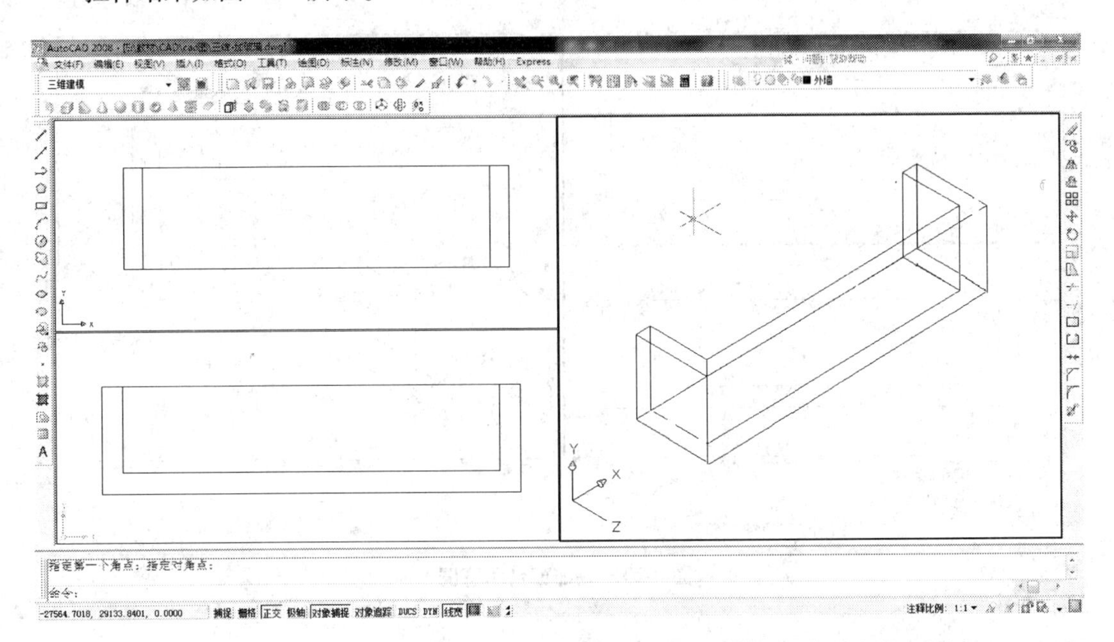

图 9-19　装饰窗台示意图

4. 绘制装饰窗台底面

用【PLINE】命令在图 9-18 上沿装饰窗台的内边线，绘制装饰窗台底面的轮廓线。

拉伸绘制装饰窗台底面的步骤如下。

菜单：【修改】→【实体编辑】→【差集】

命令：【EXTRUDE】

命令：extrude↙	
当前线框密度：　ISOLINES =4 选择要拉伸的对象：* 取消 *	输入 N
选择要拉伸的对象：找到 1 个	
指定拉伸高度或[路径(P)]：	120
指定拉伸角度 <0>：	

装饰窗台的最后效果如图 9-20 所示。

5. 在外墙插入门窗和装饰窗台

菜单：【修改】→【复制】

命令：【COPY】

调出修改工具栏，选择复制命令，把各类窗户、门复制到相应的窗洞、门洞的位置，这样就得到第一部分的全部门窗图，如图 9-21 所示。

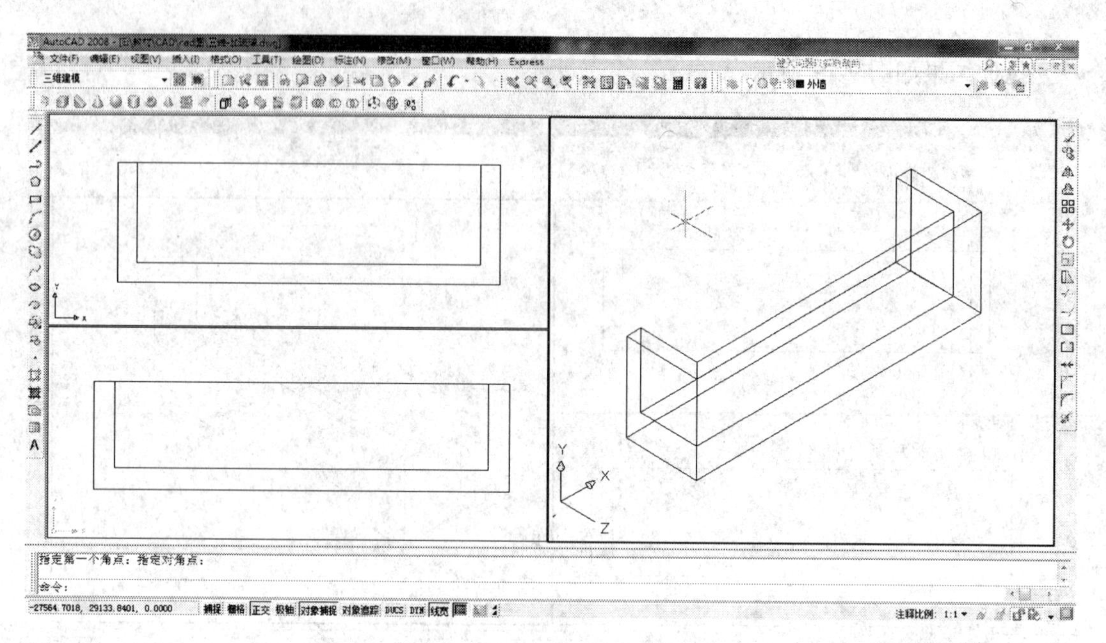

图 9-20 装饰窗台示意图

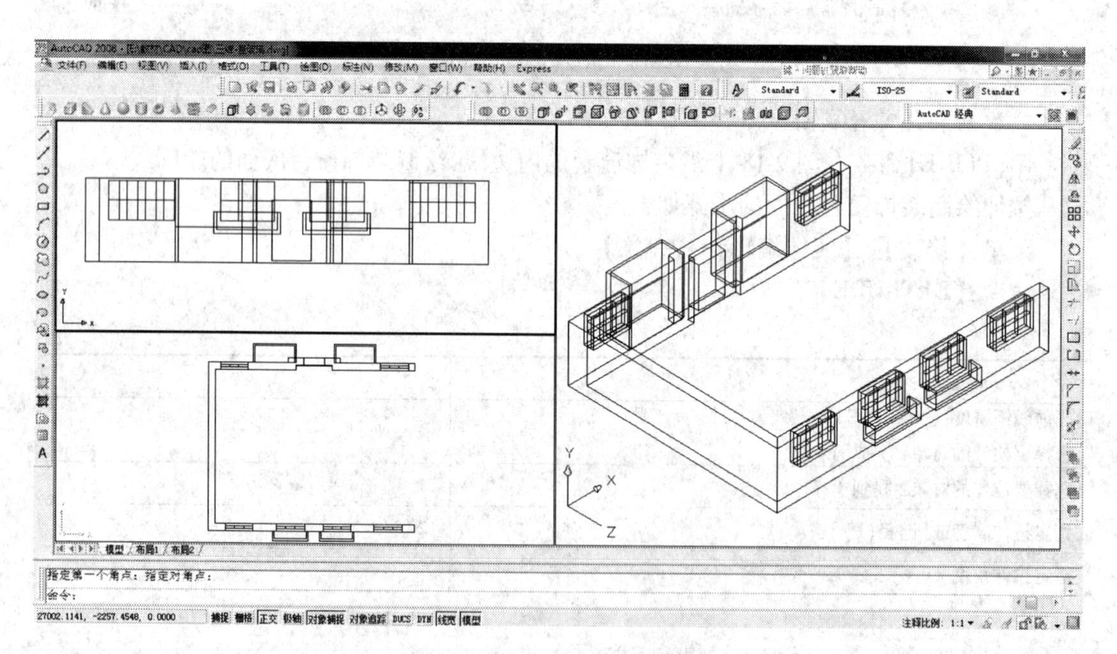

图 9-21 第一部分完成示意图

任务五 完成 1～7 层的绘制

一、新知识点

AutoCAD 2008 提供了三维移动、三维旋转、三维对齐、三维镜像、三维阵列 5 种基本三维操作工具。它们各自的调用方式法如下。

1. 三维移动

【三维移动】命令的功能是在三维视图中显示移动夹点工具,并沿指定方向将对象移动指定距离。

【三维移动】调用方式:

①	菜单栏	“修改”→“三维操作”→“三维移动”
②	工具栏	【建模】→
③	命令行	3DMOVE

【三维移动】命令的命令行提示如下。

命令:3dmove↙	
选择对象:	在绘图区拾取
选择对象:找到 1 个	单击鼠标右键确定
指定基点或[位移(D)] <位移>:	单击鼠标左键选取基点
指定第二个点或 <使用第一个点作为位移>:	单击鼠标左键确定移动位置

2. 三维旋转

【三维旋转】命令用于将实体沿指定的轴旋转。用户可以根据两点指定旋转轴,或者通过指定对象指定 X 轴、Y 轴或 Z 轴,还可以指定当前视图的 Z 方向为旋转轴。

【三维旋转】调用方式:

①	菜单栏	“修改”→“三维操作”→“三维旋转”
②	工具栏	【建模】→
③	命令行	3DROTATE

【三维旋转】命令的命令行提示如下。

命令:3drotate↙ UCS 当前的正角方向: ANGDIR = 逆时针　ANGBASE = 0	
选择对象:	在绘图区拾取
选择对象:找到 1 个	单击鼠标右键确定
指定基点:	单击鼠标左键选取基点
指定旋转角度,或[复制(C)/参照(R)] <0>:	输入角度

3. 三维对齐

在三维空间中,使用【三维对齐】命令可以指定至多 3 个点以定义源平面,然后指定至多 3 个点以定义目标平面,来进行对齐操作。

【三维对齐】调用方式:

①	菜单栏	"修改"→"三维操作"→"三维对齐"
②	工具栏	【建模】→
③	命令行	3DALIGN

【三维对齐】命令的命令行提示如下。

命令: 3dalign ↙	
选择对象:	在绘图区拾取
选择对象: 找到 1 个	单击鼠标右键确定
选择对象: 找到 1 个,总计 2 个	
指定源平面和方向 ...	
指定基点或[复制(C)]:	单击鼠标左键选取基点
指定第二个点或[继续(C)] <C>:	单击鼠标左键选取
指定第三个点或[继续(C)] <C>:	单击鼠标左键选取
指定目标平面和方向 ...	
指定第一个目标点:	单击鼠标左键选取
指定第二个目标点或[退出(X)] <X>:	单击鼠标左键选取
指定第三个目标点或[退出(X)] <X>:	单击鼠标左键选取

4. 三维镜像

【三维镜像】命令可以沿指定的镜像平面创建对象的镜像。镜像平面可以是通过指定点且与当前 UCS 的 *XY* 平面、*YZ* 平面或 *XZ* 平面平行的平面或者由选定 3 点定义的平面。

【三维镜像】调用方式:

①	菜单栏	"修改"→"三维操作"→"三维镜像"
②	命令行	3DMIRROR

【三维镜像】命令的命令行提示如下。

命令:mirror3d ↙ UCS 当前的正角方向: ANGDIR = 逆时针 ANGBASE = 0	
选择对象:	在绘图区拾取
选择对象: 找到 1 个	单击鼠标右键确定
指定镜像平面(三点)的第一个点或 [对象(O)/最近的(L)/Z 轴(Z)/视图(V)/XY 平面(XY)/YZ 平面(YZ)/ZX 平面(ZX)/三点(3)] <三点>	

续表

指定 *XY* 平面上的点 <0,0,0>:	点选或输入坐标
是否删除源对象?[是(Y)/否(N)] <否>:	

在命令行提示中,有6类确定镜像面的方法,各选项含义如下。

①"对象":该选项使用选定平面对象的平面作为镜像平面,如果输入Y,将被镜像的对象放到图形中并删除原始对象。如果输入N或按回车键,将被镜像的对象放到图形中并保留原始对象。

②"上一个":该选项相对于最后定义的镜像平面对选定的对象进行镜像处理。

③"Z轴":该选项根据平面上的一个点和平面法线上的一个点定义镜像平面。

④"视图":该选项将镜像平面与当前视口中通过指定点的视图平面对齐。

⑤XY/YZ/ZX:这3个选项将镜像平面与一个通过指定点的标准平面(*XY*,*YZ* 或 *ZX*)对齐。

⑥"三点":该选项通过3个点定义镜像平面,如果通过指定点来选择此选项,将不显示"在镜像平面上指定第一点"的提示。

5. 三维阵列

【三维阵列】可以在三维空间中创建对象的矩形阵列或环形阵列。与二维阵列不同,用户除了需要指定阵列的列数和行数之外,还要指定阵列的层数。

【三维阵列】调用方式:

①	菜单栏	"修改"→"三维操作"→"三维阵列"
②	命令行	3DARRAY

【三维阵列】命令有两种情况,矩形阵列和环形阵列,命令行提示如下。

命令: 3darray ↙ 在初始化... 已加载3DARRAY。	
选择对象:	在绘图区拾取
选择对象: 找到1个	单击鼠标右键确定
输入阵列类型[矩形(R)/环形(P)] <矩形>:	
输入行数(---) <1>:	
输入列数(|||) <1>:	
输入层数(...) <1>:	
指定行间距(---):	
指定列间距(|||):	
指定层间距(...):	

命令：3darray ↙ 在初始化...　已加载 3DARRAY。	
选择对象：	在绘图区拾取
选择对象：找到 1 个	点击鼠标右键确定
输入阵列类型［矩形(R)/环形(P)］<矩形>：p	
输入阵列中的项目数目：	
指定要填充的角度（+ = 逆时针，- = 顺时针）<360>	
旋转阵列对象？［是(Y)/否(N)］<Y>：	
指定阵列的中心点：	
指定旋转轴上的第二点：	

注意：在命令行中，指定的角度用于确定对象距旋转轴的距离，正数值表示沿逆时针方向旋转，负数值表示沿顺时针方向旋转。

二、完成底层

底层的第一部分绘制完成，另外两部分可以通过【镜像】、【并集】命令来绘制。步骤如下。

1.【镜像】命令完成底层另两部分

镜像有两种方式，既可以在俯视图中进行，也可以在三维视图中进行，这两种镜像的具体步骤介绍如下。

（1）在俯视图中进行镜像。

调用下拉菜单【修改】→【镜像】命令，或在命令行输入命令："MIRROR"

命令：mirror ↙	
选择对象：	框选全部要镜像的实体
选择对象：找到 9 个 选择对象：	单击右键确认
指定镜像线的第一点： 指定镜像线的第二点：	点击镜像轴第一点 点击镜像轴第二点
要删除源对象吗？［是(Y)/否(N)］<N>：	

结果如图 9-22 所示。

（2）在三维视图中进行三维镜像（在西南等轴测视图中）。

调用下拉菜单命令【修改】→【三维操作】→【三维镜像】，或在命令行输入命令 MIRROR3D：

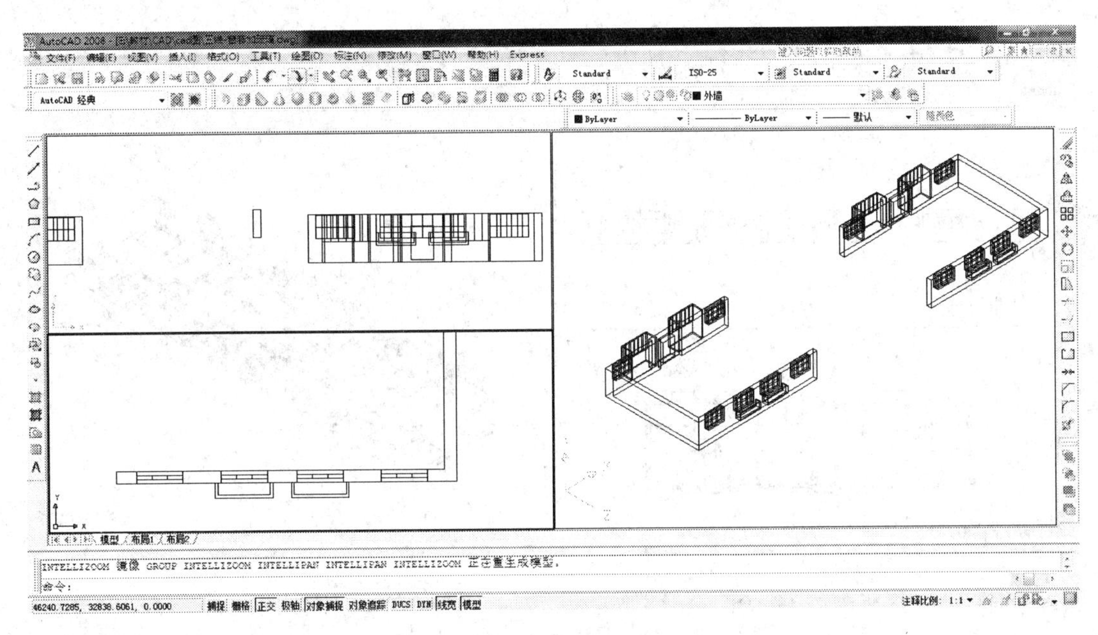

图 9-22　镜像出第三部分示意图

命令:mirror3d ↙	
选择对象:	框选全部要镜像的实体
选择对象: 找到 9 个 选择对象:	单击右键确认
指定镜像平面(三点)的第一个点或 [对象(O)/最近的(L)/Z 轴(Z)/视图(V)/XY 平面(XY)/YZ 平面(YZ)/ZX 平面(ZX)/三点(3)] <三点>: YZ ↙	YZ
指定 YZ 平面上的点 <0,0,0>:	点选 *YZ* 平面上的一点
要删除源对象吗? [是(Y)/否(N)] <N>:	

重复镜像第一部分,将镜像轴设定在第一、第二部分之间,得到第二部分图形,如图 9-23 所示。首层 3 个部分便全部绘制完成。

2.【并集】命令完成底层

调用下拉菜单【修改】→【实体编辑】→【并集】或单击“建模”工具栏中的 按钮,执行该命令,命令栏提示如下。

命令: union ↙	
选择对象:	框选全部实体
选择对象: 找到 3 个 选择对象:	单击右键确认

得到如图 9-23 所示图形,首层便全部绘制完成。

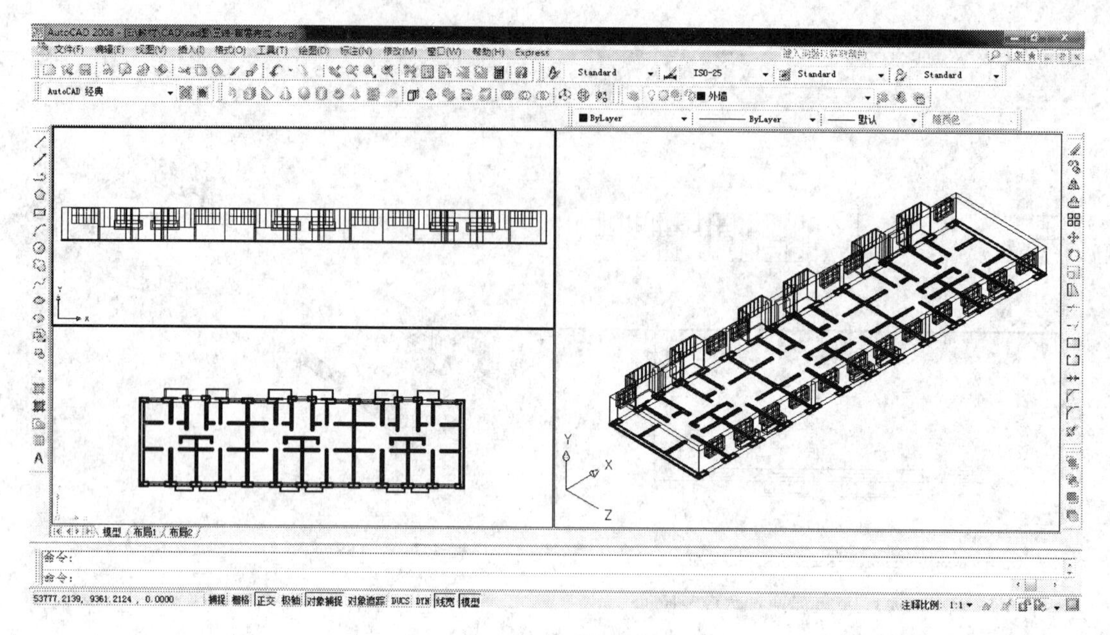

图9-23 首层完成图

三、绘制标准层

标准层与底层的平面图基本相同,不同的只有两点,一是底层的窗套旁边是一个门,而标准层该位置是一个窗户;二是层高不同,底层层高为3 m,标准层层高为2.8 m。所以标准层和顶层的绘制基本相同,步骤如下。

1. 绘制一层标准层

该建筑物共有7层,2~7层的情况相同,可以绘制单层后,再使用三维阵列命令得到其他5层。

打开绘图工具栏,选择多段线命令,按照底层三维模型的墙体的上部边缘绘制出标准层的墙体边线,得到的多段线作为标准层建模的依据。

调用下拉菜单【绘图】→【建模】→【拉伸】命令,选择刚才绘制的多段线作为拉伸对象并确认,输入拉伸长度“2800”,旋转角度为默认的0即可。这样就能得到标准层的外部墙体,结果如图9-24所示。

2. 绘制窗户、窗套、装饰窗台

跟绘制底层的窗户、窗套、装饰窗台一样。打开“绘图”工具栏,选择矩形图标,按照平面图的窗户、窗套、装饰窗台大小和位置在平面图上用矩形命令绘制出所有的窗户、窗套、装饰窗台。调用下拉菜单命令【绘图】→【建模】→【拉伸】选择刚刚绘制的矩形作为拉伸的对象并确认,输入拉伸长度,旋转角度为默认的0即可。这样就得到立面图中的7个窗洞、2个窗套和2个装饰窗台的实体。

打开“绘图”工具栏,选择移动图标,选择全体的窗洞作为移动的对象,然后任意选择一点作为移动的基点,移动到窗洞位置。调用下拉菜单命令【修改】→【实体编辑】→【差集】,在墙上开出窗洞,结果如图9-25所示。

调出“修改”工具栏,选择【复制】命令图标,把底层的窗户复制到标准层的相应的窗洞

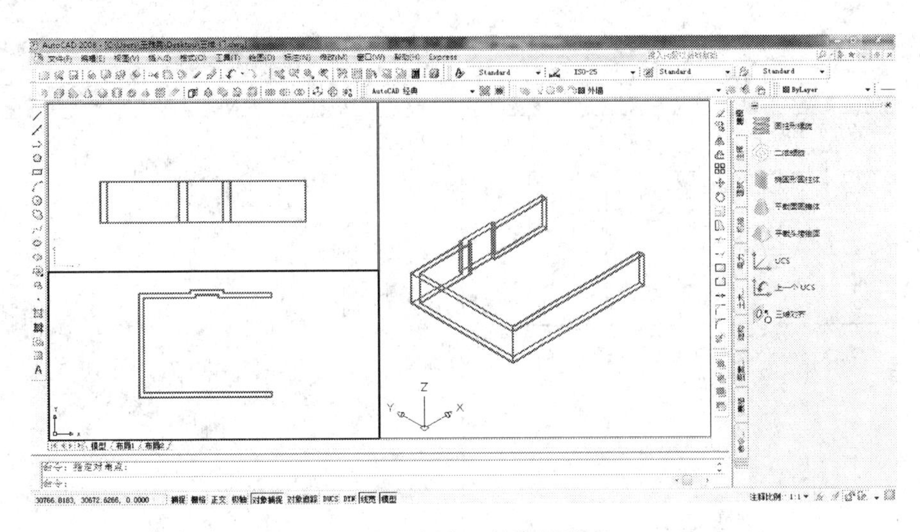

图 9-24　标准层拉伸后外墙

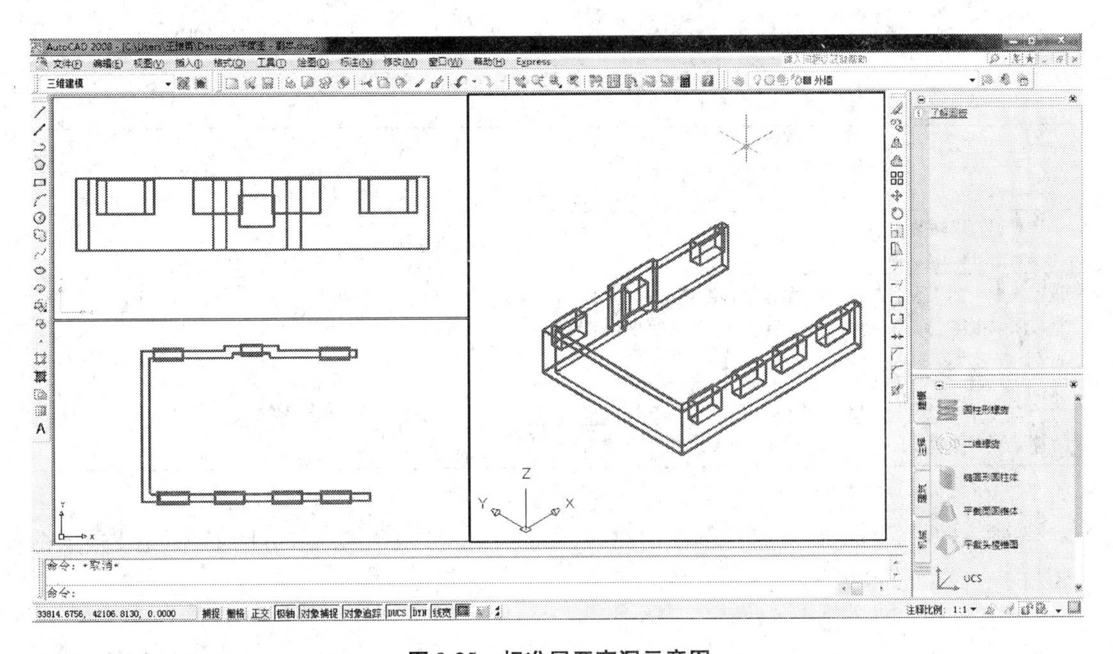

图 9-25　标准层开窗洞示意图

中,窗套、装饰窗台复制到标准层的相应的位置上。这样就完成了标准层的窗户、窗套、装饰窗台,如图 9-26 所示。

3. 在三维视图中进行三维镜像完成单层标准层

(在西南等轴测视图中)调用下拉菜单【修改】→【三维操作】→【三维镜像】命令,或在命令行输入命令 MIRROR3D。

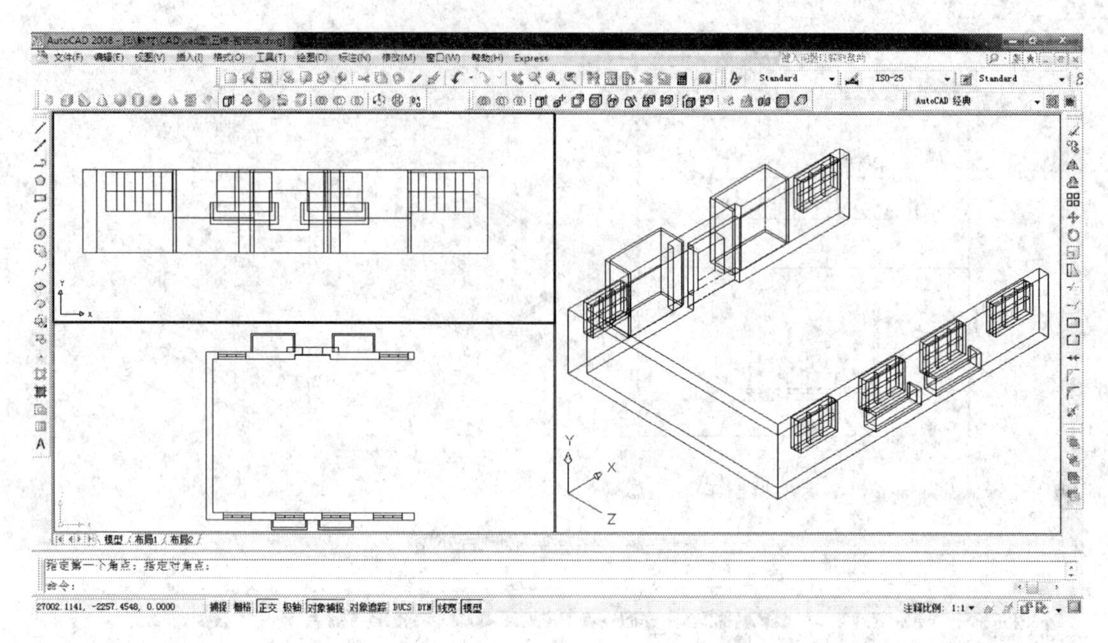

图 9-26　窗户、窗套、装饰窗台示意图

命令：mirror3d↙	
选择对象：	框选全部要镜像的实体
选择对象：找到 9 个 选择对象：	右键确认
指定镜像平面（三点）的第一个点或　[对象(O)/最近的(L)/Z轴(Z)/视图(V)/XY 平面(XY)/YZ 平面(YZ)/ZX 平面(ZX)/三点(3)]　<三点>：yz↙	*yz*
指定 *YZ* 平面上的点　<0,0,0>：	点选 *YZ* 平面上的一点
要删除源对象吗？[是(Y)/否(N)]　<N>：	

重复镜像第一部分，将镜像轴设定在一、二部分之间，得到第二部分图形，便完成单层标准层的绘制，如图 9-27 所示。

4. 三维阵列标准层

该建筑物 2 ~ 6 层的情况相同，可以使用三维阵列命令得到其他层。其具体步骤如下。

调用下拉菜单【修改】→【三维操作】→【三维阵列】命令，或在命令行输入命令 3darrry。

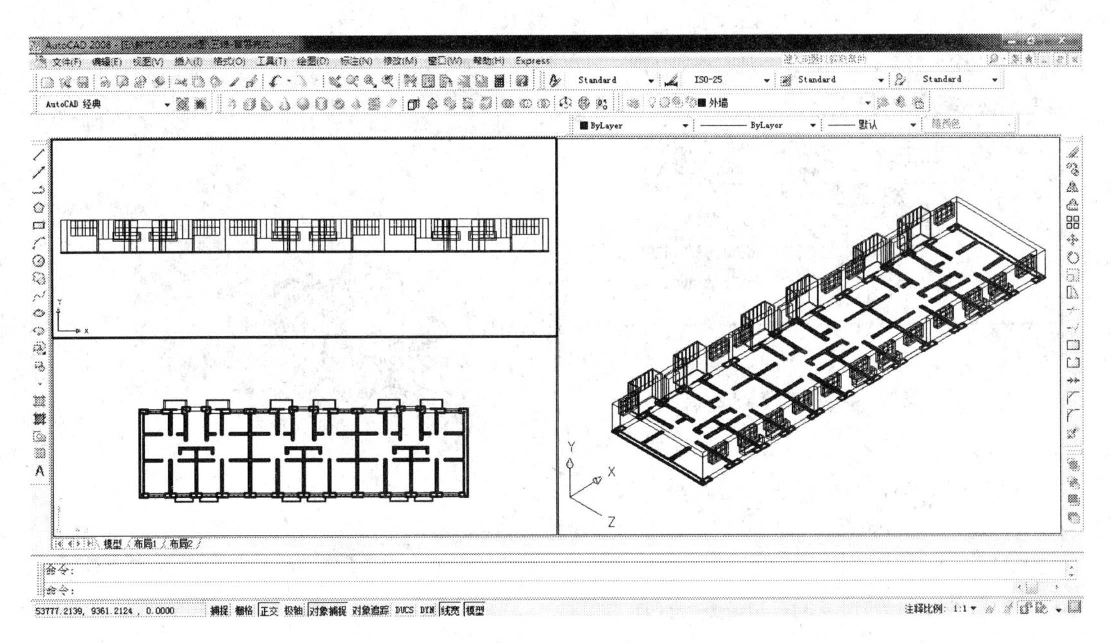

图 9-27　单层标准层效果图

命令：3darrry↙ 正在初始化...　已加载 3DARRAY	
选择对象：	框选全部要陈列的实体
选择对象：找到 9 个 选择对象：	右键确认
输入阵列类型［矩形(R)/环形(P)］<矩形>：	
输入行数（－－－）<1>：	
输入列数（｜｜｜）<1>：	
输入层数（...）<1>：	5
指定层间距（...）：	2800（层高）

这样就完成三维阵列操作，阵列的结果如图 9-28 所示。

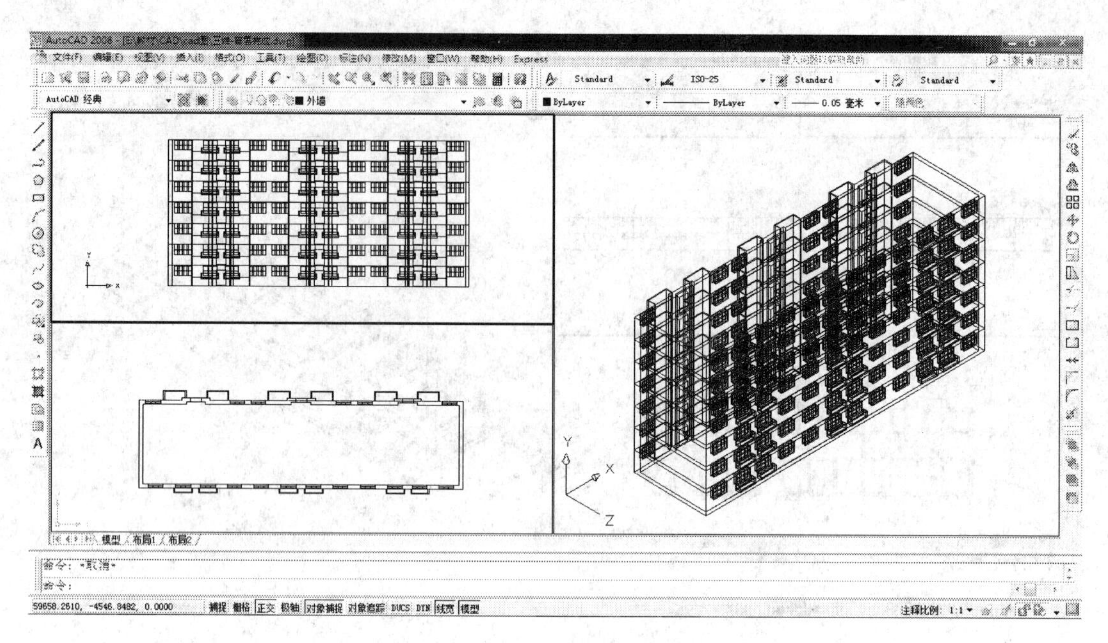

图 9-28　1 ~7 层效果图

任务六　屋顶的绘制

一、新知识点

【消隐】设置方式：

①	菜单栏	【视图】→【消隐】
②	命令行	HIDE

二、绘制屋顶

1. 绘制步骤

菜单：【绘图】→【建模】→【长方体】

命令：【BOX】

命令：box ↙	
指定长方体的角点或[中心点(C)]<0,0,0>：	在俯视图中捕捉窗洞的一个角点
指定角点或[立方体(C)/长度(L)]：	捕捉窗洞的另一个角点

如图 9-29 所示。

2. 移动屋顶

单击"修改"工具栏上的移动图标 。选择屋顶，将其向上移动，结果如图 9-30 所示。

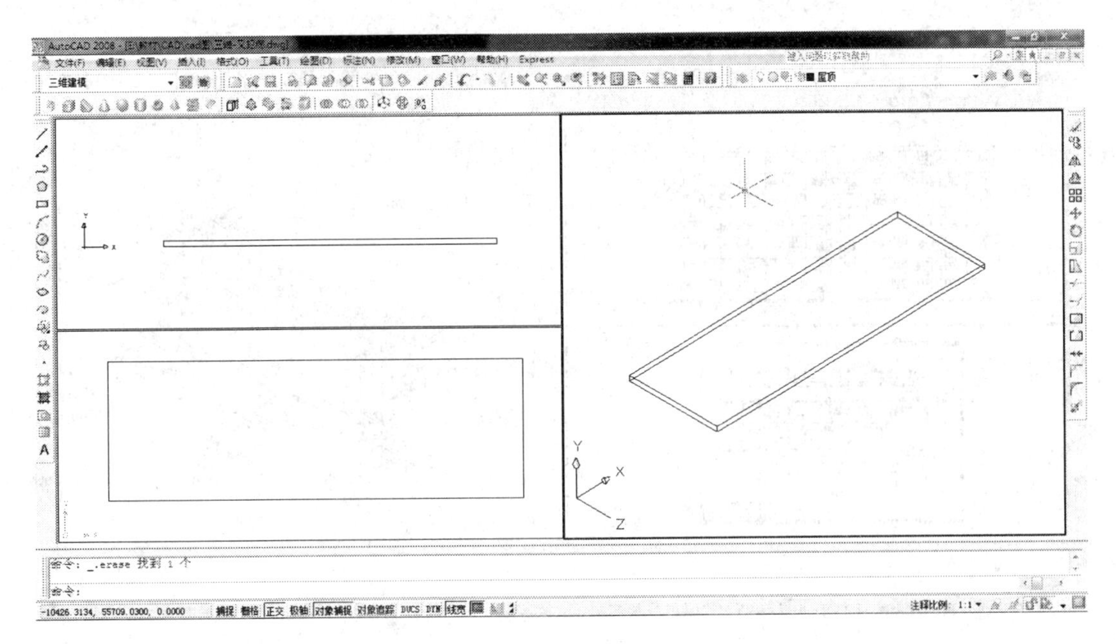

图 9-29　屋顶

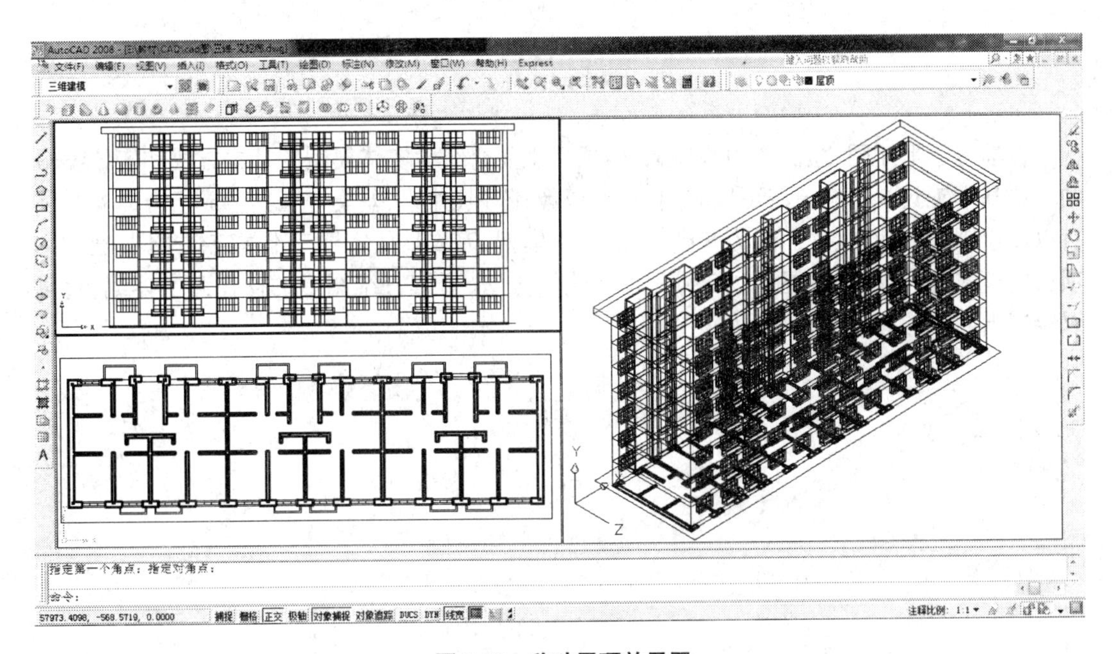

图 9-30　移动屋顶效果图

三、消隐显示效果图

调用【视图】→【消隐】,执行该命令后即完成了某住宅楼三维建筑效果图,如图 9-31 所示。

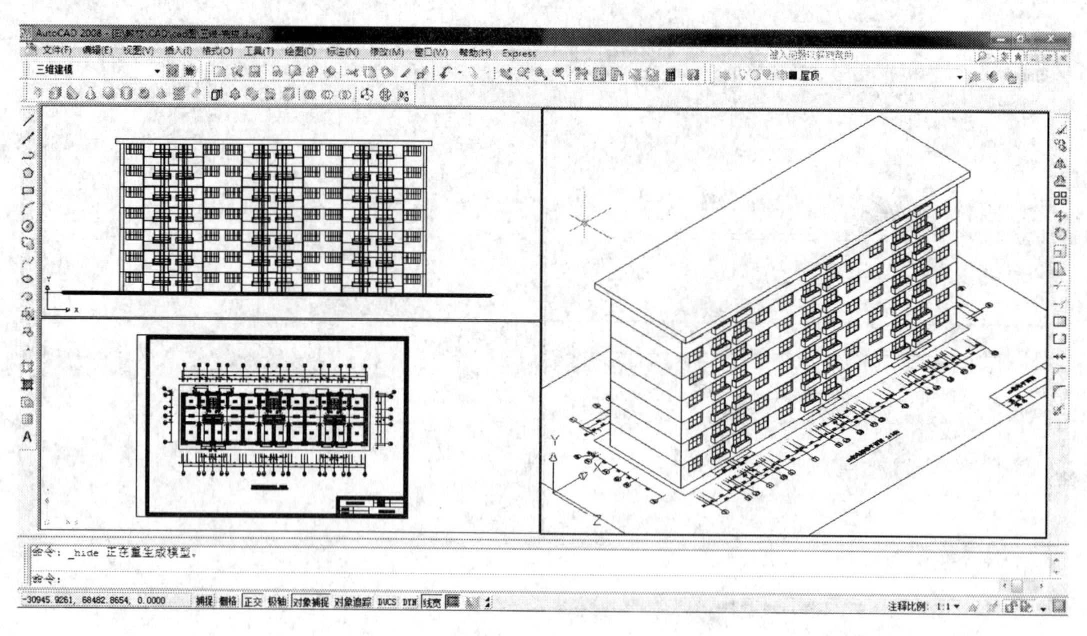

图 9-31 完成图

项目总结

在学习了平面图、立面图的基础上，本项目主要介绍了实体模型的基本方法和实体编辑的一些基本工具。基本模型可以利用拉伸、镜像、阵列、并集、差集等工具生成组合体。本项目以以绘制的平面图、立面图为基础，拓展三维模型，完成某住宅楼三维建筑效果图，通过本项目的学习，读者能够掌握基本三维图形的绘制方法，了解三维图形的操作和实体编辑，可以绘制出简单的三维建筑图形。

附录一　AutoCAD 2008 工具栏一览表

序号	名称	图示	命令	简称
1	直线		LINE	L
2	构造线		XLINE	XL
3	多段线		PLINE	PL
4	正多边形		POLYGON	POL
5	矩形		RECTANGLE	REC
6	圆弧		ARC	A
7	圆		CIRCLE	C
8	修订云线		REVCLOUD	
9	样条曲线		SPLINE	SPL
10	椭圆		ELLIPSE	EL
11	椭圆弧		ELLIPSE	EL
12	插入块		INSERT	I
13	创建块		BLOCK	B
14	点		POINT	PO
15	填充图案		HATCH	
16	渐变色		GRADIENT	
17	面域		REGION	REG
18	表		TABLE	
19	多行文字	A	MTEXT	MT　T

续表

序号	名称	图示	命令	简称
20	删除		EARSE	E
21	复制		COPY	CO
22	镜像		MIRROR	MI
23	偏移		OFFSET	O
24	阵列		ARRAY	AR
25	移动		MOVE	M
26	旋转		ROTATE	RO
27	缩放		SCALE	SC
28	拉伸		STRETCH	ST
29	修剪		TRIM	TR
30	延伸		EXTEND	EX
31	打断		BERAK	BR
32	倒角		CHAMFER	CHA
33	圆角		FILLET	F
34	多段体		POLYSOLID	
35	长方体		BOX	
36	楔体		WEDGE	WE
37	圆锥体		CONE	
38	球体		SPHERE	
39	圆柱体		CYLINDER	
40	圆环体		TORUS	TOR
41	棱锥面		PYRAMID	
42	螺旋		HELIX	

续表

序号	名称	图示	命令	简称
43	平面曲线		PLANESURF	
44	拉伸		EXTRUDE	EXT
45	按住并拖动		PRESSPULL	
46	扫掠		SWEEP	
47	旋转		REVOLVE	REV
48	放样		LOFT	
49	并集		UNION	UNI
50	差集		SUBTRACT	SU
51	交集		INTERSECT	IN
52	三维移动		3DMOVE	
53	三维旋转		3DROTATE	
54	三维对齐		3DALIGN	

附录二　房屋建筑制图统一标准

一、术语

1. 图纸幅面 drawing format

图纸幅面是指图纸宽度与长度组成的图面。

2. 图线 chart

图线是指起点和终点间以任何方式连接的一种几何图形，形状可以是直线或曲线，连续和不连续线。

3. 字体 font

字体是指文字的风格式样，又称书体。

4. 比例 scale

比例是指图中图形与其实物相应要素的线性尺寸之比。

5. 视图 view

将物体按正投影法向投影面投射时所得到的投影称为视图。

6. 轴测图 axonometric drawing

用平行投影法将物体连同确定该物体的直角坐标系一起沿不平行于任一坐标平面的方向投射到一个投影面上所得到的图形，称作轴测图。

7. 透视图 perspective drawing

根据透视原理绘制出的具有近大远小特征的图像，以表达建筑设计意图。

8. 标高 elevation

以某一水平面作为基准面，并作零点（水准原点）起算地面（楼面）至基准面的垂直高度。

9. 工程图纸 project sheet

根据投影原理或有关规定绘制在纸介质上的，通过线条、符号、文字说明及其他图形元素表示工程形状、大小、结构等特征的图形。

10. 计算机制图文件 computer aided drawing file

利用计算机制图技术绘制的，记录和存储工程图纸所表现的各种设计内容的数据文件。

11. 计算机制图文件夹 computer aided drawing folder

在磁盘等设备上存储计算机制图文件的逻辑空间，又称为计算机制图文件目录。

12. 协同设计 synergitic design

通过计算机网络与计算机辅助设计技术，创建协作设计环境，使设计团队各成员围绕共同的设计目标和对象，按照各自分工，并行交互式地完成设计任务，实现设计资源的优化配置与共享，最终获得符合工程要求的设计成果文件。

13. 计算机制图文件参照方式 reference of computer aided drawing file

在当前计算机制图文件中引用并显示其他计算机制图文件（被参照文件）的部分或全

部数据内容的一种计算机技术。当前计算机制图文件只记录被参照文件的存储位置和文件名，并不记录被参照文件的具体数据内容，并且随着被参照文件的修改而同步更新。

14. 图层 layer

计算机制图文件中相关图形元素数据的一种组织结构。属于同一图层的实体具有统一的颜色、线型、线宽、状态等属性。

二、图纸幅面规格与图纸编排顺序

1. 图纸幅面

(1)图纸幅面及图框尺寸，应符合表1规定的格式，见图1所示。

表1　幅面及图框尺寸(mm)

幅面代号 / 尺寸代号	A0	A1	A2	A3	A4
$b \times l$	841×1 189	594×841	420×594	297×420	210×297
c	10			5	
a	25				

(2)需要微缩复制的图纸，其一个边上应附有一段准确米制尺度，4个边上均附有对中标志，米制尺度的总长应为100 mm，分格应为10 mm。对中标志应画在图纸内框各边长的中点处，线宽0.35 mm，应伸入内框边，在框外为5 mm。对中标志的线段，于a1和b1范围取中。

(3)图纸的短边尺寸不应加长，A0～A3幅面长边尺寸可加长，但应符合表2的规定。

表2　图纸长边加长尺寸(mm)

幅面代号	长边尺寸	长边加长后的尺寸
A0	1 189	1 486(A0+1/4l)　16 35(A0+3/8l)　1 783(A0+1/2l)　1 932(A0+5/8l)　2 080(A0+3/4l)　2 230(A0+7/8l)　2 378(A0+1l)
A1	841	1 051(A1+1/4l)　1 261(A1+1/2l)　1 471(A1+3/4l)　1 682(A1+1l)　1 892(A1+5/4l)　2 102(A1+3/2)
A2	594	743(A2+1/4l)　891(A2+1/2l)　1 041(A2+3/4l)　1 189(A2+3/4l)　1 338(A2+5/4l)　1 486(A2+3/2l)　1 635(A2+7/4l)　1 783(A2+2l)　1 932(A2+9/4l)　2 080(A2+5/2l)
A3	420	630(A3+1/2l)　841(A3+1l)　1 051(A3+3/2l)　1 261(A3+2l)　1 471(A3+5/2l)　1 682(A3+3l)　1 892(A3+7/2l)

注：有特殊需要的图纸，可采用$b \times l$为841 mm×891 mm与1 189 mm×1 261 mm的幅面

(4)图纸以短边作为垂直边应为横式，以短边作为水平边应为立式。A0～A3图纸宜横式使用；必要时，也可立式使用。

(5)一个工程设计中，每个专业所使用的图纸，不宜多于两种幅面，不含目录及表格所采用的A4幅面。

2. 标题栏与会签栏

(1)图纸中应有标题栏、图框线、幅面线、装订边线和对中标志。图纸的标题栏及装订

边的位置,应符合下列规定。

①横式使用的图纸,应按图 1、图 2 的形式进行布置。

②立式使用的图纸,应按图 3、图 4 的形式进行布置。

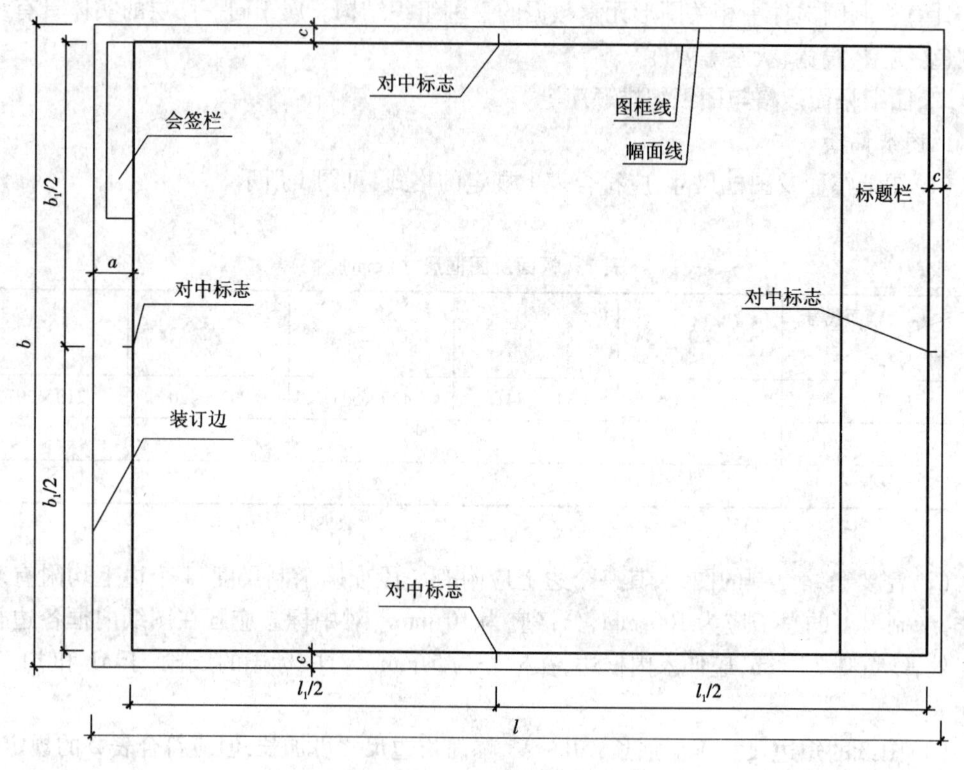

图 1 A0 ~ A3 横式幅面一

(2)标题栏应按图 5 所示,根据工程的需要选择确定其尺寸、格式及分区。签字栏应包括实名列和签名列,并应符合下列规定。

①涉外工程的标题栏内,各项主要内容的中文下方应附有译文,设计单位的上方或左方,应加“中华人民共和国”字样。

②在计算机制图文件中,当使用电子签名与认证时,应符合国家有关电子签名法的规定。

(3)图纸编排顺序。

①工程图纸应按专业顺序编排。应为图纸目录、总图、建筑图、结构图、给水排水图、暖通空调图、电气图等。

②各专业的图纸,应按图纸内容的主次关系、逻辑关系进行分类排序。

三、图线

(1)图线的宽度 b 宜从 1.4、1.0、0.7、0.5、0.35、0.25、0.18、0.13 mm 线宽系列中选取。图线宽度不应小于0.1 mm。每个图样,应根据复杂程度与比例大小,先选定基本线宽 b,再选用表 3 中相应的线宽组。

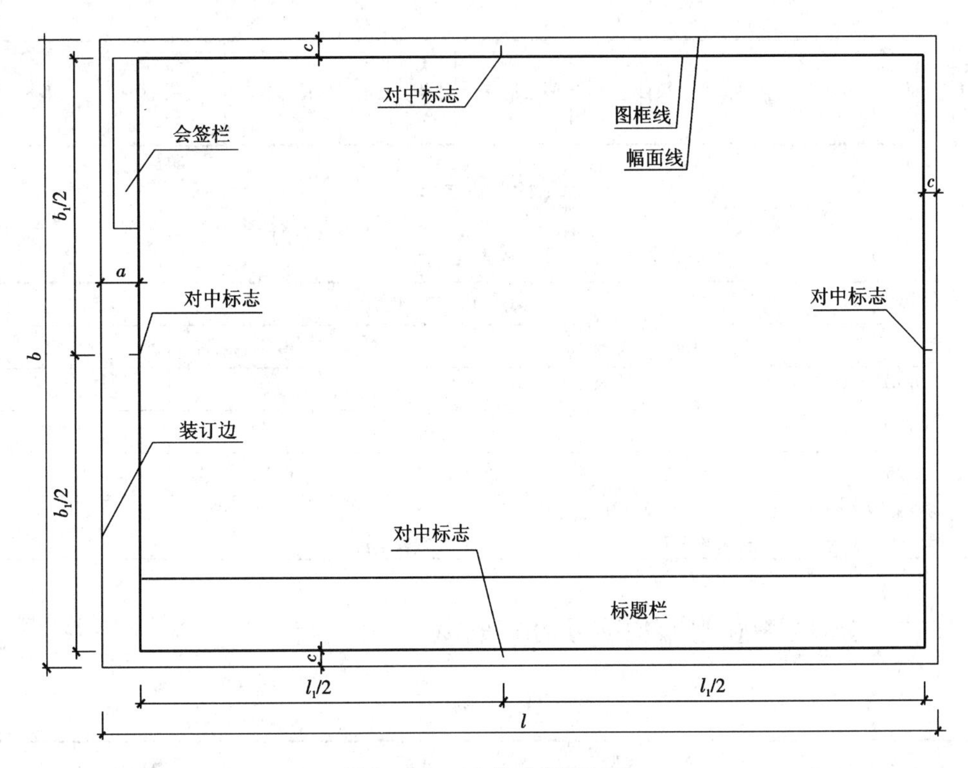

图 2　A0 ~ A3 横式幅面(二)

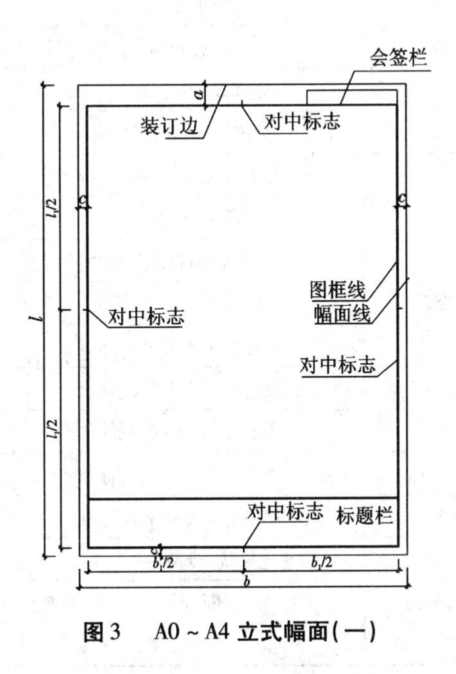

图 3　A0 ~ A4 立式幅面(一)

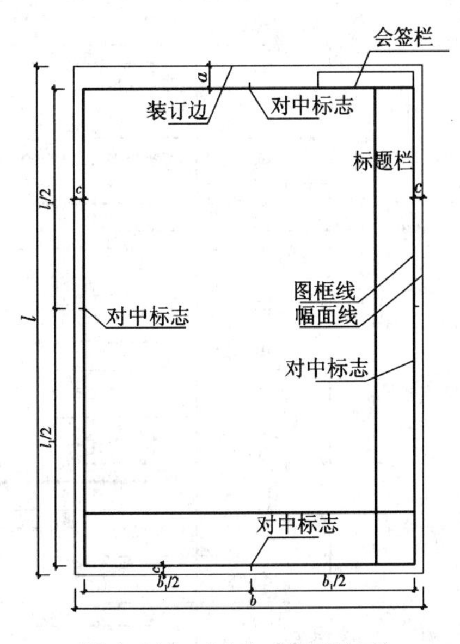

图 4　A0 ~ A4 立式幅面(二)

30~50

设计单位名称	注册师签章	项目经理	修改记录	工程名称区	图号区	签字区	会签栏

图5　标题栏

表3　线宽组(mm)

线宽比	线宽组			
b	1.4	1.0	0.7	0.5
$0.7b$	1.0	0.7	0.5	0.35
$0.5b$	0.7	0.5	0.35	0.25
$0.25b$	0.35	0.25	0.18	0.13

注:1. 需要缩微的图纸,不宜采用0.18及更细的线宽

2. 同一张图纸内,各不同线宽中的细线,可统一采用较细的线宽组的细线

(2)工程建设制图应选用表4所示的图线。

表4　图线

名称		线型	线宽	一般用途
实线	粗		b	主要可见轮廓线
	中粗		$0.7b$	可见轮廓线
	中		$0.5b$	可见轮廓线、尺寸线、变更云线
	细		$0.25b$	图例填充线、家具线
虚线	粗		b	见各有关专业制图标准
	中粗		$0.7b$	不可见轮廓线
	中		$0.5b$	不可见轮廓线、图例线
	细		$0.25b$	图例填充线、家具线
单点长画线	粗		b	见各有关专业制图标准
	中		$0.5b$	见各有关专业制图标准
	细		$0.25b$	中心线、对称线、轴线等
双点长画线	粗		b	见各有关专业制图标准
	中		$0.5b$	见各有关专业制图标准
	细		$0.25b$	假想轮廓线、成型前原始轮廓线
折断线	细		$0.25b$	断开界线
波浪线	细		$0.25b$	断开界线

(3)同一张图纸内,相同比例的各图样应选用相同的线宽组。

(4)图纸的图框和标题栏线,可采用表5的线宽。

表 5　图框线、标题栏线的宽度(mm)

幅面代号	图框线	标题栏外框线	标题栏分格线
A0、A1	b	$0.5b$	$0.25b$
A2、A3、A4	b	$0.7b$	$0.35b$

(5)相互平行的图例线,其净间隙或线中间隙不宜小于0.2 mm。

(6)虚线、单点长画线或双点长画线的线段长度和间隔,宜各自相等。

(7)单点长画线或双点长画线,当在较小图形中绘制有困难时,可用实线代替。

(8)单点长画线或双点长画线的两端,不应是点。点画线与点画线交接点或点画线与其他图线交接时,应是线段交接。

(9)虚线与虚线交接或虚线与其他图线交接时,应是线段交接。虚线为实线的延长线时,不得与实线相接。

(10)图线不得与文字、数字或符号重叠、混淆,不可避免时,应首先保证文字的清晰。

四、字体

(1)图纸上所需书写的文字、数字或符号等,均应笔画清晰、字体端正、排列整齐;标点符号应清楚正确。

(2)文字的字高应从表6 中选用。字高大于10 mm 的文字宜采用TRUETYPE 字体,如需书写更大的字,其高度应按 $\sqrt{2}$ 的倍数递增。

表 6　文字的字高(mm)

字体种类	中文矢量字体	TRUETYPE 字体及非中文矢量字体
字高	3.5,5,7,10,14,20	3,4,6,8,10,14,20

(3)图样及说明中的汉字,宜采用长仿宋体(矢量字体)或黑体,同一图纸字体种类不应超过两种。长仿宋体的宽度与高度的关系应符合表7 的规定,黑体字的宽度与高度应相同。大标题、图册封面、地形图等的汉字,也可书写成其他字体,但应易于辨认。

表7　长仿宋字高宽关系(mm)

字高	20	14	10	7	5	3.5
字宽	14	10	7	5	3.5	2.5

(4)汉字的简化字书写应符合国家有关汉字简化方案的规定。

(5)图样及说明中的拉丁字母、阿拉伯数字与罗马数字,宜采用单线简体或Roman 字体。拉丁字母、阿拉伯数字与罗马数字的书写规则,应符合表8 的规定。

表 8　拉丁字母、阿拉伯数字与罗马数字的书写规则

书写格式	字体	窄字体
大写字母高度	h	h

续表

书写格式	字体	窄字体
小写字母高度(上下均无延伸)	7/10h	10/14h
小写字母伸出的头部或尾部	3/10h	4/14h
笔画宽度	1/10h	1/14h
字母间距	2/10h	2/14h
上下行基准线的最小间距	15/10h	21/14h
词间距	6/10h	6/14h

(6)拉丁字母、阿拉伯数字与罗马数字,如需写成斜体字,其斜度应是从字的底线逆时针向上倾斜。斜体字的高度和宽度应与相应的直体字相等。

(7)拉丁字母、阿拉伯数字与罗马数字的字高不应小于2.5 mm。

(8)数量的数值注写,应采用正体阿拉伯数字。各种计量单位凡前面有量值的,均应采用国家颁布的单位符号注写。单位符号应采用正体字母。

(9)分数、百分数和比例数的注写,应采用阿拉伯数字和数学符号。

(10)当注写的数字小于1时,应写出各位的“0”,小数点应采用圆点,齐基准线书写。

(11)长仿宋汉字、拉丁字母、阿拉伯数字与罗马数字示例应符合国家现行标准《技术制图——字体》GB/T 14691的有关规定。

五、比例

(1)图样的比例,应为图形与实物相对应的线性尺寸之比。

(2)比例的符号为“:”,比例值应以阿拉伯数字表示。

(3)比例宜注写在图名的右侧,字的基准线应取平;比例的字高宜比图名的字高小一号或二号,如图5所示。

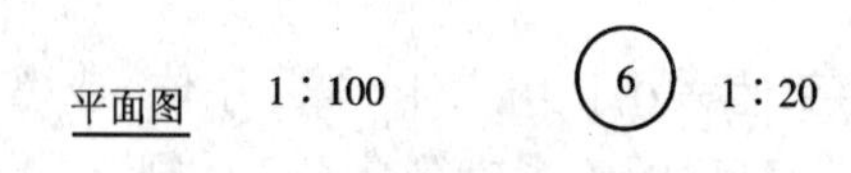

图6 比例的注写

(4)绘图所用的比例应根据图样的用途与被绘对象的复杂程度,从表9中选用,并应优先采用表中常用比例。

表9 绘图所用的比例

常用比例	1∶1,1∶2,1∶5,1∶10,1∶20,1∶30,1∶50,1∶100,1∶150,1∶200,1∶500,1∶1 000,1∶2 000
可用比例	1∶3,1∶4,1∶6,1∶15,1∶25,1∶40,1∶60,1∶80,1∶250,1∶300,1∶400,1∶600,∶1∶5 000,1∶10 000,1∶20 000,1∶50 000,1∶100 000,1∶200 000

(5)一般情况下,一个图样应选用一种比例。根据专业制图需要,同一图样可选用两种比例。

(6)特殊情况下也可自选比例,这时除应注出绘图比例外,还必须在适当位置绘制出相应的比例尺。

六、符号

1. 剖切符号

(1)剖视的剖切符号应由剖切位置线及剖视方向线组成,均应以粗实线绘制。剖视的剖切符号应符合下列规定。

①剖切位置线的长度宜为6~10 mm;剖视方向线应垂直于剖切位置线,长度应短于剖切位置线,宜为4~6 mm,也可采用国际统一和常用的剖视方法,如图7所示。绘制时,剖视剖切符号不应与其他图线相接触。

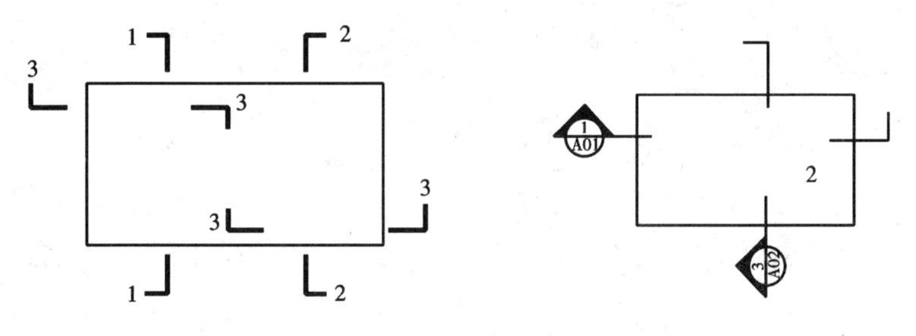

图7　剖视的剖切符号

②剖视剖切符号的编号宜采用粗阿拉伯数字,按剖切顺序由左至右、由下向上连续编排, 并应注写在剖视方向线的端部。

③需要转折的剖切位置线,应在转角的外侧加注与该符号相同的编号。

④建(构)筑物剖面图的剖切符号应注在±0.000标高的平面图或首层平面图上。

⑤局部剖面图(不含首层)的剖切符号应注在包含剖切部位的最下面一层的平面图上。

(2)断面的剖切符号应符合下列规定。

①断面的剖切符号应只用剖切位置线表示,并应以粗实线绘制,长度宜为6~10 mm。

②断面剖切符号的编号宜采用阿拉伯数字,按顺序连续编排,并应注写在剖切位置线的一侧;编号所在的一侧应为该断面的剖视方向,如图8所示。

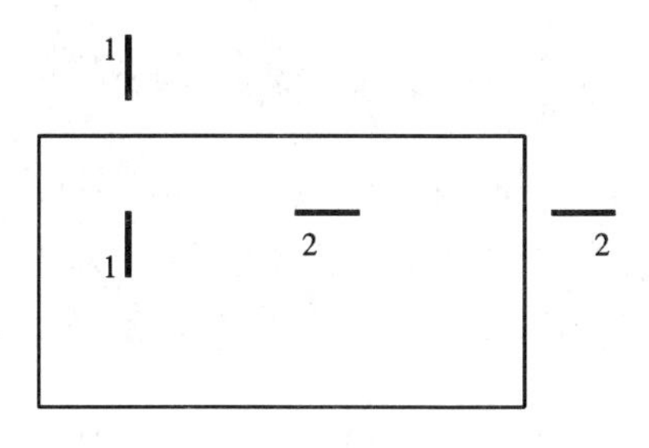

图8　断面的剖切符号

(3)剖面图或断面图,如与被剖切图样不在同一张图内,应在剖切位置线的另一侧注明其所在图纸的编号,也可以在图上集中说明。

2. 索引符号与详图符号

(1)图样中的某一局部或构件,如需另见详图,应以索引符号索引(图9(a))。索引符号是由直径为8~10 mm的圆和水平直径组成,圆及水平直径应以细实线绘制。索引符号应按下列规定编写。

①索引出的详图,如与被索引的详图同在一张图纸内,应在索引符号的上半圆中用阿拉

伯数字注明该详图的编号，并在下半圆中间画一段水平细实线(图9(b))。

②索引出的详图，如与被索引的详图不在同一张图纸内，应在索引符号的上半圆中用阿拉伯数字注明该详图的编号，在索引符号的下半圆用阿拉伯数字注明该详图所在图纸的编号(图9(c))。数字较多时，可加文字标注。

③索引出的详图，如采用标准图，应在索引符号水平直径的延长线上加注该标准图册的编号(图9(d))。需要标注比例时，文字在索引符号右侧或延长线下方，与符号下对齐。

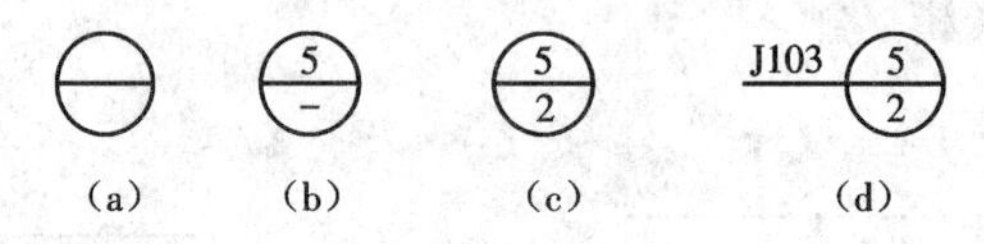

图9 索引符号

(2)索引符号如用于索引剖视详图，应在被剖切的部位绘制剖切位置线，并以引出线引出索引符号，引出线所在的一侧应为剖视方向。索引符号的编写同上一条的规定(图10)。

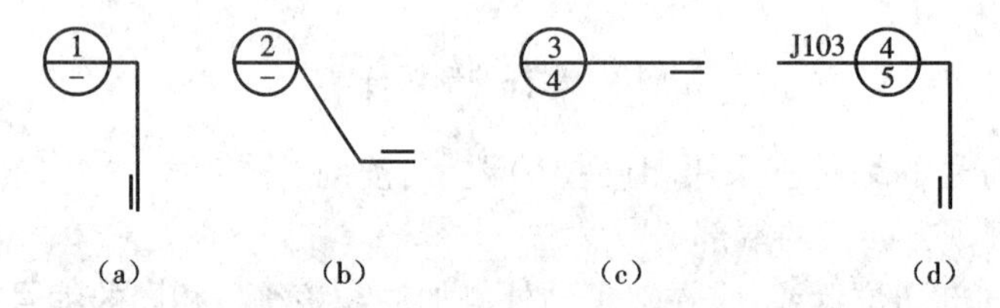

图10 用于索引剖面详图的索引符号

(3)零件、钢筋、杆件、设备等的编号直径宜以5~6 mm的细实线圆表示，同一图样应保持一致，其编号应用阿拉伯数字按顺序编写(图10)。消火栓、配电箱、管井等的索引符号，直径宜为4~6 mm。

图11 零件、钢筋等的编号

(4)详图的位置和编号，应以详图符号表示。详图符号的圆应以直径为14 mm粗实线绘制。详图应按下列规定编号。

①详图与被索引的图样同在一张图纸内时，应在详图符号内用阿拉伯数字注明详图的编号(图12)。

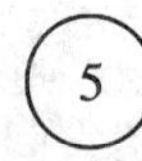

图12 与被索引图样同在一张图纸内的详图符号

②详图与被索引的图样不在同一张图纸内时，应用细实线在详图符号内画一水平直径，在上半圆中注明详图编号，在下半圆中注明被索引的图纸的编号(图13)。

(5)引出线。

①引出线应以细实线绘制，宜采用水平方向的直线、与水平方向成30°,45°,60°,90°的

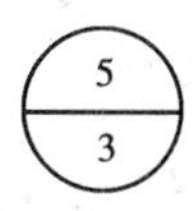

图13　与被索引图样不在同一张图纸内的详图符号

直线，或经上述角度再折为水平线。文字说明宜注写在水平线的上方(图14(a))，也可注写在水平线的端部(图14(b))。索引详图的引出线，应与水平直径线相连接(图14(c))。

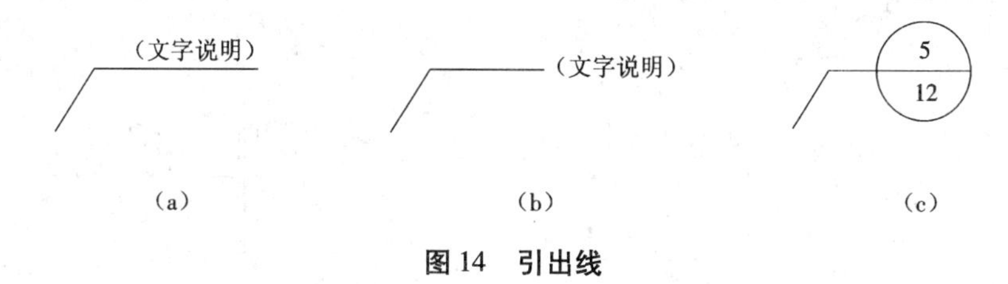

图14　引出线

②同时引出的几个相同部分的引出线，宜互相平行(图15(a))，也可画成集中于一点的放射线(图15(b))。

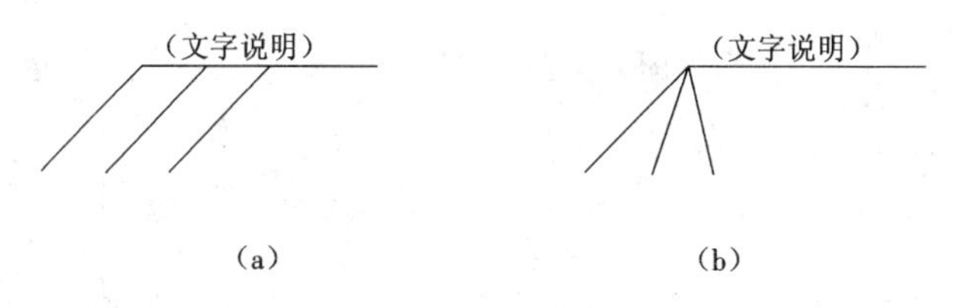

图15　共同引出线

③多层构造或多层管道公用引出线，应通过被引出的各层，并用圆点示意对应各层次。文字说明宜注写在水平线的上方，或注写在水平线的端部，说明的顺序应由上至下，并应与被说明的层次对应一致；如层次为横向排序，则由上至下的说明顺序应与由左至右的层次对应一致(图16)。

(6)其他符号 。

①对称符号由对称线和两端的两对平行线组成。对称线用细单点长画线绘制；平行线用细实线绘制，其长度宜为6～10 mm，每对的间距宜为2～3 mm；对称线垂直平分于两对平行线，两端超出平行线宜为2～3 mm(图17)。

②连接符号应以折断线表示需连接的部位。两部位相距过远时，折断线两端靠图样一侧应标注大写拉丁字母表示连接编号。两个被连接的图样应用相同的字母编号(图18)。

③指北针的形状符合图18的规定，其圆的直径宜为24 mm，用细实线绘制；指针尾部的宽度宜为3 mm，指针头部应注“北”或“N”字。需用较大直径绘制指北针时，指针尾部的宽度宜为直径的1/8(图19)。

④对图纸中局部变更部分宜采用云线，并宜注明修改版次(图20)。

七、定位轴线

(1)定位轴线应用细单点长画线绘制。

(2)定位轴线应编号，编号应注写在轴线端部的圆内。圆应用细实线绘制，直径为8～10 mm。定位轴线圆的圆心应在定位轴线的延长线或延长线的折线上。

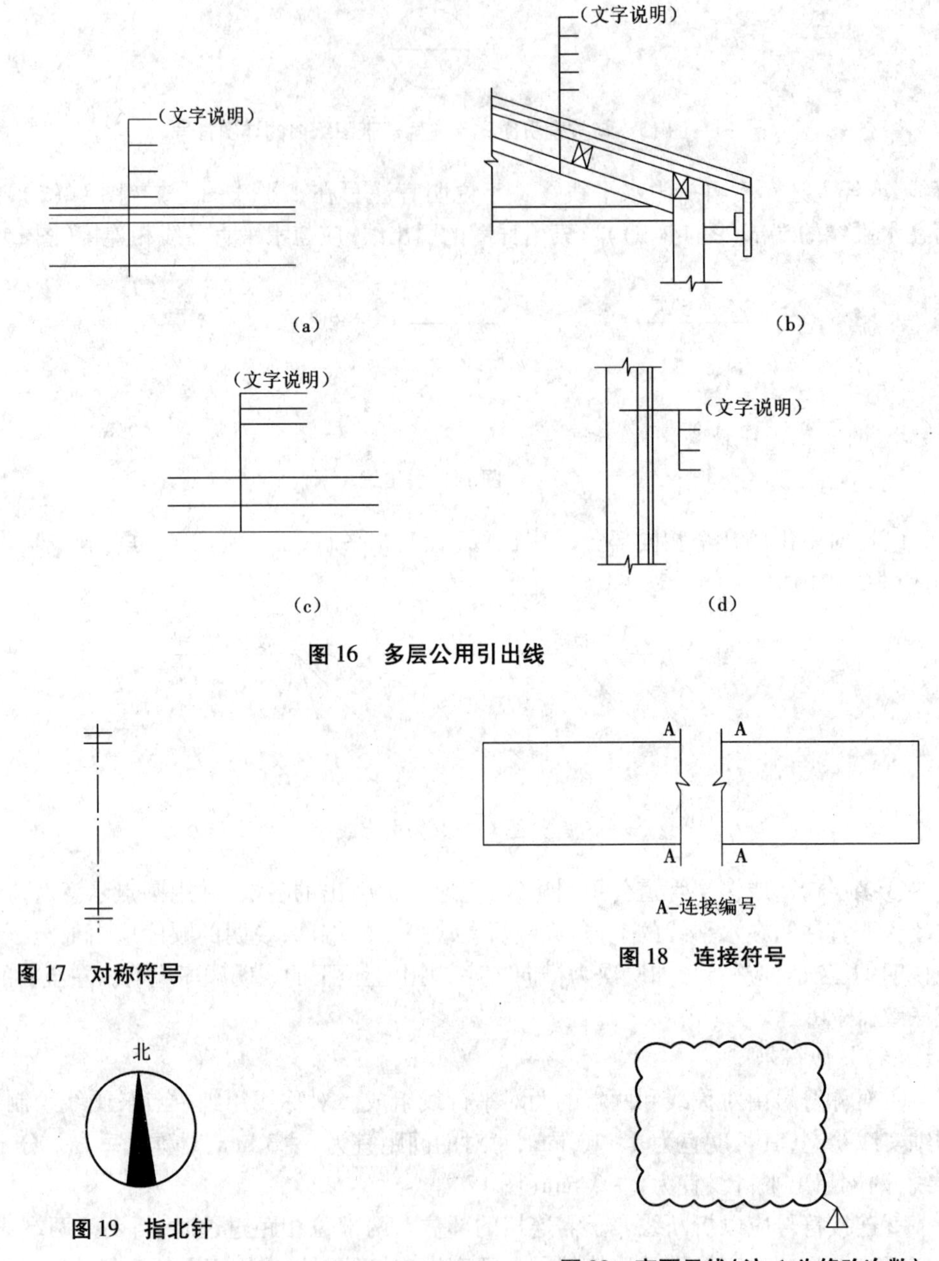

图 16　多层公用引出线

图 17　对称符号

图 18　连接符号

图 19　指北针

图 20　变更云线(注:1 为修改次数)

(3)除较复杂需采用分区编号的圆形、折线形外,一般平面上定位轴线的编号,宜标注在图样的下方或左侧。横向编号应用阿拉伯数字,从左至右顺序编写;竖向编号应用大写拉丁字母,从下至上顺序编写(图 21)。

(4)拉丁字母作为轴线号时,应全部采用大写字母,不应用同一个字母的大小写来区分轴线号。拉丁字母的 I、O、Z 不得用做轴线编号。当字母数量不够使用,可增用双字母或单字母加数字注脚。

(5)组合较复杂的平面图中定位轴线也可采用分区编号(图 22)。编号的注写形式应

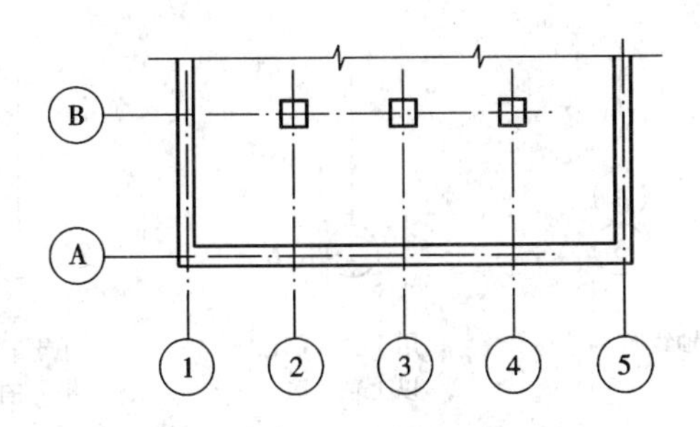

图 21　定位轴线的编号顺序

为“分区号－该分区编号”。“分区号－该分区编号”采用阿拉伯数字或大写拉丁字母表示。

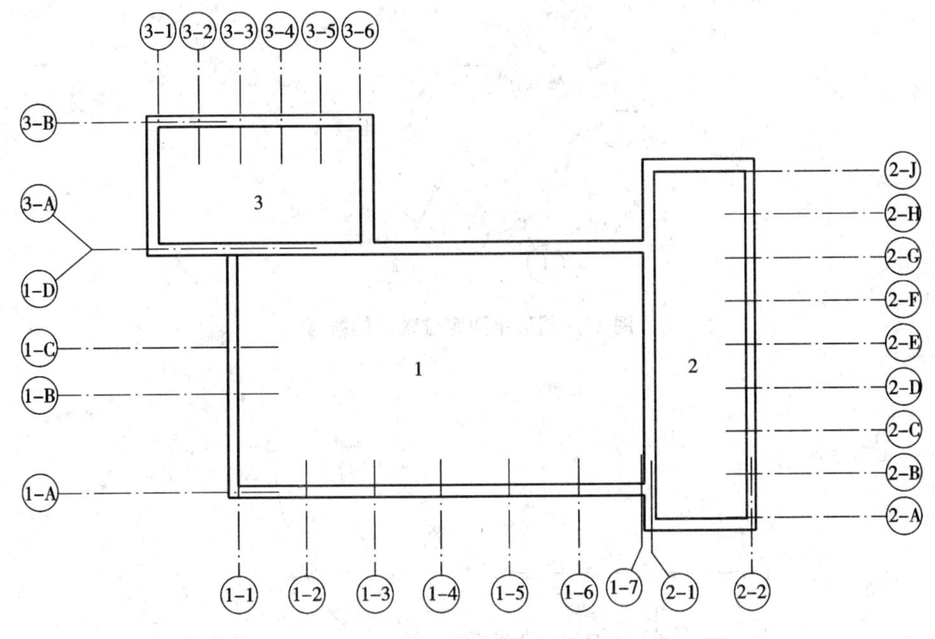

图 22　定位轴线的分区编号

(6)附加定位轴线的编号,应以分数形式表示,并应符合下列规定。

①两根轴线的附加轴线,应以分母表示前一轴线的编号,分子表示附加轴线的编号。编号宜用阿拉伯数字顺序编写。

②1 号轴线或 A 号轴线之前的附加轴线的分母应以 01 或 0A 表示。

(7)一个详图适用于几根轴线时,应同时注明各有关轴线的编号(图 23)。

(8)通用详图中的定位轴线应只画圆,不注写轴线编号。

(9)圆形与弧形平面图中的定位轴线,其径向轴线应以角度进行定位,其编号宜用阿拉伯数字表示,从左下角或－90°(若径向轴线很密,角度间隔很小)开始,按逆时针顺序编写;其环向轴线宜用大写拉丁字母表示,从外向内顺序编写(图 24、图 25)。

(10) 折线形平面图中定位轴线的编号可按图 26 的形式编写。

八、计算机制图文件

1. 一般规定

(1) 计算机制图文件可分为工程图库文件和工程图纸文件,工程图库文件可在一个以

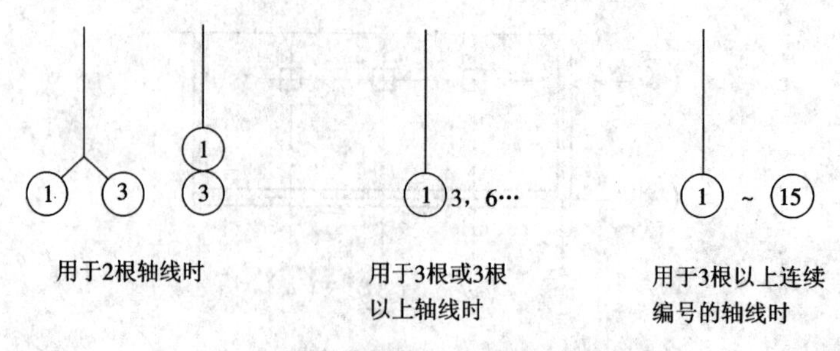

图23 详图的轴线编号

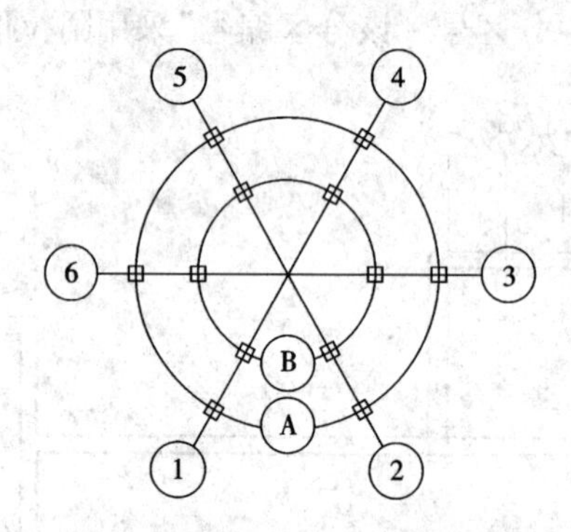

图24 圆形平面定位轴线的编号

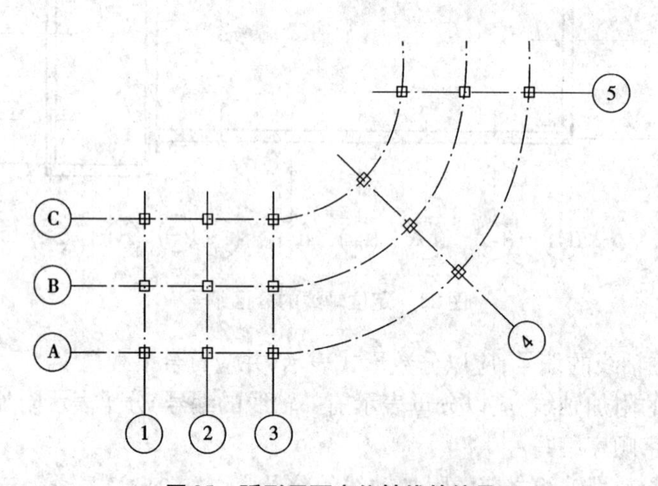

图25 弧形平面定位轴线的编号

上的工程中重复使用;工程图纸文件只能在一个工程中使用。

(2) 建立合理的文件目录结构,可对计算机制图文件进行有效的管理和利用。

2. 工程图纸的编号

(1) 工程图纸编号应符合下列规定。

①工程图纸根据不同的子项(区段)、专业、阶段等进行编排,宜按照设计总说明、平面图、立面图、剖面图、大样图(大比例视图)、详图、清单、简图的顺序编号。

②工程图纸编号应使用汉字、数字和连字符"－"的组合。

③在同一工程中,应使用统一的工程图纸编号格式,工程图纸编号应自始至终保持不

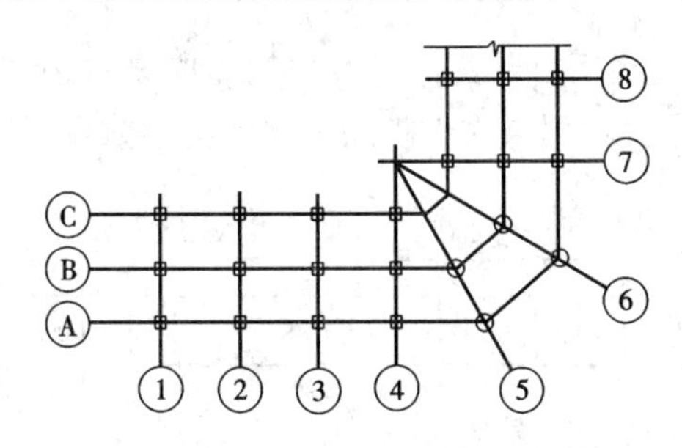

图 26　折线形平面定位轴线的编号

变。

（2）工程图纸编号格式应符合下列规定。

①工程图纸编号可由区段代码、专业缩写代码、阶段代码、类型代码、序列号、更改代码和更新版本序列号等组成（图 27），其中区段代码、专业缩写代码、阶段代码、类型代码、序列号、更改代码和更新版本序列号可根据需要设置。区段代码与专业缩写代码、阶段代码与类型代码、序列号与更改代码之间用连字符“-”分隔开。

②区段代码用于工程规模较大、需要划分子项或分区段时，区别不同的子项或分区，由 2～4 个汉字和数字组成。

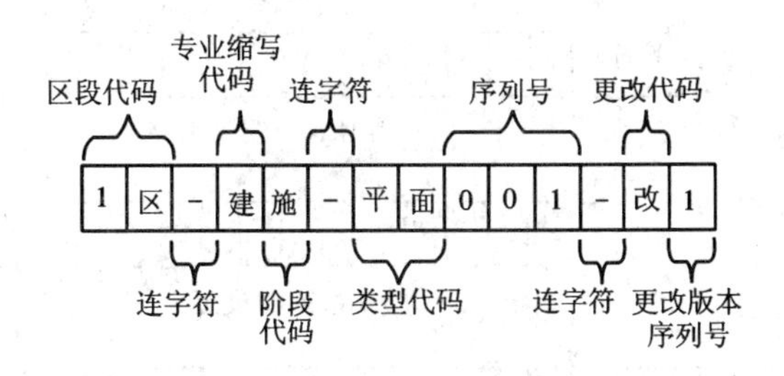

图 27　工程图纸编号格式

③专业缩写代码用于说明专业类别（如建筑等），由 1 个汉字组成。

④阶段代码用于区别不同的设计阶段，由 1 个汉字组成。

⑤类型代码用于说明工程图纸的类型（如楼层平面图），由 2 个字符组成。

⑥序列号用于标识同一类图纸的顺序，由 001～999 之间的任意 3 位数字组成。

⑦更改代码用于标识某张图纸的变更图，用汉字“改”表示。

⑧更改版本序列号用于标识变更图的版次，由 1～9 之间的任意 1 位数字组成。

3. 计算机制图文件的命名

（1）工程图纸文件命名应符合下列规定。

①工程图纸文件可根据不同的工程、子项或分区、专业、图纸类型等进行组织，命名规则应具有一定的逻辑关系，便于识别、记忆、操作和检索。

②工程图纸文件名称应使用拉丁字母、数字、连字符“-”和井字符“#”的组合。

③在同一工程中，应使用统一的工程图纸文件名称格式，工程图纸文件名称应自始至终保持不变。

（2）工程图纸文件命名格式应符合下列规定。

①工程图纸文件名称可由工程代码、专业代码、类型代码、用户定义代码和文件扩展名

组成(图 28),其中工程代码和用户定义代码可根据需要设置,专业代码与类型代码之间用连字符“-”分隔开;用户定义代码与文件扩展名之间用小数点“.”分隔开。

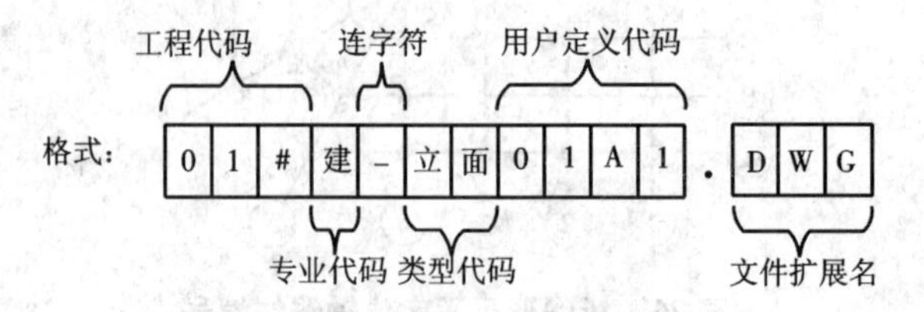

图 28 工程图纸文件命名格式

②工程代码用于说明工程、子项或区段,可由 2~5 个字符和数字组成。

③专业代码用于说明专业类别,由 1 个字符组成。

④类型代码用于说明工程图纸文件的类型,由 2 个字符组成。

⑤ 用户定义代码用于进一步说明工程图纸文件的类型,宜由 2~5 个字符和数字组成,其中前两个字符为标识同一类图纸文件的序列号,后两位字符表示工程图纸文件变更的范围与版次(图 29)。

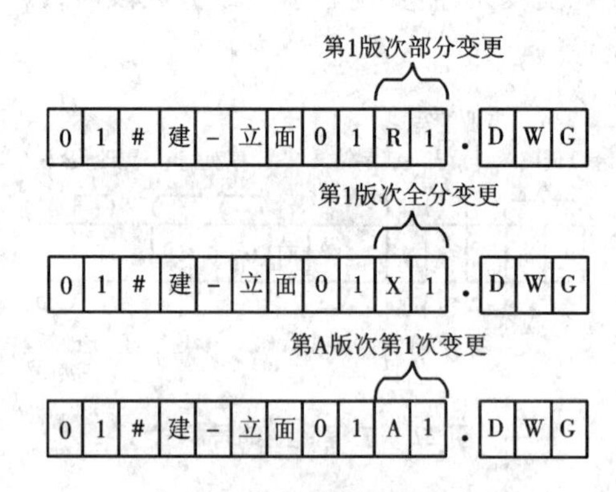

图 29 工程图纸文件变更表示方式

⑥小数点后的文件扩展名由创建工程图纸文件的计算机制图软件定义,由 3 个字符组成。

(3)工程图库文件命名应符合下列规定。

①工程图库文件应根据建筑体系、组装需要或用法等进行分类,便于识别、记忆、操作和检索;

②工程图库文件名称应使用拉丁字母和数字的组合;

③在特定工程中使用工程图库文件,应将该工程图库文件复制到特定工程的文件夹中,并应更名为与特定工程相适合的工程图纸文件名。

4. 计算机制图文件夹

(1)计算机制图文件夹可根据工程、设计阶段、专业、使用人和文件类型等进行组织。计算机制图文件夹的名称可以由用户或计算机制图软件定义,并应在工程上具有明确的逻辑关系,便于识别、记忆、管理和检索。

(2)计算机制图文件夹名称可使用汉字、拉丁字母、数字和连字符“-”的组合,但汉字与拉丁字母不得混用。

(3)在同一工程中,应使用统一的计算机制图文件夹命名格式,计算机制图文件夹名称应自始至终保持不变,且不得同时使用中文和英文的命名格式。

(4)为了满足协同设计的需要,可分别创建工程、专业内部的共享与交换文件夹。

5. 计算机制图文件的使用与管理

(1)工程图纸文件应与工程图纸一一对应,以保证存档时工程图纸与计算机制图文件的一致性。

(2)计算机制图文件宜使用标准化的工程图库文件。

(3)文件备份应符合下列规定。

①计算机制图文件应及时备份,避免文件及数据的意外损坏、丢失等。

②计算机制图文件备份的时间和份数可根据具体情况自行确定,宜每日或每周备份一次。

(4)应采取定期备份、预防计算机病毒、在安全的设备中保存文件的副本、设置相应的文件访问与操作权限、文件加密,以及使用不间断电源(UPS)等保护措施,对计算机制图文件进行有效保护。

(5)计算机制图文件应及时归档。

(6)不同系统间图形文件交换应符合现行国家标准《工业自动化系统与集成产品数据表达与交换》GB/T 16656 的规定。

6. 协同设计与计算机制图文件

(1)协同设计的计算机制图文件组织应符合下列规定。

①采用协同设计方式,应根据工程的性质、规模、复杂程度和专业需要,合理、有序地组织计算机制图文件,并据此确定设计团队成员的任务分工。

②采用协同设计方式组织计算机制图文件,应以减少或避免设计内容的重复创建和编辑为原则,条件许可时,宜使用计算机制图文件参照方式。

③为满足专业之间协同设计的需要,可将计算机制图文件划分为各专业共用的公共图纸文件、向其他专业提供的资料文件和仅供本专业使用的图纸文件。

④为满足专业内部协同设计的需要,可将本专业的一个计算机制图文件分解为若干零件图文件,并建立零件图文件与组装图文件之间的联系。

(2)协同设计的计算机制图文件参照应符合下列规定。

①在主体计算机制图文件中,可引用具有多级引用关系的参照文件,并允许对引用的参照文件进行编辑、剪裁、拆离、覆盖、更新、永久合并的操作。

②为避免参照文件的修改引起主体计算机制图文件的变动,主体计算机制图文件归档时,应将被引用的参照文件与主体计算机制图文件永久合并(绑定)。

九、计算机制图规则

1. 计算机制图的方向与指北针应符合下列规定

(1)平面图与总平面图的方向宜保持一致。

(2)绘制正交平面图时,宜使定位轴线与图框边线平行(图 30)。

(3)绘制由几个局部正交区域组成且各区域相互斜交的平面图时,可选择其中任意一个正交区域的定位轴线与图框边线平行(图 31)。

(4)指北针应指向绘图区的顶部,并在整套图纸中保持一致。

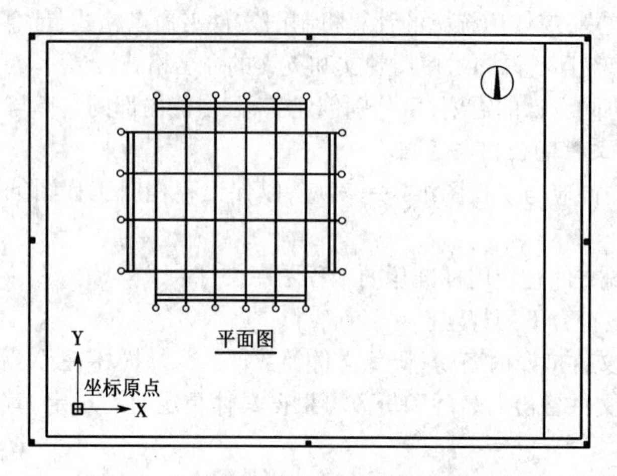

图 30 正交平面图方向与指北针方向示意

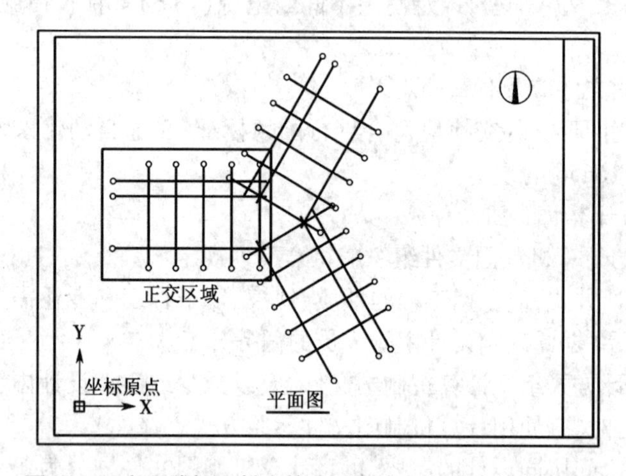

图 31 正交区域相互斜交的平面图方向与指北针方向示意

2. 计算机制图的坐标系与原点应符合的规定

(1)计算机制图时,可以选择世界坐标系或用户定义坐标系。

(2)绘制总平面图工程中有特殊要求的图样时,也可使用大地坐标系。

(3)坐标原点的选择,应使绘制的图样位于横向坐标轴的上方和纵向坐标轴的右侧并紧邻坐标原点。

(4)在同一工程中,各专业宜采用相同的坐标系与坐标原点。

3. 计算机制图的布局应符合下列规定

(1)计算机制图时,宜按照自下而上、自左至右的顺序排列图样;宜优先布置主要图样(如平面图、立面图、剖面图),再布置次要图样(如大样图、详图)。

(2)表格、图纸说明宜布置在绘图区的右侧。

4. 计算机制图的比例应符合下列规定

(1)计算机制图时,采用 1∶1的比例绘制图样时,应按照图中标注的比例打印成图;采用图中标注的比例绘制图样,则应按照 1∶1的比例打印成图。

(2)计算机制图时,可采用适当的比例书写图样及说明中文字,但打印成图时应符合规定。

附录三　建筑工程附图

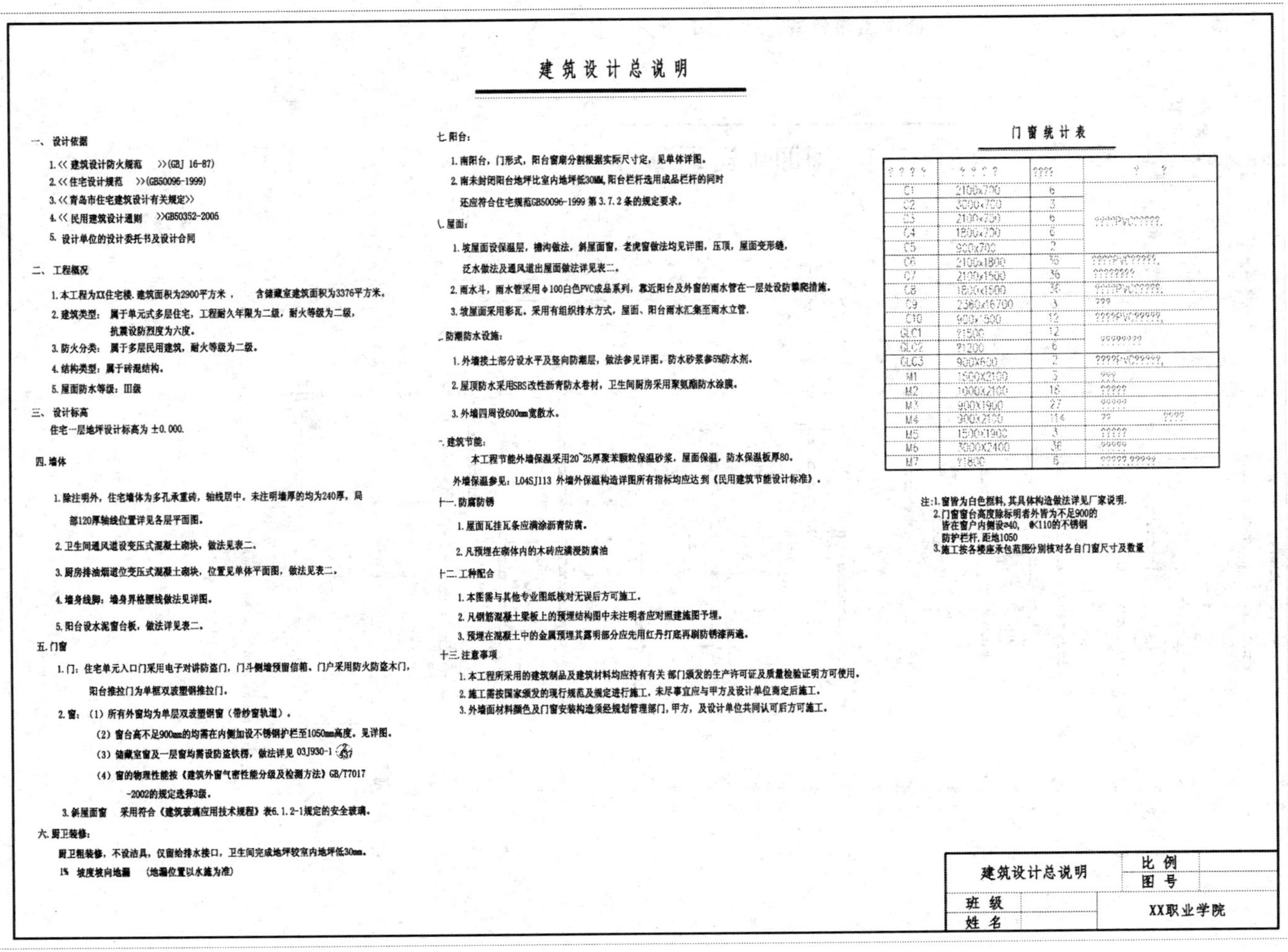

建筑设计总说明

一、设计依据

1.《〈建筑设计防火规范　》》(GBJ 16-87)
2.《〈住宅设计规范　》》(GB50096-1999)
3.《〈青岛市住宅建筑设计有关规定》》
4.《〈民用建筑设计通则　》》GB50352-2005
5. 设计单位的设计委托书及设计合同

二、工程概况

1. 本工程为XX住宅楼.建筑面积为2900平方米，　含储藏室建筑面积为3376平方米。
2. 建筑类型：属于单元式多层住宅，工程耐久年限为二级，耐火等级为二级，抗震设防烈度为六度。
3. 防火分类：属于多层民用建筑，耐火等级为二级。
4. 结构类型：属于砖混结构。
5. 屋面防水等级：Ⅲ级

三、设计标高

住宅一层地坪设计标高为 ±0.000.

四. 墙体

1. 除注明外，住宅墙体为多孔承重砖，轴线居中。未注明墙厚的均为240厚，局部120厚轴线位置详见各层平面图。
2. 卫生间通风道设变压式混凝土砌块，做法见表二。
3. 厨房排油烟道位变压式混凝土砌块，位置见单体平面图，做法见表二。
4. 墙身线脚：墙身界格腰线做法见详图。
5. 阳台设水泥窗台板，做法详见表二。

五. 门窗

1. 门：住宅单元入口门采用电子对讲防盗门，门斗侧墙预留信箱。门户采用防火防盗木门，阳台推拉门为单框双玻塑钢推拉门。
2. 窗：（1）所有外窗均为单层双玻塑钢窗（带纱窗轨道）。
（2）窗台高不足900mm的均需在内侧加设不锈钢护栏至1050mm高度。见详图。
（3）储藏室窗及一层窗均需设防盗铁栅，做法详见 03J930-1 2/437
（4）窗的物理性能按《建筑外窗气密性能分级及检测方法》GB/T7017-2002的规定选择3级。
3. 斜屋面窗　采用符合《建筑玻璃应用技术规程》表6.1.2-1规定的安全玻璃。

六. 厨卫装修：

厨卫粗装修，不设洁具，仅留给排水接口，卫生间完成地坪较室内地坪低30mm。
1%　坡度坡向地漏　（地漏位置以水施为准）

七. 阳台：

1. 南阳台，门形式，阳台窗扇分割根据实际尺寸定，见单体详图。
2. 南未封闭阳台地坪比室内地坪低30MM,阳台栏杆选用成品栏杆的同时还应符合住宅规范GB50096-1999 第3.7.2条的规定要求。

\. 屋面：

1. 坡屋面设保温层，檐沟做法，斜屋面窗，老虎窗做法均见详图，压顶，屋面变形缝，泛水做法及通风道出屋面做法详见表二。
2. 雨水斗，雨水管采用φ100白色PVC成品系列，靠近阳台及外窗的雨水管在一层处设防攀爬措施。
3. 坡屋面采用彩瓦。采用有组织排水方式，屋面、阳台雨水汇集至雨水立管.

_. 防潮防水设施：

1. 外墙接土部分设水平及竖向防潮层，做法参见详图，防水砂浆参5%防水剂。
2. 屋顶防水采用SBS改性沥青防水卷材，卫生间厨房采用聚氨酯防水涂膜。
3. 外墙四周设600mm宽散水。

-. 建筑节能：

本工程节能外墙保温采用20~25厚聚苯颗粒保温砂浆，屋面保温，防水保温板厚80。
外墙保温参见：L04SJ113 外墙外保温构造详图所有指标均应达到《民用建筑节能设计标准》。

十一. 防腐防锈

1. 屋面瓦挂瓦条应满涂沥青防腐。
2. 凡预埋在砌体内的木砖应满浸防腐油

十二. 工种配合

1. 本图需与其他专业图纸核对无误后方可施工。
2. 凡钢筋混凝土梁板上的预埋结构图中未注明者应对照建施图予埋。
3. 预埋在混凝土中的金属预埋其露明部分应先用红丹打底再刷防锈漆两遍。

十三. 注意事项

1. 本工程所采用的建筑制品及建筑材料均应持有有关部门颁发的生产许可证及质量检验证明方可使用。
2. 施工需按国家颁发的现行规范及规定进行施工，未尽事宜应与甲方及设计单位商定后施工。
3. 外墙面材料颜色及门窗安装构造须经规划管理部门，甲方，及设计单位共同认可后方可施工。

门窗统计表

????	????	????	?　?
C1	2100x700	6	????PVC?????.
C2	3000x700	3	
C3	2100x750	6	
C4	1800x700	6	
C5	900x700	2	
C6	2100x1800	36	????PVC?????, ????????
C7	2100x1500	36	
C8	1800x1500	36	????PVC?????,
C9	2360x16700	3	???
C10	900x1500	12	????PVC?????,
GLC1	?1500	12	????????
GLC2	?1200	6	
GLC3	900X600	2	????PVC?????,
M1	1500X2100	3	???
M2	1000X2100	18	?????
M3	900X1900	27	?????
M4	900x2100	114	??　????
M5	1500x1900	3	?????
M6	3000X2400	36	?????
M7	?1800	6	?????.?????

注：1. 窗皆为白色框料，其具体构造做法详见厂家说明.
2. 门窗窗台高度除标明者外皆为不足900的皆在窗户内侧设≥40，@<110的不锈钢防护栏杆，距地1050
3. 施工按各楼座承包范围分别核对各自门窗尺寸及数量

建筑设计总说明	比例	
	图号	
班级		XX职业学院
姓名		

附图1　施工总说明

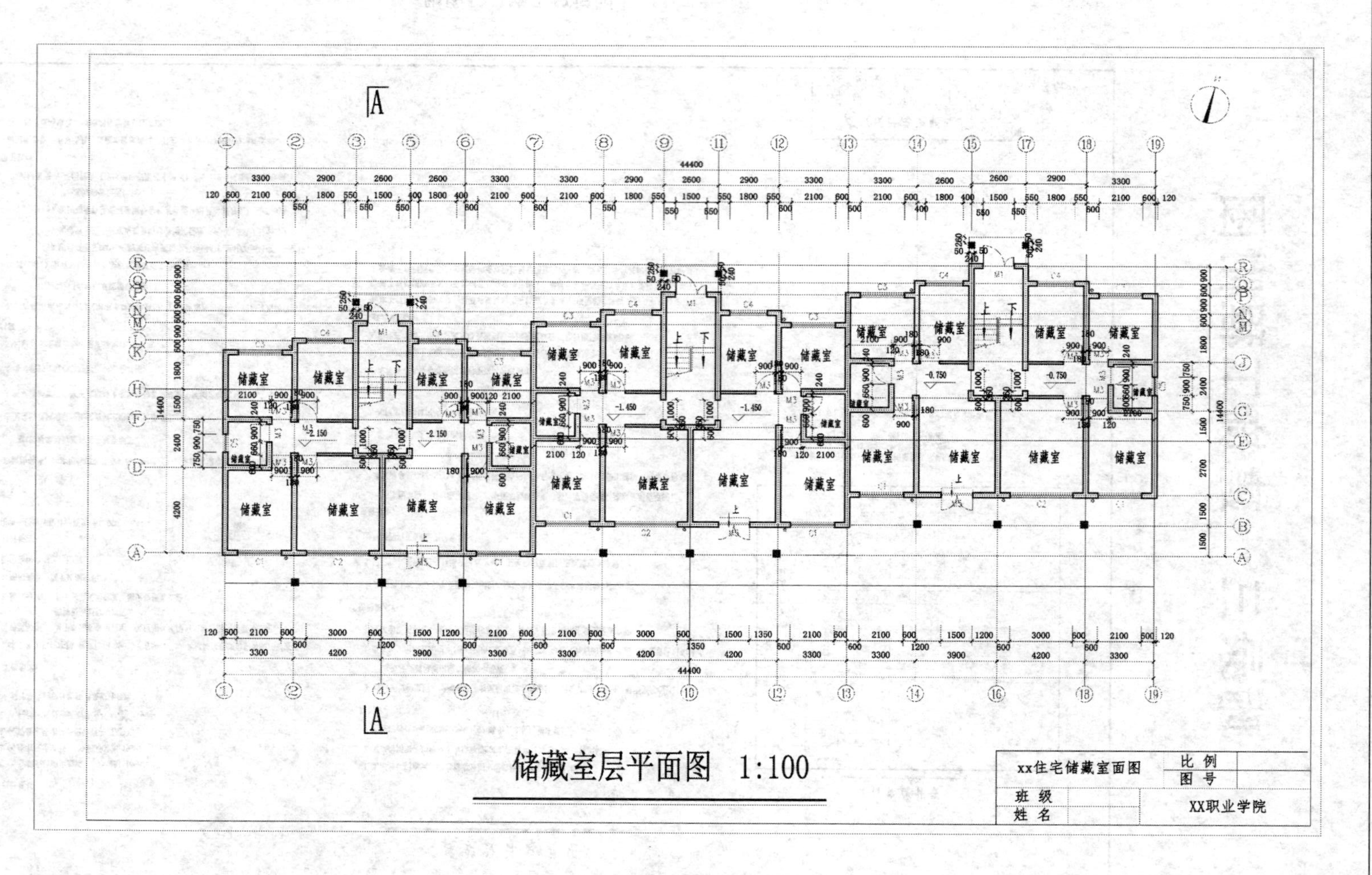

附图2 储藏室平面图

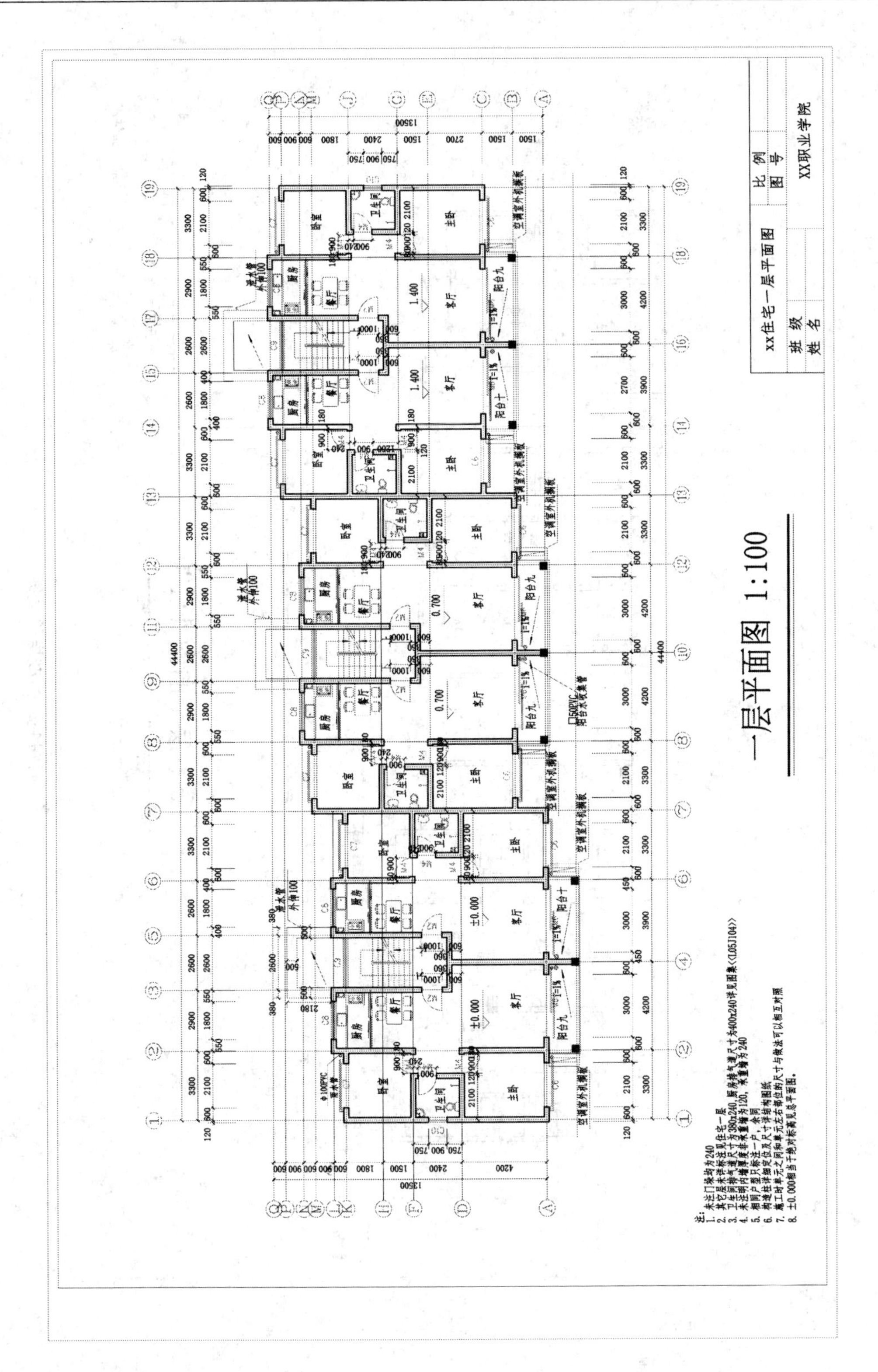
XX住宅一层平面图
比例
图号
班级
姓名
XX职业学院
一层平面图 1:100
卧室
主卧
客厅
餐厅
厨房
卫生间
阳台
空调室外机搁板

附图3　一层平面图

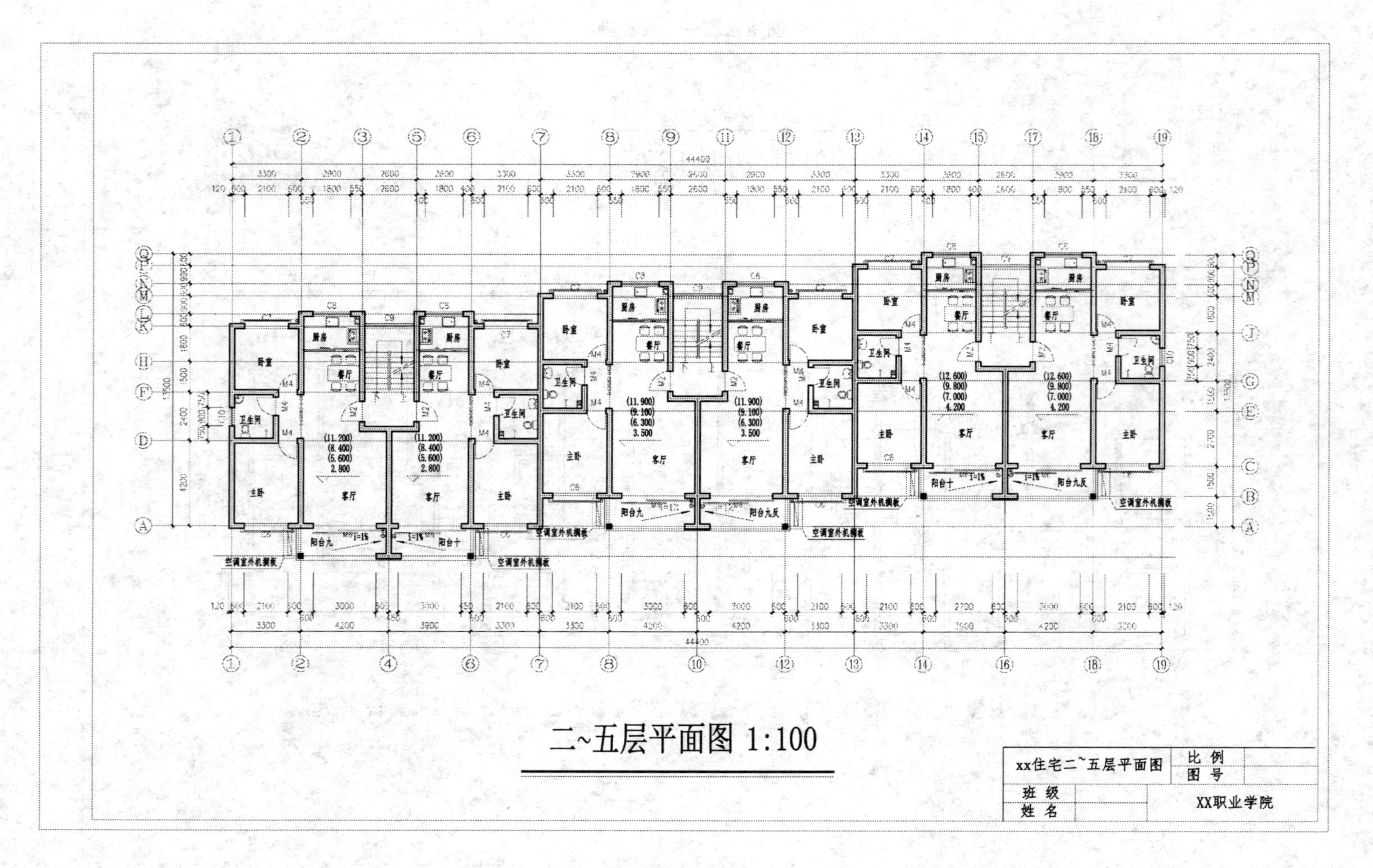
二~五层平面图 1:100
xx住宅二~五层平面图
比 例
图 号
班 级
姓 名
XX职业学院
卧室
主卧
客厅
餐厅
厨房
卫生间
阳台九
阳台十
阳台九反
空调室外机搁板
44400
13500

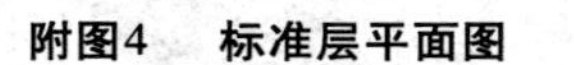
附图4 标准层平面图

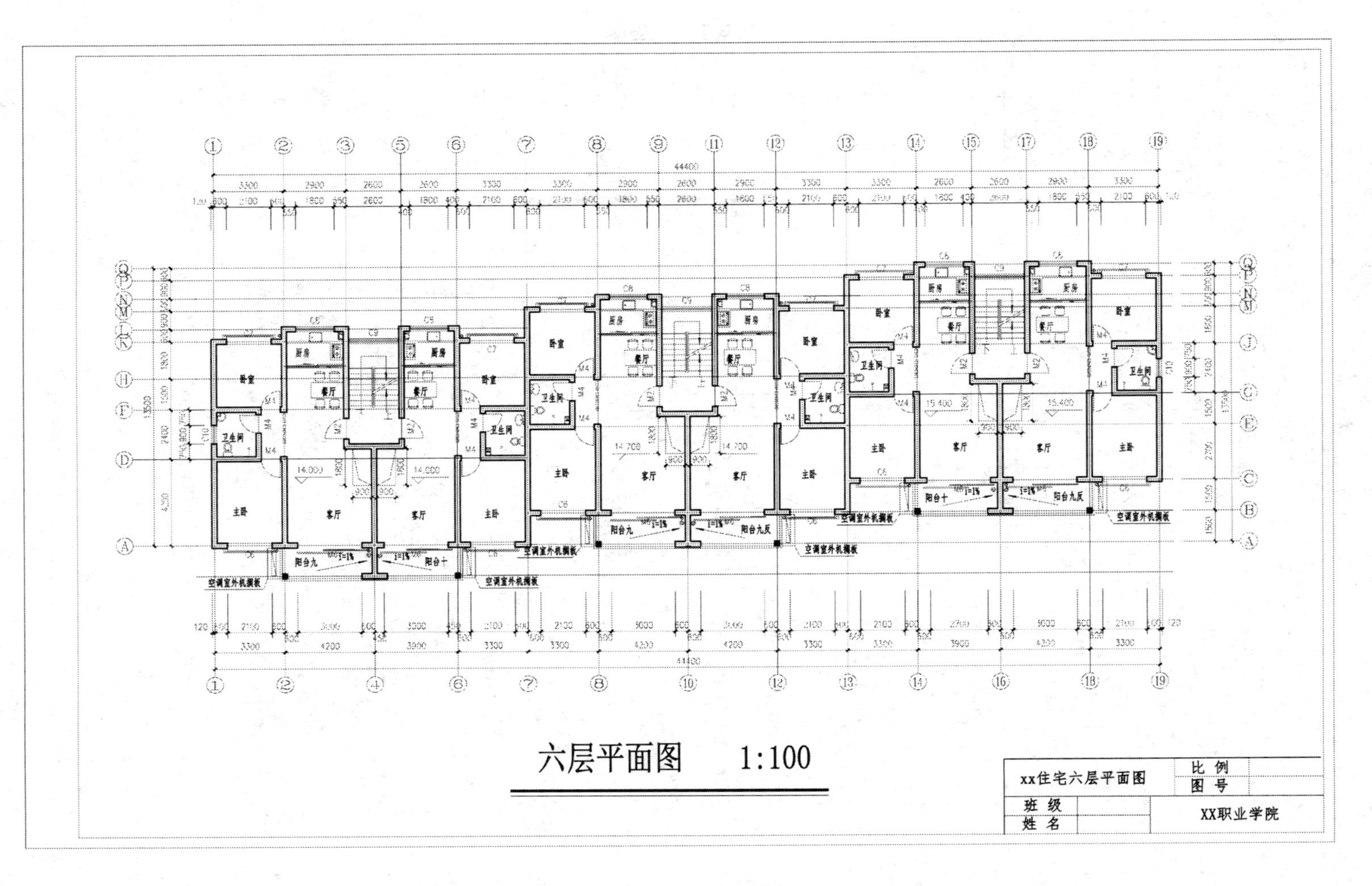
六层平面图　1:100
xx住宅六层平面图
比　例
图　号
班　级
姓　名
XX职业学院
卧室
主卧
卫生间
客厅
餐厅
厨房
阳台九
阳台十
阳台九反
空调室外机搁板
44400

附图5　六层平面图

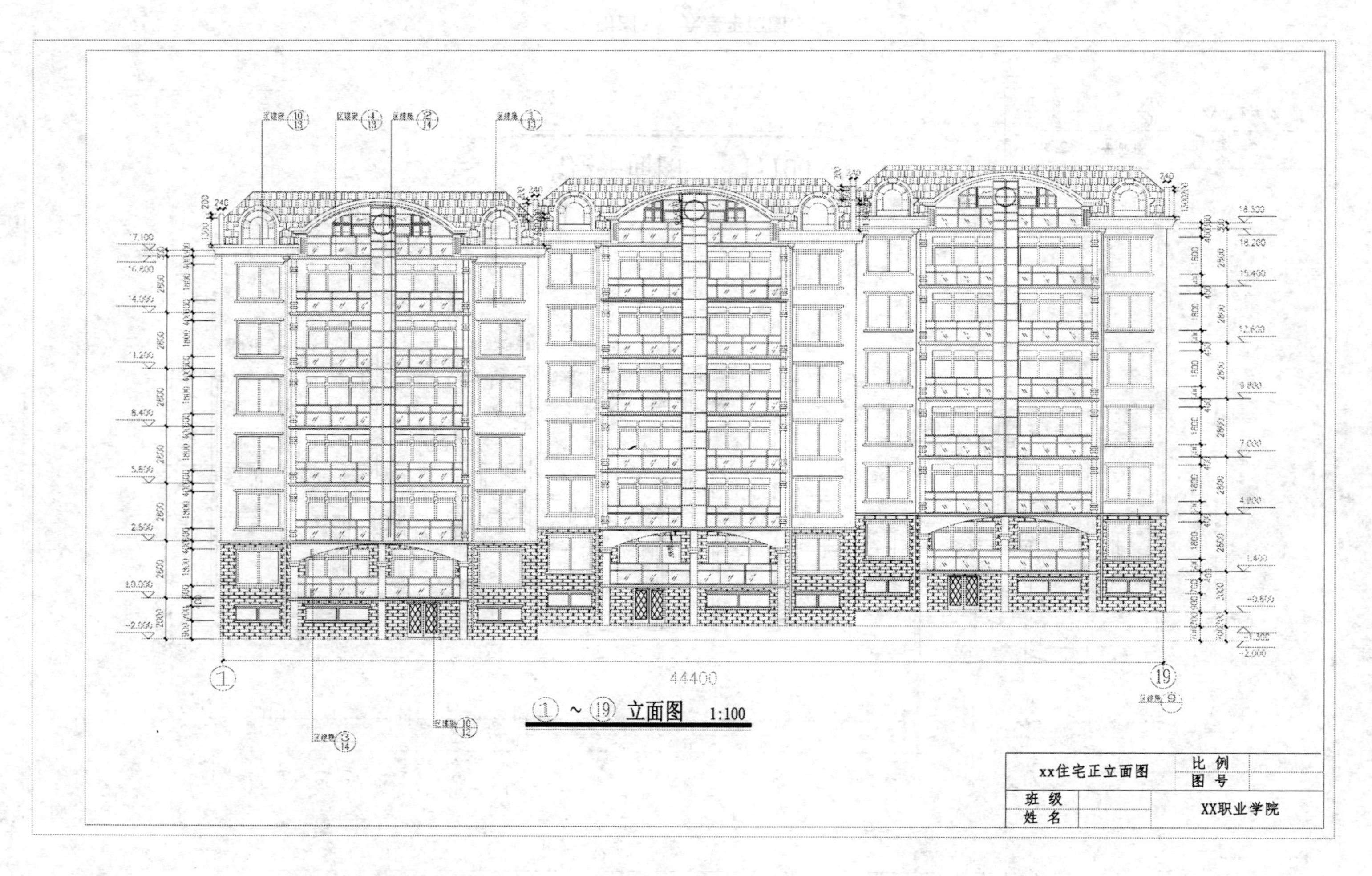

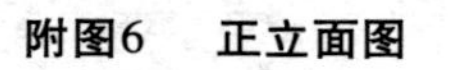
附图6 正立面图

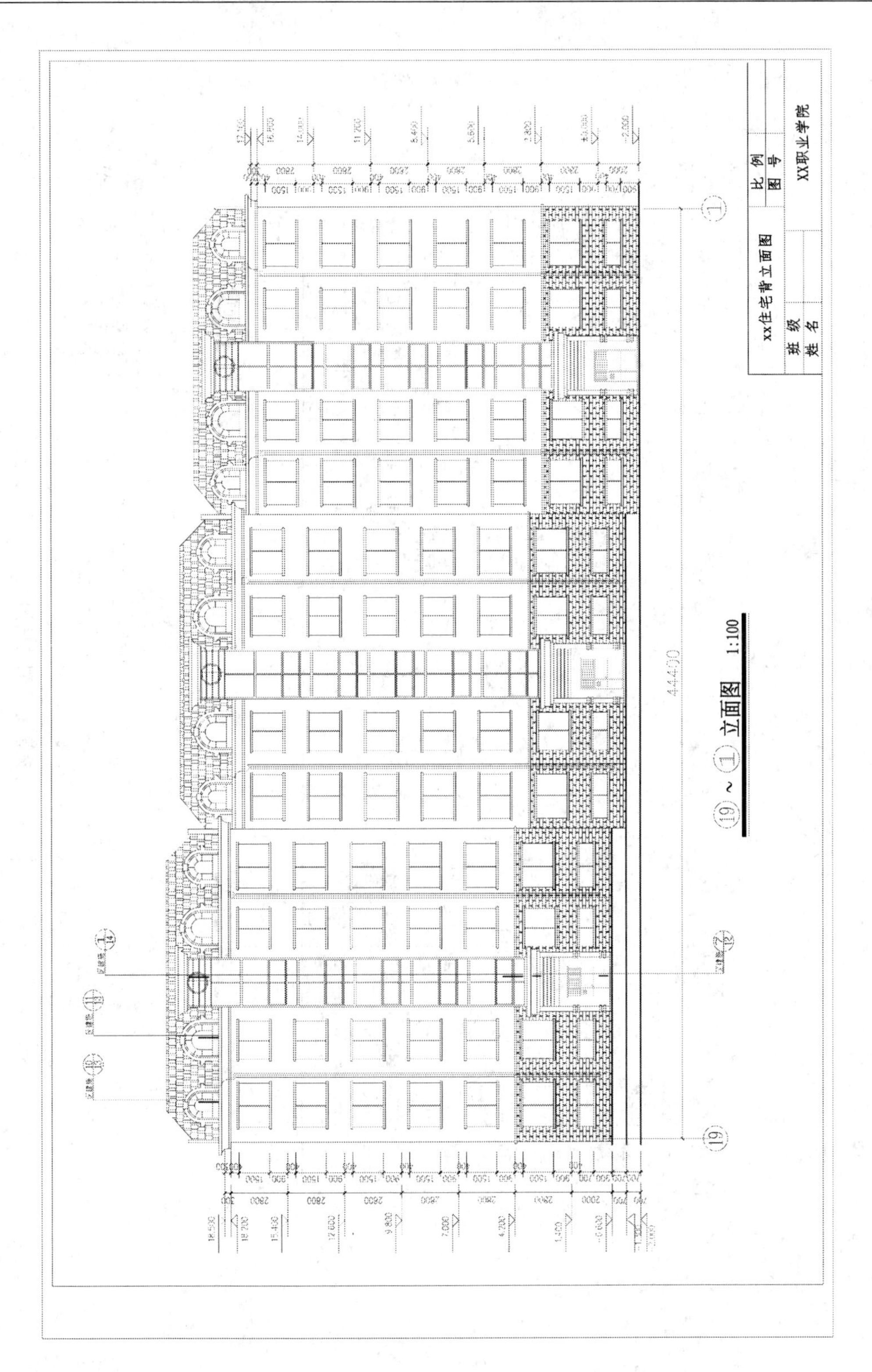

附图7　背立面图

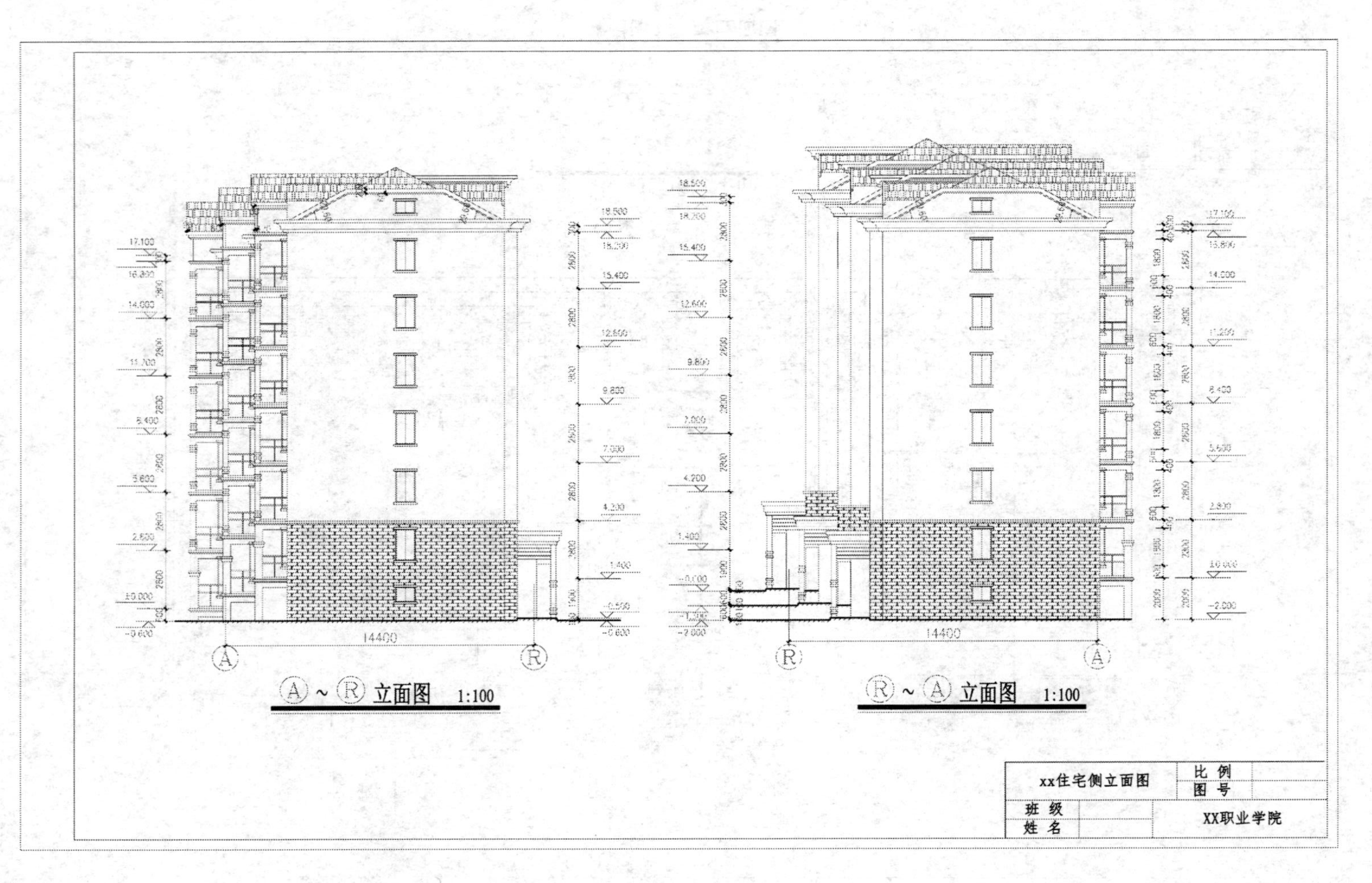

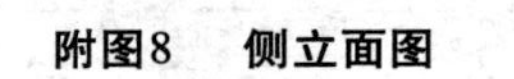
附图8 侧立面图

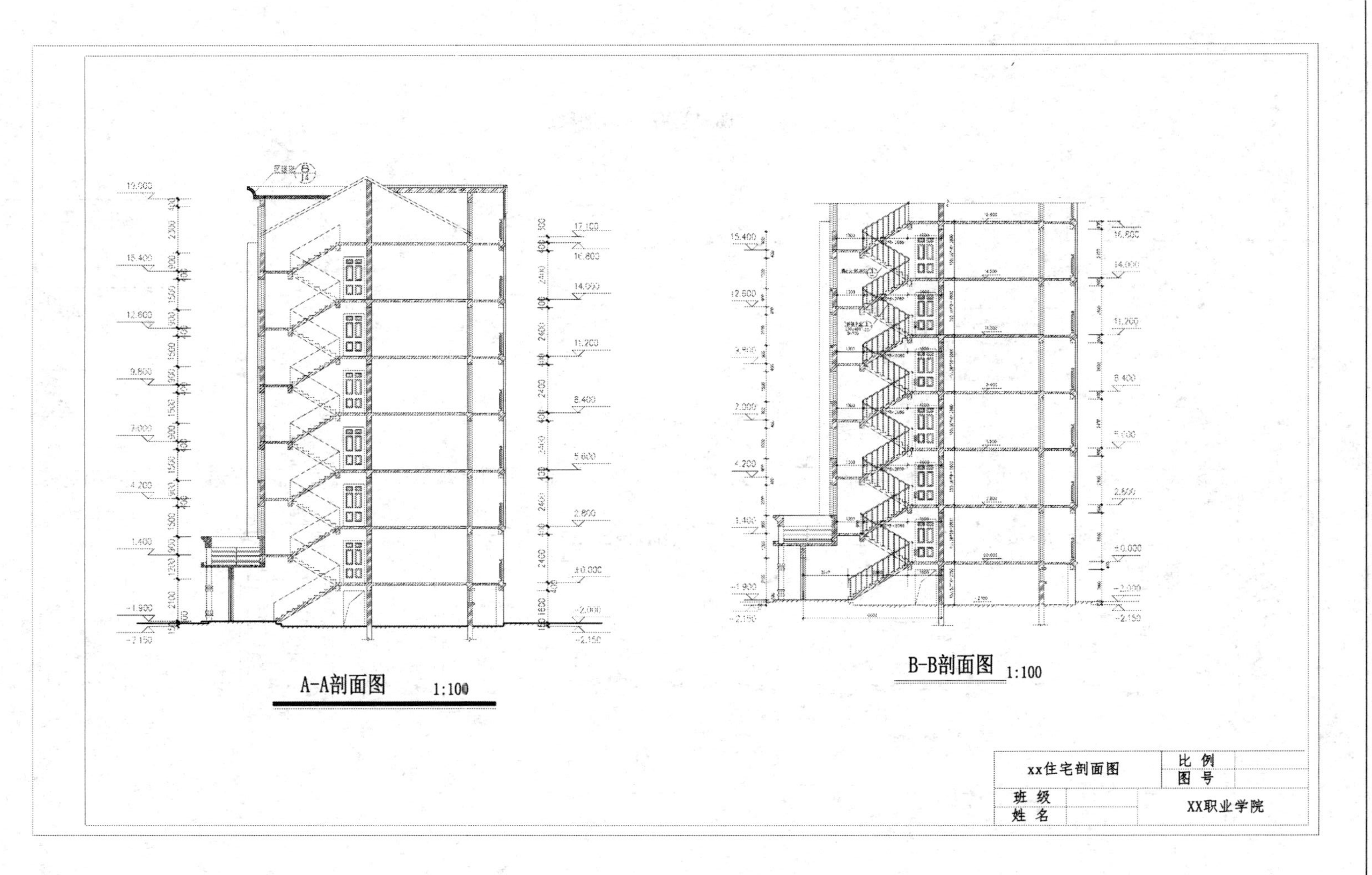

附图9　剖面图

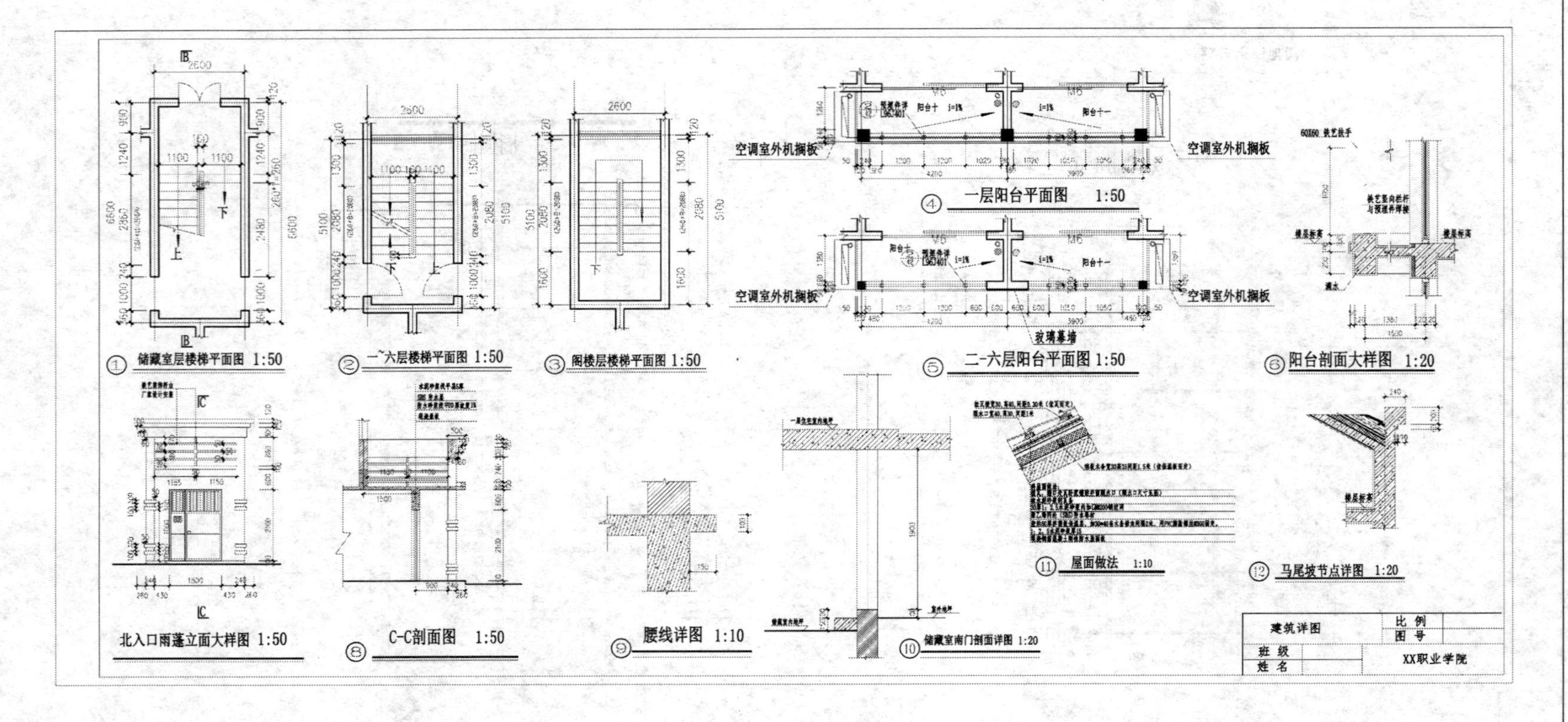

储藏室层楼梯平面图 1:50
一~六层楼梯平面图 1:50
阁楼层楼梯平面图 1:50
空调室外机搁板
一层阳台平面图 1:50
玻璃幕墙
二~六层阳台平面图 1:50
阳台剖面大样图 1:20
北入口雨蓬立面大样图 1:50
C-C剖面图 1:50
腰线详图 1:10
储藏室南门剖面详图 1:20
屋面做法 1:10
马尾坡节点详图 1:20
建筑详图
比例
图号
班级
姓名
XX职业学院

附图10 建筑详图